高拱坝坝基
开挖卸荷理论与实践

巨广宏 石立 著

中国水利水电出版社
www.waterpub.com.cn

·北京·

内 容 提 要

　　高拱坝承担巨大坝前水推力，坝基开挖导致建基岩体表层形成一定深度范围的卸荷松弛岩体，拱坝荷载首先和直接面对的就是这部分建基岩体。本书以深切河谷应力场为基础，系统研究了在天然应力、开挖爆破瞬时应力、二次应力调整及固结灌浆恢复后不同状态下，建基岩体的工程地质特性变化与力学响应。本书系统阐述了高拱坝建基岩体开挖卸荷松弛工程地质特性，提出了河谷下切应力场模拟新思路，阐释了岩体开挖卸荷松弛机理，归纳了坝基开挖后建基岩体变形破坏现象与力学类型，将岩体开挖松弛分为卸荷回弹型、结构松弛型、开挖爆破型和浅表时效型，总结了高拱坝坝基开挖岩体松弛带判定方法。

　　本书可作为水电工程、地质工程、边坡工程、岩土工程等领域的科研、勘察、设计、施工人员及高等院校相关专业师生的参考用书。

图书在版编目（ＣＩＰ）数据

高拱坝坝基开挖卸荷理论与实践 / 巨广宏，石立著
. -- 北京 ：中国水利水电出版社，2023.2
ISBN 978-7-5226-1296-6

Ⅰ．①高… Ⅱ．①巨… ②石… Ⅲ．①高坝－拱坝－坝基－基础开挖 Ⅳ．①TV642.4

中国国家版本馆CIP数据核字（2023）第028860号

书　　名	高拱坝坝基开挖卸荷理论与实践 GAOGONGBA BAJI KAIWA XIEHE LILUN YU SHIJIAN	
作　　者	巨广宏　石　立　著	
出版发行	中国水利水电出版社 （北京市海淀区玉渊潭南路 1 号 D 座　100038） 网址：www.waterpub.com.cn E-mail：sales@mwr.gov.cn 电话：（010）68545888（营销中心）	
经　　售	北京科水图书销售有限公司 电话：（010）68545874、63202643 全国各地新华书店和相关出版物销售网点	
排　　版	中国水利水电出版社微机排版中心	
印　　刷	天津嘉恒印务有限公司	
规　　格	184mm×260mm　16 开本　18.25 印张　444 千字	
版　　次	2023 年 2 月第 1 版　2023 年 2 月第 1 次印刷	
印　　数	0001—1000 册	
定　　价	**128.00 元**	

高拱坝承受巨大荷载，经拱坝结构将其传递到两岸坝肩与河床坝基，这对坝基抗力体提出了严苛要求。在拱坝建设、运行过程中，拱坝建基岩体经历了天然应力、坝基开挖应力调整、坝基固结灌浆、拱坝浇筑过程中产生的自重、初期运行水位、正常运行水位及地震等特殊工况下不断的、复杂的、动态的荷载变化。这一系列过程始于坝基开挖，其全部荷载最终由建基岩体承担。

我国大型、巨型水电站大多位于西北、西南地区的深切峡谷中，因青藏高原强烈隆升，这些地区地应力水平高，岸坡浅表部普遍发育一定厚度的风化、卸荷岩体，这些表生改造岩体难以满足坝基强度和变形要求。因此，设计方案中通常将浅表部风化、卸荷岩体挖除，而将大坝建基于强度较高、变形较小的微风化、新鲜岩体之上。

坝基开挖前的地质体处于一种相对稳定、平衡的状态，当其上部或外部岩体挖除时，岩体应力变化，建基岩体表层产生相应的变形破坏，形成一定深度范围的松弛卸荷岩体，这种松弛卸荷现象在水平应力较高的高陡峡谷谷底尤为突出。开挖爆破导致建基面以下一定深度范围内原有应力平衡状态被迅速打破，相当于对原位岩体施加了瞬时动态荷载，岩体进行二次应力调整，以适应新的荷载及围压变化。作为响应，建基面以下出现不同程度的应力分带，建基岩体表层则产生相应的变形破坏现象，并形成一定深度范围的松弛岩体，即学术界、工程界一致认可的开挖卸荷松弛效应，这一问题在水平应力较高的高陡峡谷谷底更为突出。这样，承载巨大水体压力等荷载的拱坝坝体，被放置在表层经过开挖松弛的坝基岩体之上，拱坝荷载首先直接面对的就是建基岩体表层的这一部分卸荷松弛岩体。

我国水电建设中，小湾、锦屏一级、溪洛渡、拉西瓦水电站等高拱坝坝基开挖过程中均不同程度遇到了开挖卸荷现象。坝基岩体开挖卸荷松弛产生的变形破坏、松弛时间、破坏程度、松弛范围、强度及变形模量的衰减等，对工程的影响是多方面的。为减小坝基岩体开挖卸荷松弛对高拱坝应力应变的影响，坝基开挖卸荷岩体均通过工程处理提高建基岩体质量。高拱坝坝基工程处理对象主要包括两类，一类是开挖卸荷松弛岩体的加固改良，另一类是包括断层带、裂隙密集带、局部风化带等固有不良地质体的特殊处理，而对松弛岩体的工程处理具有系统性和普遍性。对卸荷岩体采取的工程处理措施有爆破开挖、挖除后混凝土置换等；对松弛岩体采取的工程处理措施有系统锚固、固结灌浆等。因此，对高拱坝建基岩体开挖松弛工程地质特性的深入研究，不仅能够丰富、提升开挖卸荷岩体力学的研究内容，更对高拱坝坝基工程勘测、设计、施工与运行具有重要的理论和实践意义。

1994年以来，作者一直从事高拱坝坝基地质勘测、施工与研究工作，包括黄河李家峡水电站高拱坝坝基技施阶段地质工作；金沙江溪洛渡水电站高拱坝建基岩体工程地质研究；黄河拉西瓦水电站可研阶段高拱坝坝基可利用岩体选择研究；黄河拉西瓦水电站技施阶段高拱坝坝基勘测、施工与研究工作；金沙江白鹤滩、乌东德水电站可研阶段高拱坝坝基的设计监理工作；黄河玛尔挡水电站可研阶段坝址比选高拱坝坝基勘测、科研工作。作者经过数十年地质工程的理论研究和工程实践，在坝基岩体开挖卸荷方面积累了一定经验。针对高拱坝坝基开挖岩体松弛卸荷问题，从理论与工程实践方面进行了细致分析，以期能够为工程设计提供依据。

有鉴于此，在参考"拉西瓦水电站高拱坝可利用岩体标准及建基岩体质量研究""拉西瓦水电站坝址区地应力特征及岩体力学参数评价""黄河拉西瓦水电站高拱坝建基岩体条件复核研究"等研究课题成果，经过长期思考与探索高拱坝坝基岩体松弛问题及工程实践基础上形成本书。本书重点以拉西瓦水电站为例，结合小湾、锦屏一级、溪洛渡等巨型拱坝工程及三峡船闸高边坡工程，对高拱坝坝基建基岩体松弛问题开展了较为系统的研究。

本书一方面系统总结建基岩体开挖松弛工程地质特性，另一方面结合小湾、锦屏一级、溪洛渡等坝基开挖已有成果，力图得出高陡峡谷建基岩体在开挖卸荷松弛过程中一些具有共性的表象、机制与规律，主要内容由四个部分组成。第1章为第一部分，重点介绍了卸荷岩体的国内外研究现状和存在的问题；第2章和第3章为第二部分，阐述了卸荷岩体的分类与判定方法、卸荷岩体的岩体质量与力学参数评价，着重于理论分析；第4章和第5章为第三部分，研究了深切峡谷坝址高地应力特征、坝基岩体天然卸荷特征；第6章为第四部分，在分析拉西瓦水电站的工程概况、地质环境基础上，将第二部分的坝基岩体开挖卸荷理论与评价方法应用到依托工程，系统评价了高拱坝建基岩体开挖卸荷松弛的工程地质特性。

限于作者水平有限，本书难免有错漏之处，敬请读者批评指正。

作者

2023 年 1 月

目 录

第 1 章
绪　论

1.1　国内外拱坝建设

1.1.1　国外拱坝建设

　　拱坝是一种相对经济和安全度较高的坝型，在国外已有较长的建设史。据不完全统计，国外已建成拱坝总数在 2500 座以上。其中，坝高大于 100m 的拱坝有 120 多座，约占国外所有 100m 以上大坝总数的 33%；坝高超过 200m 的拱坝已有 21 座（表 1.1），占所有 200m 以上大坝总数的 57%。

表 1.1　　　　　　　　　　　国外 200m 以上部分特高拱坝的主要参数

序号	坝名	国家	建成年份	坝高/m	坝顶弧长/m	大坝体积/(10^4m^3)	库容/(10^8m^3)	装机容量/MW	泄流量/(m^3/s)	岩石类型
1	瓦依昂	意大利	1961	265	190	35	1.7	9	284	白云岩
2	莫瓦逊	瑞士	1957	237	520	203	1.8	352	375	砂岩
3	契尔盖	苏联	1976	233	335	132	27.8	1000	2120	灰岩
4	埃尔卡洪	洪都拉斯	1985	226	302	150	56.0	600	8590	灰岩
5	胡佛	美国	1936	222	379	249	386.0	1345	11300	安山岩
6	康特拉	瑞士	1965	220	380	67	1.1	105	1000	页岩
7	格兰峡	美国	1964	216	458	374	346.0	900	8420	砂岩
8	鲁松	瑞士	1963	200	530	135	0.9	300	—	片麻岩
9	德兹	伊朗	1963	203	248	65	33.5	520	5900	钙质砾岩
10	阿尔曼德拉	西班牙	1971	203	585	230	24.8	540	3000	—
11	卡比尔	伊朗	1977	200	380	151	25.5	1000	16200	灰岩
12	柯尔布赖恩	奥地利	1978	200	620	160	2.0	120	25	片麻岩
13	泽马攀	墨西哥	1994	200	90	21	14.2	292	2960	灰岩
14	伯克	土耳其	1996	201	270	75	4.3	515	7500	灰岩

续表

序号	坝名	国家	建成年份	坝高/m	坝顶弧长/m	大坝体积/($10^4 m^3$)	库容/($10^8 m^3$)	装机容量/MW	泄流量/(m^3/s)	岩石类型
15	丹尼尔·约翰逊	加拿大	1968	214	—	226	1419.0	2372	—	片麻岩
16	罗斯	美国	2014	202	384	170	17.4	400	3600	花岗岩
17	奥本	美国	施工后停建	209	1217	459	28.4	750	9141	闪岩

1.1.2　国内拱坝建设

水能是一种可再生资源，水能主要用于水力发电。我国是一个水能资源十分丰富的国家，蕴藏量居世界第一。现有数据表明，水力发电资源理论蕴藏量为 $6.89×10^8 kW$，技术可开发量为 $4.93×10^8 kW$，经济可开发量为 $3.95×10^8 kW$，占全世界可开发水力资源总量的 16.7%，居世界第一位。2021 年的发电量达 $1.18×10^{12} kW·h$，约占全国总发电量的 14.6%。

我国西部大江大河多发源于青藏高原。青藏高原及其周边地区河流流量大、落差大，造就了极其丰富的水能资源，约占我国可开发水能资源的 68%。然而，该区自然地理环境和地质背景却极为复杂（万宗礼等，2009），主要表现在以下两个方面。

（1）区域地质条件复杂，地壳长期抬升，河流急剧下切，物理地质作用强烈，河谷岸坡及山体稳定性差，现今构造运动剧烈，地壳持续变形，地震成带分布，且地震震级大、烈度高、发震频繁，区域稳定性问题突出。

（2）工程场址地质条件复杂，经历多期地质构造运动，地应力高，深大断裂发育，地质构造及地层岩性复杂，岸坡浅表生改造强烈，引发诸多工程地质问题。

从地形地貌上讲，高山峡谷适宜修建以高坝拦截形成大水库的巨型水电工程。但是这些巨型水电工程却与复杂的地质条件恰好矛盾，巨型水电工程修建面临一系列复杂的地质问题。因此，尽管我国水电资源极为丰富，但是开发程度还远低于发达国家（黄润秋，2002）。发达国家水电资源开发程度已达 60% 以上，主要发达国家水电开发程度具体来讲，美国约 82%，日本约 84%，加拿大约 65%，德国约 73%，法国、挪威和瑞士均在 80% 以上。然而，我国水电资源开发仅约 25%。

水利水电工程承担防汛抗旱、供水、灌溉、发电、航运、旅游等多项社会功能。1949年，中华人民共和国成立后，我国水电事业取得了突飞猛进的发展，改革开放、西部大开发和可持续发展战略的相继实施以及当前经济发展的良好环境，为水利水电工程建设与发展提供了重要的历史机遇和有利条件。截至 2010 年，我国水电装机容量已达 $2×10^8 kW$，居世界第一，约占发电总装机容量的 49%，到 2020 年上升到 60% 以上。也就是说，今后 15～20 年仍是我国水利水电工程建设的良好机遇期（索丽生，2004）。

我国水利水电拱坝建设起步晚，20 世纪 50 年代建成了首批高混凝土拱坝——坝高 87.00m 的响洪甸拱坝和坝高 78.00m 高的流溪河拱坝。以后，我国拱坝建设发展迅速。据 *World Register of Dams*（1988）统计，到 1988 年，全世界共兴建坝高 15m 以上的拱坝达 1608 座，中国已建成坝高 30m 以上的拱坝 521 座，包括坝高 240m 的二滩拱坝和坝高 178m 的龙羊峡重力拱坝。据中国大坝委员会统计，截至 2020 年，中国已建成水坝 23841 座，占全球 40％以上，稳居世界第一，是最发达的大坝数量国家。

21 世纪后，中国西南和西北地区的水电建设迅猛发展，小湾、溪洛渡、拉西瓦、锦屏一级等一批巨型水电站相继开工建成。这些大型水电工程的选址多位于深山峡谷，采用高拱坝坝型的较多。然而，这些大型水电工程坝址岸高坡陡，岩体结构和应力环境复杂，深山峡谷有其特殊复杂的地形地质条件。我国在青藏高原及其周边已建成多座大型巨型水电站，其中拱坝坝高大于 200m 的水电站主要参数及拱坝主要参数分别见表 1.2 和表 1.3。

表 1.2　　　　　　　　中国 200m 以上特高拱坝水电站的主要参数

坝名	所在河流	建设情况	坝高/m	坝型	坝体体积/(10^4m^3)	库容/(10^8m^3)	装机容量/MW	泄洪量/(m^3/s)	坝基岩石
锦屏一级	雅砻江	2014	305.0	双曲拱坝	476	77.60	3600	13918	大理岩
小湾	澜沧江	2010	294.5	双曲拱坝	860	149.14	4200	20700	片麻岩
乌东德	金沙江	2020	270.0	双曲拱坝	198	72.98	8700	19540	花岗岩
白鹤滩	金沙江	2022	289.0	双曲拱坝	795	206.02	14000	46100	玄武岩
溪洛渡	金沙江	2015	285.5	双曲拱坝	680	127.60	13800	52300	玄武岩
拉西瓦	黄河	2010	250.0	双曲拱坝	245	10.79	4200	6330	花岗岩
二滩	雅砻江	2000	240.0	双曲拱坝	474	58.00	3300	23900	正长岩玄武岩
构皮滩	乌江	2009	232.5	双曲拱坝	242	64.51	3000	28768	灰岩
大岗山	大渡河	2015	210.0	双曲拱坝	315	7.42	2600	9600	花岗岩

表 1.3　　　　　　　　中国 200m 以上特高拱坝的有关参数

坝名	坝高/m	坝顶弧长/m	齐顶总水压/GN	弧高比	厚高比	拱冠梁底厚/m	最大底厚/m	单块坝段最大面积/m^2	混凝土方量/(10^4m^3)
锦屏一级	305.0	552	—	1.81	0.21	63	63	—	480
小湾	294.5	923	196	3.16	0.25	73	73	1824	757
乌东德	270.0	326	—	1.23	0.19	46	51		273
白鹤滩	289.0	709	—	2.45	0.22	84	84		810
溪洛渡	285.5	698	181	2.56	0.25	69	76	1500	686
拉西瓦	250.0	459	8	1.84	0.19	48	48	1070	254
二滩	240.0	775	103	3.23	0.23	56	56	1288	384
构皮滩	232.5	557	74	2.40	0.21	50	59	1230	246
大岗山	210.0	635	677	3.03	0.2	52	52		458

1.2　高拱坝坝基开挖特点

高拱坝一般选址在地壳强烈抬升的深山峡谷，天然条件下坝址区具有如下特征：

（1）岸坡高陡，岩质坚硬，现河水面以上多有临河陡壁。如拉西瓦水电站坝址区岸坡高达 800m，坡度在 45°～60°以上，临河陡壁高逾 200m，岩性为中生代印支期花岗岩（γ_5）；白鹤滩水电站岸坡高达 600m 以上，临江陡壁高 250m，岩性为二叠系玄武岩（P_2^β）；小湾水电站坝址区岸坡高 1100m，坡度在 45°以上，岩性以片麻岩为主；构皮滩水电站坝址区岸坡高 400m，坡度在 45°以上，临江陡壁高 130m，岩性为生物碎屑灰岩（P_1^m）；锦屏一级水电站河谷狭窄，岸坡陡峻，边坡相对高差最大可达 1000～1700m，坡度 30°～90°，主要由三叠系杂谷脑组第三段的变质砂岩、板岩（T_{2-3}^{z3}）及第二段的大理岩夹片岩组成等。

（2）断裂或岩流层发育，岩体结构复杂；岸坡表部有一定厚度的风化卸荷带，厚度上宽下窄，拱坝开挖嵌深线一般在距地表 30～50m，与此带关系密切。如溪洛渡水电站、白鹤滩水电站的坝基断裂发育（发育有柱状节理），并发育有多个玄武岩岩流层（溪洛渡 14 个，白鹤滩 11 个），岩流层内部岩性相变复杂，且发育有大量层间、层内错动带，相较而言，白鹤滩岩体结构更为复杂；锦屏一级水电站坝基地层相变较大，地质构造复杂等。

（3）地应力较高，河床谷底常有应力包特征，如拉西瓦水电站河谷最大主应力超过 20MPa（谷底应力包内达 30～55MPa），白鹤滩水电站河谷最大主应力在 23MPa 附近，小湾水电站河谷最大主应力约 35MPa（谷底应力包内达 44～57MPa），锦屏一级水电站河谷最大主应力在 40MPa 以上（谷底应力包内达 60～80MPa）。

高拱坝坝基开挖条件苛刻，具体表现在如下几方面：

（1）形成拱肩槽边坡及上游侧坡、下游侧坡三个人工边坡。

（2）开挖规模大，具有开挖边坡高、开挖水平深度大等特点。如拉西瓦水电站坝基人工边坡最大高度可达 180m，水平深度最大可达 80m；小湾水电站坝基从开口线到建基面开挖边坡高达 600～687m，坝基最大开挖深度达 130m 等。

（3）开挖体型复杂，剖面方向为曲线形态。为调整应力，河床坝基还往往挖成反弧形（如拉西瓦水电站坝基），坝肩上部高程水平方向开挖成折线型，总体为较光滑变率弧形曲线。

（4）开挖受高陡岸坡制约及高地应力影响明显。如拉西瓦水电站坝基开挖前，对其上部 450～500m 高的高陡边坡进行了工程处理；小湾水电站河床坝基开挖板状开裂逐层显现，地应力效应明显。

1.3　工程地质特性及岩体质量评价

岩体卸荷松弛是指岩体由于围压被部分或全部解除而引起的变形、破裂、岩体强度与模量降低等一系列现象和过程。目前，通过大量加载试验及理论分析，已建立起反映岩体在加载条件下发生变形破坏的基础理论，并将这些理论应用于工程实际之中。然而，由于卸荷松弛与连续加载有完全不同的应力路径，两者所引起的岩体变形和破坏特性，无论在力学机理还是力学响应上都有很大差异，故沿用连续加载强度理论来预测工程岩体在开挖卸荷作用下的力学特性及其稳定性，会产生明显的误差。

为此，哈秋舲等在 1995 年首次提出"卸荷岩体力学"的概念，并已出版有关专著多部。此后卸荷岩体力学研究得到了众多学者与工程师的关注，并以重大岩体工程为依托，开展了较多的研究工作，其中从系统性、深度、广度等方面，尤以三峡船闸高边坡开挖、小湾高拱坝坝基、西南地区浅表卸荷、溪洛渡高拱坝坝基及拉西瓦高拱坝坝基等研究最为典型。

岩体卸荷松弛的研究主要包括卸荷岩体工程地质研究、卸荷机理及卸荷破坏方式研究、卸荷岩体力学特性与力学参数研究、卸荷岩体本构关系及计算方法研究、卸荷岩体加固理论与方法研究、卸荷岩体破坏准则研究以及卸荷岩体监测等诸多内容。从查阅的各种文献资料来看，国内对卸荷岩体上述各个方面的研究均有不同程度的涉及。然而，总体上对这一问题的研究尚未达到成熟、系统的水平。

作为卸荷岩体力学研究的基础，区域地质构造、区域及坝址区地应力场形成演化、坝址区地质构造格局及其岩性、结构面特征、岩体各向异性等，对开挖松弛岩体的工程地质特性研究具有重要意义。王兰生等（2008）根据 20 世纪 70 年代以来我国西南山区大型水电工程实践，探究了水电工程建设中岩体卸荷的工程地质现象和工程地质问题，介绍了我国工程地质界对岩体卸荷现象的认识，提出了我国深裂缝和深卸荷的力学机制基本模式，讨论了岩体卸荷在水电工程实践应用中的一些问题和工程实践，提出了以卸荷裂隙力学机制类型作为卸荷带划分的参照依据，探讨了典型实例对岸坡中在正常卸荷带以里出现的深裂缝和深卸荷问题。聂德新、巨广宏等在 2000—2006 年先后在金沙江溪洛渡、向家坝、白鹤滩、龙开口及黄河拉西瓦等水电站采用有限元数值模拟，研究区域及坝址区现今地应力场特征，应用岩石质量指标 RQD、岩体纵波速 V_p、钻孔透水率 q_w 等指标，综合确定岩体不同卸荷带划分方法，取得了丰硕成果，并成功应用于工程实践。黄润秋等（2000）在所著《中国西南地壳浅表层动力学过程及其工程环境效应研究》中就河谷应力场释放和岩体卸荷条件下的斜坡岩体破裂机理与卸荷带形成作了系统总结，从卸荷角度将谷坡岩体分为拉裂区、压致拉裂区、张剪型破裂区、剪切松弛型卸荷区和河床一定深度以下的高应力集中区。万宗礼（2006）提出松弛度概念，以之表征松弛带岩体受损伤和松弛的程度，用松弛带岩体平均纵波速度与原岩（相对未松弛岩体）平均纵波速的百分比确定。

工程实践方面，李维树等（2010）对乌江构皮滩高拱坝建基面的不同高程、不同部位开展声波测试，分析了波速分布的规律及特征，评价了卸荷岩体变形参数的弱化程度，提出了卸荷岩体的变形参数及取值方法。韩新捷等（2014）借鉴我国边坡岩体质量评价系数 CSMR 系统中对边坡破坏方式和结构面产状的修正方法，以西南某水电站坝肩边坡为例，提出基于 GSI 系统的边坡卸荷岩体强度参数。董建华等（2019）针对叶巴滩拱坝左右坝肩均存在强烈松弛岩体的问题，开展了含深卸荷岩体的坝肩稳定及变形特性地质力学模型研究，揭示了深卸荷岩体变形特性及对拱坝工作性态的影响。蔡健等（2013）针对某水电站边坡，以现场地质调查、材料试验为基础，结合数值计算，根据岩体结构面的分布状况、级别及岩体的不同性质，采用分区分级的计算方法，对边坡区域进行了合理划分，并选取具有代表性的区域进行二维与三维参数反演分析，更精确地模拟了岩体真实应力应变状态，提高了岩体参数分析的精确性。

理论方法应用方面，雷涛等（2013）基于细观损伤力学和卸荷岩体力学理论，运用 RFPA 软件建立岩体卸荷计算的等效数值模型，对分步连续卸荷进行计算，研究岩体卸荷破坏过程和声发射效应，得到卸荷岩体力学参数的变化曲线以及卸荷岩体力学参数的劣化规律。胡建华等（2011）依据影响区域内的卸荷带划分方法，基于开挖卸荷过程中岩体力学参数变化规律，利用有限元软件 MIDAS/GTS 对地下连续采矿过程进行卸荷分析。朱容辰（2012）提出采用 RQD 测试、回弹测试、氡气异常值、声波波速测试等量化指标对工程区平洞岩体进行卸荷带划分，结果与现场定性划分的卸荷带界线总体一致，为岩体卸荷带划分的工程实践提供了理论依据。李雷等（2018）通过测试岩体的纵波速度和岩石的回弹值，并对测得的纵波速度和回弹值分别进行聚类分析，发现无论岩体风化还是岩体卸荷，其纵波速度都存在级差，风化岩体回弹值存在级差，卸荷岩体回弹值不存在级差；他们利用 Boltzmann 数学模型，通过拟合计算分析纵波速度和回弹值，对岩体风化与卸荷进行数值判别，进一步定量划分风化带与卸荷带的界线。

准确确定工程岩体质量并对建基岩体质量合理分类，对判定岩体的可利用性及确定合理的建基面、施工顺序、加固措施以及评价岩体开挖后的稳定性等，均具有十分重要的意义（钟登华等，2005）。国内外目前应用较多的边坡岩体质量分类主要有 RMR 分类和基于对 RMR 分类法的修正发展起来的 SMR 分类。RMR 分类是从大量工程岩体实践总结出来的一套工程岩体分类系统，该分类主要考虑了完整岩石的抗压强度、岩体 RQD 值、节理间距、节理条件、地下水这五个基本参数（Bieniawski，1976）。王瑞红等（2008）以金沙江某电站坝肩高边坡为工程背景，运用卸荷岩体力学的理论与方法对坝肩高边坡开挖岩体进行了三维有限元分析，根据边坡岩体开挖后应力应变的动态变化情况，确定了岩体开挖卸荷后的力学参数，并采用岩体分类指数法对开挖后的边坡岩体质量进行评价。白志华等（2018）以工程岩体质量评价的 BQ 分级体系为基础，应用三维激光扫描技术来识别岩体结构面和节理裂隙，并结合岩块单轴抗压强度试验，建立了震损边坡工程岩体质量评价方法。

我国在岩体质量研究方面的主要代表性方法有谷德振的岩体质量系数 Z 分类（1979）、杨子文的岩体质量指标 M 分类（1981）、王思敬等的弹性波速指标 Za 分类（1974）、水利部长江水利委员会的"三峡 YZP 分类"（刘远征和刘欣，2008）以及中国电建集团成都勘测设计研究院有限公司 1985 年提出的二滩坝基岩体质量分类方法（杨秀程，2015）。此外，很多学者也做了大量研究与探索，推动了我国岩体质量分级与评价的研究进程。随着研究的不断深入，各行各业都相应制定了相关的岩体质量分级标准，如《水利水电工程地质勘察规范》（GB 50487—2008）、《工程岩体分级标准》（GB/T 50218—2014）。

近年来，随着不同学科理论之间的交叉应用，电子计算机技术及数学理论的发展，促使了相当多的动态和非线性分级理论（蔡美峰，2002）的诞生，如：模糊数学理论（刘启千等，1989；Liu 和 Chen，2007）、数理统计分析、人工神经网络（霍润科等，1998；李强，2002）、专家系统（冯夏庭和林韵梅，1991）、灰色理论（何浏等，2000）以及分形理论（易顺民和唐辉明等，1994；连建发等，2001；谢和平，1992；Campos 等，2005；Mandelbrot，1983；Xie，1992；Falconer，1990）。这些新理论和新方法不断应用于岩体质量分类中，研究岩体质量级别与物理力学参数之间的相互关系，以及多因素指标分类结果与单因素指标分类结果之间的相互关系，并与施工方法相结合。这些新理论和新方法的应用与发展，使岩体质量评价在不同的工程应用中考虑更加全面，体系更加完善，更符合工程实际。

1.4 岩体卸荷松弛力学效应研究

对岩体卸荷力学特性、卸荷流变特性及其对应参数的研究，是认识卸荷岩体力学特性的必要条件。常规的计算方法没有考虑力学参数的动态变化过程，岩体卸荷力学理论与方法则弥补了常规的不足，更真实地反映了卸荷过程中岩体的力学本质。边坡岩体在开挖卸荷过程中，边界条件处于动态变化之中，岩体的力学参数随之不断变化。传统岩体力学参数的确定基于现行规程进行加载试验，未涉及岩体卸荷这一基本概念，具有很大的局限性。确定卸荷岩体的变形参数和强度参数，应充分考虑岩体的卸荷状态及最不利结构面的影响，即考虑卸荷裂隙岩体力学参数的弱化问题。

哈秋舲等（1998）根据岩体地质特点和力学动态，结合地质、试验、力学和测试等，分别运用工程岩体分类法、模拟试验法、数值分析法、地球物理方法和损伤断裂力学法等5种方法对三峡船闸高边坡进行了研究，并将这5种方法研究成果有机地结合为一体。

聂德新（2004）运用波动力学关于平均应力与体积模量、岩体纵波速度与弹性模量、变形模量之间的关系，通过部分实测资料及边坡应力场有限元分析，分别建立纵波速度与岩体模量、岩体应力之间的关系，据此预估开挖边坡岩体变形模量变化及岩体松弛带厚度。

李维树等（2010）以构皮滩水电站高拱坝建基卸荷岩体为例，建立了卸荷岩体变形参数与波速之间的关系，并提出卸荷岩体的变形参数及取值方法。周火明等（2001）采用岩体声波测试和现场岩体变形试验等手段，研究了三峡船闸高边坡卸荷扰动区范围及岩体力学性质弱化程度和卸荷岩体力学参数取值问题，结果表明，强、弱卸荷区岩体性状弱化程度分别为60%和30%左右。

李建林等（2004）基于锦屏一级水电站坝区、厂房区卸荷岩体力学参数通过分区块分级研究认为，岩体在开挖卸荷过程中，由于岩体的应力条件变化，导致岩体裂隙材料甚至裂隙周边的岩石发生屈服，节理连通率增加，裂隙材料变形模量降低，岩体力学参数降低；当卸荷量低于30%时，卸荷变形模量基本变化不大，当卸荷量为30%～70%时，主要为裂隙张开度增加所造成的岩体变形模量减小，但是当卸荷量达到70%～100%时，在岩体内裂隙张开度增加和材料屈服共同影响下，岩体变形模量急剧下降。同时，李建林和王乐华（2003）根据三峡船闸高边坡岩体的物理仿真卸荷试验，讨论了卸荷岩体的尺寸效应，并推荐了相应的力学参数；采用物理模拟方法，对节理岩体的加、卸荷应力—应变关系、卸荷岩体的各向异性、卸荷岩体的尺寸效应、流变特性、强度准则等进行了试验研究，表明不同方向结构面对岩体的卸荷作用明显，卸荷对岩体的抗压强度、抗拉强度、变形模量以及岩体的各向异性的影响等均随尺寸的加大而降低。

胡海浪等（2008）利用有限元数值模拟对岩体开挖卸荷过程进行了分析，得到岩体力学参数与主卸荷方向累计开挖量之间的关系曲线，表明岩体变形模量、泊松比、内聚力、内摩擦角等力学参数呈现出随开挖卸荷量的增大而逐渐减小的特征。另外，李朝政等（2008）对小湾水电站坝基卸荷岩体的抗剪特性进行了研究。

1.5　卸荷机理及卸荷破坏方式研究

开展岩体卸荷破坏机制的研究，有助于揭示岩体卸荷松弛的力学行为及其破坏的力学机理。

徐光彬等（2007）利用应力波理论，研究了节理岩体在不同卸荷路径下高速率卸荷后的运动规律，并经理论和数值分析，得出高速率卸荷将使岩体产生整体的刚体位移，导致节理面张开，同时使岩体产生振动加速度，造成岩体松动。

李天斌和王兰生（1993）对玄武岩在卸荷状态下的变形和破坏特性进行研究，主要结论是：在卸荷状态下，随围压增大，试样破坏形式逐渐由张性破坏过渡到张剪性破坏，且张剪破裂角也随之增大；卸荷较加荷岩石的破坏程度更为强烈；沿卸荷方向（围压方向）的扩容也更强烈。在卸荷试验的基础上，得到岩体卸荷除具有上述变形破裂特征外，其变形破裂程度及方式受岩体结构控制，比岩石更易发生变形与破坏。

任爱武和伍法权等（2009）基于小湾水电站坝基现场开挖，对大规模岩体开挖卸荷现象及其力学行为进行了分析，提出了剪胀、纵弯曲张裂、错动板裂和上拱张裂等卸荷岩体破裂的力学模式。

吴刚和孙钧（1998）通过裂隙岩体模型的卸荷破坏试验，对裂隙岩体在不同卸荷方式下的变形破坏特征进行了分析，得出卸荷方式不同，导致岩体的变形破坏特征也不相同。在一定的应力强度下，双向卸荷比单向卸荷岩体产生更大的变形。在一般情况下，单向卸荷比双向卸荷岩体的破坏强度更高。

Ling（1993）对节理岩体模型在卸荷过程中的损伤断裂及破坏特性进行了试验研究。结果表明，节理岩体的卸荷损伤非常显著，损伤累积速率较加载情形更快，卸荷损伤破坏的形式仍表现为原生裂隙不稳定扩展导致脆性断裂，但是破坏性态更具突发性。

早期普遍质疑岩石的强度与应力路径之间的关联性，对二者的关联性进行深入研究是在工程实践中认识到的。Swanson 等（1971）与 Crouch（1972）利用常规三轴仪分别研究了围压卸载条件下岩石强度的变化情况，得出的结论为应力路径对岩石强度影响不大。林鹏和王仁坤等（2008）以小湾水电站特高拱坝为例，探讨了特高拱坝建基面浅层卸荷机制，并基于最大、最小能量原理，提出了浅层建基面卸荷稳定分析方法。

黄达和黄润秋（2010）对卸荷条件下裂隙岩体变形破坏及裂纹扩展演化进行了试验研究。结果表明，卸荷条件下裂隙岩体的强度、变形破坏及裂隙扩展均受裂隙与卸荷方向夹角及裂隙组合关系影响，卸荷速率与初始应力场大小主要影响岩体卸荷强度及次生裂缝数量，对裂缝扩展方式影响相对较小。卸荷条件下，卸荷差异回弹变形引起拉应力和裂隙面剪切力增大、抗剪力减小，导致裂隙扩展，且各个应力对裂隙扩展的影响与裂隙倾角密切相关。

沈军辉和王兰生（2003）在岩石试件卸荷试验的基础上，结合大型开挖工程，研究了岩体在卸荷状态下的变形破裂特征。研究表明，岩石在卸荷状态下的变形表现为沿卸荷方向的强烈扩容，其破坏以张性破裂为特征，并伴有张剪性和剪性破坏。

任建喜和葛修润（2000）在国内首次完成了岩石卸荷损伤断裂破坏全过程的实时 CT

试验，得到了岩石卸荷损伤演化过程中从裂纹产生、扩展、贯通到断裂破坏全过程的 CT 图像。通过与岩石连续加载破坏过程细观试验结果的比较发现，岩石卸荷破坏比连续加载情形下岩石破坏更具突发性。从静态连续加载岩石细观损伤机理出发，将静态岩石全过程曲线划分为 5 个阶段。得到了卸荷条件下岩石损伤扩展的初步规律。

李天斌和王兰生等（2000）采用地质力学模拟方法，再现了铜街子水电站浅生时效构造的形成演化过程。研究表明，岩体卸荷变形是逐渐发生发展的，围压愈小，时效变形特征愈明显。

王运生等（2008）通过物理模拟的方法，研究了我国西部深切河谷谷底浅表层普遍存在的卸荷松弛，再现了河谷侵蚀下切→谷底应力集中→谷底岩体卸荷松弛的全过程。

林锋等（2009）、祁生文等（2008）立足于工程应用，分别对小湾水电站坝基卸荷松弛机理及卸荷裂隙发育特征等进行了相关研究。

1.6 卸荷岩体的本构模型

卸荷岩体本构模型及其破坏准则是岩体卸荷松弛的核心内容。下面介绍几个经典的卸荷岩体本构模型。

（1）哈秋舲（2001）认为，岩体加载与卸载在力学计算分析中有着本质不同。

理论加载条件下，开挖卸荷应力—应变关系为

$$\Delta\varepsilon' = \frac{\Delta\sigma'}{E} \tag{1.1}$$

式中　$\Delta\varepsilon'$——开挖卸载应变变化量，无量纲；

　　　$\Delta\sigma'$——开挖卸荷应力变化量，MPa；

　　　E——加载条件下的变形模量，MPa。

卸荷条件下，水平卸荷应力—应变关系为

$$\Delta\varepsilon'_x = \frac{\Delta\sigma'_x}{E_x} \tag{1.2}$$

式中　$\Delta\varepsilon'_x$——水平方向开挖卸荷应力变化量，MPa；

　　　$\Delta\sigma'_x$——水平方向开挖卸载应变变化量，无量纲；

　　　E_x——水平方向卸载非线性变形模量，MPa。

（2）周维垣等（1997）对岩石边坡的卸荷和流变作了非连续变形分析，指出边坡在卸荷条件下岩体变形分析应考虑开裂这类非连续变形，对其流变变形也应考虑开裂和裂隙扩展机制，从而提出了开裂卸荷条件下岩石的本构关系和计算方法为

$$\mathrm{d}C^{o-d}_{ijkl} = \frac{\mathrm{d}Q_{ijkl}}{E} = \frac{\mathrm{d}Q_{ijkl}}{E_0 \mathrm{e}^{-Q_{ijkl}}} \tag{1.3}$$

$$C^{o-d}_{ijkl} = C^o_{ijkl} + \int_0^{Q_{ijkl}} \frac{\mathrm{d}Q_{ijkl}}{E_0 \mathrm{e}^{-Q_{ijkl}}} = C^o_{ijkl} + \frac{1}{E}(\mathrm{e}^{Q_{ijkl}} - 1) \tag{1.4}$$

式中　C^{o-d}_{ijkl}——裂隙扩展引起的损伤柔度矩阵，无量纲；

　　　Q_{ijkl}——裂隙参变量矩阵（各元素为四阶张量的分量），MPa；

$\boldsymbol{C}^{o}_{ijkl}$——裂隙扩展前的损伤柔度矩阵，无量纲；

E——包含裂隙开裂的弹性模量，MPa；

E_0——裂隙闭合的弹性模量，MPa。

周维垣等（1997）指出，卸荷岩体在地应力作用下的流变表达式按黏性—弹塑性 Kelvin‐Voigt 模型考虑，包括弹性变形、黏弹性应变、黏塑性应变。

（3）陈星和李建林（2010）探讨了 Hoek‐Brown 准则在卸荷岩体中的应用，表明在描述开挖卸荷岩体破坏模式方面，其比 Mohr‐Coulomb 准则更为准确。Mohr‐Coulomb 准则见式（1.5），Hoek‐Brown 准则见式（1.6）。

$$f = \frac{\sigma_1 - \sigma_3}{2}\cos\varphi - \left(\frac{\sigma_1 + \sigma_3}{2} - \frac{\sigma_1 - \sigma_3}{2}\sin\varphi\right)\tan\varphi - c \tag{1.5}$$

式中　σ_1——岩体破坏时的最大主应力，MPa；

σ_3——岩体破坏时的最小主应力，MPa；

c——岩体的内聚力，MPa；

φ——岩体的内摩擦角，(°)。

$$f = \sigma_1 - \sigma_3 - \sqrt{m\sigma_c\sigma_3 + s\sigma_c^2} \tag{1.6}$$

式中　σ_c——完整岩体的单轴抗压强度，MPa；

m、s——与岩石特性有关的材料常数，用三轴试验获得；

其余符号意义同前。

式（1.6）描述的 Hoek‐Brown 准则是 Hoek 和 Brown 在参考经典 Griffith 强度理论基础上，通过大量试验，利用试错法推导出了岩体破坏时最大、最小主应力之间的关系。

Hoek‐Brown 准则也可写为

$$\left(\frac{\sigma_1 - \sigma_3}{\sigma_c}\right)^2 = m\left(\frac{\sigma_3}{\sigma_c}\right) + s \tag{1.7}$$

（4）徐卫亚和杨松林（2003）利用线性黏弹性断裂力学原理和 Betti 能量互等定理，推导了裂隙岩体单轴松弛模量和体积松弛模量的理论表达式。同时，还分析了几种流变材料的长期松弛稳定性，得出不同裂隙密度下岩体裂隙应力强度因子随裂隙半径的增大而增加。当 t 从 $0 \to \infty$ 时，裂隙岩体在体积应变作用下的长期松弛强度与裂隙尺寸归一化后的关系为

$$\frac{K_1 I(\infty)}{\sigma_0 \sqrt{c_0}} = \frac{\dfrac{2}{\sqrt{\pi}}\sqrt{\dfrac{c}{c_0}}}{1 - \dfrac{16}{9}(1 - \mu'^2)(1 - 2\mu')\left(\dfrac{c}{c_0}\right)^3 \chi_0} \tag{1.8}$$

$$\sigma_0 = \varepsilon_H E_2(\infty) \tag{1.9}$$

$$\chi_0 = N c_0^3 \tag{1.10}$$

式中　$K_1 I(\infty)$——黏弹性状态下裂隙的应力强度因子，MPa；

μ'——裂隙岩体有效泊松比，无量纲；

χ_0——裂隙密度参数，无量纲；

σ_0——长期强度，MPa；

　　　　ε_H——体积应变，无量纲；

　　$E_2(\infty)$——材料体积松弛模量，MPa；

　　　　N——裂隙密度，即单位体积内所包含的裂隙数量，条/m^3；

　　　　c_0——币状裂隙半径初始值，m；

　　　　c——币状裂隙半径，m。

　　（5）吴刚和孙钧（1997）在损伤力学理论的基础上建立了岩体卸荷破坏的损伤本构模型，通过与红砂岩卸荷破坏试验结果对比，提出该模型适用于脆弹性岩体的卸荷破坏，即

$$\boldsymbol{\sigma}_{ij} = (1-D)\boldsymbol{E}_{ijkl}\boldsymbol{\varepsilon}_{kl} + \frac{D}{3}\delta_{ij}\boldsymbol{E}_{ppld}\boldsymbol{\varepsilon}_{kl} \tag{1.11}$$

式中　$\boldsymbol{\sigma}_{ij}$——岩体中基体的应力张量，MPa；

　　　$\boldsymbol{\varepsilon}_{kl}$——岩体中基体的应变张量，无量纲；

　　　$\boldsymbol{E}_{ijkl}$——岩体中基体的弹性常数张量，MPa；

　　　$\boldsymbol{E}_{ppld}$——岩体弹性常数张量，MPa；

　　　D——损伤变量，无量纲；

　　　δ_{ij}——Kronecker 符号。

　　（6）刘杰等（2005）通过物理模拟试验及有限元数值模拟，建立了卸荷岩体应力增量$\Delta\sigma$和应变增量$\Delta\varepsilon$的本构关系

$$E_t = \frac{\Delta\sigma}{\Delta\varepsilon} \tag{1.12}$$

其中

$$\frac{E_t}{E_0} = \frac{20-\sin^2\theta}{2+\frac{\sqrt{J_2}}{2R_c}} \cdot \frac{e^{\frac{P}{100P_a}}}{4\pi-d^{0.25}\tan^{-1}\left(\frac{T}{P}\right)} \cdot \frac{5c\cos\varphi+4R_t\sin\varphi}{(\pi-\sin^2\varphi)(2R_t+c)} - \frac{2c\cos\varphi+1.5R_t\sin\varphi}{(\pi-\sin^2\varphi)(2R_t+c)}$$

$$\tag{1.13}$$

$$d = \frac{l}{S^{\frac{1}{2}}} \tag{1.14}$$

式中　E_t——切线模量，MPa；

　　　$\Delta\sigma$——应力增量，MPa；

　　　$\Delta\varepsilon$——应变增量，MPa；

　　　E_0——初始弹性模量，MPa；

　　　θ——Lade 角，（°）；

　　　J_2——应力偏张量的第二不变量，MPa；

　　　P——垂直于结构面的应力，MPa；

　　　T——平行于结构面的应力，MPa；

　　　R_c——抗压强度，MPa；

　　　R_t——抗拉强度，MPa；

c——内聚力，MPa；

φ——内摩擦角，（°）；

P_a——标准大气压，MPa；

d——系数，表征单位面积上结构面长度的量；

S——试块面积，m^2；

l——试块上结构面的长度，m。

（7）陈平山等（2004）通过卸荷模拟试验，考虑了不同抗拉强度下的岩石卸荷受拉破坏，求出了修正 Lade 双屈服面准则的各项参数。该研究考虑了具有抗拉强度的岩土类材料的破坏特点，反映了应力对卸荷岩体屈服破坏的影响。该准则包括一个含两参数的剪切屈服函数（或屈服面）和一个压缩屈服函数（或屈服面）。

含两参数的剪切屈服函数（或屈服面）为

$$f_p(I_1,I_3,m,k)=\left(\frac{I_1^3}{I_3}-27\right)\left(\frac{I_1}{P_a}\right)^m-k=0 \tag{1.15}$$

或

$$f_p(I_1,J_2,\theta_\sigma,k)=9I_1J_2+6\sqrt{3}J_2^{\frac{3}{2}}\sin3\theta_\sigma+\left(\frac{I_1}{P_a}+27k\right)-\frac{1}{27}kI_1^3=0 \tag{1.16}$$

式中　I_1——第一应力不变量，MPa；

I_3——第三应力不变量，MPa；

J_2——应力偏张量的第二不变量，MPa；

P_a——大气压，MPa；

θ_σ——Lade 角，（°）；

k——剪切的应力水平，MPa；

m——材料参数，无量纲。

压缩屈服函数（或屈服面）为

$$f_c(I_1,I_2,r)=I_1^2+2I_2-r^2=0 \tag{1.17}$$

或

$$f_c(\sigma_1,\sigma_2,\sigma_3,r)=\sigma_1^2+\sigma_2^2+\sigma_3^2-r^2=0 \tag{1.18}$$

式中　r——压缩的应力水平，MPa；

σ_1——最大主应力，MPa；

σ_2——中间主应力，MPa；

σ_3——最小主应力，MPa；

其余符号意义同前。

陈平山等（2004）根据试验资料进行参数求解得

$$f_p(I_1,I_3)=\left(\frac{I_1^3}{I_2}-27\right)\left(\frac{I_1}{p_a}\right)^{2.066}-(2.123\times10^7)=0 \tag{1.19}$$

（8）冯学敏等（2009）基于对卸荷松弛过程和卸荷松弛机制的定性分析，提出了以岩石极限拉应变作为卸荷松弛的判别准则及取值原则，并运用三维弹黏塑性节理岩体流变模型，将该准则和计算方法应用于锦屏一级高拱坝建基面开挖卸荷松弛的数值分析中，取得

了不错的效果。修正后的应力—应变关系为

$$\varepsilon_t = k_s k_r \frac{\sigma_t}{E} \qquad (1.20)$$

式中 ε_t——拉应变，无量纲；

       k_s——考虑现场岩体尺寸效应的修正系数，无量纲；

       k_r——考虑岩体结构（如断层、软弱岩带和软弱夹层等）的修正系数，无量纲；

       σ_t——拉应力，MPa；

       E——变形模量，MPa。

用总应变场求得最大主拉应变 ε_{max}，用 ε_{max} 和 ε_t 的大小判断材料是否松弛破坏。总应变场计算如下：

$$\boldsymbol{\varepsilon}_{all} = \boldsymbol{\varepsilon}_{ini} + \boldsymbol{\varepsilon}_{ex} \qquad (1.21)$$

式中 $\boldsymbol{\varepsilon}_{all}$——总应变，无量纲；

       $\boldsymbol{\varepsilon}_{ini}$——初应变，无量纲；

       $\boldsymbol{\varepsilon}_{ex}$——开挖引起的增量应变，无量纲。

初应变 ε_{ini} 和开挖引起的增量应变 $\boldsymbol{\varepsilon}_{ex}$ 计算为

$$\boldsymbol{\varepsilon}_{ini} = [\boldsymbol{D}]^{-1} \boldsymbol{\sigma}_{ini} \qquad (1.22)$$

$$\boldsymbol{\varepsilon}_{ex} = \boldsymbol{B}u_{ex} \qquad (1.23)$$

式中 $\boldsymbol{D}$——材料的弹性矩阵，MPa；

       $\boldsymbol{B}$——应变矩阵，无量纲；

       $\boldsymbol{\sigma}_{ini}$——初应力，MPa；

       $\boldsymbol{u}_{ex}$——开挖引起的位移，m。

1.7   卸荷岩体稳定性分析方法

岩体稳定性分析的方法多种多样，目前应用比较多的方法主要有两类。一类是极限平衡分析方法，另一类是数值分析方法。数值分析方法较好地描述了岩体的应力和应变分布，可以了解岩体整体受力状况，但是一般难以知道岩体整体安全性如何。极限平衡分析方法则是基于岩体整体安全性概念，但是不清楚岩体的应力分布状况。有学者对数值分析方法进行改进，引入安全系数的概念，如有限元强度折减法、容重增加法、超载法等，能有效地获得岩体整体安全系数。极限平衡分析方法很多，如基于条分理论的 Bishop 法（蒋斌松和康伟，2008）、Janbu 法（王世梅等，2000）、Morgenstern - Price 法（陈昌富和朱剑锋，2010）、Spencer 法（张均锋等，2005）和基于任意结构面组合的 Sarma 法（郑颖人等，2004）等。卸荷岩体力学研究中应用得比较多的是数值分析法（如有限元法），也尝试过考虑卸荷的实现问题。

（1）瑞典条分法。Fellenius 等将滑体分成若干条块，提出瑞典条分法。该方法不考虑条块两侧的作用力，假定各条块底部滑动面上的抗滑安全系数均相同。该方法计算的安全系数过于保守。

（2）Bishop 法。1955 年，Bishop 提出边坡稳定系数 F_s 的含义应是沿整个滑动面上

的抗剪强度 τ_f 与实际产生剪应力 τ 的比值，即 $F_s = \tau_f / \tau$，并考虑各条块侧面间存在作用力。这种边坡稳定系数的计算方法被称为 Bishop 法。该方法假定相邻条块间侧向作用力矩相互抵消，且条块间切向力满足平衡。将圆弧面上的滑动体分为若干垂直条块，分别求其自重并将重力分解成与滑动圆弧相切和正交的两个分量，以圆弧的圆心为力矩中心，建立极限平衡方程，求对应圆弧上的稳定系数。这种方法比瑞典条分法更精确，但是应注意其稳定系数含义的改变和四项约束条件，即圆弧滑面、垂直条分、相邻间侧向作用力矩抵消和切向力平衡。在实际工程中，边坡的滑动面并不一定是圆弧，而往往是非圆弧的复杂曲面或折线形滑面。因此，该方法不适用于具有复杂滑动面边坡的稳定性评价。

（3）Janbu 法。1956 年，Janbu 提出了非圆弧滑面的边坡稳定系数计算方法，该方法与 Bishop 法的主要区别在于滑动面可以是非圆弧滑面，并假定条间力合力作用点的位置已知。分析表明，条间力作用点的位置对土坡稳定安全系数影响不大，一般可假定其作用于土条底面以上 1/3 高度处，这些作用点的连线称为推力线。

（4）Morgenstern - Price 法。该方法为现有规范推荐方法之一。Morgenstern 和 Price 假设滑裂面为任何形状，依据竖条上的力和力矩平衡条件建立基本方程。Morgenstern - Price 法采用 Newton - Raphson 迭代方法求解边坡的安全系数 F_s，在求出 F_s 后需校核条分界面的抗剪安全系数 F_s。

（5）Sarma 法。1979 年，Sarma 提出了对结构面控制的岩质边坡进行倾斜分条的极限平衡分析法。该方法假定沿条块侧面也达到了极限平衡，通过静力平衡条件即可唯一确定边坡的安全系数或加载系数。该方法可用于分析任意形状滑动面的边坡稳定问题。Sarma 法基本假设很少，同时数学模型的推导比较严密，适用于具有复杂滑动面边坡的稳定性计算，可根据边坡岩土体内的断层、节理、层面和裂隙等结构面分布来划分条块及确定条块的形态，力学模型比较接近实际。

（6）数值分析法。国内岩石力学与工程界在将数值方法应用于岩体稳定分析方面进行了大量实践，取得了一系列重要成果。潘亨水等（1982）结合具体工程实例，探索了强度储备法在岩石边坡中稳定性分析中的具体应用。Zhang 等（1999）采用有限元方法模拟了三峡大坝船闸高边坡开挖情况，给出了开挖方法指导。Feng 等（1999）在二维弹塑性有限元计算基础上，引入动态规划理论来分析复杂受力状态下岩体的总体稳定性，确定各个剖面的滑面形状，从而判断总体空间问题。栾茂田等（2000）提出了非连续变形计算力学模型（DDCMM 模型）的基本原理，并将其应用于一个典型岩石边坡的稳定性分析。寇小东和周维垣（2001）应用显式有限差分法 FLAC^{3D} 计算三峡船闸高边坡开挖过程的应力变形和稳定性。孙亚东等（2002）则采用非连续变形分析 DDA 法，结合一典型算例对该方法进行验证，对倾倒岩体的破坏机理进行分析研究。朱浮声等（1997）利用三维离散元法对矿山高边坡失稳进行分析。李世海等（2002）采用面—面接触的三维离散元刚性块体模型，对三峡船闸开挖前的高边坡进行分析，通过施加力边界条件，给出了与实测初始地应力场接近的数值模拟结果。徐平和周火明（2000）针对三峡船闸高边坡的典型剖面，根据试验资料确定的边坡岩体开挖卸荷带及其参数，采用有限元法对边坡进行了施工开挖卸荷效应的流变稳定性分析。黄达等（2012）基于高应力下脆性岩石卸荷力学试验，讨论了高应力下脆性岩石卸荷破坏采用张拉屈服的 Griffith 应变强度准则的合理性，建立了考虑卸荷屈服引起岩体力学参数变化的弹脆塑性数值计算方法，并在实际工程中得以验证。柏俊磊等（2014）基于卸荷岩体力学理论及方法，应用 FLAC^{3D} 有限差分计算软件，在数值分析中模拟不同速率的边坡开挖，并在不同开挖速率下对考虑及不考虑边坡岩体卸荷变化条件时边坡的应力应变特征进行了对比分析。

随着数值分析方法的不断发展，出现了不同数值分析方法的结合使用，如有限元、边界元、无限元、离散元、块体元等之间的相互结合；数值解与解析解的相互结合。这些方法的相互结合使用能充分发挥各自的特性，解决复杂的岩体边坡问题。如任清文和余天堂（2001）采用块体单元法进行边坡稳定性分析，该法兼有极限平衡法和有限元法的优点，既满足全部平衡条件又在一定程度上考虑了材料的变形。张季如（2002）对边坡开挖进行非线性有限元分析，获得边坡变形的大小和分布、塑性区的扩展状态、滑移面的形成、发展直至整体破坏的演变过程，并以此确定合理的滑移面位置，最后采用极限平衡法计算边坡的安全系数。

1.8 岩体卸荷松弛预测、监测与加固

对卸荷松弛岩体研究的最终目的，是将其应用于实际岩体工程之中，并能指导工程顺利建设和安全运营。伍法权等（2009）以小湾水电站坝基岩体开挖为例，进行了坝基岩体开挖卸荷与分带研究，结果表明开挖卸荷破裂面相对集中在开挖面之下 4～6m 深度以上，松动过程的主体部分多在几个月内完成，并给出了岩体卸荷分带的应变能方法。肖世国和周德培（2003）根据应力计算分析结果，认为边坡开挖后应力与位移向坡体内部呈衰减变化趋势，通过沿水平方向或与坡顶地面线平行的参考线的应力或位移变化曲线，即可确定开挖边坡松弛带范围。石安池等（2006）采用地质调查、钻孔声波测试、内外部变形监测、现场变形试验、钻孔岩芯力学试验、压水试验、钻孔录像、钻孔弹模测试等方法与手段，进行了开挖边坡岩体卸荷松弛综合研究；冯君等（2005）利用地质力学模型试验方法，模拟研究边坡开挖过程，确定开挖边坡松弛带范围。董泽荣等（2006）采用滑动测微计成功监测了小湾水电站坝基开挖及混凝土压重状态下的岩体卸荷变形，定量分析了坝基开挖后岩体变形发展规律，为评价坝基岩体质量和调整坝基岩体力学参数提供了依据。冯学敏（2010）归纳了开挖卸荷松弛的典型特征及其分带标准，分析了形成机理，采用三维弹性—黏塑性有限元方法对锦屏一级水电站拱坝建基面开挖卸荷松弛进行了数值分析，得出了可能发生松弛的区域及松弛程度。周华等（2009）利用三维非线性有限元法对小湾水电站坝基开挖的卸荷松弛问题进行了分析评价。李维树等（2001）介绍了"一击双收"弹性波检测方法在高边坡卸荷带划分中的应用，表明该方法能准确定量反映高边坡的卸荷范围和卸荷特征。尹健民等（2006）利用钻孔弹模测试法对小湾水电站建基面岩体的松弛厚度进行了检测。赵安宁和李洪（2007）应用了瞬态瑞雷波勘探技术探测边坡岩体卸荷深度。冯文娟等（2005）分析了在卸荷条件下预应力锚索同一数量不同倾角的变化对岩体变形模量、泊松比的影响，提出了一种等效变形参数法，可以算出含有节理岩体及加锚后的变形模量和泊松比。

除上述有关卸荷松弛岩体的研究报道外，还有学者对卸荷松弛岩体有关的问题进行了

研究，如梁宁慧等（2005）对卸荷岩体中的渗流场进行了研究；伍法权等（2009）对小湾水电站高拱坝坝基松弛岩体的表现特征、分布规律、成因、分区分带、松弛程度、时效特征及工程措施等进行了较系统的研究；陈祥等（2009）考虑岩体卸载效应，开展了岩块－应力关系的相关试验，提出了岩块卸荷指标等修正系数，进而对国标 BQ 岩体质量分级法进行了改进，并运用于工程实际。

因缺乏大量工程实践及大型工程的稀少，或岩石工程在发达国家已大面积萎缩，国外对于卸荷松弛岩体的研究相对较少，因而可供借鉴的文献资料不多。已有的成果主要涉及岩块的卸载试验（陈祥等，2009；Haupt，1991；Mikhalyuk 和 Zakharov，1999；Xi 等，2007；Lodus，1986）、水库影响下深层坝基岩体卸荷现象的研究（Leonov，1998；Wu 等，2009；Krylova，1996）、矿山开采引起岩体松动的现象（Spivak，1994；Glushko 和 Nemchin，1967；Vakhrameyev，2003；Mikhalyuk 和 Zakharov，1998）、露天矿边坡卸荷岩体的力学参数取值问题（Nozhin，1985）。比较而言，对开挖卸荷松弛岩体尤其是坝基松弛岩体的研究，国内研究程度及研究领域比国外更深、更广。

1.9　关于天然岸坡卸荷作用

1.9.1　卸荷作用本质

同风化一样，卸荷作用是斜坡岩体浅表改造的另一种重要外生营力，卸荷回弹是斜坡岩体变形破坏的一种主要方式。卸荷回弹是指河谷开挖以后形成的临空面或类临空面为储存在岩体中的高应变能提供了释放空间。伴随能量释放，斜坡浅表一定范围内岩体应力调整，导致浅表部位应力降低，而在坡体更深部位产生某种程度的应力集中，即产生所谓应力驼峰现象。表部应力降低导致岩体回弹膨胀、结构松弛，并在集中应力和剩余应力作用下产生新的表生结构面，即卸荷裂隙。一旦封闭于岩体中受约束的弹性能释放完毕，卸荷回弹即告结束。卸荷作用造成的岩体表生改造与卸荷裂隙生成导致岩体结构松弛，岩体结构松弛的主要原因为应力状态改变和斜坡的长期累积变形。如前所述，卸荷回弹之前岩体处于三向不等压应力状态且以压缩为主，而由于河谷下切、侧向力降低，岩体处于不等压状态而产生侧向拉伸形变导致岩体松弛。可见，卸荷作用的本质为原岩应力降低，导致的结果是岩体结构松弛。

卸荷与松弛、松动、变形等是描述斜坡演变过程与状态的三个既相联系，又有区别的概念。卸荷是指封存在岩体中的弹性应变能释放的过程，能量释放完毕，卸荷即告结束。松弛是材料力学中为研究应力、应变的时间效应而引进的概念；松弛的定义为物体受力形变后在应变恒定时应力随时间而持续降低；松弛的含义有两方面：一是应变不变（即材料密度不变），二是应力降低。

关于岩体松动，韩文峰等（1993）在研究了黄河黑山峡大柳树坝址岩体后将松动岩体定义为：松动岩体指晚近时期在内外动力地质作用下发生了应力释放、结构面张开、密度显著降低的岩体。同时明确解释"松"指疏松、密度降低，"动"指质点相对位移，包括相对拉张位移与相对剪切位移，即包含拉张破坏与剪切破坏、向外界释放能量之意义。可见，松弛与松动同为既可描述岩体所处状态，又可描述其力学行为过程的概念，但松动较之松弛，其内涵更为丰富，外延也更为广阔。应该说，应力松弛与岩体松动是卸荷作用结果和程度的反映。而变形体则指斜坡已进入累进性变形破坏阶段。

伴随应力松弛，不同力学性质的岩体表现不同。页岩、泥岩、碎裂结构岩体等软岩类岩体往往表现为韧性变形或塑性流动，而岩浆岩、厚层状灰岩与砂岩等块状坚硬岩体则显著不同，表现为拉、剪作用下的结构面改造与新破裂产生。如拉西瓦水电站坝区花岗岩体以岩基形态产出，具备储存高应变能的能力，它在河谷开挖后产生的卸荷作用应属坚硬块状岩体在较高原岩应力下的卸荷。

1.9.2 深切河谷岩体的诸种卸荷现象

为适应地表常温常压与气候环境，斜坡一般经历变形、破坏和破坏后继续运动三个演化阶段。风化与卸荷两种重要外生营力作用与卸荷作用推进并控制着河谷岩体的变形破坏进程。但从逻辑推理可知，只有在卸荷作用导致应力降低、岩体结构松弛的前提下，风化营力才会介入到岩体内部，风化作用也才会逐渐活跃起来。因此，坝区河谷中岩体在浅表改造作用下出现的崩落、错落、倾倒、滑动、松动等动力地质作用型式均与卸荷作用、风化作用存在成因上的关联。而且，随河谷谷坡高度增加，诸种表象更加显著，这是因为在河谷谷坡上部高程，谷幅更加开阔，二次应力调整更为充分，风化营力更易介入，斜坡演化时间也更长。一言蔽之，岩体卸荷有其更为充分的时间空间。事实上，坝区错落体、松动体、滑坡体、倾倒体、变形体、崩塌体等多集中在此一部位。而本研究对象——谷坡下部的坝基岩体则不然，逼仄的河谷、整齐的岸坡、完整的岩体、较高的地应力、河流的快速下切等均不允许弹性应变能在短时间内释放，因而卸荷作用通常表现为改造顺坡向高陡节理、产生卸荷裂隙以及剪切错动等形式。

事实上，不仅区域剥蚀与河流侵蚀形成的深切河谷存在卸荷作用出现的崩塌、滑坡、泥石流等卸荷现象，陆块中的重力褶皱、山头解体以及由于泊松效应影响而产生的深层引张拉裂、底辟构造形成的张性裂缝等均可视为自然界中的广义卸荷现象。

1.9.3 深切河谷卸荷应力分布

黄润秋等（2001）系统研究了我国西南、西北深切河谷高陡岩质斜坡岩体卸荷形成发育规律，发现卸荷引起的应力降低包含两个不同应力状态区域：一向受压、一向受拉的拉—压应力组合区，位于近坡面一定深度范围之内；双向受压的压—压应力组合区，位于拉—压应力组合区与应力集中区之间。按应力存在方式与卸荷破坏方式，将斜坡浅表岩体划分为图 1.1 所示的 5 个区域。

图 1.1 中 5 个区域的特征如下：

（1）拉裂区。通常位于岸坡最高处，卸荷导致此部位最小主应力为拉应力，当其超过岩体抗拉强度时，产生平行坡面的单向拉裂破坏。此时平行坡面的最大主应力几乎不起作用，岩体在卸荷回弹过程中轻微的拉应力即可产生平行岸坡的陡倾卸荷裂隙，因此，崩塌、坠落时有发生。

（2）压致拉裂区。受制于 Griffith 裂纹扩展理论（$\sigma_1 + 3\sigma_3 \geqslant 0$），在单向拉伸情况下，

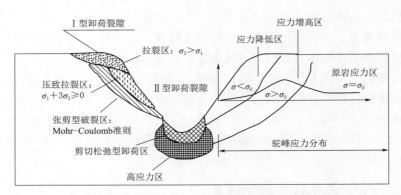

图 1.1　河谷应力场分布及卸荷裂隙机理示意图（黄润秋等，2001）

平行坡面最大主应力促使该部位产生压致—拉裂的张裂破坏，此部位亦易发生崩落失稳。

（3）单向拉伸参与的剪切破坏，即剪切破坏面上作用有法向拉应力，形成的这类张剪性面倾角虽仍陡但较前二者为缓。

（4）剪切松弛型卸荷区。位于河床及其附近坡脚，节理岩体以"网络型"密集剪切错动释放谷坡应力，往往以一陡一缓两组结构面组合的形式出现，并沿缓倾结构面滑移，同时使陡倾结构面拉裂，造成岩体松弛。当缓倾结构面为一具有一定厚度软弱充填时则会发生剪切错动型卸荷拉裂，产生沿长大裂隙改造的所谓卸荷"拉裂缝"。

（5）河床高应力集中区。位于河床一定深度以下，在垂直剖面上其形态常为一"应力包"，是钻进过程中"饼裂"的多发部位。

上述（1）～（3）均有拉应力参与，且表现为张裂特征，称之为Ⅰ型卸荷裂隙，发育于坡体浅表层，发育程度有向坡体内逐渐减弱之特征，伴随河流下切而出现，属斜坡岩体结构表生改造范畴；（4）为卸荷作用过程与剪切错动直接相关，称之为Ⅱ型卸荷裂隙，实际包含有岩体沿网络型结构剪切错动释放应力产生的"剪切松弛型卸荷裂隙"与沿缓倾坡外结构面剪切滑动导致其上岩体拉裂或对陡倾结构面进行改造而产生诸如拉裂缝之类的"剪切错动型卸荷裂隙"。拉西瓦水电站坝区花岗岩体遵从以上卸荷破裂与应力分布模式。

1.9.4　卸荷岩体特征及表征岩体卸荷程度的因素

卸荷岩体一般分为强卸荷带、弱卸荷带。岩体卸荷带是在其上覆荷载及侧向约束解除或削弱的状态下，河谷在一定深度和宽度范围内因应力重新调整而出现的松弛岩带，在这样的应力环境下，卸荷带岩体表现在以下方面：

（1）一般情况下表部岩体出现崩塌、松动，地面有开裂现象；严重情况下斜坡岩体进一步演变为变形体或滑坡。

（2）产生新裂隙，原有结构面尖端出现裂纹扩展，一些靠近地表的结构面发生张开拉裂。

（3）裂隙内有夹泥或次生成因物质充填。

（4）在环境场（如松弛的应力场、活跃的渗流场）作用下，风化作用强烈，风化现象愈演愈烈，岩石内部一些结构被破坏，一些矿物成分发生转化、流失或质变。

（5）应力松弛使岩石孔隙加大、岩石密度降低。

（6）岩石卸荷回弹，体积膨胀，力学性能降低。

（7）岩体位移特征明显。对于软岩，表现为强烈的塑性变形；对于硬岩，表现为突出的结构流变。

（8）RDQ 值、波速值和视电阻率值等指标降低，岩体结构松弛，岩体完整性变差。

（9）从地下水活跃程度来看，水—岩作用显著，洞室开挖后出现围岩渗水、滴水、流水和涌水现象。

（10）岩体从宏观上，岩石从微观上分别向其两极生长。

拉西瓦水电站坝区花岗岩地段可见高达近百米沿长大裂隙为界的直立卸荷带，向家坝水电站坝区沉积岩中发现有次生矿物呈晶簇产出。以上种种致使岩体变形加剧、力学参数降低、结构效应扩大、局部地段破坏、岩体整体性降低。金川硫化铜镍矿曾发生开挖时，一直径为 5m 的巷道洞径缩为 2m 的严重变形现象。

卸荷带岩体的这种外在表现，在时间与空间上并不是均匀分布的，这是由卸荷带岩体内部自表及里应力渐次升高的分布特点决定的。影响河谷岩体卸荷的因素有应力特征、地形地貌、地层岩性、风化状况、岩体结构、断裂构造、地下水、地震因素及人类工程活动等。岩体卸荷正是在这诸多因素的共同作用下产生和发展的。然而，这些因素有先有后，有主有次。大致来讲，应力特征、地形地貌、地层岩性、岩体结构、构造发育特征等构成了谷坡岩体卸荷的先决条件，而风化状况与地下水赋存则为在此先决条件下的后来因素。

岩体卸荷的本质为应力衰减。作者认为，对应力衰减贡献最大的应为地形条件与岩体结构，但风化作用、构造分布与地下渗流场对其影响亦不容忽视。显而易见，高陡斜坡往往在浅表卸荷显著，而整体状与碎裂结构岩体在卸荷程度上存在明显差异；岩体卸荷与岩体风化更是密不可分，风化作用的日益深入破坏了岩石和结构面的粒间联结；一定规模的断裂构造则常常在全局或局部范围内形成不同卸荷带划分的标志性界线；有水力坡降就有渗透压力，活跃的地下水流更是参与改变了至少某一区域的应力分布。

尽管如此，在对具体问题进行分析时，仍不能因为影响岩体卸荷的因素有先后主次而将其割裂开来。影响岩体卸荷的各因素共同作用，彼此之间有着天然联系，是效应互动的统一体。认识到这一点，在分析解决问题时才能做到重点突出而又不失全局概念。这正是辩证唯物观与方法论的核心之所在。

1.9.5 卸荷带深度确定的几种方法

1.9.5.1 野外宏观地质调查

确定岩体卸荷带深度与划分不同卸荷带之间界线可通过两种方法与手段，即野外宏观地质调查与建立在各种量测数据上的室内分析。卸荷岩体发育的特征与表象为我们提供了野外宏观调查岩体卸荷与分带的重要依据。现场调查统计可归结为两个方面，一为野外地表调查，二为勘探点调查。在地表，调查基岩的卸荷拉张情况、松散坡积物中地面开裂、陷落带等各种异常迹象；各勘探点位可揭示岩体深部的多种信息，详细描述统计钻孔、平洞、坑槽、竖井结构面性质、性状、数量、开度、充填、岩石风化、力学特征、地下水出露等发育特征，对认识岩体卸荷及不同卸荷带划分至关重要。这里要特别强调的是，一定要高度重视野外宏观地质调查。因为无论地表还是深部调查，均为我们提供了了解岩体卸荷的第一性素材。在获得了大量资料之后，才能对河谷岩体卸荷的程度和范围从宏观上有深入的把握与理解。

1.9.5.2 探寻卸荷裂隙发育规律

卸荷带岩体一个显著的特征是产生了一定数量的卸荷裂隙，或沿原有原生节理、构造节理部分张开改造。探寻这些裂隙在坡体的发育规律有助于确定各卸荷带岩体之间分界线的依据和方法。卸荷裂隙与风化裂隙、泥化夹层等浅表生结构面一起，受地形及原有结构面控制，力学性质多属拉张，在坡顶往往以缓倾角出现，在坡体内部则大致与斜坡平行，裂隙面粗糙起伏，常呈齿状，延续性差，结构面多为疏松风化碎屑及泥质充填，张开度大多小于3cm，个别可达十几厘米，长度数米不等，规模较大者可大于10m，其长度、开度、数量向深部呈逐步减弱趋势。

表1.4为溪洛渡水电站坝区左岸平洞PD_{80}卸荷裂隙统计数据，数据获得是按上游壁每5m洞段统计。从表中可看出，依不同迹长来划分则卸荷裂隙条数不同，综合考虑波速、完整性系数等可将岩体强卸荷带水平深度确定为20m左右，而将弱卸荷带下限确定为40m，这个划分结果与野外宏观地质调查结果非常吻合。

表1.4   **溪洛渡水电站PD_{80}卸荷裂隙发育情况及物探测试成果表**

洞深 /m	节理数 /条	波速 V_p /(m/s)	完整性 系数 K_v	卸荷裂隙条数（按迹长划分）			
				>0.5m	>0.7m	>0.8m	>1.0m
0~5	36	1510	0.057	9	7	4	3
5~10	48	1940	0.095	5	4	3	3
10~15	24	3360	0.248	4	3	3	3
15~20	31	4320	0.470	4	3	2	2
20~25	33	5400	0.735	4	1	1	1
25~30	44	5310	0.710	6	2	2	1
30~35	72	5090	0.635	10	6	4	2
35~40	51	4910	0.607	2	1	0	0
40~45	26	4960	0.620	1	0	0	0
45~50	13	5650	0.804	1	0	0	0
50~55	9	4570	0.526	0	0	0	0
55~60	5	5560	0.779	0	0	0	0
60~65	12	5390	0.732	0	0	0	0
65~70	9	5540	0.743	0	0	0	0
70~75	22	5430	0.743	0	0	0	0
75~80	10	5550	0.776	0	0	0	0

1.9.5.3 利用物探资料

物探资料包括声波、地震波、视电阻率、放射性测量、孔内电视等测试及监测成果，对其成果进行分析整理，亦可揭示卸荷带发育规律。溪洛渡坝址平洞PD_{33}波速比变化

（图 1.2）及长江三峡 ZK_{127} 钻孔视电阻率（图 1.3）较好地揭示了岩体卸荷带随深度的发育分布规律。图 1.2 揭示 0～5m 为强卸荷带，5～25m 为弱卸荷带。图 1.3 中，0～12m 为强卸荷带下限，12～18m 为弱上卸荷带下限，18～25m 为弱下卸荷带下限。

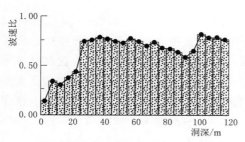

图 1.2　溪洛渡 PD_{33} 波速比—洞深直方图

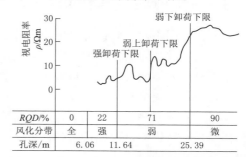

图 1.3　长江三峡 ZK_{127} 视电阻率—孔深曲线

1.9.5.4　基于斜坡应力场

对于岩性单一、完整块状的岩体，从斜坡临空面向纵深方向，斜坡岩体中应力分布大致分为应力松弛带、应力集中带、应力平稳带，其中应力集中带有时并不明显，而卸荷岩体总是处于应力松弛带内。即使在应力松弛带内，岩体应力分布也存在一个渐变过程，或者在总体渐变过程中依然呈现强弱交替的分布规律。强卸荷带、弱卸荷带、微卸荷带的判定与划分正是基于卸荷带岩体应力的这种分布规律。据各卸荷带发育特征，各卸荷带位于应力松弛带的不同应力变化区间。在此尚需强调的是，强卸荷带、弱卸荷带、微卸荷带之间并不存在绝对的划分界线，尤其在完整性较好的松弛岩体内更是如此。这是由斜坡应力在没有大型结构面控制时连续变化的一般性所决定的。而且，各卸荷带岩体界线与斜坡地形大致平行，但是这种规律在向深部转移时越来越不明显。

地应力可通过水压致裂法、钻孔应力解除法等实测与有限元、离散元等数值模拟获得，将成果分析整理后按照斜坡应力分布的一般规律可将卸荷带大致划分出来。图 1.4 所示为公伯峡水电站某斜坡有限元计算的最大主应力成果，并依据最大主应力等值线图划分的不同卸荷带。

建立在各种量测数据之上的室内分析实际上是想从数字的角度给予卸荷岩体定量化的描述，这就是通过测量、试验、物探、数值模拟等手段获取足够数据，加以分析计算，找出卸荷带岩体中各种物理量及其之间的对应分布规律。

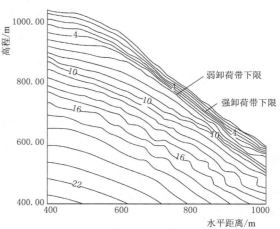

图 1.4　公伯峡水电站某斜坡不同卸荷带
（基于最大主应力等值线划分，MPa）

这些物理量实际为一些表征卸荷程度的指标。对于卸荷岩体，这些指标应主要为以下几个：①地应力；②卸荷回弹值，即卸荷岩体发生的位移；③节理开度；④渗透系数；

⑤各种物理测试与物理勘探，如密度、视电阻率和弹性波速等；⑥力学试验指标，如岩石单轴抗拉、抗压强度、岩体变模和弹模等；⑦卸荷裂隙发育程度及其变化规律。

1.9.6 坝区岩体卸荷特征指标选取

与风化作用不同，卸荷对岩体中纵波速度的影响主要有这几方面的原因：①岩体应力降低导致岩石颗粒间距离增大、粒间联结减弱、岩石密度降低；②基于工程角度，岩体本身已不再是地质体而仅是一种将要承受荷载或受荷载影响的一类特殊材料，这种材料是有缺陷的，而任何缺陷都将对弹性波产生影响；③结构面张开或松弛，使弹性波传播到此处时以反射、折射、绕射的方式进行，从而使其传播路径加长、传播速度减慢；④洞壁弹性波传播受塑性区影响，因此所测弹性波速值偏于保守；⑤波速是岩体在风化、卸荷等作用下岩体波动特性的综合体现。

断层存在对弹性波速造成很大影响。弹性波速在断层带中一般为 $2000 \sim 3000 \text{m/s}$，仅为断层两侧围岩弹性波速的 $40\% \sim 60\%$。可见，岩体越完整，应力程度越高，越有利于波速传递。澜沧江小湾水电站坝高是 294.5m，金沙江溪洛渡水电站坝高是 285.5m 的，这两座水电站均为超过 200m 的特高双曲拱坝。黄河拉西瓦水电站坝高是 250m，也是特高双曲拱坝，因此与小湾水电站和溪洛渡水电站具有很强的工程类比性。兹将小湾水电站和溪洛渡水电站这两座水电站坝区岩体卸荷特征、不同卸荷带纵波速度 V_p、开度等特征指标值列于表 1.5。

表 1.5　　　　小湾和溪洛渡两座水电站特高双曲拱坝坝区岩体卸荷特征

水电站名称	卸荷带	纵波速度 $V_p/(\text{m/s})$	开度	卸荷特征	岩性
小湾	强	<2500	2cm	中陡倾和缓倾裂隙发育，裂隙充填岩屑、岩块及泥，有架空现象，卸荷裂隙两侧岩体松动错位明显	片麻岩
	弱	3000~4000	0~2cm	卸荷裂隙发育，裂隙充填细粒软泥，由表及里分布均匀	
溪洛渡	强	<2500	2cm	岩体松弛，裂隙面普遍张开、锈染，充填物以岩屑为主	玄武岩
	弱	<4100	轻微张开	较松弛，裂隙轻微张开（一般<1mm），长大裂隙面锈染严重	
	未	4800	闭合	岩体结构紧密，裂隙闭合，壁面新鲜	

卸荷导致岩石和结构面松弛从而增大岩体导水能力。对于块状花岗岩体，一定的应力状态与断裂构造、岩体完整性将决定其相应的水文地质结构。较之平洞，钻孔因尺寸过小而对围岩天然状态扰动微弱，对其进行压水试验获得的透水系数将反映岩体所处应力状态、节理开合及卸荷程度。对岩体渗透性分级见表 1.6。

在此以表征渗透性能的透水系数 ω 作为拉西瓦水电站坝区岩体卸荷的定量化特征指标，其不同岩体卸荷带取值正是以表 1.6 规范为依据 [10Lu 相当于 $0.1\text{L}/(\text{min} \cdot \text{m} \cdot \text{m})$]。

结合拉西瓦水电站多年工程实践，综合考虑国内外卸荷岩体大量实测资料和卸荷岩体特征，作者选取纵波速度 V_p、透水系数 ω 和节理开度 S 三个指标来探讨拉西瓦水电站坝址区岩体卸荷的定量化，并进行不同卸荷带划分。不同卸荷带岩体的特征指标值选取见表1.7。

表 1.6 岩体渗透性分级

渗透性等级	渗透系数 $K/(cm/s)$	透水率 q/Lu	岩体特征
极微透水	$K<10^{-6}$	$q<0.1$	完整岩石，含等价开度<0.025mm裂隙的岩体
微透水	$10^{-6}\leq K<10^{-5}$	$0.1\leq q<1$	含等价开度$0.025\sim0.05$mm裂隙的岩体
弱透水	$10^{-5}\leq K<10^{-4}$	$1\leq q<10$	含等价开度$0.05\sim0.1$mm裂隙的岩体
中等透水	$10^{-4}\leq K<10^{-2}$	$10\leq q<100$	含等价开度$0.1\sim0.5$mm裂隙的岩体
强透水	$10^{-2}\leq K<10^{0}$	$q\geq100$	含等价开度$0.5\sim2.5$mm裂隙的岩体
极强透水	$K\geq10^{0}$		含连通孔洞或等价开度>2.5mm裂隙的岩体

表 1.7 拉西瓦坝区花岗岩体卸荷特征指标值

卸荷分带	节理开度 $S/$mm	纵波速度 $V_p/$(m/s)	吕荣值 q/Lu	透水率 $\omega/[L/(min·m·m)]$
弱卸荷带下限	0.1	4000	<10	0.1
强卸荷带下限	10	2500	≥100	1

1.9.7 卸荷作用的工程地质意义

岩体结构松弛导致岩石（体）物理力学条件发生改变，斜坡浅表岩体工程地质性能下降，这主要表现在以下方面：

（1）渗透性能提高。岩体结构松弛产生卸荷裂隙及结构面张开，造成岩体透水性能显著提高，如拉西瓦水电站坝区高围压下完整致密花岗岩体，其渗透性一般在0.01L/(min·m·m)以下，而在卸荷带内可达1L/(min·m·m)，坝基岸坡极浅部位的强卸荷带内形成的卸荷拉张甚至可与地表水气直接循环。

（2）岩体变形性能增加。坚硬岩体变形性能主要受节理发育程度控制，卸荷作用引起的节理张开和卸荷裂隙产生导致岩体变形性能增加是显而易见的。地震法与声波法等物探测试很容易揭示这种变化。卸荷带内变形模量仅为深部岩体的$1/4\sim1/10$，如某工程平洞中对薄层灰岩以地震法测得的动弹性模量（图1.5）在洞口为20GPa，50m深为35GPa，而在126m深为55GPa。

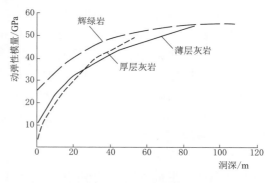

图 1.5 平洞中动弹性模量变化曲线

（3）岩体强度降低。卸荷带内节理张开接受风化并充填次生泥质等碎屑物质造成结构面抗剪强度很低，如某工程卸荷裂隙夹泥致使抗剪强度 $\tan\varphi=0.2$，$c=10$kPa，对坝基抗剪极为不利。

1.9.8 风化和卸荷关系

风化与卸荷同属外动力地质作用，是地壳表层物质大循环的重要环节。在深切河谷地区，风化和卸荷共同对河谷表部一定深度范围内岩体进行浅生时效改造。本质上讲，风化和卸荷却是两个不同术语。风化的本质体现岩石矿物的蚀变与流失。卸荷作用的本质则为岩体应力松弛。但是，风化和卸荷之间又存在着天然联系。风化和卸荷是效应互动的统一体。岩体应力松弛为风化营力的介入提供了通道。风化作用程度和范围渐次递增，又不断改变周围岩体的应力状态，迫使岩体不断进行应力调整来适应新的环境。导致的结果是浅表岩体中的应力场不断被削弱，并进一步向深部扩展，破坏扰动邻近区域天然应力场，从而使得岩体卸荷领域逐步扩大。

影响风化和卸荷作用的因素很多，主要有地形地貌、河流下切速度、气候因素、地层岩性、地质构造、岩体天然应力场、河谷演化时间长短等。

风化和卸荷共同作用表现出的主要特征有：使岩体应力松弛；岩石矿物蚀变流失；岩体中结构面开裂；产生新的次生构造，如风化裂隙、卸荷裂隙；岩体卸荷回弹，岩体模量和强度降低；岩石密度减小；岩石吸水性增强；岩体渗透性能提高。对于深切河谷，河谷扩宽的根本原因是风化卸荷。河谷岸坡表部岩体的松动、变形、破坏、失稳是以风化、卸荷作用为基础的。从工程角度看，主要产生了两个效果，即岩体完整性变差和岩体物理力学性能不能完全满足工程需要。

风化和卸荷还有一个共同特征，即河谷岸坡岩体由表及里、由浅入深，风化和卸荷两种外动力作用都有逐渐减弱的特点。据此，从工程应用角度，可将风化带岩体划分为全风化带、强风化带、弱风化带和微风化带等若干个带，将卸荷带岩体划分为强卸荷带和弱卸荷带。

对于岩体风化、卸荷进行研究并对其详细分带具有重大工程意义，因为强卸荷、强风化岩体一般不可利用而全部开挖，弱风化、弱卸荷岩体视工程需要则要进行一定程度的加固、改良。研究风化、卸荷作用有三种方法，即定性、定量与数值模拟。定性为在野外进行大面积宏观地质调查统计，获得第一性资料与感性认识，这是研究风化、卸荷的基础，应高度重视。定量则是通过工程类比，并结合具体工程实践对表征风化、卸荷的特征指标加以量化而得到不同风化带、卸荷带的定量深度。数值模拟尽管因其难以建立完全的地质力学模型与数学模型，但它的优点也非常明显，即一方面可从理论上对其规律进行探讨，另一方面可大大弥补定性与定量研究方法的不足。因为定性与定量一般是建立在地表可视范围与有限的勘探之上，而数值模拟则可以从整体、宏观的角度给予卸荷作用等既可整体、又可局部的把握，重在其本质规律性的探讨，当前所有重大水利水电工程均以数值模拟为重要工具和手段，获得了良好工程应用效果。当然，对一具体工程评价，最好的方法是将定性、定量与数值模拟结合。

1.10 开挖卸荷岩体松弛机理及其探讨

拱坝一般承受有静水荷载、温度荷载、自重、扬压力、泥沙压力、冰压力、浪压力、动水压力和地震等荷载。这些荷载通过拱坝结构传递到两岸坝肩及河床坝基。分析认为，拉西瓦高拱坝主要承受静水压力与自重。高拱坝在水库运行期间承受着巨大静水压水，如二滩拱坝承受坝前齐顶总水压为 103GN，小湾为 196GN，溪洛渡为 181GN，白鹤滩为 140GN，构皮滩为 74GN，拉西瓦为 85GN。据拱坝设计，绘制拉西瓦高拱坝在两岸坝肩的荷载大小（图 1.6）。

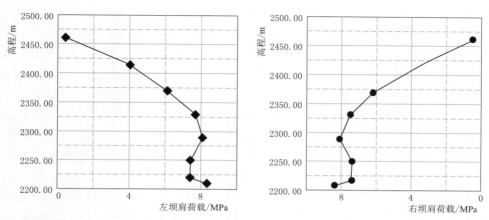

图 1.6 拉西瓦高拱坝两岸坝肩荷载分布

高拱坝所承受的巨大荷载及拱坝结构的传力特点对抗力体提出了苛刻要求，我国水力发电工程地质勘察规范明确规定，高拱坝对建基岩体有几个方面的基本要求：①岩石坚硬，有足够的承载力；②完整性较好，风化程度轻微；③有较高变形模量，保证坝肩岩体不致产生较大压缩变形；④坝肩及河床坝基岩体有较高的强度参数。

通过严密勘测、科学论证选择的高拱坝坝基嵌深面在原岩状态下具有岩石强度高、岩体完整性好、变形模量大、岩体风化程度轻微等特点。但是经基础的大规模开挖，与拱坝坝体直接接触的建基面表层产生了一定厚度的卸荷松弛岩体。因应力调整，建基面岩体物理力学性能出现较大幅度降低，因此对其工程地质特性进行深入研究对于建基岩体工程处理的范围、方式与效果等具有重要意义。

1.10.1 岸坡初始应力场与开挖卸荷应力场的二次调整

高拱坝坝址位于陡峻深切峡谷中，国内外已修建的高拱坝，绝大部分以岩浆岩、变质岩及粗碎屑沉积岩作为建基岩体。其岩石条件具有密度大、孔隙率低、强度高、变形模量大、可储存高弹性应变能等高性能物理力学特点。但是岩石在漫长的原生成岩建造及后期构造运动和浅表生改造过程中，形成了各种不同形迹的结构面，构成岩体的早期损伤。进入第四纪后，新构造运动导致的差异性抬升使得地貌逐渐演化为现今河谷形态，在这一过程中，应力释放最终导致岸坡表部形成一定厚度的天然卸荷带，并在岸坡不同深部区域产生应力松弛带、应力增高带及应力正常带。地形地貌、地层岩性、地质构造及岸坡应力分带，可视为高拱坝坝基开挖前的初始地质条件。

高拱坝坝址两岸谷坡往往高达数百米甚至上千米，岸坡上部岩体经历了长时期的风化、卸荷作用。接近地表，岩石强度、岩体完整性、赋存应力状态均发生了不同程度的降低与弱化。高拱坝坝基处在河谷谷底，目前世界范围内特高拱坝高度主要在 300m 量级以下（除锦屏一级水电站坝高 305m），即坝顶高程以上仍有数百米甚至上千米以上的天然岸坡。相对上部高程部位，岸坡低高程岩体风化、卸荷要轻微得多，同时岩体条件也要好得多。究其原因，谷底高地应力对岩体起到了重要的保护作用。

对雅砻江河谷下切的研究及作者对黄河上游拉西瓦水电站坝址河谷下切数值模拟表明，随河谷下切，地应力逐步释放，且下切到一定高程以下，谷底产生明显应力集中区，主应力的分布具有分带性，拉应力的分布受断层、地形等因素的影响，岩体最大主应力量值较高等。根据地应力实测及有限元模拟结果，国内主要建于高陡河谷的几座水电站的河床谷底最大主应力列于此。拉西瓦水电站坝基最大应力在 20MPa 以上（谷底应力包内达 30～40MPa），白鹤滩水电站坝基最大主应力约 23MPa，小湾水电站坝基最大主应力约 35MPa（谷底应力包内达 44～57MPa），锦屏一级在 40MPa。在围压效应下，谷底应力包及其附近，一方面外生营力难以介入，另一方面此一量值地应力在围压状态下尚不足以破坏岩体完整性，即岩体得到很好保护。但是谷底浅表层岩体则因临近地表及应力快速释放，形成一定卸荷岩带，并产生一些浅表时效破坏。

因体型需要，高拱坝坝基在河床谷底大规模开挖。与天然河谷下切相比，谷底局部范围内爆破剧烈开挖，使得建基岩体及其以上一定高度范围原有天然应力平衡状态被打破，二次应力快速调整，岸坡应力增高带向深部转移，建基面附近应力松弛，主应力的大小与方位均发生了较大变化（图 1.7），这是一次不同寻常的卸荷。

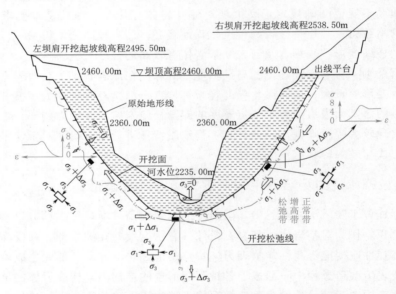

图 1.7 拉西瓦拱坝坝基开挖主应力的大小与方位示意图

建基面在某一有限范围内，可近似为平面，在水平方向上，除和上游、下游人工边坡交汇部位受到一定程度约束，建基面表层岩体总体为向开挖面外侧的一维卸荷，卸荷过程中岩体中某些组别的结构面，尤其与开挖面夹角较小的结构面对建基岩体的应力调整与变形破坏起到了不可忽视的作用。

1.10.2 开挖卸荷力学机制分析

1. 岩体变形破坏的力学机制

岩体在变形破坏过程中，一方面岩体的内部结构和外形不断发生变化，另一方面其应力状态也随之不断调整，并引起弹性能的积存与释放效应。

压应力本身不会对岩体产生破坏。但是不同大小的压应力将在岩体中产生不同的剪应力及拉应力，从而导致岩体破坏，即岩体破坏总是剪应力、拉应力或为拉剪复合（如岩芯饼裂形成：外拉内剪）造成的。因此，从能量、应变、抗拉和抗剪等方面建立岩体破坏准则，建基岩体变形和破坏最终均可归纳为剪切破坏、拉张破坏和拉剪综合破坏这三种形式。

岩体发生何种变形破坏，最终由主应力控制。在三向应力状态下，中间主应力 σ_2 与最大、最小主应力（σ_1、σ_3）之间的比值关系是决定岩石（或沿结构面）破坏的一个重要参数。Nadai(1970) 曾提出用 σ_2 反映偏向 σ_1 或 σ_3 的程度，即所谓"应力状态类型参数" α 来划分应力状态类型，该参数表示为

$$\alpha = \frac{2\sigma_2 - \sigma_1 - \sigma_3}{\sigma_1 - \sigma_3} (-1 \leqslant \alpha \leqslant 1) \tag{1.24}$$

式中　α——应力状态类型参数，无量纲；

　　　σ_1——最大主应力，MPa；

　　　σ_2——中间主应力，MPa；

　　　σ_3——最小主应力，MPa。

在 $\alpha = 1$ 时，即 $\sigma_2 = \sigma_1$，为拉伸应力状态；在 $\alpha = -1$ 时，即 $\sigma_2 = \sigma_3$，为压缩应力状态；α 介于 -1 与 1 两者之间时，将发生不同程度的剪切与拉张破坏。据中细粒砂岩真三轴实验，得出以下定量关系：

（1）$\sigma_2/\sigma_3 < 4$ 时，主要为剪断破坏，破坏角 β（破裂面与 σ_1 方向的夹角）为 $25°$ 左右。坝基岩体开挖后，建基岩体以下深部岩体（坚硬岩石深度约在 10m 以远，开挖爆破应力为 $1 \sim 2$MPa，对岩体影响很小）应力状态属于此种类型，且愈远离开挖面，在量值上 σ_2 愈为接近 σ_3。因坝基岩体抗剪强度较高，除不利结构面块体组合、滑移结构面力学性能较低情况之外，极少见深部破坏现象。

（2）$4 \leqslant \sigma_2/\sigma_3 \leqslant 8$ 时，主要为拉剪综合破坏，属过渡类型，破坏角 β 为 $15°$ 左右。此种情况发生在建基岩体以下深度 $3 \sim 10$m 部位（开挖爆破影响区），其变形破坏受岩体中结构面及其组合控制。

（3）$\sigma_2/\sigma_3 > 8$ 时，主要为拉断破坏，破坏面与 σ_1 方向近于平行，与 σ_3 方向近于垂直。实际上当 σ_2 远远超出 σ_3 时，σ_3 作用面可视为"临空面"，此时应力组合条件已接近两向应力状态。坝基开挖后，建基表层岩体（爆炸破坏区及强烈影响区）沿与开挖面展布方向近于平行的结构面开裂即属此类。

根据 Griffith 破坏准则，当 $\sigma_1 + 3\sigma_3 \leqslant 0$ 时，拉应力对岩石破坏起主导作用，此时拉断破坏准则为

$$\sigma_3 = -R_t \tag{1.25}$$

式中　σ_3——允许最小主应力，MPa；

　　　R_t——抗拉强度，MPa。

2. 开挖卸荷条件下岩体的变形破坏

哈秋舲（1995）在 20 世纪 90 年代提出"卸荷岩体力学"概念，认为岩体卸荷存在动态衰减和劣化特征，岩体卸荷的动力学特性主要表现在力学本构关系劣化、岩体卸荷强度

相应劣化、不稳定块体增加和岩体力学参数降低，以及地下水渗流条件恶化。胡海浪（2008）指出：岩体开挖卸荷过程中，岩体变形模量、内聚力和内摩擦角等力学参数出现随开挖卸荷量变化而变化的特征，即表现为随卸荷量的增大而减小趋势（仅泊松比随尺寸增大而增加），但参数的变化不是从初始值一直减小到零，而是在卸荷量增加到一定量值后，岩体的裂隙张开、结构面的扩展及岩体力学参数保持相应的量级而不再减小。李建林等（2003）通过相似材料模拟试验研究表明，岩体抗压强度、受压变形模量、卸荷初始变形模量、泊松比等，在岩体尺寸大于 6.75m（尺寸系数 $C_L = 27$）时，其尺寸效应基本趋于稳定；岩体抗拉强度、受拉变形模量等，当岩体尺寸大于 20.25m（尺寸系数 $C_L = 81$）时，其尺寸效应才趋于稳定。尺寸效应是分析和研究岩体力学问题不可缺少的重要内容。

目前学术界认为，对于岩体的开挖卸荷机制问题，工程开挖改变了岩体原有应力场，储存在岩体中的弹性应变能得以释放，边坡浅表层岩体沿早期结构面张开、错动及扩展，甚至产生新的裂隙，开挖岩体总体向临空方向产生变形，绝大部分应力释放在爆破的瞬间完成，可看作脆性变形，剩余一部分卸荷则基本是在其后 90 天内逐步完成的，可看作流变变形。

对于开挖岩体表面发生的错动回弹、蠕滑等剪切破坏，应用 Mohr - Coulomb 准则可作初步机理探讨：开挖临空面不承受应力，可视为主平面，若按惯例以压应力为正，临空面即为最小主应力平面，即 $\sigma_3 = 0$，开挖过程即为使原有受力面 σ_3 降为 0（甚至拉应力）的过程，而在应力调整过程中保留有一定的残余应力。同时开挖过程中顺开挖面的最大应力 σ_1 变化相对较小，有时还会因为应力调整或应力集中而增大。这样，按 Mohr - Coulomb 准则，开挖过程中应力圆由小到大迅速扩张，最大和最小主应力之差 $\sigma_1 - \sigma_3$ 即剪应力增大，当其增大到触及甚至突破 Mohr 应力圆外包络线时（图 1.8），破坏发生。图 1.9 更直观地展示了开挖卸荷直至破坏的全过程。

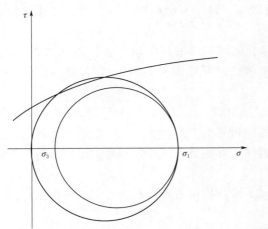

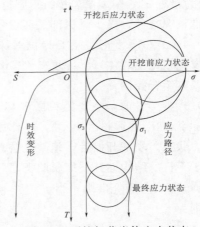

图 1.8　开挖卸荷的应力圆及 Coulomb 强度包络线　　图 1.9　开挖卸荷岩体应力状态变化（刘彤，2006）

作者认为，高拱坝建基面附近岩体原本处在谷底岸坡一定应力带中（应力松弛带～应力增高带区间），即位于一定的初始应力应变场中 $\{\sigma_0, \varepsilon_0\}$，开挖爆破使其在此赋存条件下瞬间施加了一个高强度爆炸应力波（对岩体已经造成一定程度损伤），之后又急剧卸载（卸除爆炸加载），使建基面及其以下岩体在很短时间内应力突降，且因爆炸冲击波所施加的巨大荷载，卸载曲线最高点远大于初始应力，"最初一分钟"荷载急剧衰减，并逐渐趋缓，σ_3 最终减小为零甚至达到拉应力状态，导致岩体发生破坏，完成爆后卸载（脆性）→卸荷回弹（弹性、塑性）→卸荷松弛（流变）等应力释放的全过程（图 1.10），即建基岩体开挖并非完全的卸荷过程，在其初始阶段，爆炸强大的冲击波对其施加了瞬间高强度荷载。这一点与模拟试验中应力从零开始加载完全不同（图 1.11）。

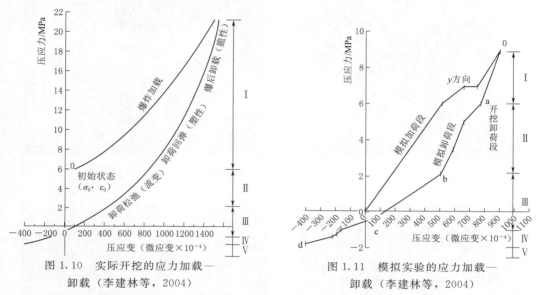

图 1.10　实际开挖的应力加载——卸载（李建林等，2004）

图 1.11　模拟实验的应力加载——卸载（李建林等，2004）

岩体卸荷本构关系及其破坏准则是岩体卸荷松弛的核心研究内容。岩体卸荷的本质最终反映在其应力—应变本构关系上。岩体卸荷响应及其变形破坏可从多方面表现出来。近年来结合大量工程实践与试验研究，国内学者针对岩体卸荷松弛破坏，从岩体抗压强度、岩体抗拉强度、岩体卸荷流变、裂隙岩体单轴松弛模量和体积松弛模量、岩体卸荷增量及应变增量等角度，开展了大量探索研究，得出了一些有益的岩体卸荷本构关系与破坏准则，并应用于工程实践中，取得了较好成果。

1.10.3　开挖卸荷变形破坏的微细观物质基础

岩体卸荷力学的研究在宏观水平上通常基于连续介质力学。但应该考虑到，岩石在原生状态及历次地质构造运动中，实际也遭受了肉眼难以察觉的细微破裂，并且这些细微破裂在微小尺度上也表现出一定的方向性，岩石强烈的开挖爆破将使其得以宏观显现，因此岩石破裂的微观研究是很重要的。可喜的是，近年来，国内外学者通过理论分析与岩石细观力学实验，在细微领域已取得令人振奋的成绩。

将岩石破坏与细观裂纹结合起来的研究可追溯到 Griffith 关于材料破坏的脆性理论。Bridgman 在皂石、大理岩等的单轴试验时，将观察到的岩石破裂前的非弹性体积增大（即通常所谓的扩容），归因于结构的变化和宏观破裂的预兆。1962 年茂木清夫在加压岩样的磨光面上观察到岩石破裂前会发生大量的微裂纹。直至近年来谢强等（1996）在岩石细观力学实验与分析方面，任建喜和葛修润（2000）在岩石卸荷损伤演化机理 CT 实时摄像分析方面，戚承志和钱七虎（2009）在材料变形及破坏的微细层次上的研究，国内外学者在岩石细观、微观领域做了较多的探索研究工作，已经取得了有益的成果。

　　基于 SEM 电镜对于岩石破裂过程的连续观察，谢强等（1996）初步建立了岩石损伤本构关系，图 1.12～图 1.17 为谢强等（1996）在岩石细观力学实验方面获得的组图。

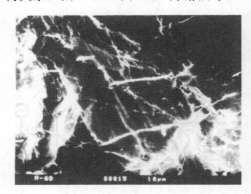

图 1.12　晶粒内损伤

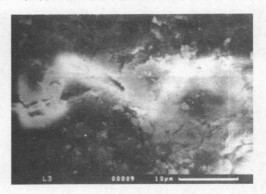

图 1.13　裂纹在微观颗粒间产生和延伸

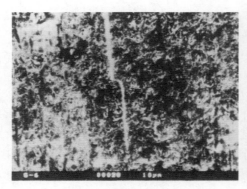

图 1.14　裂纹扩展、连接形成主裂纹

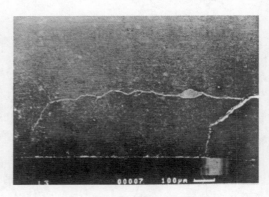

图 1.15　隐晶质灰岩的破坏

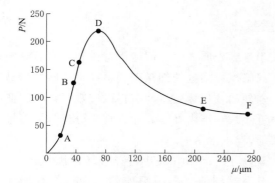

图 1.16　电子显微镜加载红砂岩 P - μ 曲线

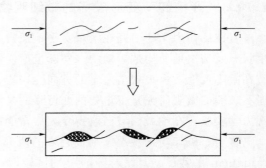

图 1.17　岩石破坏过程形成的剪切核

　　现在学术界认识到，岩体（石）破裂依其尺度大小，分为宏观、细观、微观三个层次，按照谢强等的观点，野外普遍发育、影响工程岩体力学特征的断层、裂隙、节理属宏观级；发育在岩石结构中，用肉眼或显微镜观测，直接影响岩石力学特征的裂纹属细观级；而将发育在矿物晶体内部，一般对岩石宏观力学性质没有直接影响的那些位错属微观级。

物理微观、细观的基本原则在性质上与传统连续介质力学及位错理论不同。在大量实验与理论研究基础上，苏联学者及戚承志、钱七虎（2009）认为：在微观水平上，多晶体材料（如火成岩）在外力作用下产生位错并发展，即晶格剪切失稳，是微应力在局部区域集中造成的；在细观水平上，塑性流动的基本载体为三维构造单元，包括晶粒、晶粒聚合体、亚晶粒、位错亚构造格等，基本的细观缺陷是细观条带，剪切失稳发生在细观应力集中的局部区域，并沿最大剪应力方向扩展，且不依赖于晶格走向。

目前关于岩体卸荷的力学机制探讨仍在进行，这是一个不断修正和完善的过程。随着工程实践的大量开展及研究的进一步深化，卸荷岩体力学必将有理论化、系统化的长足发展。

第 2 章
开挖卸荷松弛岩体分类与判定

2.1 卸荷松弛岩体成因分类

分析多座水电站高拱坝基础开挖岩体松弛特征可知，造成坝基岩体松弛、损伤、变形、破坏的因素是多方面的，不能简单地归于某种单一因素。笔者基于卸荷松弛主导因素，从力学成因上将岩体开挖松弛分为卸荷回弹型、结构松弛型、开挖爆破型、浅表时效型等4种成因类型。

2.1.1 卸荷回弹型

特高拱坝建基岩体具有岩石致密坚硬、岩体微风化～新鲜、位于高陡深切谷底、赋存于较高地应力环境等特点。这些特点表明岩体能储备较高的弹性应变能。特高拱坝建基岩体应力量值高，岩体处于弹性压缩状态，一旦建基面开挖后应力急剧释放。相应地，开挖面表层岩体便从高围压状态得以舒展解脱，开挖面附近原有的三维应力状态转化为二维应力状态，发生向临空面方向卸荷回弹而体积膨胀，产生位移、"葱皮"、岩爆等变形破坏现象，这种现象主要发生在河床谷底部位。那么，卸荷回弹是怎么造成完整岩石的变形破坏的呢？作者认为，坝基新鲜完整岩石所发生的位移、"葱皮"、岩爆等变形破裂与岩石中存在的隐—微裂隙有极大关系，或者说，是造成变形破坏的内在原因。

以黄河上游拉西瓦水电站为例，该电站坝基岩石为中生代印支期粗粒—中粒花岗岩，历经了漫长的结晶过程与近2亿年的历次构造运动，晶格中存有成岩过程中的早期缺陷，构造运动造成的微应力、细观应力的区域集中产生有隐—微裂隙。在微观层次上，晶格的开裂与位错可能是杂乱无章的。在细观层次上，隐—微裂隙有成组、多组出现的可能，或因岩石矿物粒径较为粗大，而增加了这种可能性。

坝基岩体开挖，一方面爆炸冲击波能量释放，加剧了岩石内部隐张拉裂、剪切位错，早期的隐—微裂隙及裂纹扩展，与开挖面近于平行的隐—微裂隙尤其如此。另一方面爆破后岩石又在瞬间卸荷回弹，使得裂纹、微裂隙最终搭接、贯通。这样，葱皮、岩爆等岩石破裂便发生了，受开挖面应力转移控制的小湾水电站坝基岩爆底面甚为平光或可证实（图2.1）。

一个值得注意的现象是，垂直埋深近600m、水平埋深近400m的拉西瓦水电站地下主厂房内端墙新鲜完整花岗岩，在开挖后即可看到边墙壁面新鲜岩石几乎完全疏松甚至解体，用手触摸即呈松散状。同样的情形还发生在拉西瓦水电站高拱坝右坝肩高程2250.00m灌浆洞新鲜完整花岗岩的开挖掌子面上（图2.2）。

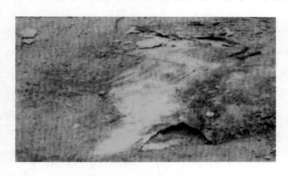

图2.1　小湾水电站坝基20#坝段高程962.00m
建基面中心线上游侧岩爆现象

图2.2　拉西瓦水电站高拱坝右坝肩高程
2250.00m灌浆洞掌子面裂缝及岩石碎末

在小湾、锦屏一级、拉西瓦等水电站拱坝坝基的建基岩体表层产生新的裂纹、葱皮、岩爆等现象，均属微风化～新鲜完整岩石的卸荷回弹型变形破坏。图2.3为拉西瓦水电站高拱坝右坝肩完整花岗岩体。

（a）高程2280.00～2295.00m　　　　　　　　（b）高程2385.00～2400.00m

图2.3　拉西瓦水电站高拱坝右坝肩完整花岗岩体

卸荷回弹型主要发生在原岩应力量值高的微风化～新鲜岩石中。岩石在成岩建造、构造运动、表生改造等过程中已产生了微～细观破坏。开挖爆破、建基面形成、应力调整进一步使新鲜岩体向临空方向位移。于是，岩体（岩石）扩容使原有微细裂隙发生扩展、搭接、贯通，从而产生变形破坏。

2.1.2　结构松弛型

在漫长地质历史过程中，岩石经历了地质建造、地质构造与表生改造等过程，产生了不同级序、不同组别的各种形迹结构面，破坏了岩体完整性，改变了岩体受力特性，并控制岩体变形及稳定性。大量工程开挖实践表明，不同性质与产状结构面，在开挖面以下一定深度范围内，表现出明显的各向异性，即沿不同结构面方位，岩体的变形、破坏有很大不同。

　　国内外学者普遍认为，坝基开挖岩体卸荷松弛及松弛程度与构造应力分布方向及岩体构造有关。开挖后建基面附近岩体应力发生调整，由原有赋存环境的三维应力状态转为临空面附近的二维应力状态，且愈接近开挖面，最大主应力 σ_1 愈与开挖面平行，而最小主应力 σ_3 则愈与开挖面垂直，开挖面附近岩体的变形破坏主要受 σ_1、σ_3 控制。在开挖面附近，σ_3 可能变为拉应力。这样，岩体中不同方位的结构面对岩体变形破坏所做的贡献便明显不同。与开挖面夹角较小近乎平行的结构面是造成建基岩体松弛的主要因素，其余组别结构面则是在一定范围内作为变形破坏的边界条件。

　　李建林和孟庆义（2001）研究了不同结构面夹角条件下岩体卸荷的应力—应变关系，得出的结论认为，不同结构面夹角对卸荷曲线影响不同，当夹角较小时曲线稍陡，随夹角的增大，曲线变缓（图 2.4）。

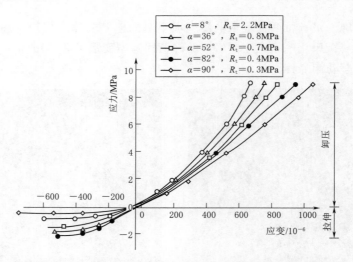

图 2.4　不同结构面方向的岩体卸荷应力—应变关系曲线（李建林和孟庆义，2001）

　　因拉应力的主导性作用，贾善坡等（2010）研究了不同结构面夹角岩体抗拉强度 R_t 的变化，发现夹角较小时抗拉强度 R_t 较高；随夹角增大，抗拉强度 R_t 明显降低；当 α = 90°，R_t 仅为 0.3MPa，抗拉强度约为完整岩石抗压强度的 1/13；岩体抗拉强度与结构面夹角呈负相关关系，如图 2.5 所示。这一点也被大量工程实践所证实，如徐干成和郑颖人（1990）对三峡船闸高边坡工程研究，发现与边坡小夹角的结构面最易张开变形（图 2.6）。

　　拉西瓦水电站拱坝右坝肩 2260.00～2240.00m 低高程部位与开挖面夹角较小的裂隙密集发育，如图 2.7 所示。

　　拉西瓦水电站拱坝坝肩 2260.00～2240.00m 低高程，因处于岸坡谷底，岩体中一方面存在构造应力，另一方面在河流下切过程中储存了较高地应力，建基面开挖后应力释放

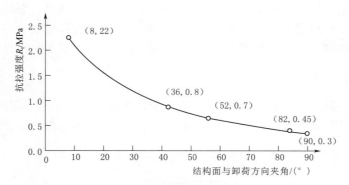

图 2.5　结构面方面夹角与抗拉强度关系

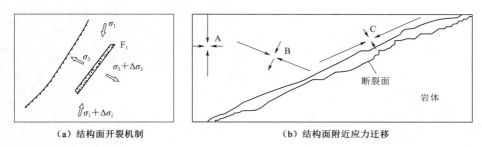

图 2.6　结构面开裂机制与结构面附近应力迁移

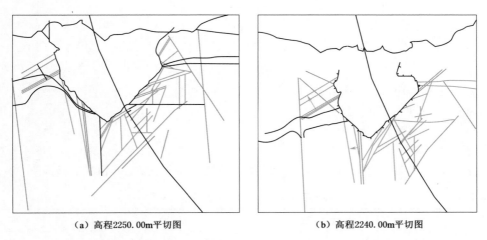

图 2.7　拉西瓦水电站右坝肩高程 2260.00～2240.00m 结构松弛型成因

较为强烈，沿顺坡结构面拉张变形，形成明显低波速区，该高程部位开挖后用混凝土进行了置换。

小湾坝基的裂隙张开与错动、板裂现象、差异回弹或蠕滑现象，锦屏一级坝基沿原有结构面张开、板裂现象、位错及水平剪裂、松弛层裂，以及拉西瓦坝基沿原有结构面开裂、层状位错及结构面表皮剥落等，这些均属建基岩体开挖后的结构性松弛。

结构松弛型主要发生在断裂发育地段、较大规模断层出露地段、裂隙密集带和结构面不利组合部位。与结构面夹角密切相关，属于宏观级结构性变形破裂，主要表现为结构面张开、位错和块体蠕滑。与开挖面夹角较小的结构面对结构松弛型起主导作用。

2.1.3　开挖爆破型

岩石工程爆破开挖分级共 16 级。对于花岗岩这类强度高的岩石，爆破开挖属于Ⅶ级，爆破需要密集炮孔及高强度炸药量，从而对岩石造成不可避免的损伤，产生一定厚度、程度不同的开挖爆破松弛带。

2.1.3.1　爆破作用对岩体破坏的影响

炸药爆炸后介质的运动可划分为几个阶段（戚承志和钱七虎，2009）。第一阶段为爆炸空腔的扩展，破坏区扩展速率大于介质裂纹扩展速率 $\upsilon_{\max}$。通常有两个区域，即塑性区域 $a(t)\leqslant r\leqslant b(t)$ 和弹性区域 $r\geqslant b(t)$，见图 2.8。这里，$a(t)$ 为爆炸空腔的当前半径，$b(t)$ 为破坏区边界半径，r 为前半径。在第二阶段，当 $b<\upsilon_{\max}$ 时，出现径向裂纹区，即 $b(t)<r<l(t)$，这里 $l(t)$ 为裂纹区半径。

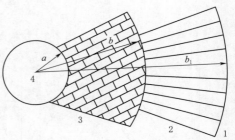

图 2.8　爆炸作用下岩石的变形与破坏区划示意
1—弹性变形区；2—径向裂纹区；
3—压碎区；4—爆炸空腔

据李翼祺等（1992）的研究，通常爆炸波在岩石中的传播可描述为

$$\sigma_{\max}=\frac{k}{r_0^{\mu}} \tag{2.1}$$

其中

$$r_0=\frac{R}{R_0} \tag{2.2}$$

式中　r_0——相对距离，无量纲；

$\quad\quad R$——距爆心距离，m；

$\quad\quad R_0$——装药半径，m；

$\quad\mu$、k——常数。

白云岩、大理岩（顺层岩）、花岗岩的动、静抗压强度及 μ、k 值见表 2.1。

表 2.1　　　　　　　　　　　三种岩石的动、静抗压强度及 μ、k 值

岩石种类	静抗压强度/MPa	动抗压强度/MPa	动、静强度比	μ	k/GPa
白云岩	42	273	6.5	1.875	7.552
大理岩（顺层理）	21	189	9.0	2.152	3.943
花岗岩	70	400	5.7	1.713	11.383

据恽寿榕和赵衡阳（2005）所著《爆炸力学》，超压值 ΔP_{m} 与 r_0 有图 2.9 的对应关系。图 2.9 的超压值 ΔP_{m} 与 r_0 的对应关系可用式（2.3）定量描述。

$$\Delta P_{\mathrm{m}}=10^6\left(\frac{A_1}{r_0^3}\right)+10^4\left(\frac{A_2}{r_0^2}\right)+10^2\left(\frac{A_3}{r_0}\right) \tag{2.3}$$

式中　　ΔP_m——超压值，MPa；

A_1、A_2 和 A_3——均为常数，取值见表2.2；

　　　　　r_0——相对距离，见式（2.2）。

2.1.3.2 拉西瓦水电站坝基岩体开挖爆破破坏现象

开挖爆破对岩石破坏主要有两种形式。一方面是爆破产生的强大冲击波超过岩石抗压、抗剪、抗变形能力，直接将岩石破坏，如拉西瓦水电站建基面表层 50cm 范围内微风化～新鲜岩石破坏就产生新的裂纹。另一方面是建基面附近岩体原有构造发育，岩体结构较差，在爆破作用下岩石结构面完全开裂、显现，造成岩体损伤，可称之为结构性爆破破坏，特别是断裂发育带位于交通洞、排水洞及廊道在建基面出口部位时。如拉西瓦水电站右坝肩高程 2250.00m 灌浆洞、排水洞洞口段裂隙发育，且展布方向多为顺层向，爆炸致使结构面完全张裂，并引发裂纹扩展，产生新的爆破裂隙，岩体完全破坏，范围可达洞周数米、洞深 2～4m，如图 2.10 所示。

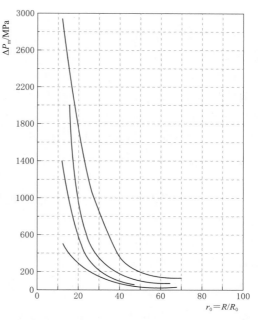

图 2.9　超压值 ΔP_m 与 r_0 的对应关系

表 2.2	式（2.3）中的常数 A_1、A_2 和 A_3			
常数	绿辉石	大理石	花岗岩	石灰石
A_1	18.56	1.67	1.27	−1.51
A_2	88.82	4.71	20.18	21.33
A_3	202.01	46.70	38.59	38.59

（a）高程2250.00m灌浆洞口爆破影响　　　　（b）高程2250.00m灌浆洞口爆破破坏

图 2.10　拉西瓦水电站开挖爆破导致右坝肩灌浆洞洞口段破坏

开挖爆破对边坡岩体扰动剧烈。对于断裂发育（特别是顺坡向结构面发育）、风化卸荷及质量较差岩体的影响更是如此。如拉西瓦水电站开挖爆破对右坝肩 2280.00～

2240.00m 高程段，尤其 2260.00～2240.00m 高程段拱间槽边坡影响较大。主要表现为以下几个方面：

（1）导致边坡浅层产生松弛带。松弛带深度一般 1～3m，断裂发育地段更深，松弛带岩体结构面开裂、岩石密度降低、空隙增大，强度指标与变形指标急剧变差。

（2）加剧早期卸荷。岸坡早期沿顺坡向断裂向岸外卸荷并逐渐拉裂，爆破开挖在瞬间高强度作用下加剧了这种卸荷，使得建基面以下浅表范围岩体卸荷拉裂更为明显和严重，如拉西瓦水电站右坝肩高程 2250.00m 灌浆洞、排水洞所在部位建基面的开挖即为证据。

（3）改造或产生新卸荷裂隙。因开挖爆破能量高、强度大，在极短时间迅速改变原岩应力状态，使原有紧闭裂隙在冲击波作用下瞬间拉开，同时亦会产生小型或隐－微爆破裂隙。如拉西瓦水电站右坝肩高程 2250.00m 灌浆洞进口段顺坡向裂隙张开拉裂即属此类。

2.1.3.3　拉西瓦水电站坝基岩体开挖爆破影响范围与分区特征

根据式（2.3），取表 2.2 中花岗岩 A_1、A_2 和 A_3 值，爆破直径 $r_0 = 0.05\text{m}$，计算得到不同 r_0 时 ΔP_m 值，并将其换算为 MPa 单位，结果见表 2.3，据此得到图 2.11。通过拟合表 2.3 中 ΔP_m 与 R 关系，得

$$\Delta P_m = 371.23 \lg\left(\frac{R}{0.05}\right)^{-6.2263} \quad (r^2 = 0.9928) \tag{2.4}$$

式中　ΔP_m——超压值（即钻孔爆破动荷载），kPa；

　　　　R——距炮孔距离（建基岩体埋深），m；

　　　　r——相关系数。

表 2.3　　　　　　　　　　　不同半径范围 ΔP_m 与 r_0 关系

相对距离 r_0	与炮孔距离 R/m	超压值 $\Delta P_m/\text{MPa}$	相对距离 r_0	与炮孔距离 R/m	超压值 $\Delta P_m/\text{MPa}$
5	0.25	1900	200	10.00	2.4
10	0.50	367.4	300	15.00	1.5
15	0.75	153.0	400	20.00	1.0
20	1.00	85.6	600	30.00	0.7
30	1.50	40.0	800	40.00	0.5
40	2.00	24.2	1000	50.00	0.4
60	3.00	12.6	5000	250.00	0.08
100	5.00	6.0	10000	500.00	0.04

结合表 2.3 可见，按动抗压强度 400MPa 控制，拉西瓦水电站坝基花岗岩爆炸破坏岩体在建基面以下 0.5m 以内。按爆破影响，可将建基岩体分为以下几个区：

（1）破坏区（0～0.5m）。爆炸产生的动荷载大于 2000～400MPa，超过动抗压强度 400MPa 控制极限，岩体遭受破坏。

（2）强卸荷区（0.5～3.0m）。爆炸产生的动荷载 400～10MPa，属强烈影响区，引发岩体结构开裂、裂纹扩展，并可能产生新的裂隙。

（3）弱卸荷区（3.0～10.0m）。爆炸产生的动荷载 10～2MPa，对岩体影响较小，岩体结构略有松弛，但基本保持天然状态，属弱影响区。

（4）无影响区（＞10.0m）。爆炸产生的动荷载小于2MPa，对岩体影响极微。

开挖爆破型主要发生在距建基面0～0.5m范围内的极浅表部位以及多空间交叉开挖地段。这些部位的岩体有足够的释放空间，如帷幕灌浆洞口、排水洞洞口以及与建基面相交的洞室走廊地段。在强大的爆炸冲击波作用下，原有各种形迹的结构面普遍张开，岩体完全破坏，岩石中早期形成的隐裂隙和微裂隙宏观显现出来，新生的爆破裂隙多呈似层状板裂特征。

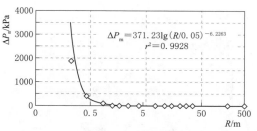

图2.11　不同深度超压值 ΔP_m 与距炮孔距离 R 的关系

2.1.4 浅表时效型

王兰生等（1994）基于铜街子水电站河床卵石"咬断"现象，深入分析了谷底岩体变形破坏机制，提出了"浅表时效构造"理论，该理论近30年来得到了较大发展。浅表时效现象是20世纪80年代以来新发现的一种既不同于一般地质构造形迹，又区别于受现代地形控制的表生构造的地壳浅层变形破裂形迹。研究表明，浅表时效现象是晚近时期以来，区域性剥蚀（垂向卸荷）或侧向扩张（侧向卸荷）引起岩体中的残余应变能释放，在地壳浅表层中形成的时效变形破裂迹象，其形成有复杂的力学机制。由于这类变形破裂形迹发育在近地表范围内，它对底面岩体运动、岩体稳定性和工程活动起着重要的控制作用（李天斌等，2000）。

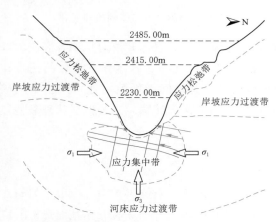

图2.12　拉西瓦坝址河谷应力分带与谷底浅表时效构造示意

高陡峡谷谷底普遍存在河谷应力包现象。近年来，小湾、溪洛渡、锦屏一级、拉西瓦等几座高坝大库水电站建设中，河床坝基部位均揭示有谷底浅表时效现象。图2.12为拉西瓦坝址河谷应力分带与谷底浅表时效构造示意图。

开挖爆破过程中及开挖完成后，河床坝基部位晚近时期形成的似水平状应力释放，坝基岩体水平层状开裂，此前紧闭的裂隙张开并使隐—微层状宏观显现。小湾水电站坝基曾出现随河床坝基下挖，层状开裂相应跟进的局面。

小湾水电站河床坝基浅表部缓倾角卸荷裂隙控制导致坝基开挖后底鼓现象，拉西瓦水电站河床坝基受缓倾角卸荷裂隙控制导致开挖后层状开裂。发生这种现象均归因于浅表时效型卸荷松弛作用。实际上，拉西瓦水电站河床部位坝基左岸出现轻微岩爆、河床开挖面揭示较多水平状缓倾裂隙，左岸河床坝基揭露的 Zf_8 断层（图2.13），断层带内充填有大量河床淤积物，这表明河流下切过程中河床部位的强烈卸荷上隆。坝基开挖揭露右岸高程2260.00m以下河床部位发育大量缓倾岸外裂隙密集带。将上述结构面相连，则实为河床谷底兜底缝（图 2.14、图 2.15）。

（a）基坑右侧揭露　　　　　　　　　　　（b）基坑上游侧揭露

图 2.13　拉西瓦水电站河床坝基 Zf_8 断层特征

图 2.14　拉西瓦水电站缓倾角卸荷裂隙　　　　　图 2.15　小湾水电站缓倾角卸荷裂隙

　　浅表时效型往往发生在接近谷底应力包的河床坝基部位。岩体开挖对早期谷底应力释放型似层状（或宽缓圈椅状劈裂，即工程上所称的"兜底缝"）岩体具有强烈的诱裂作用，使其在加剧原有开裂的同时，引发早期细微破裂，并沿隐微裂隙贯通，产生新的破裂。又因临近河床谷底应力包，随开挖进程，应力不断向深部转移，这种似层状破裂便连续进行。

2.1.5　各成因类型变形破坏特点

　　（1）卸荷回弹型。主要发生在原岩应力量值高的微风化～新鲜岩石中。内因是岩石在成岩建造、构造运动、表生改造等过程中产生微—细观破坏。开挖爆破、建基面形成、应力调整进一步使新鲜岩体向临空方向产生位移。岩体（岩石）扩容使原有微细裂隙扩展、搭接、贯通，从而产生变形破坏。

　　（2）结构松弛型。主要发生在断裂发育地段、较大规模断层出露地段、裂隙密集带及结构面不利组合部位。与结构面夹角密切相关，属于宏观级结构性变形破裂。主要表现为结构面张开、位错、块体蠕滑等。此过程中，与开挖面夹角较小的结构面起了主导性作用。

　　（3）开挖爆破型。主要发生在距建基面（0～0.5m）的极浅表以及多空间交叉开挖地段。这些部位的岩体有足够的释放空间，如帷幕灌浆洞口、排水洞口以及与建基面相交的洞室走廊地段。在强大的爆炸冲击波作用下，原有各种形迹的结构面普遍张开，岩体完全破坏，岩石中早期形成的隐裂隙和微裂隙显现出来，新生的爆破裂隙多呈似层状板裂特征。

（4）浅表时效性。往往发生在接近谷底应力包的河床坝基部位，岩体开挖对早期谷底应力释放型似层状（或宽缓圈椅状劈裂，即"兜底缝"）岩体具有强烈的诱裂作用，使其在加剧原有开裂的同时，同时引发早期细微破裂，并沿隐微裂隙贯通，产生新的破裂，且因临近河床谷底应力包，随开挖进程，应力不断向深部转移，层状破裂随下挖连续进行。

综上，建基岩体变形破坏的根本原因是，依尺度大小，岩体中发育宏观级、细观级、微观级等不同级序的结构面。从本质上讲，建基岩体变形破坏是在一定初始应力应变状态（σ_0，ε_0）下，在爆炸荷载施压之后，经历迅速卸载→快速卸载→减缓卸载等一系列荷载变化过程，应力不断调整、岩体（石）内不同级序结构面卸荷的力学响应过程。

2.2　岩体卸荷松弛带判定方法

除了漫长地质演化过程中岩体受临空条件影响发生卸荷松弛外，高拱坝坝基岩体开挖也常发生卸荷松弛。坝基开挖岩体卸荷松弛带是指处于一定围压状态下的岩体在建基面开挖及形成后，由于爆炸瞬间施压，之后建基岩体表层一定区域岩体经历爆炸应力快速解除，原岩应力短时释放，并逐渐稳定等一系列过程，最终完成应力调整。建基面及其以下一定深度范围内，岩体发生卸荷回弹、结构性松弛、岩体微细裂隙张开与扩展、岩爆等变形破坏及波速降低、岩体物理力学性能弱化的岩带。

松弛带判定的方法有很多，可归纳为地质宏观判定、物探测试、室内与现场试验、数值模拟等方法。

2.2.1　宏观地质判定

宏观地质判定是建基面开挖后对开挖表面及相关平洞进行调查。调查内容主要包括开挖面变形破坏特征、结构面性状与开裂特征、平洞进口段岩体损伤特征。如拉西瓦水电站右坝肩高程 2260.00～2250.00m 梯段开挖完成后，对高程 2256.10m 的平洞 PD_{K6} 洞口段现场调查，并进行地质锤敲击、宏观描述，发现的现象是：洞口段 2m 范围岩体拉裂张开明显；位于洞口 5.5m 的 yL_{147} 陡倾岸外裂隙在前期勘测中处于闭合状态，而开挖后发现有轻微张开，张开度在 1～2mm；位于洞内 13.3m 处的 yL_{122} 陡倾岸外裂隙则仍处于闭合状态；洞口段总体裂隙较为发育，结构面产状陡倾坡外且有利卸荷变形破坏的发生。综合这些地质现象，宏观判断该部位开挖岩体卸荷深度为 6.0m（图 2.16）。

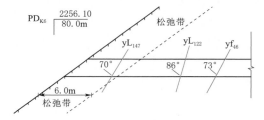

图 2.16　拉西瓦高拱坝右坝肩高程 2260.00～2250.00m 裂隙卸荷开裂

2.2.2　物探测试判定

物探测试方法以高效、准确、实用的特点且方法多样而被普遍用于建基岩体检测。岩体松弛物理测试主要有表面地震波、单孔声波、跨孔声波、"一击双收"纵波、瞬态瑞雷波、钻孔弹性模量、全孔壁数字成像等方法等。

（1）表面地震波法。可在拱肩槽上下游边坡、拱坝建基面表面布置测线进行地震波法纵波速度测试，以揭示表面岩体弹性波速状况。该方法主要反映松弛带岩体松弛程度及其工程地质特性，属常规方法，在小湾、锦屏一级、拉西瓦、李家峡、公伯峡等水电站坝基岩体松弛检测中广泛应用。

（2）单孔声波法。可在拱肩槽边坡一定高程平行布置若干垂直于建基面的钻孔（一般布置 3 个），孔深 10～15m 不等，孔间距一般为 1.5～2.5m，对每个钻孔不同深度进行声波法测试。各高程测试孔大多位于拱肩槽中心部位。利用单孔声波法获取不同孔深波速变化，一般在建基面以下一定深度会出现一个明显波速转折点，据此划分松弛带。需说明的是，这个转折点往往是强卸荷带与弱卸荷带的转折点，弱卸荷带以下波速曲线斜率变化不大，一般没有明显的波速转折点。该方法属常规方法，简捷、方便，在小湾水电站、拉西瓦水电站等几乎所有高拱坝坝基岩体松弛检测中广泛应用，效果良好。

（3）跨孔声波法。可利用单孔声波法所在同一高程一次布置的 3 个钻孔中相邻 2 个钻孔，按不同深度进行钻孔与钻孔之间的穿透波速测试，一般采用声波法，以检测该部位建基面不同深度岩体弹性波速状况。在划分松弛带方面，跨孔声波法和单孔声波法一样，都会在一定深度以下出现波速转折点。但跨孔测值一般大于单孔声波法，其波速在两钻孔之间穿行，穿越岩体具有较高的赋存应力，因此更能真实反映岩体的工程地质特性。该方法在小湾、拉西瓦、锦屏一级等水电工程中得到应用。

（4）"一击双收"纵波法。在岩体表面布置两只检波换能器，并在其连线延伸方向任意一点一次锤击、2 只换能器同时接收震源传来的波形（图 2.17、图 2.18）。该方法可准

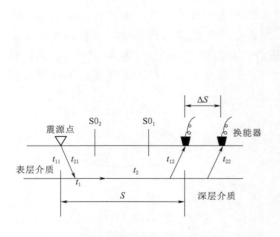

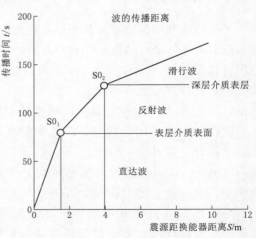

图 2.17　"一击双收"检波换能器布置示意图　　　图 2.18　"一击双收"弹性波检测方法

确、定量地反映高边坡的卸荷范围和卸荷特征，因省去钻孔，比其余方法更加简便，适用于工程岩体风化带和卸荷带、性状不均匀的断层带划分、建基面的确定、围岩松弛层厚度测量等。该方法已在水布垭、隔河岩、三峡船闸等 20 余个水电工程中得到应用。

（5）瞬态瑞雷波法。瑞雷波存在于自由表面附近，是 P 波与 S 波叠加的结果，在其传播方向平面内，瑞雷波质点运动轨迹为逆时针方向转动的椭圆，椭圆长轴垂直于介质表面。瞬态瑞雷波又称频率测深，是在地面上人工叠加一瞬间冲击力，在地层表层产生一定频率范围由多个简谐波组成的瑞雷波，在传播方向布置多道检波器，得到频散曲线，最终结合地质条件对频散曲线进行定性分析和定量解译（赵安宁和李洪，2007）。目前瞬态瑞雷波法在水电工程中应用较少。

瑞雷波传播速度 V_R 比横波传播速度 V_s 慢，即 $V_p > V_s > V_R$，它们之间的关系为

$$V_R = \left(\frac{0.87 - 1.12\mu}{1+\mu} \right) V_s \tag{2.5}$$

$$\mu = \frac{V_p^2 - 2V_s^2}{2(V_p^2 - V_s^2)} \tag{2.6}$$

式中　V_R——瑞雷波传播速度，m/s；

　　　V_s——横波传播速度，m/s；

　　　μ——泊松比，无量纲；

　　　V_p——纵波传播速度，m/s。

（6）钻孔弹性模量法。弹性模量仪内部设有千斤顶及位移传感器，其原理为通过千斤顶向钻孔孔壁施加一对径向对称的条带压力，通过位移传感器测量钻孔加压后的径向变形量。根据钻孔不同深度测值变化可揭示松弛带厚度，如图 2.19 所示。

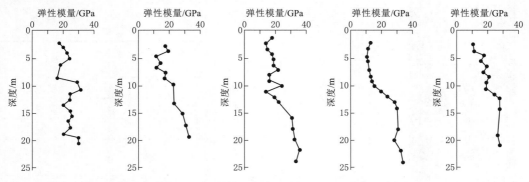

图 2.19　小湾坝基钻孔弹性模量测值随深度变化关系（尹健民等，2006）

钻孔弹性模量法已被国际岩石力学学会正式推荐。根据弹性理论计算岩体弹性模量，计算为

$$E = AHdT(\beta, \mu) \frac{\Delta P}{\Delta D} \tag{2.7}$$

式中　A——岩体三维效应系数，无量纲；

　　　H——压力修正系数，无量纲；

　　　d——钻孔直径，m；

$T(\beta, \mu)$ —— 由孔壁-承压板接触角 β 及泊松比 μ 确定的系数；

ΔP —— 卸荷增量，MPa；

ΔD —— 径向位移量，m。

钻孔弹性模量法可测量建基面以下不同深度岩体弹性模量，据此划分建基岩体松弛厚度及松弛特性。该方法在小湾、锦屏一级、拉西瓦、玛尔挡等水电站工程得到应用。

（7）全孔壁数字成像。钻孔全景成像仪由主机、探头、线架、滑轮组合而成。机内精密传感器件包括360°高分辨率全景摄像头、深度计数器、电子罗盘、旋转接信器、电子倾角仪、电子水平仪、陀螺仪等，用于工程检测及地质勘察。建基岩体测试中每20cm成一全径图像，由孔口至孔底连续摄录，得到全孔深段钻孔平面展开全景原始信息柱状图。经观测人员实时分析处理，可清晰地看到钻孔中地质结构与岩石分布情况，并最终得到孔壁的各种地质信息，如断层、裂隙的宽度、充填、倾向和倾角等。表2.4为拉西瓦水电站高程2220.00m灌浆廊道GQ5#孔物探成果图（张建成等，2010）。

表2.4　　　　拉西瓦水电站高程2220.00m灌浆廊道GQ5#孔物探成果图

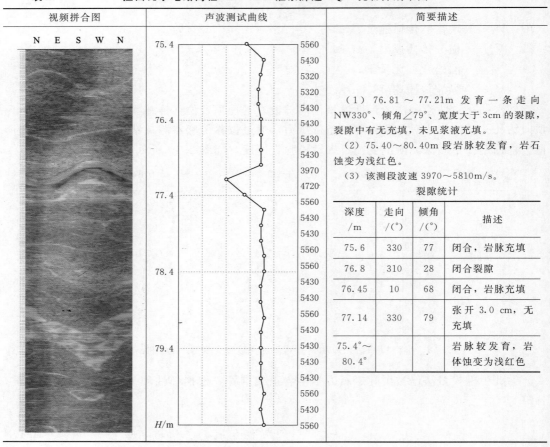

视频拼合图	声波测试曲线	简要描述

（1）76.81～77.21m发育一条走向NW330°、倾角∠79°、宽度大于3cm的裂隙，裂隙中有无充填，未见浆液充填。

（2）75.40～80.40m段岩脉较发育，岩石蚀变为浅红色。

（3）该测段波速3970～5810m/s。

裂隙统计

深度/m	走向/(°)	倾角/(°)	描述
75.6	330	77	闭合，岩脉充填
76.8	310	28	闭合裂隙
76.45	10	68	闭合，岩脉充填
77.14	330	79	张开3.0cm，无充填
75.4°～80.4°			岩脉较发育，岩体蚀变为浅红色

2.2.3　室内岩石试验与现场岩体试验

主要为坝基岩石室内试验及坝基岩体现场抗剪试验和现场变形试验等。距离建基面深度不同，岩体力学参数变化程度不同，据此可划分不同卸荷程度的建基岩体界限。如拉西瓦高拱坝坝基、小湾高拱坝坝基、三峡大坝船闸建基岩体等均开展了此类试验，为建基岩体参数取值奠定了基础。

图 2.20 为建基面上变形试验安装方法（李维树等，2010），利用大梁和锚杆提供反力，施加应力与各高程层拱坝的应力和方向一致。图 2.21 为聂德新和巨广宏等（2008）研发的方法，应用该方法在溪洛渡水电站左岸坝基高程 430.00m 开展的玄武岩 Lc 层间错动带变形试验。

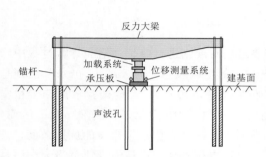

图 2.20　建基面上变形试验安装方法示意图

图 2.21　溪洛渡水电站左岸坝基高程 430.00m 玄武岩 Lc 层间错动带变形试验

2.2.4　现场监测判定

坝基岩体监测是拱坝工程施工、运行的重要手段，主要有位移监测、应力监测、温度监测、渗流监测等方面，其中应力与位移监测对于建基岩体开挖松弛工程、坝基固结灌浆效果、大坝混凝土盖重及拱坝运行期工作性态等具有重要意义。拱坝坝基位移监测仪器有岩石变位计、滑动测位计、多点变位计等。建基面以下不同深度岩体变位特征及应力特征可反映不同质量岩体的物理力学性能，因而是松弛带划分的重要依据。

2.2.5　数值模拟判定

建立坝基部位二维或三维岩体地质力学模型，按照设计开挖梯段分步下挖，可得到每一开挖梯段及整个坝基开挖完成后的建基岩体应力场、应变场、位移场特征，据此获得建基岩体松弛带、过渡带及正常应力岩带。数值模拟法可在坝基开挖前模拟、预测建基岩体的分区分带特征。

朱继良（2006）运用数值模拟技术，模拟再现和预测评价了小湾水电站高边坡开挖的变形破裂响应过程。数值模拟结果与边坡的实际变形破裂有较好的吻合性，从而对大型复杂岩石高边坡开挖的地质力学响应形成了系统认识。

胡斌等（2005）对龙滩水电站左岸高边坡进行三维模拟，计算结果（图 2.22）与实测应力在量值上相当、方向上接近，从而获得比较准确的初始应力场，为左岸高边坡的开挖模拟及长期稳定分析提供了合理的三维初始应力场。

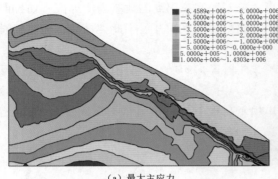 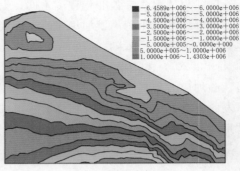

（a）最大主应力　　　　　　　　　　（b）最小主应力

图 2.22　龙滩左岸高边坡纵 I - 1 剖面最大主应力与最小主应力等值线（单位：Pa）

为实现卸荷岩体松弛分带精确评价，还需要对现有准则进行修正，避免计算过程中因为数学奇异而导致不收敛问题，同时实现修正准则的精确表达。Mohr - Coulomb 准则是岩土工程领域广泛使用的一个经典强度准则（邓楚键等，2006）。大量试验数据和工程实践表明，Mohr - Coulomb 准则能较好地描述岩土材料的强度特性和破坏行为。然而，Mohr - Coulomb 准则理论抗拉强度（顶点抗拉强度）往往会高估岩土介质的抗拉强度，需进行修正（贾善坡等，2010）；同时，岩土材料一旦发生拉破坏，抗拉强度便会丧失；而且一些岩土材料会有弹脆塑特性，也有必要将这些修正都加入到 Mohr - Coulomb 准则中。

在主应力空间中，Mohr - Coulomb 屈服面是一个不规则的六棱锥面，数值计算过程由于存在数学奇异问题，导致塑性修正应力无法正常返回。针对此问题国内外学者提出了很多解决方法（徐干成和郑颖人，2010；谢肖礼等，2005；Larsson 和 Runesson，1996；Peric 等，1999；Borja 等，2003；Hoek 等，2002），尝试在主应力空间进行塑性映射处理，推导修正 Mohr - Coulomb 准则在各个奇异位置的正确映射形式。

2.2.5.1　修正 Mohr - Coulomb 准则的主应力空间描述

通常情况下，Mohr - Coulomb 准则以压应力为正，但是有限元中依弹性力学规定拉应力为正，通常说到的围压 σ_3 在有限元中实际上是 $-\sigma_1$，轴压 σ_1 实际上是 $-\sigma_3$，主应力空间 $\sigma_1 \geqslant \sigma_2 \geqslant \sigma_3$，后面关于该准则都沿用这一规定。于是，Mohr - Coulomb 屈服准则在主应力空间中表示为

$$F = k\sigma_1 - \sigma_3 - \frac{2c\cos\varphi}{1 - \sin\varphi} = 0 \tag{2.8}$$

其中

$$k = \frac{1 + \sin\varphi}{1 - \sin\varphi} \tag{2.9}$$

式中　F——抗剪屈服函数；

$\quad\quad\sigma_1$——第一主应力，MPa；

$\quad\quad\sigma_3$——第三主应力，MPa；

$\quad\quad c$——内聚力，MPa；

$\quad\quad\varphi$——内摩擦角，（°）。

为了克服前面提到的数学奇异和塑性映射问题，同时能更好地用于实际工程稳定性评价，对传统的 Mohr - Coulomb 准则进行修正和改善。对于材料的弹脆性问题，通过引入两个峰残值修正系数 r_c 和 r_φ 来分别控制 c 和 φ 的折减程度。r_c 和 r_φ 这两个参数可由直剪或三轴试验数据统计获得。在弹塑性计算过程中约定：材料初次剪切破坏前强度参数取峰值 $r_c = 1$ 和 $r_\varphi = 1$，初次破坏后强度参数取残值 $r_c < 1$ 和 $r_\varphi < 1$。

令 F_s 为抗剪强度折减系数，F_s 满足 $F_s > 0$。于是，式（2.8）中的两个材料参数更新为

$$c_n = \frac{r_c}{F_s} c \tag{2.10}$$

$$\varphi_n = \tan^{-1}\left(\frac{r_\varphi}{F_s}\tan\varphi\right) \tag{2.11}$$

式中　F_s——抗剪强度折减系数，无量纲；

　　　r_c——内聚力峰残值修正系数，无量纲；

　　　r_φ——内摩擦角峰残值修正系数，无量纲；

　　　c_n——更新后的内聚力，MPa；

　　　φ_n——更新后的内摩擦角，(°)。

式（2.8）中代入两个峰残值修正系数 r_c 和 r_φ，则

$$F = k_n\sigma_1 - \sigma_3 - \frac{2c_n\cos\varphi_n}{1-\sin\varphi_n} = 0 \tag{2.12}$$

其中

$$k_n = \frac{1+\sin\varphi_n}{1-\sin\varphi_n} \tag{2.13}$$

将 $\sigma_1 = \sigma_3 = \sigma_{tmax}$ 代入式（2.12），可推求出理论最大抗拉强度 σ_{tmax} 为

$$\sigma_{tmax} = \frac{c_n}{\tan\varphi_n} \tag{2.14}$$

式中　σ_{tmax}——理论最大抗拉强度；

　　　其余符号意义同前。

鉴于岩土材料的抗拉强度 σ_t 往往低于 σ_{tmax}，岩土工程领域常采用带拉截断的 Mohr - Coulomb 准则。相应的抗拉屈服准则可写为

$$T_t = \sigma_1 - \sigma_t = 0 \tag{2.15}$$

式中　T_t——抗拉屈服函数；

　　　σ_t——抗拉强度，MPa；

　　　σ_1——第一主应力，MPa。

式（2.12）和式（2.15）组合即可描述带拉截断的修正 Mohr - Coulomb 准则。该准则对应两个塑性势，包括 G_s 和 G_t。

G_s 采用非关联流动法则为

$$G_s = m\sigma_1 - \sigma_3 \tag{2.16}$$

其中

$$m = \frac{1 + \sin\psi}{1 - \sin\psi} \tag{2.17}$$

式中　　G_s——剪破坏流动法则；

　　　　　ψ——流动角，（°）。

　　式（2.17）中，$\psi = \varphi_n$ 时为关联流动法则，$\psi < \varphi_n$ 时为非关联流动法则。

　　G_t 采用关联流动法则为

$$G_t = \sigma_1 - \sigma_t \tag{2.18}$$

式中　　G_t——拉破坏流动法则；

　　　　　其余符号意义同前。

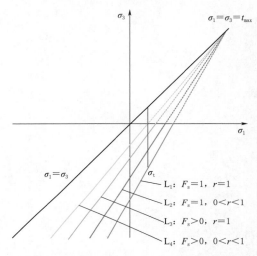

图 2.23　带拉截断的修正 Mohr - Coulomb 准则

在 σ_1 - σ_3 平面，式（2.12）和式（2.15）描述的带拉截断修正 Mohr - Coulomb 准则如图 2.23 所示，这里假设 $r_c = r_\varphi = r$。

弹塑性数值计算若不考虑强度折减时，材料首次出现剪屈服时用峰值强度，对应图 2.23 中的 L_1；若出现剪屈服则用峰残值修正系数进行强度修正，对应图 2.23 中的 L_2。数值计算若考虑强度折减时，相应的峰值强度和残余强度分别对应图 2.23 中的 L_3 和 L_4。

鉴于岩土体一旦出现拉裂将丧失抗拉强度，故数值计算时材料首次出现拉屈服时抗拉强度取 σ_t，一旦出现拉屈服，则应将屈服面修正至 $\sigma_t = 0$。

2.2.5.2　修正 Mohr - Coulomb 准则屈服面的塑性映射方向

　　为便于在主应力空间中真实展示 Mohr - Coulomb 准则及后面应力区域的划分，在此给定一组材料参数：$c_n = 4\text{MPa}$、$\varphi_n = 20°$、$\psi = 20°$、$\mu = 0.25$、$\sigma_t = 5\text{MPa}$。

　　我们对式（2.12）和式（2.15）中三个主应力进行互换，于是在 π 平面和主应力空间中画出修正 Mohr - Coulomb 准则 6 个组合屈服面的几何形状，如图 2.24 所示。

　　实际上，计算仅与三组屈服面有关。图 2.25 绘出与计算有关的三组屈服面（三个剪切屈服面和其对应的三个拉屈服面），即 $f_1 = 0$（包括 $f_{1t} = 0$ 和 $f_{1s} = 0$，其中 $\sigma_1 > \sigma_2 > \sigma_3$）、$f_2 = 0$（包括 $f_{2t} = 0$ 和 $f_{2s} = 0$，其中 $\sigma_1 > \sigma_3 > \sigma_2$）和 $f_3 = 0$（包括 $f_{3t} = 0$ 和 $f_{3s} = 0$，其中 $\sigma_2 > \sigma_1 > \sigma_3$），且 $f_{1t} = 0$、$f_{2t} = 0$ 为同一屈服面。

　　塑性修正的映射方向 $\boldsymbol{r}^p$ 是划分应力区域和确定应力返回位置的重要依据。因此，有必要给出主应力空间中的映射向量，以方便后文叙述。每个屈服面对应了各自的 $\boldsymbol{r}^p$，则从另一视角可观察这三组屈服面的空间关系，它们的映射方向 $\boldsymbol{r}^p$ 分布如图 2.26 所示。

　　塑性映射的方向计算为

$$\boldsymbol{r}^p = \boldsymbol{D} \frac{\boldsymbol{b}}{\boldsymbol{a}^\top \boldsymbol{D} \boldsymbol{b}} \tag{2.19}$$

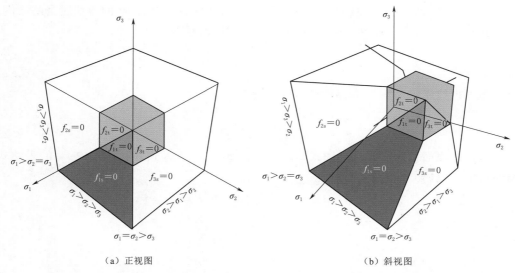

（a）正视图   （b）斜视图

图 2.24   π 平面和主应力空间中的修正 Mohr - Coulomb 准则

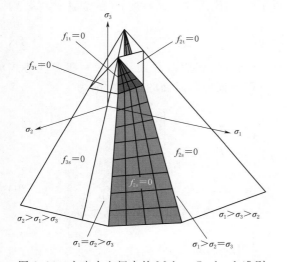

图 2.25   主应力空间中的 Mohr - Coulomb 准则

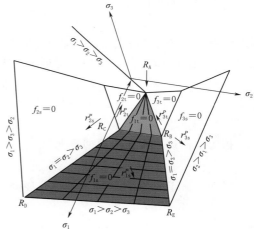

图 2.26   各屈服面的塑性修正应力映射方向

其中

$$a = \frac{\partial F}{\partial \boldsymbol{\sigma}} = \begin{bmatrix} \dfrac{\partial F}{\partial \sigma_1} & \dfrac{\partial F}{\partial \sigma_2} & \dfrac{\partial F}{\partial \sigma_3} \end{bmatrix}^{\mathrm{T}} \qquad (2.20)$$

$$b = \frac{\partial G}{\partial \boldsymbol{\sigma}} = \begin{bmatrix} \dfrac{\partial G}{\partial \sigma_1} & \dfrac{\partial G}{\partial \sigma_2} & \dfrac{\partial G}{\partial \sigma_3} \end{bmatrix}^{\mathrm{T}} \qquad (2.21)$$

式中 r^p ——主应力回映方向；

    D ——弹性矩阵；

    $\boldsymbol{\sigma}$ ——主应力向量；

    F ——屈服函数；

    其余符号意义同前。

于是，对于 $\sigma_1 > \sigma_2 > \sigma_3$ 时的组合屈服面 $f_1 = 0$，将式（2.12）中的剪切屈服函数代入式（2.20），将式（2.16）中的塑性势代入式（2.21），得

$$\boldsymbol{a}_s = \begin{bmatrix} k_n & 0 & -1 \end{bmatrix}^T \tag{2.22}$$

$$\boldsymbol{b}_s = \begin{bmatrix} m & 0 & -1 \end{bmatrix}^T \tag{2.23}$$

类似处理拉屈服函数 F 和塑性势 G，则有

$$\boldsymbol{a}_t = \begin{bmatrix} 1 & 0 & 0 \end{bmatrix}^T \tag{2.24}$$

$$\boldsymbol{b}_t = \begin{bmatrix} 1 & 0 & 0 \end{bmatrix}^T \tag{2.25}$$

将剪切屈服面中式（2.22）和式（2.23）的 $\boldsymbol{a}_s$、$\boldsymbol{b}_s$ 代入式（2.19）中 $\boldsymbol{r}^p$ 的表达式，则剪屈服面的返回方向为

$$\boldsymbol{r}_{1s}^p = \begin{bmatrix} r_1^p & r_2^p & r_3^p \end{bmatrix}^T = \frac{1}{A_1} \begin{bmatrix} m - \mu m - \mu \\ \mu m - \mu \\ \mu m + \mu - 1 \end{bmatrix} \tag{2.26}$$

式中　μ——泊松比，无量纲；

其余符号意义同前。

将拉屈服面中式（2.24）和式（2.25）的 $\boldsymbol{a}_t$、$\boldsymbol{b}_t$ 代入式（2.19）$\boldsymbol{r}^p$ 的表达式中，则拉屈服面的返回方向为

$$r_{1t}^p = \begin{bmatrix} r_1^p & r_2^p & r_3^p \end{bmatrix}^T = \begin{bmatrix} 1 & A_2 & A_2 \end{bmatrix}^T \tag{2.27}$$

同理，对于 $\sigma_1 > \sigma_3 > \sigma_2$ 时的组合屈服面 $f_2 = 0$，将屈服函数式（2.12）和塑性势式（2.16）中的 σ_3 换成 σ_2，经以上类似的处理，可得到该剪屈服面的返回方向为

$$\boldsymbol{r}_{2s}^p = \begin{bmatrix} r_1^p & r_2^p & r_3^p \end{bmatrix}^T = \frac{1}{A_1} \begin{bmatrix} m - \mu m - \mu \\ \mu m + \mu - 1 \\ \mu m - \mu \end{bmatrix} \tag{2.28}$$

相应地，拉屈服面的返回方向为

$$\boldsymbol{r}_{2t}^p = \begin{bmatrix} r_1^p & r_2^p & r_3^p \end{bmatrix}^T = \begin{bmatrix} 1 & A_2 & A_2 \end{bmatrix}^T \tag{2.29}$$

同理，对于 $\sigma_2 > \sigma_1 > \sigma_3$ 时的组合屈服面 $f_3 = 0$，其剪屈服面的返回方向为

$$\boldsymbol{r}_{3s}^p = \begin{bmatrix} r_1^p & r_2^p & r_3^p \end{bmatrix}^T = \frac{1}{A_1} \begin{bmatrix} \mu m - \mu \\ m - \mu m - \mu \\ \mu m + \mu - 1 \end{bmatrix} \tag{2.30}$$

相应地，拉屈服面的返回方向为

$$\boldsymbol{r}_{3t}^p = \begin{bmatrix} r_1^p & r_2^p & r_3^p \end{bmatrix}^T = \begin{bmatrix} A_2 & 1 & A_2 \end{bmatrix}^T \tag{2.31}$$

式（2.26）～式（2.31）中的参数 A_1、A_2 为

$$A_1 = m(k_n - \mu k_n - \mu) - (\mu k_n + \mu - 1) \tag{2.32}$$

$$A_2 = \frac{\mu}{1 - \mu} \tag{2.33}$$

2.2.5.3　修正 Mohr – Coulomb 准则应力区域的判断与塑性映射

在应力返回之前，还应划分主应力空间中的应力区域。在三维应力空间中，通过构建平面方程来进行判断划分区域。在此基础上，我们利用 Mohr – Coulomb 准则自身特性，做了一定简化。该方法充分利用应力空间的几何特点，可以优先考虑概率较大的可能区

域，优化算法，方便编程计算。

利用剪切屈服面和拉截断屈服面各自的 r^p 和它们的边界线，可拉伸形成平面，将整个 $\sigma_1 > \sigma_2 > \sigma_3$ 的空间分成如图 2.27 所示的应力区域。

根据图 2.27 中平面的关系，为确定应力区域，将其分为平面 p_1、组合面 $p_2 p_3$、组合面 $p_4 p_5 p_6$。它们将屈服面划分成四个大区域，即区域 Ⅰ、Ⅱ、Ⅲ、Ⅳ，各个大区域又包含若干子区域（共计 9 个），接下来只需给出各个区域的判断条件，再对应给出映射位置的应力计算方式，以完成应力映射。

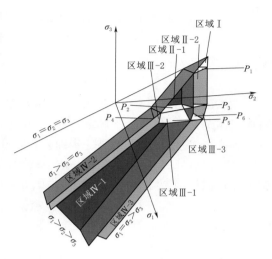

图 2.27　主应力空间中应力区域的划分

这里给出平面 $p_1 \sim p_6$ 的平面方程，然后可以将试算应力代入这些平面方程，即可确定试算应力的位置。

对于平面 p_1，它实际上是屈服面 $f_{1t} = 0$ 和 $f_{3t} = 0$ 沿各自的塑性映射方向在点 P_A 拉伸形成的平面，法线方向为

$$\boldsymbol{r}_{1t}^{p} \times \boldsymbol{r}_{3t}^{p} = \frac{1-2\mu}{(1-\mu)^2} \{ -\mu \quad -\mu \quad 1 \}^{\mathrm{T}} \tag{2.34}$$

因此，该平面的方程为

$$p_1 : \sigma_3 - \sigma_t - \mu(\sigma_1 + \sigma_2 - 2\sigma_t) = 0 \tag{2.35}$$

同理，可以求出其余平面的方程，即

$$p_2 : \sigma_3 - A_2(\sigma_1 - \sigma_t) - \left(k_n \sigma_t - \frac{2c_n \cos\varphi_n}{1 - \sin\varphi_n} \right) = 0 \tag{2.36}$$

$$p_3 : \sigma_3 - \left(k_n \sigma_t - \frac{2c_n \cos\varphi_n}{1 - \sin\varphi_n} \right) - \mu(\sigma_1 + \sigma_2 - 2\sigma_t) = 0 \tag{2.37}$$

$$p_4 : (\sigma_1 - \sigma_t)(1 - 2mv) + \left[\sigma_2 + \sigma_3 - 2\left(k_n \sigma_t - \frac{2c_n \cos\varphi_n}{1 - \sin\varphi_n} \right) \right](m - \mu - m\mu) = 0 \tag{2.38}$$

$$p_5 : \sigma_3 - \frac{\mu(m+1) - 1}{m(1-\mu) - \mu}(\sigma_1 - \sigma_t) - \left(k_n \sigma_t - \frac{2c_n \cos\varphi_n}{1 - \sin\varphi_n} \right) = 0 \tag{2.39}$$

$$p_6 : (\sigma_2 - \sigma_t)(1 - \mu - m\mu) + \left[\sigma_3 - \left(k_n \sigma_t - \frac{2c_n \cos\varphi_n}{1 - \sin\varphi_n} \right) \right](m - 2\mu) = 0 \tag{2.40}$$

结合上述六个平面方程和图 2.27 中各个应力区域的位置，即可完成以下各应力区域的划分。

（1）区域 Ⅰ 的判断分析与应力映射计算。图 2.27 中 Ⅰ 区为平面 p_1 以上的区域（包含 p_1），可写出 Ⅰ 区的判断条件，即代入式（2.35）中有 $p_1(\boldsymbol{\sigma}^B) \geqslant 0$。

在图 2.27 中的主应力空间，区域 Ⅰ 返回位置的应力点只可能是点 R_A，即

$$\boldsymbol{\sigma}^C = \boldsymbol{\sigma}^{R_A} = \begin{bmatrix} \sigma_t & \sigma_t & \sigma_t \end{bmatrix} \tag{2.41}$$

（2）区域Ⅱ的判断分析与应力映射计算。图 2.27 中区域Ⅱ为平面 p_1 以下、组合面 $p_2 p_3$ 以上的部分（不包含 p_1、p_2、p_3），根据式（2.35）、式（2.36）、式（2.37），试算应力 $\boldsymbol{\sigma}^B$ 满足以下条件：

$$p_1(\boldsymbol{\sigma}^B) < 0, \quad p_2(\boldsymbol{\sigma}^B) > 0, \quad p_3(\boldsymbol{\sigma}^B) > 0 \tag{2.42}$$

在该区域的应力 $\boldsymbol{\sigma}^B$ 返回时，并不能直接确定 $\boldsymbol{\sigma}^C$ 的最终位置。这是因为该区域仍然对应了图 2.27 中的两个子区域：Ⅱ-1 及 Ⅱ-2。

图 2.28 展示区域Ⅱ的进一步细分，划分依据是返回后的 $\boldsymbol{\sigma}^C$ 是否满足 $\sigma_1 \geqslant \sigma_2 \geqslant \sigma_3$。

（3）区域Ⅱ-1 的判断分析与应力映射计算。位于区域Ⅱ-1 的试算应力点，因为其实际上是返回至图 2.26 中拉屈服面 $R_A R_B R_C$ 上，故采用返回至面的计算方式为

$$\Delta \boldsymbol{\sigma}^p = f_{1t}(\boldsymbol{\sigma}^B) \boldsymbol{r}_{1t}^p = (\sigma_1^B - \sigma_t) \boldsymbol{r}_{1t}^p \tag{2.43}$$

于是有

$$\boldsymbol{\sigma}^C = \boldsymbol{\sigma}^B - \Delta \boldsymbol{\sigma}^p = \boldsymbol{\sigma}^B - (\sigma_1^B - \sigma_t) \begin{bmatrix} 1 \\ A_2 \\ A_2 \end{bmatrix} \tag{2.44}$$

很显然，若试算应力点位于区域Ⅱ-1，则通过式（2.43）和式（2.44）计算出的 $\boldsymbol{\sigma}^C$ 必然满足 $\sigma_1^C \geqslant \sigma_2^C \geqslant \sigma_3^C$。

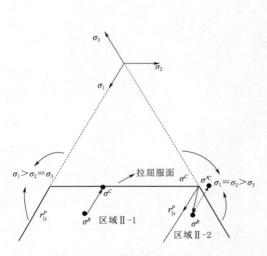

图 2.28　区域Ⅱ的进一步细分

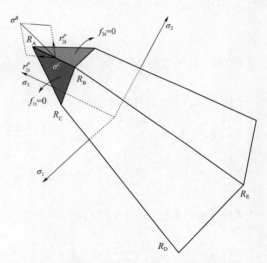

图 2.29　区域Ⅱ-2 的应力返回示意图

（4）区域Ⅱ-2 的判断分析与应力映射计算。

若按式（2.44）计算出的 $\boldsymbol{\sigma}^C$ 并不能满足 $\sigma_1^C \geqslant \sigma_2^C \geqslant \sigma_3^C$，即如图 2.29 中 $\boldsymbol{\sigma}^B$ 返回至 $\boldsymbol{\sigma}^C$，此时 $\sigma_2^C > \sigma_1^C$ 情况。这显然不可能，说明试算应力位于区域Ⅱ-2。区域Ⅱ-2 的应力只能返回至图 2.26 中线 $R_A R_B$ 上，则应该按照返回线的方法进行计算，这时计算将与 $f_{1t} = 0$ 和 $f_{3t} = 0$ 都有关。图 2.29 展示了这部分的返回过程。

将式（2.27）和式（2.31）代入式（2.45）。利用式（2.32）和式（2.33）中的 A_1、

A_2，对式（2.45）进行变化，得到式（2.46）。

$$(\boldsymbol{r}_1^p \times \boldsymbol{r}_2^p)^{\mathrm{T}}(\boldsymbol{\sigma}^C - \boldsymbol{\sigma}^B) = 0 \tag{2.45}$$

$$\mu(\sigma_1^B - \sigma_1^C + \sigma_2^B - \sigma_2^C) - (\sigma_3^B - \sigma_3^C) = 0 \tag{2.46}$$

同时，$\boldsymbol{\sigma}^C$ 又在图 2.29 的交线 $R_A R_B$ 上，则有

$$\begin{cases} f_1(\boldsymbol{\sigma}^C) = 0 \\ f_3(\boldsymbol{\sigma}^C) = 0 \end{cases} \tag{2.47}$$

利用式（2.47），可补充两个方程，即

$$\begin{cases} f_1(\boldsymbol{\sigma}^C) = \sigma_1^C - \sigma_t = 0 \\ f_3(\boldsymbol{\sigma}^C) = \sigma_3^C - \sigma_t = 0 \end{cases} \tag{2.48}$$

联立式（2.46）、式（2.48），即可解得 $\boldsymbol{\sigma}^C$ 为

$$\boldsymbol{\sigma}^C = \begin{bmatrix} \sigma_t \\ \sigma_t \\ \sigma_3^B - \mu(\sigma_1^B + \sigma_2^B - 2\sigma_t) \end{bmatrix} \tag{2.49}$$

（5）区域Ⅲ的判断分析与应力映射计算。图 2.27 中区域Ⅲ为组合面 $p_2 p_3$ 以下、组合面 $p_4 p_5 p_6$ 以上的区域（包含面 p_2、p_3、p_4、p_5、p_6）。由于参数的关系，组合面 $p_5 p_6$ 既可能是外凸的也可能是内凹的，可以将 $\boldsymbol{\sigma}^C$ 代入式（2.50），以确定这两个面的组合关系。

$$p_6(\boldsymbol{\sigma}^C) = \left[\left(k_n \sigma_t - \frac{2c_n \cos\varphi_n}{1 - \sin\varphi_n} \right) - \sigma_t \right](1 - \mu - m\mu) \geqslant 0 \tag{2.50}$$

此时位于区域Ⅲ的试算应力 $\boldsymbol{\sigma}^B$ 满足应该的条件为

$$\begin{cases} p_2(\boldsymbol{\sigma}^B) \leqslant 0 \quad \text{或} \quad p_3(\boldsymbol{\sigma}^B) \leqslant 0 \\ p_4(\boldsymbol{\sigma}^B) \geqslant 0 \quad \text{且} \quad p_5(\boldsymbol{\sigma}^B) \geqslant 0 \quad \text{且} \quad p_6(\boldsymbol{\sigma}^B) \geqslant 0 \end{cases} \tag{2.51}$$

若式（2.51）中的条件不成立，则区域Ⅲ应该满足

$$\begin{cases} p_2(\boldsymbol{\sigma}^B) \leqslant 0 \quad \text{或} \quad p_3(\boldsymbol{\sigma}^B) \leqslant 0 \\ p_4(\boldsymbol{\sigma}^B) \geqslant 0 \quad \text{且} \quad p_5(\boldsymbol{\sigma}^B) \geqslant 0 \quad \text{或} \quad p_6(\boldsymbol{\sigma}^B) \geqslant 0 \end{cases} \tag{2.52}$$

凡是位于该区域的试算应力都应返回至线 $R_C R_B$，区域Ⅲ可以进一步划分为三个子区域，如图 2.30 所示。

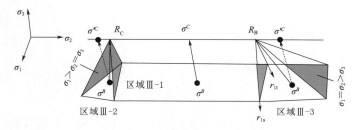

图 2.30 区域Ⅲ的进一步细分

（6）区域Ⅲ-1 的判断分析与应力映射计算。位于区域Ⅲ-1 的试算应力点就应该返回

交线 $R_C R_B$，其计算采用返回至线的方式，两个塑性映射方向分别与交线两侧的屈服面 $f_{1t}=0$ 和 $f_{1s}=0$ 有关，如图 2.31 所示。

同时，$\boldsymbol{\sigma}^C$ 又在交线 $R_C R_B$ 上，据此补充两个方程，即

$$\begin{cases} f_{1t}(\boldsymbol{\sigma}^C)=\sigma_1^C-\sigma_t=0 \\ f_{1s}(\boldsymbol{\sigma}^C)=k_n\sigma_1^C-\sigma_3^C-\dfrac{2c_n\cos\varphi_n}{1-\sin\varphi_n}=0 \end{cases} \tag{2.53}$$

联立式（2.50）、式（2.53）即可解 $\boldsymbol{\sigma}^C$，得

$$\boldsymbol{\sigma}^C=\begin{bmatrix} \sigma_t \\ \sigma_2^B-\mu\left[\sigma_1^B-\sigma_t+\sigma_3^B-\left(k_n\sigma_t-\dfrac{2c_n\cos\varphi_n}{1-\sin\varphi_n}\right)\right] \\ k_n\sigma_t-\dfrac{2c_n\cos\varphi_n}{1-\sin\varphi_n} \end{bmatrix} \tag{2.54}$$

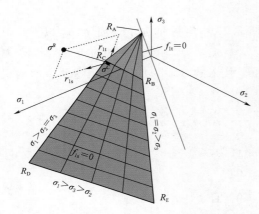

图 2.31　区域Ⅲ-1 的应力返回示意图

（7）区域Ⅲ-2 的判断分析与应力映射计算。位于区域Ⅲ的试算应力点都可以按式（2.54）先进行计算。如果计算结果不满足 $\sigma_1^C\geqslant\sigma_2^C\geqslant\sigma_3^C$，则说明试算应力并不位于区域Ⅲ-1。

若计算出的 $\boldsymbol{\sigma}^C$ 满足 $\sigma_3^C\geqslant\sigma_2^C$，说明试算应力位于Ⅲ-2 区。该区域的试算应力都应该返回至点 R_C，即最终 $\boldsymbol{\sigma}^B$ 应该返回至以下位置对应应力：

$$\boldsymbol{\sigma}^C=\begin{bmatrix} \sigma_t \\ k_n\sigma_t-\dfrac{2c_n\cos\varphi_n}{1-\sin\varphi_n} \\ k_n\sigma_t-\dfrac{2c_n\cos\varphi_n}{1-\sin\varphi_n} \end{bmatrix} \tag{2.55}$$

（8）区域Ⅲ-3 的判断分析与应力映射计算。若按（2.55）计算出的 $\boldsymbol{\sigma}^C$ 满足 $\sigma_2^C\geqslant\sigma_1^C$，说明试算应力位于Ⅲ-3 区。该区域的试算应力都应该返回至点 R_B，即最终 $\boldsymbol{\sigma}^B$ 应该返回至位置对应应力：

$$\boldsymbol{\sigma}^C=\begin{bmatrix} \sigma_t \\ \sigma_t \\ k_n\sigma_t-\dfrac{2c_n\cos\varphi_n}{1-\sin\varphi_n} \end{bmatrix} \tag{2.56}$$

（9）区域Ⅳ的判断分析与应力映射计算。图 2.27 中区域Ⅳ为组合面 $p_4p_5p_6$ 以下的区域（不包含面 p_4、p_5、p_6）。若式（2.50）条件成立，此时位于区域Ⅳ的试算应力 $\boldsymbol{\sigma}^B$ 满足式的条件为

$$p_4(\boldsymbol{\sigma}^B)<0 \quad \text{或} \quad p_5(\boldsymbol{\sigma}^B)<0 \quad \text{或} \quad p_6(\boldsymbol{\sigma}^B)<0 \tag{2.57}$$

若式（2.50）条件不成立，此时位于区域Ⅳ的试算应力 $\boldsymbol{\sigma}^B$ 满足式的条件为

$$p_4(\boldsymbol{\sigma}^B)<0 \quad \text{或} \quad p_5(\boldsymbol{\sigma}^B)<0 \quad \text{且} \quad p_6(\boldsymbol{\sigma}^B)<0 \tag{2.58}$$

与前述区域划分类似，区域Ⅳ可以进一步划分为三个子区域，图2.32展示了等轴视图下各子区域的划分。

（10）区域Ⅳ-1的判断分析与应力映射计算。位于区域Ⅳ-1的试算应力应该返回至剪切屈服面 $f_{1s}=0$。于是采用返回至面的方法进行映射。该区域的塑性应力为

$$\Delta\boldsymbol{\sigma}^p = f_{1s}(\boldsymbol{\sigma}^B)\boldsymbol{r}_{1s}^p \tag{2.59}$$

将屈服面表达式（2.12）和塑性映射方向式（2.26）代入式（2.59），化简得

$$\Delta\boldsymbol{\sigma}^p = \frac{\left[k_n\sigma_1^B-\sigma_3^B-\dfrac{2c_n\cos\varphi_n}{1-\sin\varphi_n}\right]}{A_1}\begin{bmatrix}m-\mu m-\mu\\\mu m-\mu\\\mu m+\mu-1\end{bmatrix} \tag{2.60}$$

于是有

$$\boldsymbol{\sigma}^C = \boldsymbol{\sigma}^B - \frac{\left(k_n\sigma_1^B-\sigma_3^B-\dfrac{2c_n\cos\varphi_n}{1-\sin\varphi_n}\right)}{m(k_n-\mu k_n-\mu)-(\mu k_n+\mu-1)}\begin{bmatrix}m-\mu m-\mu\\\mu m-\mu\\\mu m+\mu-1\end{bmatrix} \tag{2.61}$$

用式（2.61）计算，若得到结果满足 $\sigma_1^C\geqslant\sigma_2^C\geqslant\sigma_3^C$，则试算应力点位于区域Ⅳ-1。

（11）区域Ⅳ-2的判断分析与应力映射计算。位于区域Ⅳ的试算应力点先按式（2.61）进行计算。若计算结果不满足 $\sigma_1^C\geqslant\sigma_2^C\geqslant\sigma_3^C$，则说明试算应力并不位于区域Ⅳ-1。

若计算出的 $\boldsymbol{\sigma}^C$ 满足 $\sigma_2^C\geqslant\sigma_2^C$，则说明试算应力位于Ⅳ-2区。都应该返回至图2.26中线 R_CR_D。该区域的试算应力计算与 $f_{1s}=0$ 和 $f_{2s}=0$ 有关。将式（2.26）和式（2.28）代入式（2.45），得

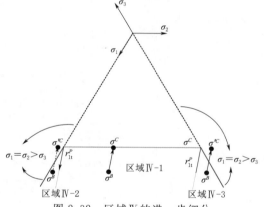

图2.32 区域Ⅳ的进一步细分

$$(1-2m\mu)(\sigma_1^B-\sigma_1^C)+(m-\mu-m\mu)\left[(\sigma_2^B-\sigma_2^C)+(\sigma_3^B-\sigma_3^C)\right]=0 \tag{2.62}$$

同时，补充线 R_CR_D 的两个方程，即

$$\begin{cases}f_{1s}(\boldsymbol{\sigma}^C)=k_n\sigma_1^C-\sigma_3^C-\dfrac{2c_n\cos\varphi_n}{1-\sin\varphi_n}=0\\[3mm]f_{2s}(\boldsymbol{\sigma}^C)=k_n\sigma_1^C-\sigma_2^C-\dfrac{2c_n\cos\varphi_n}{1-\sin\varphi_n}=0\end{cases} \tag{2.63}$$

联立式（2.62）和式（2.63），可解 $\boldsymbol{\sigma}^C$ 得

$$\boldsymbol{\sigma}^{C}=\begin{bmatrix}\dfrac{(1-2m\mu)\sigma_1^B+(m-\mu-m\mu)\left[(\sigma_2^B+\sigma_3^B)+\dfrac{4c_n\cos\varphi_n}{1-\sin\varphi_n}\right]}{(1-2m\mu)+2k_n(m-\mu-m\mu)}\\[4mm]\dfrac{(1-2m\mu)\left[\sigma_1^B-\dfrac{2c_n\cos\varphi_n}{k_n(1-\sin\varphi_n)}\right]+(m-\mu-m\mu)(\sigma_2^B+\sigma_3^B)}{\dfrac{(1-2m\mu)}{k_n}+2(m-\mu-m\mu)}\\[4mm]\dfrac{(1-2m\mu)\left[\sigma_1^B-\dfrac{2c_n\cos\varphi_n}{k_n(1-\sin\varphi_n)}\right]+(m-\mu-m\mu)(\sigma_2^B+\sigma_3^B)}{\dfrac{(1-2m\mu)}{k_n}+2(m-\mu-m\mu)}\end{bmatrix} \tag{2.64}$$

（12）区域 Ⅳ-3 的判断分析与应力映射计算。若用式（2.64）计算出的 $\boldsymbol{\sigma}^C$ 满足 $\sigma_2^C \geqslant \sigma_1^C$，则说明试算应力位于 Ⅳ-3 区。都应该返回至图 2.27 中线 $R_B R_E$。该区域的试算应力计算与 $f_{1s}=0$ 和 $f_{3s}=0$ 有关，将式（2.26）和式（2.30）代入式（2.45），得

$$(1-2m\mu)(\sigma_1^B-\sigma_1^C)+(m-\mu-m\mu)[(\sigma_2^B-\sigma_2^C)+(\sigma_3^B-\sigma_3^C)]=0 \tag{2.65}$$

同时，补充线 $R_B R_E$ 的两个方程，即

$$\begin{cases}f_{1s}(\boldsymbol{\sigma}^C)=k_n\sigma_1^C-\sigma_3^C-\dfrac{2c_n\cos\varphi_n}{1-\sin\varphi_n}=0\\[3mm]f_{3s}(\boldsymbol{\sigma}^C)=k_n\sigma_2^C-\sigma_3^C-\dfrac{2c_n\cos\varphi_n}{1-\sin\varphi_n}=0\end{cases} \tag{2.66}$$

解 $\boldsymbol{\sigma}^C$，得

$$\boldsymbol{\sigma}^{C}=\begin{bmatrix}\dfrac{(1-\mu-m\mu)(\sigma_1^B+\sigma_2^B)+(m-2\mu)\left(\sigma_3^B+\dfrac{2c_n\cos\varphi_n}{1-\sin\varphi_n}\right)}{2(1-\mu-m\mu)+(m-2\mu)k_n}\\[4mm]\dfrac{(1-\mu-m\mu)(\sigma_1^B+\sigma_2^B)+(m-2\mu)\left(\sigma_3^B+\dfrac{2c_n\cos\varphi_n}{1-\sin\varphi_n}\right)}{2(1-\mu-m\mu)+(m-2\mu)k_n}\\[4mm]\dfrac{(1-\mu-m\mu)\left[k_n(\sigma_1^B+\sigma_2^B)-\dfrac{4c_n\cos\varphi_n}{1-\sin\varphi_n}\right]+(m_n-2\mu)k_n\sigma_3^B}{2(1-\mu-m\mu)+(m-2\mu)k_n}\end{bmatrix} \tag{2.67}$$

第 3 章
卸荷岩体质量与力学参数评价

3.1 开挖卸荷岩体质量评价方法

3.1.1 岩体质量分类

岩体的经验强度准则都是与岩体质量分类系统相关联的。岩体质量是岩体复杂工程地质特性的总体反映，不仅从客观上体现了岩体结构固有的物理力学性质，并且为稳定性评价、岩体的合理利用以及选择正确的岩体物理力学参数等提供了准确可靠的依据。因此，岩体质量评估是联系岩体工程勘察、设计和施工的枢纽。

岩体工程分类是岩体力学领域的一个重要研究课题。它既是岩体稳定性评价的基础，也是量化岩体质量的一个重要方式。岩体工程分类实际上是用岩体的容易实测的指标，把工程地质条件和岩体物理力学参数联系起来，并参考实际工程方面的经验，从而对岩体进行归类总结的一种方法。

岩体质量分类因工程类别（例如地基、隧道、边坡）的不同而有多种方式。早期的分类多为岩石的分类或者说是反映岩体某方面性质的单一指标分类。随着工程实践活动的发展，人们逐渐意识到单一指标分类主观性较大。另外，影响岩体质量的因素具有不确定性和复杂性，仅仅用少数几个固定指标已经无法宏观反映岩体的整体性质。这就促使岩体分级由单指标简单分级向多指标综合分级方向发展，由定性分析向定性和定量综合分析发展。一方面采用简单的地质特征作为分级因素，建立起定量或者半定量评估标准，并通过多指标综合判断等方式得出岩体质量分级总体指标；另一方面就是通过岩体力学试验将分级指标与物理力学参数相联系，合理选取各级岩体的物理力学参数，从而使岩体质量分类结果与客观实际更加接近。下面主要列出几种应用较广、影响较大、工程中常用的分类方法。

1. RQD

岩石质量指标 RQD 是 Deere 提出的，定义为同级岩芯中大于 10cm 的岩柱在岩芯总长中的比例，以百分数计，即

$$RQD = \frac{\geqslant 10\text{cm 的岩柱总长}}{\text{钻孔总长}} \times 100\%$$ (3.1)

式中　RQD——岩石质量指标，%。

钻孔要求使用大于 50mm 的双套管金刚石钻进设备，对岩体质量的描述见表 3.1。

表 3.1　岩石质量指标 RQD 分级

岩体质量	非常差	差	一般	好	非常好
RQD/%	<25	25～50	50～75	75～90	90～100

岩石质量指标 RQD 被广泛用于评估岩体稳定性。纵观国内外工程岩体分类方法，几乎都将 RQD 指标作为重要的定量评价指标，有的甚至仅凭 RQD 指标进行工程岩体分类。尽管 RQD 指标已经在工程岩体分类中广泛应用，但仅用 RQD 来评估岩体的质量是不全面的。实际工程中，时常会出现同一结构区内的同一岩体中，不同钻孔测得的 RQD 指标离散性很大，有时甚至出现与实际岩体完整性完全不符的情况（杜时贵等，2000）。

2. Q 系统分类

该分类由挪威岩土工程所 Barton 和 Lunde 等提出，分类指标的具体表达为

$$Q = \frac{RQD}{J_n} \cdot \frac{J_r}{J_a} \cdot \frac{J_w}{SRF} \tag{3.2}$$

式中　RQD——岩石质量指标，%；

　　　J_n——节理组数，无量纲；

　　　J_r——节理粗糙系数，无量纲；

　　　J_a——节理蚀变系数，无量纲；

　　　J_w——节理地下水折减系数，无量纲；

　　　SRF——岩体应力折减系数，无量纲。

式（3.2）中 6 个参数的组合反映了岩体质量的 3 个方面。RQD/J_n 为岩体的完整程度；J_r/J_a 为充填特征及充填物次生变化程度；J_w/SRF 表示地下水与地应力存在时对岩体质量的影响。Q 值从 0.001 到 1000 共分为 9 级，见表 3.2。

表 3.2　不同 Q 值的岩体质量分级

Q 值	0.001～0.01	0.01～0.1	0.1～1	1～4	4～10	10～40	40～100	100～400	400～1000
质量分级	异常差	极差	很差	差	一般	好	很好	极好	异常好

Q 系统分类广泛应用于地下工程中，较少应用于边坡工程中。该分类方法认为节理组数 J_n、节理面粗糙度 J_r、节理蚀变 J_a 等因素比节理方向的影响更重要。因此，若考虑节理方向性时，该方法就会显得不太合适。另外，该方法只考虑了岩体自身的完整性，没有考虑岩块强度和一些工程因素的影响。

3. RMR 岩体质量分类系统

目前，在世界各国应用较为广泛的工程岩体分类是 Bieniawski 提出的 RMR（Rock Mass Rating）分类。该方法的分类参数容易从钻孔数据中获得，适合并可应用于许多不同的领域，包括边坡工程、地基以及采矿工程等。RMR 分类将完整岩石的抗压强度 R_1、岩体 RQD 值 R_2、节理间距 R_3、节理条件 R_4 和地下水 R_5 作为量化描述岩体质量的指标。岩体的 RMR 值取决于以上 5 个特征值和一个修正系数 R_6 之和，其值的变化范围为

0 到 100。RMR 评价具体表达式为

$$RMR = R_1 + R_2 + R_3 + R_4 + R_5 + R_6 \qquad (3.3)$$

式中 R_1——反映完整岩石强度评分值，无量纲；

         R_2——反映岩石质量指标 RQD 评分值，无量纲；

         R_3——反映节理间距评分值，无量纲；

         R_4——反映节理条件评分值，无量纲；

         R_5——反映地下水评分值，无量纲；

         R_6——修正系数，无量纲。

RMR 计算式中 R_1、R_2、R_3、R_4 和 R_5 各个参数的评分标准详见表 3.3。通过对表 3.3 中的评分求和得初步的总分 RMR 值，然后按照表 3.4 和表 3.5 中的规定对总分用 R_6 进行修正，最后用修正后的总分对照表 3.6 确定岩体的类别。

表 3.3   **RMR 分类参数及其评分值**

	参数		参数与评分值的关系						
1	完整岩石强度 /MPa	岩石点荷载强度	>10	4~10	2~4	1~2	强度较低岩体宜用单轴抗压强度		
		岩石单轴抗压强度	>250	100~250	50~100	25~50	5~25	1~5	<1
	评分值		15	12	7	4	2	1	0
2	岩石质量指标 RQD/%		90~100	75~90	50~75	25~50	<25		
	评分值		20	17	13	8	3		
3	节理间距/cm		>200	60~200	20~60	6~20	<6		
	评分值		20	15	10	8	5		
4	节理条件		节理面很粗糙，节理不连续，节理宽度为 0，节理面岩石未风化	节理面粗糙，宽度<1mm，节理面岩石轻微风化	节理面稍粗糙，宽度<1mm，节理面岩石严重风化	节理面光滑或含厚度<5mm 的软弱夹层，节理开口宽度 1~5mm，节理连续	含厚度>5mm 的软弱夹层，开口宽度 5mm，节理连续		
	评分值		30	25	20	10	0		
5	地下水	每 10m 长隧道出水量	0	<10	10~25	25~125	>125		
		节理水压力与最大主应力比值	0	0~0.1	0.1~0.2	0.2~0.5	>0.5		
		总条件	完全干燥	较湿	湿润	滴水	水流		
	评分值		15	10	7	4	0		

此外，有代表性的分类方法还有 Wickham 的岩石结构分类（RSR），Romana 的边坡岩体分类（SMR），Williamson 的统一岩体分类等，在此不一一列举。

表 3.4　　　　　　　　　　　　　　　　节理条件分级评分

参数	得分				
不连续面长度/m （持续性/连续性）	<1	1~3	3~10	10~20	>20
	6	4	2	1	0
张开度/间隙 /mm	无	<0.1	0.1~1.0	1~5	>5
	6	5	4	1	0
粗糙度	很粗糙	粗糙	稍粗糙	平滑	镜面
	6	5	3	1	0
充填物厚度 /mm	无充填	硬质充填<5	硬质充填>5	软质充填<5	软质充填>5
	6	4	2	2	0
风化	未风化	微风化	弱风化	强风化	全风化
	6	6	6	1	0

表 3.5　　　　　　　　　　　　　　　　按照节理方向修正评分值

节理走向或倾向		非常有利	有利	一般	不利	非常不利
评分值	隧道和矿井	0	−2	−5	−10	−12
	基础	0	−2	−7	−15	−25
	边坡	0	−5	−25	−50	−60

表 3.6　　　　　　　　　　　　按照总评分值确定岩体级别以及岩体质量

评分值	100~81	80~61	60~41	40~21	<20
分级	I	II	III	IV	V
质量描述	非常好	好	一般	差	非常差

4. 水电坝基岩体工程地质分类

我国水电坝基岩体工程地质分类经大量地质勘察、工程实践与几代人艰辛探索已很成熟。该分类法首先按岩石的饱和抗压强度分为 A 坚硬岩（R_b>60MPa）、B 中硬岩（R_b=30~60MPa）、软质岩（R_b<30MPa）三类，其后按岩体结构、岩体完整性、结构面发育程度及其组合情况、岩体和结构面的抗滑、抗变形能力将岩体划分为五类，详见表 3.7~表 3.9（表 3.9 分类适用于高度大于 70m 的混凝土坝）。表中各符号物理意义：R_b 为饱和单轴抗压强度，V_p 为声波纵波速度，K_v 为岩体完整性系数，RQD 为岩石质量指标。

表 3.7　　　　　　　　　　　　　　　坝基岩体的工程地质分类

类别	A 坚硬岩（R_b>60MPa）		
	岩体特征	岩体工程性质评价	岩体主要特征
I	A_I：岩体呈整体状、块状、巨厚层状、厚层状结构；结构面不发育—轻度发育，延展性差，多闭合；岩体力学特性各方向的差异性不显著	岩体完整，强度高；抗滑、抗变形性能强；不需作专门性地基处理；属优良高混凝土坝地基	R_b>90MPa； V_p>5000m/s； RQD>85； K_v>0.85

类别	A 坚硬岩（$R_b > 60$MPa）		
	岩体特征	岩体工程性质评价	岩体主要特征
II	A_{II}：岩体呈块状、次块状、厚层结构；结构面中等发育，软弱结构面局部分布，不成为控制性结构面；不存在影响坝基或坝肩稳定的大型楔体或棱体	岩体较完整，强度高；软弱结构面不控制岩体稳定；抗滑、抗变形性能较好；专门性地基处理工程量不大；属良好高混凝土坝地基	$R_b > 60$MPa；$V_p > 4500$m/s；$RQD > 70$；$K_v > 0.75$
III	A_{III1}：岩体呈次块状、中厚层状结构、焊合牢固的薄层结构；结构面中等发育；岩体中分布有缓倾角或陡倾角（坝肩）的软弱结构面；存在影响局部坝基或坝肩稳定的楔体或棱体	岩体较完整（局部完整性差），强度较高；抗滑、抗变形性能在一定程度上受结构面控制；对影响岩体变形和稳定的结构面应做局部专门处理	$R_b > 60$MPa；$V_p = 4000 \sim 4500$m/s；$RQD = 40 \sim 70$；$K_v = 0.55 \sim 0.75$
III	A_{III2}：岩体呈互层状、镶嵌状、层面为硅质或钙质胶结薄层状结构；结构面发育，但延展性差，多闭合；岩块间嵌合力较好	岩体强度较高，完整性差；抗滑、抗变形性能受结构面发育程度、岩块间嵌合能力、岩体整体强度特性控制；基础处理以提高岩体的整体性为重点	$R_b > 60$MPa；$V_p = 3000 \sim 4500$m/s；$RQD = 20 \sim 40$；$K_v = 0.35 \sim 0.55$
IV	A_{IV1}：岩体呈互层状、薄层状结构，层间结合较差；结构面较发育—发育；明显存在不利于坝基及坝肩稳定的软弱结构面、较大的楔体或棱体	岩体完整性差；抗滑、抗变形性能明显受结构面控制；能否作为高混凝土坝地基，视处理难度和效果而定	$R_b > 60$MPa；$V_p = 2500 \sim 3500$m/s；$RQD = 20 \sim 40$；$K_v = 0.35 \sim 0.55$
IV	A_{IV2}：岩体呈镶嵌、碎裂结构；结构面很发育，多张开或夹碎屑和泥；岩块间嵌合力弱	岩体较破碎；抗滑、抗变形性能差；一般不宜作高混凝土坝地基；当坝基局部存在该类岩体时，需做专门处理	$R_b > 60$MPa；$V_p < 2500$m/s；$RQD < 20$；$K_v < 0.35$
V	A_V：岩体呈散体结构，由岩块夹泥或泥包岩块组成，具有散体连续介质特征	岩体破碎，不能作为高混凝土坝地基。当坝基局部地段分布该类岩体时，需做专门处理	

表 3.8　　　　　　　　　　坝基岩体工程地质分类

类别	B 中硬岩（$R_b = 30 \sim 60$MPa）		
	岩体特征	岩体工程性质评价	岩体主要特征
II	B_{II}：岩体结构特征与 A_I 相似	岩体完整，强度较高；抗滑、抗变形性能较强；专门性地基处理工程量不大；属良好高混凝土坝地基	$R_b = 40 \sim 60$MPa；$V_p = 4000 \sim 4500$m/s；$RQD > 70$；$K_v > 0.75$
III	B_{III1}：岩体结构特征与 A_{II} 相似	岩体较完整，有一定强度；抗滑、抗变形性能一定程度受结构面和岩石强度控制；影响岩体变形和稳定的结构面应做局部专门处理	$R_b = 40 \sim 60$MPa；$V_p = 3500 \sim 4000$m/s；$RQD = 40 \sim 70$；$K_v = 0.55 \sim 0.75$
III	B_{III2}：岩体呈次块状、中厚层状结构（或硅质、钙质胶结的薄层状结构）；结构面中等发育，多闭合；岩块间嵌合力较好；贯穿性结构面不多见	岩体较完整，局部完整性差；抗滑、抗变形性能受结构面和岩石强度控制	$R_b = 40 \sim 60$MPa；$V_p = 3000 \sim 3500$m/s；$RQD = 20 \sim 40$；$K_v = 0.35 \sim 0.55$

续表

类别	B 中硬岩（$R_b = 30 \sim 60\text{MPa}$）		
	岩体特征	岩体工程性质评价	岩体主要特征
IV	B_{IV1}：岩体呈互层状、薄层状；层间结合较差；存在不利于坝基（肩）稳定的软弱结构面、较大楔体或棱体	同 A_{IV1}	$R_b = 30 \sim 60\text{MPa}$；$V_p = 2000 \sim 3000\text{m/s}$；$RQD = 40 \sim 70$；$K_v < 0.35$
	B_{IV2}：岩体呈薄层状、碎裂状；结构面发育—很发育，多张开；岩块间嵌合力差	同 A_{IV2}	$R_b = 30 \sim 60\text{MPa}$；$V_p < 2000\text{m/s}$；$RQD < 20$；$K_v < 0.35$
V	同 A_V	同 A_V	—

表 3.9　　　　　　　　　　　　　坝基岩体工程地质分类

类别	C 软质岩（$R_b < 30\text{MPa}$）		
	岩体特征	岩体工程性质评价	岩体主要特征
III	C_{III}：岩石强度 $15 \sim 30\text{MPa}$；岩体呈整体状、巨厚层状结构；结构面不发育—中等发育；岩体力学特性各方向的差异性不显著	岩体完整，抗滑、抗变形性能受岩石强度控制	$R_b < 30\text{MPa}$；$V_p = 2500 \sim 3500\text{m/s}$；$RQD > 50$；$K_v > 0.55$
IV	C_{IV}：岩石强度大于 15MPa，结构面较发育（或岩体强度小于 15MPa，结构面中等发育）	岩体较完整，强度低；抗滑、抗变化性能差；不宜作为高混凝土坝地基；当坝基局部存在该类岩体，需专门处理	$R_b < 30\text{MPa}$；$V_p < 2500\text{m/s}$；$RQD < 50$；$K_v < 0.55$
V	同 A_V	同 A_V	—

5. BQ 分类法

（1）岩体基本质量指标 BQ，根据分级因素的岩石抗压强度 R_c 指标的 MPa 量纲数值和完整性指数 K_v 计算为

$$BQ = 100 + 3R_c + 250K_v \tag{3.4}$$

式中　R_c——岩石饱和单轴抗压强度，MPa；

　　　　K_v——岩体完整性指数，无量纲。

当 $R_c > 90K_v + 30$ 时，应以 $R_c = 90K_v + 30$ 和 K_v 代入计算 BQ 值；当 $K_v > 0.04R_c + 0.4$ 时，应以 $K_v = 0.044R_c + 0.4$ 和 R_c 代入计算 BQ 值。

根据 BQ 值，按照表 3.10 确定岩体的质量等级。

表 3.10　　　　　　　　　　　　　岩体基本质量分级

岩体质量等级	I	II	III	IV	V
BQ 值	>550	$550 \sim 451$	$450 \sim 351$	$350 \sim 251$	$\leqslant 250$

（2）地下工程岩体级别的确定。根据规范确定的未修正岩体质量指标 BQ（表 3.10）后，需修正 BQ 值。修正后的地下工程岩体质量指标 $[BQ]$ 按下式计算：

$$[BQ] = BQ - 100(K_1 + K_2 + K_3) \tag{3.5}$$

式中　$[BQ]$——修正后的地下工程岩体质量指标；

　　　BQ——修正前的地下工程岩体质量指标；

　　　K_1——地下工程地下水影响修正系数；

　　　K_2——地下工程主要结构面产状影响修正系数；

　　　K_3——初始应力状态影响修正系数。

式（3.5）中修正系数 K_1 按表 3.11 确定；式（3.5）中修正系数 K_2 按表 3.12 确定；式（3.5）中修正系数 K_3 按表 3.13 确定。

表 3.11　　　　　　　　　地下工程地下水影响修正系数 K_1

地下水条件	BQ				
	>550	$550 \sim 451$	$450 \sim 351$	$350 \sim 251$	$\leqslant 250$
潮湿、点滴出水，$P \leqslant 0.1$（或 $Q \leqslant 25$）	0.0	0.0	$0 \sim 0.1$	$0.2 \sim 0.3$	$0.4 \sim 0.6$
淋雨状、线状出水，$0.1 < P \leqslant 0.5$（或 $25 < Q \leqslant 125$）	$0.0 \sim 0.1$	$0.1 \sim 0.2$	$0.2 \sim 0.3$	$0.4 \sim 0.6$	$0.7 \sim 0.9$
涌流出水，$P > 0.5$（或 $Q > 125$）	$0.1 \sim 0.2$	$0.2 \sim 0.3$	$0.4 \sim 0.6$	$0.7 \sim 0.9$	1.0

注：P 为地下工程围岩裂隙水压（MPa）；Q 为每 10m 洞长出水量 [L/(min·10m)]。

表 3.12　　　　　　　地下工程主要结构面产状影响修正系数 K_2

结构面产状及其与洞轴线的组合关系	结构面走向与洞轴线夹角小于 30°；结构面倾角 30°~75°	结构面走向与洞轴线夹角大于 60°；结构面倾角大于 75°	其余情况
K_2	$0.4 \sim 0.6$	$0.0 \sim 0.2$	$0.2 \sim 0.4$

表 3.13　　　　　　　　　初始应力状态影响修正系数 K_3

R_c / σ_{max}	BQ				
	>550	$550 \sim 451$	$450 \sim 351$	$350 \sim 251$	$\leqslant 250$
<4	1.0	1.0	$1.0 \sim 1.5$	$1.0 \sim 1.5$	1.0
$4 \sim 7$	0.5	0.5	0.5	$0.5 \sim 1.0$	$0.5 \sim 1.0$

（3）边坡工程岩体级别的确定。根据规范确定的未修正岩体质量指标 BQ（表 3.10）后，需修正 BQ 值。修正后的边坡工程岩体质量指标 $[BQ]$，按下式计算：

$$[BQ] = BQ - 100(K_4 + \lambda K_5) \tag{3.6}$$

其中

$$K_5 = F_1 F_2 F_3 \tag{3.7}$$

式中　λ——边坡工程主要结构面类型与延伸性修正系数；

　　　K_4——边坡工程地下水影响修正系数；

　　　K_5——边坡工程主要结构面产状影响修正系数；

　　　F_1——反映主要结构面倾向与边坡倾向间关系影响的系数；

　　　F_2——反映主要结构面倾角影响的系数；

F_3——反映边坡倾角与主要结构面倾角间关系影响的系数。

式 (3.7) 中修正系数 λ 按表 3.14 确定；式 (3.7) 中修正系数 K_4 按表 3.15 确定（表中 p_w 为边坡坡内潜水或承压水头，m；H 为边坡高度，m）；式 (3.7) 中修正系数 K_5 按表 3.16 确定（表中负值表示结构面倾角小于坡面倾角，在坡面出露）。

表 3.14　　　　　　　边坡工程主要结构面类型与延伸性修正系数 λ

结构面类型和延伸性	修正系数 λ
断层，含泥夹层	1.0
层面，贯通性好的节理裂隙	0.9～0.8
断续节理和裂隙	0.7～0.6

表 3.15　　　　　　　边坡工程地下水影响修正系数 K_4

地下水条件	BQ				
	＞550	550～450	450～350	350～250	≤250
潮湿、点滴出水，p_w≤0.2H	0.0	0.0	0.0～0.1	0.2～0.3	0.4～0.6
淋雨状、线状出水，0.2H＜p_w≤0.5H	0.0～0.1	0.1～0.2	0.2～0.3	0.4～0.6	0.7～0.9
涌流出水，p_w＞0.5H	0.1～0.2	0.2～0.3	0.4～0.6	0.7～0.9	1.0

表 3.16　　　　　　　边坡工程主要结构面产状影响修正

条件与修正系数	影 响 程 度				
	轻微	小	中等	显著	很显著
结构面倾向与坡面倾向夹角/(°)	＞30	30～20	20～10	10～5	≤5
F_1	0.15	0.40	0.70	0.85	1.0
结构面倾角/(°)	＜20	20～30	30～35	35～45	≥45
F_2	0.15	0.40	0.70	0.85	1.0
结构面倾角与坡面倾角之差/(°)	＞10	10～0	0～-10	≤-10	
F_3	0	0.2	0.8	2.0	2.5

（4）地基工程岩体级别的确定。地基工程岩体应按表 3.10 规定的岩体质量级别定级。

3.1.2　RQD、V_p、Lu 关系分析

水电工程中，岩石质量指标（RQD、Q）、纵波速度（V_p）以及透水率（w）易于获取且是坝基岩体质量分级的重要指标，三者之间存在一定相关关系，并随深度（h）的变化而变化。本节对黄河上游玛尔挡水电站河床坝基二长岩钻孔获取的 RQD、V_p、w 进行分析，并通过 Origin 软件使用最小二乘法进行数据拟合，探讨其与埋藏深度及三者之间的对应关系。

1. 岩石质量指标和深度的关系

取钻孔每个回次深度的下限深度对应该回次的平均岩石质量指标 RQD，分析其随深度的变化，结果为同一深度的岩石质量指标差异较大，但整体上随深度增加呈线性带状增

大（图 3.1）。带状区域上限、下限的线性关系分别为

$$RQD = 0.488h + 67.886 \tag{3.8}$$

$$RQD = 0.309h + 2.319 \tag{3.9}$$

式中 RQD——岩石质量指标，%；

   h——钻孔深度，m。

坝基开挖前，岩体处于一定应力平衡状态。随河流下切，地表上覆岩体不断被剥蚀，河床岩体发生卸荷回弹。此一过程中，临空面表部岩体应力释放（相当于给临空面附近岩体施加了一种拉张力）导致表部岩体沿已有结构面拉张变形，并可产生新的卸荷节理；随深度增加，卸荷作用减弱，新生节理随之减少，相应岩石质量指标整体增大。坝基岩性为坚硬的似斑状二长岩及变质砂岩，岩体储存高的弹性应变能，产生卸荷裂隙，加上风化作用，岩体完整性显著降低，岩体质量与埋深关系密切。

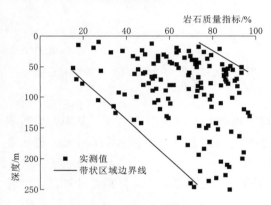

图 3.1 岩石质量指标 RQD 随深度 h 的变化   图 3.2 透水率 w 随深度 h 的变化

2. 透水率和深度的关系

对透水率与深度关系进行拟合，得到透水率随深度的变化（图 3.2）。透水率和深度具有一定相关性，随着深度增加，透水率减小。总体上，透水率随深度的变化可用幂函数来表示，其函数关系为

$$w = 410 - 7h^{-1.229} \quad (R^2 = 0.533) \tag{3.10}$$

式中 w——透水率，Lu；

   h——钻孔深度，m；

   R——相关系数。

3. 岩石质量指标和纵波速度的关系

由图 3.3 可知，岩石质量指标 RQD 和纵波速度 V_p 的对应性较差，主要有两种原因：一种是传统岩石质量指标的不足，不能完全反映岩体中的裂隙发育情况，也不能反映结构面的张开度；另一种是受硬性紧闭结构面的影响，硬性紧闭结构发育孔段虽然岩体较为破碎，岩石质量指标较低，但岩体波速较高，造成岩石质量指标与波速对应较差。

尽管如此，随着岩石质量指标的增高，波速总体上有呈线性带状增大的趋势。带状区域上限、下限的线性关系分别为

$$V_p = 40.493RQD + 3612.9 \tag{3.11}$$

$$V_p = 32.458RQD + 1822.6 \tag{3.12}$$

式中　RQD——岩石质量指标，%；

　　　　V_p——纵波速度，m/s。

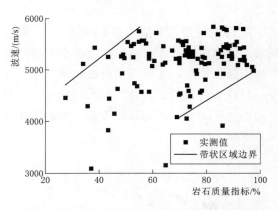

图 3.3　岩石质量指标 RQD 和波速 V_p 的关系 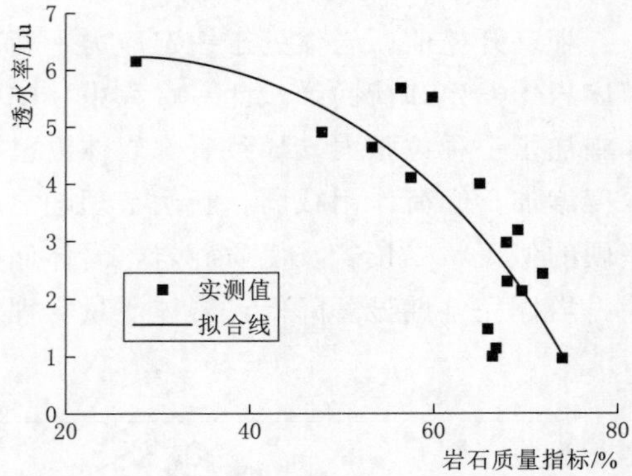　　　图 3.4　岩石质量指标 RQD 和透水率 w 的关系

4. 岩石质量指标和透水率的关系

图 3.4 绘出了 6 个钻孔的岩石质量指标 RQD 和透水率 w 的拟合曲线。其中，岩石质量指标 RQD 和透水率 w 取统计均值。图 3.4 表明，随岩石质量指标 RQD 增大，透水率 w 整体上有减小的趋势，且与深度有很好的相关性。

由图 3.4 可知，透水率 w 和岩石质量指标 RQD 呈负相关关系，且相关性较好。两者关系为

$$w = 6.378 - 3.708 \times 10^{-7}RQD^{3.382} \quad (R^2 = 0.635) \tag{3.13}$$

式中　w——透水率，Lu；

　　　RQD——岩石质量指标，%；

　　　R——相关系数。

综上，可得出：①随深度增加，坝基岩石质量指标整体上呈增加趋势，上、下限明显；②随深度增加，坝基岩体透水率呈幂函数曲线减小，其中同一深度透水率几何均值与深度之间具有良好的相关关系；③岩石质量指标与波速成线性正相关关系，岩石质量指标的算术均值与透水率的几何均值成良好的负相关关系。

3.1.3　开挖卸荷岩体质量评价

边坡开挖后，岩体的自然平衡状态遭到破坏，其受力条件的改变只能由岩体自身来承担。由于卸荷后岩体应力的二次调整，形成大面积的卸荷区，同时，自然界岩体多为损伤岩体，受多组结构面切割，卸荷作用可使处于不利条件下的结构面张开甚至扩展，导致岩体质量劣化。

根据岩体在卸荷过程中的质量劣化程度，可划分不同的卸荷区。通过对不同的卸荷区开挖前后岩体质量的比较，可分析开挖卸荷对岩体质量的影响。采用由 Serafim 和 Pereira

建立的岩体分类指数 *RMR* 与岩体变形模量经验公式，得出岩体卸荷后的 *RMR* 值，并由 *RMR* 法对开挖后的岩体质量进行评价，以分析卸荷对岩体质量的影响（表 3.17）。

表 3.17 边坡岩体卸荷后裂隙体材料变形模量降低百分比

卸荷百分比和拉应力指标	<30%	30%～50%	50%～80%	80%～100%	0～σ_t	>σ_t
变形模量降低百分比/%	0	13	47	73	87	93

3.2 卸荷松弛岩体力学特性描述与参数评价

3.2.1 岩体强度准则

对于边坡开挖卸荷岩体来说，岩体中往往会存在部分拉剪应力区。由于 Mohr – Coulomb 准则主要考虑的是岩土介质的受压状态，而对受拉状态的计算不是很理想，因此在用这种破坏准则计算开挖卸荷岩体的应力状态时，需对 Mohr – Coulomb 准则进行修正。然而修正的 Mohr – Coulomb 准则在计算上比较复杂，因此，许多研究者尝试从经验角度来确定能够同时考虑受压状态和受拉状态的准则。目前，Hoek – Brown 准则广为工程界接受。该经验准则是可以估计完整岩石或节理岩体剪切强度的半经验准则，在地下工程和边坡工程中得到了广泛的应用。

广义 Hoek – Brown 准则的屈服函数为

$$F = \sigma_1 - \sigma_3 - \sigma_{ci}\left(s - m_b\frac{\sigma_1}{\sigma_{ci}}\right)^a = 0 \tag{3.14}$$

其中

$$s = e^{(GSI-100)/(9-3D)} \tag{3.15}$$

$$m_b = m_i e^{(GSI-100)/(28-14D)} \tag{3.16}$$

$$a = 0.5 + \frac{1}{6}(e^{-GSI/15} - e^{-20/3}) \tag{3.17}$$

式中 F——屈服函数；

σ_{ci}——完整岩石的单轴抗压强度，MPa；

m_i——完整岩石材料常数，通过三轴试验确定；

GSI——地质强度指标，反映岩体结构和结构面条件；

D——岩体扰动因子，反映岩体受开挖爆破损伤和应力松弛影响程度，取值范围 0～1；

σ_1——最大主应力，MPa；

σ_3——最小主应力，MPa。

3.2.2 基于 Hoek – Brown 非线性强度的线性化描述

理论上讲，任意应力状态下 Hoek – Brown 剪切强度可通过瞬态 Mohr – Coulomb 参数精确描述（Yang 等，2004a，2004b；Yang 和 Zou，2006；Yang 和 Yin，2005）。对于 Hoek –

Brown 准则而言，任意最小主应力区间上的等效 Mohr – Coulomb 准则仅是 Hoek – Brown 准则在相应最小主应力区间上的近似，并且在不同最小主应力区间拟合获得的 Mohr – Coulomb 参数往往相差很大。

在 Hoek 等介绍 2002 版 Hoek – Brown 准则时，他们给出了区间 $[\sigma_t, \sigma_{3max}]$ 内的等效 Mohr – Coulomb 参数 φ 和 c 表达式，其中 σ_t 为双轴抗拉强度，σ_{3max} 为最小主应力的上限。对于简单边坡和圆形洞室，Hoek 等还建议了评估 σ_{3max} 的具体表达式。

事实上，大多数情况下 Hoek 等给定的区间 $[\sigma_t, \sigma_{3max}]$ 并不代表实际的应力状态。尤其是，实际工程边坡和地下洞室的几何形状非常复杂，并且计算模型一般不是均匀介质。这些情况不能通过 Hoek 等给出的评估公式直接确定 σ_{3max}。需注意的是，用来评估等效 Mohr – Coulomb 参数的最小主应力是材料处于临界破坏状态的最小主应力。因此，关键问题之一是如何评估材料处于临界破坏状态时的最小主应力。

可以将 $\sigma_1 - \sigma_3$ 平面下的 Hoek – Brown 准则转换为 $\tau_s - \sigma_n$ 关系，通过迭代获得将 $\sigma_1 - \sigma_3$ 平面 Hoek – Brown 强度包络线上、下任意应力点在临界破坏状态下的最小主应力。根据实际应力获得分析模型所有单元在临界破坏状态下的最小主应力后，便可以获得不同材料或者相同材料不同应力区处于临界破坏状态时的最小主应力区间。后面将使用 Benz 等（2008）介绍的 Hoek – Brown 准则非线性强度折减法进行分析。

Hammah 等（2005）给出了最小主应力区间 $\sigma_t < \sigma_3 < \sigma_{3max}$ 范围内，拟合 Hoek – Brown 准则的等效 Mohr – Coulomb 参数 c 和 φ 的表达式，但他们并没有给出其具体的推导过程。Sofianos 和 Nomikos 在考虑圆形隧洞支护压力的情况下，也给出了类似公式，但也没有公布具体的推导过程。

用直线关系来拟合基于主应力 σ_1 和 σ_3 描述的 Hoek – Brown 曲线，可推导出最小主应力 σ_3 在任意区间范围内等效 Mohr – Coulomb 参数的表达式。在推导过程中考虑了两个条件：①平衡 Mohr – Coulomb 直线的上、下面积；②使 Mohr – Coulomb 直线拟合 Hoek – Brown 曲线时的误差最小。公式的推导过程介绍如下：

设 $f_\varphi = (1 + \sin\varphi)/(1 - \sin\varphi)$ 和 $b_\varphi = 2c f_\varphi^{1/2}$，则可以将 Mohr – Coulomb 准则在 $\sigma_1 - \sigma_3$ 坐标系下表示为

$$\sigma_1 = b_\varphi + f_\varphi \sigma_3 \tag{3.18}$$

其中

$$f_\varphi = \frac{1 + \sin\varphi}{1 + \sin\varphi} \tag{3.19}$$

$$b_\varphi = 2c f_\varphi^{1/2} \tag{3.20}$$

式中　σ_1——最大主应力，MPa；

　　　σ_3——最小主应力，MPa；

　　　c——内聚力，MPa；

　　　φ——内摩擦角，(°)。

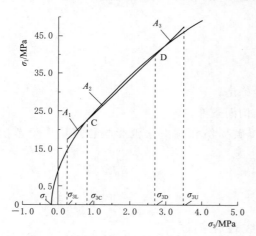

图 3.5　任意区间 $[\sigma_{3L}, \sigma_{3U}]$ 内 Hoek – Brown 曲线和 Mohr – Coulomb 直线之间的关系

如图 3.5 所示，任意最小主应力区间设为 $[\sigma_{3L}, \sigma_{3U}]$；Hoek – Brown 曲线与拟合的等效

Mohr – Coulomb 直线的交点为 C 和 D。与 C 和 D 对应的最小主应力设为 σ_{3C} 和 σ_{3D}。从图 3.5 可以看出，位于区间 $[\sigma_{3L}, \sigma_{3U}]$ 的 Hoek – Brown 曲线被分为 3 段。在 Hoek – Brown 曲线和 Mohr – Coulomb 直线之间的 3 部分面积分别设为 A_1、A_2 和 A_3。

图 3.5 中的面积 A_1 可通过在区间 $[\sigma_{3L}, \sigma_{3C}]$ 积分获得，表达式为

$$A_1 = \int_{\sigma_{3L}}^{\sigma_{3C}} \left\{ (b_\varphi + f_\varphi \sigma_3) - \left[\sigma_3 + \sigma_{ci} \left(m_b \frac{\sigma_3}{\sigma_{ci}} + s \right)^a \right] \right\} \mathrm{d}\sigma_3 \tag{3.21}$$

类似地，图 3.5 中面积 A_2 和 A_3 也可以通过积分表示为

$$A_2 = \int_{\sigma_{3C}}^{\sigma_{3D}} \left\{ \left[\sigma_3 + \sigma_{ci} \left(m_b \frac{\sigma_3}{\sigma_{ci}} + s \right)^a \right] - (b_\varphi + f_\varphi \sigma_3) \right\} \mathrm{d}\sigma_3 \tag{3.22}$$

$$A_3 = \int_{\sigma_{3D}}^{\sigma_{3U}} \left\{ (b_\varphi + f_\varphi \sigma_3) - \left[\sigma_3 + \sigma_{ci} \left(m_b \frac{\sigma_3}{\sigma_{ci}} + s \right)^a \right] \right\} \mathrm{d}\sigma_3 \tag{3.23}$$

根据前述平衡 $[\sigma_{3L}, \sigma_{3U}]$ 内拟合 Mohr – Coulomb 直线的上、下面积，可得表达式为

$$A_1 + A_3 = A_2 \tag{3.24}$$

将式 (3.21) ~式 (3.23) 代入式 (3.24) 则得

$$\int_{\sigma_{3L}}^{\sigma_{3U}} (b_\varphi + f_\varphi \sigma_3 - \sigma_3) \mathrm{d}\sigma_3 - \int_{\sigma_{3L}}^{\sigma_{3U}} \sigma_{ci} \left(m_b \frac{\sigma_3}{\sigma_{ci}} + s \right)^a \mathrm{d}\sigma_3 = 0 \tag{3.25}$$

对式 (3.25) 左边的两个积分表达式分别求解为

$$\int_{\sigma_{3L}}^{\sigma_{3U}} (b_\varphi + f_\varphi \sigma_3 - \sigma_3) \mathrm{d}\sigma_3 = b_\varphi (\sigma_{3U} - \sigma_{3L}) + \frac{1}{2} f_\varphi (\sigma_{3U}^2 - \sigma_{3L}^2) - \frac{1}{2} (\sigma_{3U}^2 - \sigma_{3L}^2) \tag{3.26}$$

$$\int_{\sigma_{3L}}^{\sigma_{3U}} \sigma_{ci} \left(m_b \frac{\sigma_3}{\sigma_{ci}} + s \right)^a \mathrm{d}\sigma_3 = \frac{\sigma_{ci}^2}{m_b (a+1)} \left[\left(\frac{m_b}{\sigma_{ci}} \sigma_{3U} + s \right)^{a+1} - \left(\frac{m_b}{\sigma_{ci}} \sigma_{3L} + s \right)^{a+1} \right] \tag{3.27}$$

设 $u = \dfrac{m_b}{\sigma_{ci}} \sigma_{3U} + s$，$l = \dfrac{m_b}{\sigma_{ci}} \sigma_{3L} + s$，然后将式 (3.26) 和式 (3.27) 代入式 (3.25) 得：

$$b_\varphi (\sigma_{3U} - \sigma_{3L}) + \frac{(f_\varphi - 1)(\sigma_{3U}^2 - \sigma_{3L}^2)}{2} - \frac{\sigma_{ci}^2 (u^{a+1} - l^{a+1})}{m_b (a+1)} = 0 \tag{3.28}$$

对于任意给定的区间 $[\sigma_{3L}, \sigma_{3C}]$，用 Mohr – Coulomb 直线拟合 Hoek – Brown 曲线的总误差 ε_{total} 可表示为

$$\varepsilon_{total} = \int_{\sigma_{3L}}^{\sigma_{3U}} \left\{ (b_\varphi + f_\varphi \sigma_3) - \left[\sigma_3 + \sigma_{ci} \left(m_b \frac{\sigma_3}{\sigma_{ci}} + s \right)^a \right] \right\}^2 \mathrm{d}\sigma_3 \tag{3.29}$$

将式 (3.29) 的右边展开得

$$\varepsilon_{total} = \int_{\sigma_{3L}}^{\sigma_{3U}} \left[(f_\varphi - 1)\sigma_3 + b_\varphi \right]^2 \mathrm{d}\sigma_3 - \int_{\sigma_{3L}}^{\sigma_{3U}} 2\sigma_{ci} \left[(f_\varphi - 1)\sigma_3 + b_\varphi \right] \left(\frac{m_b}{\sigma_{ci}} \sigma_3 + s \right)^a \mathrm{d}\sigma_3$$

$$+ \int_{\sigma_{3L}}^{\sigma_{3U}} \sigma_{ci} \left(\frac{m_b}{\sigma_{ci}} \sigma_3 + s \right)^{2a} \mathrm{d}\sigma_3 \tag{3.30}$$

式 (3.30) 右端的三个积分表达式可分别计算，见式 (3.31)～式 (3.33)。

$$\int_{\sigma_{3L}}^{\sigma_{3U}} [(f_\varphi - 1)\sigma_3 + b_\varphi]^2 d\sigma_3$$

$$= \frac{1}{3}(\sigma_{3U} - \sigma_{3L}) \times \{[(f_\varphi - 1)(\sigma_{3U} + \sigma_{3L}) + 2b_\varphi]^2$$

$$- [(f_\varphi - 1)\sigma_{3U} + b_\varphi][(f_\varphi - 1)\sigma_{3L} + b_\varphi]\} \tag{3.31}$$

$$\int_{\sigma_{3L}}^{\sigma_{3U}} 2\sigma_{ci}[(f_\varphi - 1)\sigma_3 + b_\varphi]\left(\frac{m_b}{\sigma_{ci}}\sigma_3 + s\right)^a d\sigma_3$$

$$= \frac{2\sigma_{ci}^2}{m_b} \times \left\{\frac{[(f_\varphi - 1)\sigma_{3U} + b_\varphi]u^{a+1}}{a+1} - \frac{[(f_\varphi - 1)\sigma_{3L} + b_\varphi]l^{a+1}}{a+1}\right.$$

$$\left. - \frac{\sigma_{ci}(f_\varphi - 1)(u^{a+2} - l^{a+2})}{m_b(a+1)(a+2)}\right\} \tag{3.32}$$

$$\int_{\sigma_{3L}}^{\sigma_{3U}} \sigma_{ci}\left(m_b \frac{\sigma_3}{\sigma_{ci}} + s\right)^{2a} d\sigma_3 = \frac{\sigma_{ci}^3(u^{2a+1} - l^{2a+1})}{m_b(2a+1)} \tag{3.33}$$

将式 (3.31)～式 (3.33) 代入式 (3.30)，求出积分项，于是获得总误差 ε_{total} 的表达式为

$$\varepsilon_{total} = \frac{1}{3}(\sigma_{3U} - \sigma_{3L})\{[(f_\varphi - 1)(\sigma_{3U} + \sigma_{3L}) + 2b_\varphi]^2 - [(f_\varphi - 1)\sigma_{3U} + b_\varphi][(f_\varphi - 1)\sigma_{3L} + b_\varphi]\}$$

$$- \frac{2\sigma_{ci}^2}{m_b}\left\{\frac{[(f_\varphi - 1)\sigma_{3U} + b_\varphi]u^{a+1}}{a+1} - \frac{[(f_\varphi - 1)\sigma_{3L} + b_\varphi]l^{a+1}}{a+1} - \frac{\sigma_{ci}(f_\varphi - 1)(u^{a+2} - l^{a+2})}{m_b(a+1)(a+2)}\right\}$$

$$+ \frac{\sigma_{ci}^3(u^{2a+1} - l^{2a+1})}{m_b(2a+1)} \tag{3.34}$$

式 (3.34) 可重新写为

$$2b_\varphi + (f_\varphi - 1)(\sigma_{3U} + \sigma_{3L}) = \frac{2\sigma_{ci}^2(u^{a+1} - l^{a+1})}{m_b(a+1)(\sigma_{3U} - \sigma_{3L})} \tag{3.35}$$

设式 (3.35) 右边为 t，可得

$$t = \frac{2\sigma_{ci}^2(u^{a+1} - l^{a+1})}{m_b(a+1)(\sigma_{3U} - \sigma_{3L})} \tag{3.36}$$

通过式 (3.35) 和式 (3.36) 可得表达式为

$$(f_\varphi - 1)\sigma_{3U} + b_\varphi = \frac{t + (f_\varphi - 1)(\sigma_{3U} - \sigma_{3L})}{2} \tag{3.37}$$

$$(f_\varphi - 1)\sigma_{3L} + b_\varphi = \frac{t - (f_\varphi - 1)(\sigma_{3U} - \sigma_{3L})}{2} \tag{3.38}$$

将式 (3.35) 和式 (3.36) 代入式 (3.34)，整理后得

$$\varepsilon_{total} = \frac{1}{3}(\sigma_{3U} - \sigma_{3L})\left[t^2 - \frac{t^2 - (f_\varphi - 1)^2(\sigma_{3U} - \sigma_{3L})^2}{4}\right] - \frac{2\sigma_{ci}^2}{m_b}$$

$$\times \left\{\frac{[t + (f_\varphi - 1)(\sigma_{3U} - \sigma_{3L})]u^{a+1}}{2(a+1)} - \frac{[t - (f_\varphi - 1)(\sigma_{3U} - \sigma_{3L})]l^{a+1}}{2(a+1)}\right.$$

$$\left. -\frac{\sigma_{ci}(f_\varphi-1)(u^{a+2}-l^{a+2})}{m_b(a+1)(a+2)} \right\} + \frac{\sigma_{ci}^3(u^{2a+1}-l^{2a+1})}{m_b(2a+1)} \tag{3.39}$$

式（3.39）对变量 f_φ 求一阶导数。其中 t、u、l 是关于变量 f_φ 的常数，则可获得表达式为

$$\varepsilon'_{total}=\frac{1}{6}(\sigma_{3U}-\sigma_{3L})^3(f_\varphi-1)-\frac{2\sigma_{ci}^2}{m_b}\left[\frac{(\sigma_{3U}-\sigma_{3L})(u^{a+1}+l^{a+1})}{2(a+1)}-\frac{\sigma_{ci}(u^{a+2}-l^{a+2})}{m_b(a+1)(a+2)}\right] \tag{3.40}$$

要使总误差 ε_{total} 最小，可以设 $\varepsilon'_{total}=0$ 求得驻点，则得到关系式为

$$f_\varphi-1=\frac{12\sigma_{ci}^2}{m_b(\sigma_{3U}-\sigma_{3L})^3}\left[\frac{(\sigma_{3U}-\sigma_{3L})(u^{a+1}+l^{a+1})}{2(a+1)}-\frac{\sigma_{ci}(u^{a+2}-l^{a+2})}{m_b(a+1)(a+2)}\right] \tag{3.41}$$

通过式（3.41）求解出 f_φ 之后，再通过表达式 $f_\varphi=(1+\sin\varphi)/(1-\sin\varphi)$，即可求出等效摩擦角 φ，表达式为

$$\varphi=\sin^{-1}\left(\frac{f_\varphi-1}{f_\varphi+1}\right) \tag{3.42}$$

将式（3.41）代入式（3.35）得

$$b_\varphi=\frac{t-(f_\varphi-1)(\sigma_{3U}+\sigma_{3L})}{2} \tag{3.43}$$

将式（3.41）代入 $b_\varphi=2cf_\varphi^{1/2}$ 中，可得到等效内聚力 c 的表达式为

$$c=\frac{t-(f_\varphi-1)(\sigma_{3U}+\sigma_{3L})}{4f_\varphi^{1/2}} \tag{3.44}$$

3.2.3　Hoek‐Brown 岩体等效 Mohr‐Coulomb 剪切强度参数

当前岩体力学分析中，大多数设计、分析方法，如极限平衡分析法和数值模拟法等，常需要通过线性 Mohr‐Coulomb 破坏准则来表达。数值模拟中很少能解决曲线型的 Hoek‐Brown 破坏准则的塑性计算问题。Pan 和 Hudson（1988）将 Hoek‐Brown 破坏准则作为屈服函数引入到有限元分析中。然而，为了能模拟非关联流动（剪胀角小于内摩擦角），Hoek‐Brown 破坏准则需要进行一定的简化。显式差分法 FLAC 和离散元法 UDEC 能将曲线型的 Hoek‐Brown 外包络线转换为 Mohr‐Coulomb 线性外包络线。具体转换时是根据每一单元的每一计算时步下的应力对应于 Hoek‐Brown 外包络线的切线来确定。于是，Mohr‐Coulomb 准则的内聚力和内摩擦角在模拟过程中是不断变化的。这一方法的缺陷就是在模拟中计算的时间会显著增大。而在极限平衡分析中，很少有将 Hoek‐Brown 破坏准则引入。因此，大多数方法和软件都是建立在 Mohr‐Coulomb 破坏准则基础上的。

基于此，在实际应用中需要一套简单的强度参数以将曲线型的 Hoek‐Brown 破坏外包络线转换为线性 Mohr‐Coulomb 破坏准则。因此，对于 Hoek‐Brown 破坏外包络线，需要一种方法以确定等效内聚力和内摩擦角。应用中，需认识到最大和最小主应力以及它们与岩石强度的关系很重要。等效内聚力和内摩擦角可以通过给定最小主应力下对应于 Hoek‐Brown 破坏外包络线的切线值来确定。另外一种方法就是按一定间距的最小主应

力对应的内聚力和内摩擦角进行线性回归计算出平均内聚力和内摩擦角。这两种方法将在下面具体介绍。

在实际应用中，如用极限平衡方法进行边坡稳定性分析，需要用到特定法向应力下破坏面的剪切强度。对于这种情况，则需要根据剪切应力和法向应力来表达 Hoek – Brown 破坏准则。当 Hoek – Brown 破坏准则各参数具体确定后，就可以获得等效内聚力和内摩擦角。对于早期的 Hoek – Brown 破坏准则和修改的 Hoek – Brown 破坏准则，在将其转为等效内聚力和内摩擦角时有一定的差异，需分别对待。

3.2.3.1　Mohr – Coulomb 准则

Mohr – Coulomb 准则定义为

$$\tau_s = c + \sigma'_n \tan\varphi \tag{3.45}$$

或

$$\sigma'_1 = \sigma_c + \sigma'_3 \frac{1 + \sin\varphi}{1 - \sin\varphi} \tag{3.46}$$

式中　τ_s——发生破坏时破坏面上的剪应力，MPa；

σ'_n——发生破坏时破坏面上的有效法向应力，MPa；

σ_c——岩体单轴抗压强度，MPa；

σ'_1——破坏时的最大有效主应力，MPa；

σ'_3——破坏时的最小有效主应力，MPa；

其余符号意义同前。

与 Hoek – Brown 破坏外包络线相比，式（3.45）和式（3.46）在 $\tau - \sigma_n$ 平面和 $\sigma_1 - \sigma_3$ 平面上均为直线（图 3.6）。

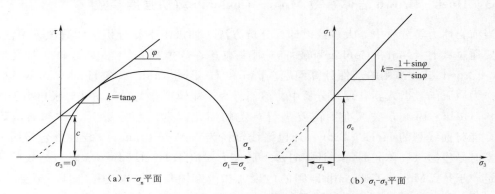

图 3.6　在 $\tau - \sigma_n$ 平面和 $\sigma_1 - \sigma_3$ 平面上 Mohr – Coulomb 破坏外包络线

设单轴抗压强度和单轴抗拉强度分别为 σ_c 和 σ_t，用 Mohr – Coulomb 准则可以表达为

$$\sigma_c = \frac{2c\cos\varphi}{1 - \sin\varphi} \tag{3.47}$$

$$\sigma_t = \frac{2c\cos\varphi}{1 + \sin\varphi} \tag{3.48}$$

通过式（3.48）计算的单轴抗拉强度通常很高，尤其是当内摩擦角很小时。而且，式

（3.47）在法向压应力为负值时，会变得没有任何物理意义。基于此，习惯上通常在外包络线上给定一个"拉破坏"限定值来确定一个较低的抗拉强度。

3.2.3.2　确定内聚力和内摩擦角的方法

为了从早期的 Hoek – Brown 准则来获得等效内聚力和内摩擦角，有 5 种方法来确定，即：①通过给定法向压应力时对应的 Hoek – Brown 强度外包络线上的切线确定；②通过给定最小主应力时对应的 Hoek – Brown 强度外包络线上的切线确定；③通过 Hoek – Brown 和 Mohr – Coulomb 破坏准则的等效单轴抗压强度（最小主应力为 0 时对应的切线）来确定；④在给定的应力范围内进行线性回归获得；⑤在给定的应力范围内的线性回归以及 Hoek – Brown 和 Mohr – Coulomb 破坏准则的等效单轴抗压强度确定。

（1）给定法向压应力时内聚力和内摩擦角的确定。对应于早期的 Hoek – Brown 破坏准则，用 Mohr – Coulomb 破坏准则可以表达为

$$\tau_s = (\cot\varphi_i - \cos\varphi_i)\frac{m\sigma_c}{8} \tag{3.49}$$

式中　φ_i——给定的 τ 和 σ_n' 对应的内摩擦角；

其余符号意义同前。

Londe（1988）也曾给出了一种类似的解决方法，在给定的 τ 和 σ_n' 对应的内摩擦角可以写为

$$\varphi_i = \tan^{-1}\left(\frac{1}{\sqrt{4h\cos^2\theta_i - 1}}\right) \tag{3.50}$$

$$\varphi_i = \frac{1}{3}\left(90 + \tan^{-1}\frac{1}{\sqrt{h^3 - 1}}\right) \tag{3.51}$$

$$h = 1 + \frac{16(m\sigma_n' + s\sigma_c)}{3m^2\sigma_c} \tag{3.52}$$

相应的内聚力可以通过下式计算获得：

$$c_i = \tau_s - \sigma_n'\tan\varphi_i \tag{3.53}$$

式中　c_i——给定的 τ 和 σ_n' 对应的内聚力；

其余符号意义同前。

用以上计算获得的单轴抗拉强度与用式（3.48）计算的值略有一定的差异。这是由于 Mohr – Coulomb 包络线在拉应力一侧的曲率并不与定义单轴抗拉强度的 Mohr 圆完全相同。大多数实际应用中，这种差异很小，可忽略。实际上，如果假定岩体的抗拉强度为 0，这种问题则会完全消失。

（2）给定最小主应力下内聚力和内摩擦角的确定。在给定最小主应力 σ_3 后，对应破坏条件下的最大主应力 σ_1 可以通过早期的 Hoek – Brown 破坏准则求得。内摩擦角可以通过下式换算求得：

$$\sigma_n = \sigma_3' + \frac{(\sigma_1' - \sigma_3')^2}{2(\sigma_1' - \sigma_3') + \frac{1}{2}m\sigma_c} \tag{3.54}$$

$$\tau_s = (\sigma_n' - \sigma_3')\sqrt{1 + \frac{m\sigma_c}{2(\sigma_1' - \sigma_3')}} \tag{3.55}$$

$$\varphi_i = 90 - \sin^{-1}\left(\frac{2\tau_s}{\sigma_1' - \sigma_3'}\right) \tag{3.56}$$

然后，可以通过式（3.53）来计算内聚力。

（3）通过等效抗压强度确定内聚力和内摩擦角。若 Hoek‑Brown 破坏准则和 Mohr‑Coulomb 破坏准则对应的单轴抗压强度相同时，内摩擦角可以通过式（3.57）～式（3.59）求得，即

$$\sigma_n' = \frac{2s}{4\sqrt{s} + m} \tag{3.57}$$

$$\tau_s = \sigma_n'\sqrt{1 + \frac{m}{2\sqrt{s}}} \tag{3.58}$$

$$\varphi_i = 90 - \sin^{-1}\left(\frac{2\tau_s}{\sigma_c\sqrt{s}}\right) \tag{3.59}$$

最后，内聚力可以用式（3.53）求得。实际上，这一方法与 $\sigma_3 = 0$ 的切线相对应。

（4）给定应力范围进行线性回归确定内聚力和内摩擦角。一旦确定一系列的（σ_3，σ_1）后，通过对这些点进行线性回归分析，也可以对最小主应力在较大范围内的等效内聚力和内摩擦角进行确定。用最小二乘法拟合获得的回归曲线的斜率 k 可以表示为

$$k = \frac{n\sum\sigma_1'\sigma_3' - \left(\sum\sigma_1' \cdot \sum\sigma_3'\right)}{n\sum(\sigma_3')^2 - \left(\sum\sigma_3'\right)^2} \tag{3.60}$$

Mohr‑Coulomb 准则可以写为

$$\sigma_1' = \sigma_c + \sigma_3'\left(\frac{1 + \sin\varphi}{1 - \sin\varphi}\right) \tag{3.61}$$

结合式（3.61），内摩擦角可以通过式（3.62）求得，即

$$\varphi = \sin^{-1}\left(\frac{k - 1}{k + 1}\right) \tag{3.62}$$

截取 σ_1 轴部分，可以给出岩体的单轴抗压强度为

$$\sigma_{cm} = \frac{\sum(\sigma_3')^2\sum\sigma_1' - \sum\sigma_3'\sum\sigma_1'\sigma_3'}{n\sum(\sigma_3')^2 - \left(\sum\sigma_3'\right)^2} \tag{3.63}$$

对于 Mohr‑Coulomb 准则，岩体的单轴抗压强度可以表示为

$$\sigma_{cm} = \frac{2c\cos\varphi}{1 - \sin\varphi} \tag{3.64}$$

据此，等效内聚力可计算为

$$c = \frac{\sigma_{cm}(1 - \sin\varphi)}{2\cos\varphi} \tag{3.65}$$

对式（3.63）进行线性回归也可以获得抗压强度。其比 Hoek‑Brown 准则预测的强度要高。另外一种通过曲线拟合的替代方法就是在 σ_1 轴上固定截取 Hoek‑Brown 准则给定的值，即 Hoek‑Brown 准则或 Mohr‑Coulomb 准则相应的等效抗压强度：

$$\sigma_{cm} = \sigma_c\sqrt{s} \tag{3.66}$$

于是，可以通过最小二乘法获得相应曲线的斜率，即

$$k = \frac{\sum \sigma_1' \sigma_3' - \sigma_c \sqrt{s} \sum \sigma_3'}{\sum (\sigma_3')^2} \tag{3.67}$$

相应的内摩擦角和内聚力可以分别通过式（3.62）和式（3.63）获得。

同样也可以获得在 $\tau - \sigma_n$ 平面上的回归结果，通过回归曲线的斜率就可以求得内摩擦角 φ 为

$$\varphi = \tan^{-1} k \tag{3.68}$$

然后截取垂直坐标轴的值即为内聚力 c。如果已知作用在破坏面上的法向压应力时，这一方法是非常方便的。

（5）通过初始 Hoek – Brown 准则推求内聚力和内摩擦角。对于修改的 Hoek – Brown 准则，相应于 Mohr – Coulomb 外包络线的闭合解不可能推导出。对于 Mohr – Coulomb 外包络线，一种通用的解可以将法向应力和剪切应力表示为

$$\sigma_n' = \sigma_3' + \frac{\sigma_1' - \sigma_3'}{\dfrac{\partial \sigma_1'}{\partial \sigma_3'} + 1} \tag{3.69}$$

$$\tau = (\sigma_n' - \sigma_3') \sqrt{\frac{\partial \sigma_1'}{\partial \sigma_3'}} \tag{3.70}$$

通过 Hoek – Beown 准则的通用形式可以用下式求得偏导 $\partial \sigma_1' / \partial \sigma_3'$。

对于 $GSI > 25$ 且当 $a = 0$ 时，有

$$\frac{\partial \sigma_1'}{\partial \sigma_3'} = 1 + \frac{m_b \sigma_c}{2(\sigma_1' - \sigma_3')} \tag{3.71}$$

对于 $GSI < 25$ 且当 $s = 0$ 时，有

$$\frac{\partial \sigma_1'}{\partial \sigma_3'} = 1 + a (m_b)^a \left(\frac{\sigma_3'}{\sigma_c} \right)^{a-1} \tag{3.72}$$

通过式（3.69）～式（3.72）获得一系列的 (σ_n, τ) 后，在一定的法向应力范围的平均内聚力和内摩擦角可以通过线性回归分析计算获得。

式（3.73）和式（3.74）分别是内摩擦角和内聚力的计算表达式。

$$\varphi = \tan^{-1} \left[\frac{n \sum \sigma_n' \tau - \left(\sum \tau \sum \sigma_n' \right)}{n \sum (\sigma_n')^2 - \left(\sum \sigma_n' \right)^2} \right] \tag{3.73}$$

$$c = \frac{\sum \tau}{n} - \frac{\sum \sigma_n'}{n} \tan \varphi \tag{3.74}$$

相反，如果想在给定的最小主应力范围进行回归分析，也可以求得等效内聚力和等效内摩擦角。某一最小主应力（不是应力范围）状态下对应的瞬态内聚力和内摩擦角可以通过修改的 Hoek – Beown 准则计算获得。即在 Hoek – Beown 准则外包络线上某一最小主应力对应的曲线斜率。曲线的斜率可用式（3.75）计算获得。曲线的斜率其实是式（3.75）和式（3.76）中的偏导（这与岩体质量指数 GSI 和 RMR 有关），即

$$k = \frac{1 + \sin \varphi}{1 - \sin \varphi} = \frac{\partial \sigma_1'}{\partial \sigma_3'} \tag{3.75}$$

据此，可以计算出内摩擦角为

$$\varphi = \sin^{-1}\left(\frac{k-1}{k+1}\right) = \frac{\partial\sigma_1'/\partial\sigma_3' - 1}{\partial\sigma_1'/\partial\sigma_3' + 1} \tag{3.76}$$

然后，内聚力可以用式（3.74）计算。

利用上述不同方法评价岩体内聚力和内摩擦角有一定差异。在没有太多勘查试验资料的基础上，根据岩体的实际情况，可以用它们来确定岩体的内聚力和内摩擦角。不同方法评价等效内聚力和内摩擦角的对比如图 3.7 所示。图 3.7 中说明：（Ⅰ）$\sigma_n = 15\mathrm{MPa}$ 时的切线，（Ⅱ）$\sigma_3 = 15\mathrm{MPa}$ 时的切线，（Ⅲ）Hoek - Brown 破坏准则和 Mohr - Coulomb 破坏准则的等效单轴抗压强度，（Ⅳ）在 $\sigma_3 = 0 \sim 50\mathrm{MPa}$ 的范围内线性回归，（Ⅴ）在 $\sigma_3 = 0 \sim 50\mathrm{MPa}$ 范围内以及利用等效单轴抗压强度的线性回归。

3.2.3.3 应力范围和回归类型的选择

用 Hoek - Brown 准则对某一法向应力或最小主应力下的等效内聚力和内摩擦角可以给出很准确的值，但仅适合于给定的应力状态。对于较大应力范围，利用回归分析获得的等效内聚力和内摩擦角则可以在较大应力范围接受，但这会导致在低应力条件下强度偏高，而在高应力条件下强度又偏低（图 3.7）。

任何情况下，评价等效内聚力和内摩擦角的应力状态都应当基于岩体中预估的地应力出发。而不同类型的边坡岩体或地下工程的围岩，它们的应力范围也不相同。实际上（尤其是出现破坏时），实际的应力状态往往要比用弹性分析获得的应力低。应力状态的上限估计可以按弹性分析获得。根据 Hoek - Beown 准则的外包络线，用弹性应力范围评估等效内聚力和内摩擦角会导致摩擦角略偏低、内聚力略偏高。

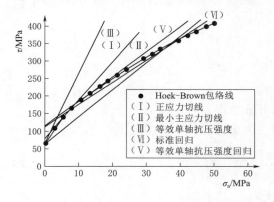

图 3.7 根据 Hoek - Brown 破坏准则对岩体质量（$\sigma_c = 200\mathrm{MPa}$，$m_1 = 25$，$GSI = 80$）采用不同方法确定等效内聚力和内摩擦角的对比

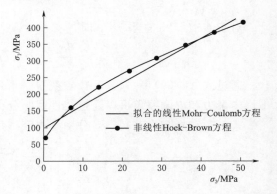

图 3.8 通过 Hoek - Brown 破坏准则确定等效内聚力和内摩擦角的方法

回归分析评估等效内聚力和内摩擦角的应力范围普遍取 $0 < \sigma_3 < 0.25\sigma_c$。在这一范围，$\sigma_3$ 按等间距方式通常取 8 组数据（这一经验纯粹是基于反复试验得出的），然后按前述回归方法来确定 c 和 φ。与图 3.7 相同岩体质量参数的 Hoek - Brown 外包络线和 Mohr - Coulomb 外包络线如图 3.8 所示。

值得注意的是，图 3.8 中 σ_3 间距取了 20 组数据进行回归分析。这两种方法获得的等效内聚力和内摩擦角没有显著的差异（表 3.18）。

表 3.18　对岩体质量（$\sigma = 200\text{MPa}$，$m_1 = 25$，$GSI = 80$）用 Hoek - Brown 破坏准则确定 c 和 φ

回归方法	图 3.8 中的线性回归（Hoek 和 Brown，1997）	线性回归[图 3.7 中的线（Ⅳ）]	在 σ_1 轴等间距时线性回归[图 3.7 中的线（Ⅴ）]
回归点数	8	20	20
内聚力 c/MPa	24.0	21.6	11.9
内摩擦角 φ/(°)	47.1	46.7	54.1
岩体抗压强度 σ_{cm}/MPa	102	109	65.8

因此，回归点的数据对分析没有太大的影响。当然，在确定等效内聚力和内摩擦角前，需要预先获得岩体的应力。可以通过目前大量的数值分析软件按线弹性分析求得应力。

3.2.4　基于原位试验、规范的岩体抗剪强度与 H - B 准则估值的比较

以黄河上游玛尔挡水电站坝基岩体为例，来论证前述岩体抗剪强度确定方法。在岩体质量分级基础上，引入规范建议值及现场原位大型剪切试验结果，建立岩体抗剪强度指标与 BQ 岩体质量分级的相关关系。同时，利用实测资料建立 BQ 与 GSI 的相关关系，运用 Hoek - Brown 准则估算各试验点岩体的抗剪强度指标。结果表明，采用该研究成果较符合工程实际，而采用 Hoek - Brown 准则估算的等效内摩擦系数偏小，内聚力则偏大很多。误差分析表明，这一结果主要是由 Hoek - Brown 准则中最小主应力的取值范围引起的，据此提出公式应用中需注意的问题及相应解决方法。

岩体抗剪强度是十分重要的力学参数。常通过原位试验法、经验类比法、反演分析法等获取。目前，大型岩体工程中，抗剪强度指标的确定大多依据少量试验结果和经验判断综合确定，这一过程带有较大的主观成分。如何根据试验得到的、仅仅适合于试验点的岩体力学参数，获得能代表大范围工程岩体的力学性质，使之能为工程设计和施工所采用的工程岩体力学参数始终困扰着工程界。

为解决这一问题，国内外众多工程界和学术界的专家、学者进行了不懈努力，从而出现了以岩体质量分级（RMR）或地质强度指数（GSI）为基础的 Hoek - Brown 经验方法等一些代表性取值方法，如 Yang 和 Yin（2005）基于非线性 Hoek - Brown 准则提出了斜坡岩体等效抗剪强度估算方法。由于经验估算方法主要基于工程师对岩体质量的判断和认知，主观成分较大，在重要工程或大型工程中不能单独用来确定岩体抗剪强度指标，因此有必要发展一种结合现场试验、规范并与经验强度准则相比较的综合确定方法，从而使岩体力学参数取值更可靠，进而保证岩石工程的安全性。

基于上述思路，以黄河上游玛尔挡水电站为例，提出了基于原位试验和规范推荐的岩体抗剪强度确定方法。该方法注重宏观岩体力学参数取值，将岩体质量分级、原位试验结果及现行规范融合在一起，建立岩体质量分级指标 BQ 与岩体抗剪参数 c、φ 之间的关系。这一方法由于采用了具体工程的原位试验结果，也参照了规范提供的有效数据，使得建立的关系能够较好地被应用于实际工程。同时，比较了玛尔挡电站工程岩体抗剪强度试验值

和利用 Hoek - Brown 经验强度准则得到的估算值，详细分析了两者之间误差的原因，并提出了相应解决方法和应注意的问题。

3.2.4.1　岩体抗剪强度参数取值方法概述

1. 基于原位大剪试验的确定方法

原位大剪试验是确定岩体抗剪强度最直接、最可靠的方法，它是所有取值方法的基础。尽管该方法受到试验尺寸、试点代表性等问题的影响，但目前尚无可替代。因此，对大型岩石工程，仍以采用试验值为主，其余方法进行补充和相互论证。通常对所得试验数据经回归统计分析求得抗剪强度参数指标，常用的处理方法主要有最小二乘法、点群中心法、优定斜率法及可靠度分析法等。

2. 基于经验强度准则的确定方法

经验公式法是根据各种试验及野外地质参数建立起来的抗剪强度指标与相关地质参数之间的经验公式。由于该方法能够根据有关地质参数较易获得不同工程部位的抗剪强度指标，故在工程中得到广泛运用，尤其是工程设计的初始阶段。代表性的有 Barton 的抗剪强度经验公式和 Hoek - Brown 准则。基于 Q 岩体质量分级，Barton 提出了岩体抗剪强度的经验公式为

$$\varphi = \tan^{-1}\left(\frac{J_r}{J_a} J_w\right) \tag{3.77}$$

$$c = \frac{RQD}{J_n} \cdot \frac{1}{SRF} \cdot \frac{\sigma_c}{100} \tag{3.78}$$

式中　φ——岩体内摩擦角，(°)；

$\quad c$——岩体内聚力，MPa；

$\quad J_r$——节理粗糙度系数；

$\quad J_a$——节理蚀变系数；

$\quad J_w$——节理地下水折减系数；

$\quad J_n$——节理组数；

$\quad RQD$——岩石质量指标，%；

$\quad SRF$——岩体应力折减系数；

$\quad \sigma_c$——岩石单轴抗压强度，MPa。

Hoek 等在大量岩体试验成果统计分析的基础上，用试错法提出裂隙岩体狭义的 Hoek - Brown 准则之后，针对该强度准则的不足，提出了修正后的经验公式为

$$\sigma_1 = \sigma_3 + \sigma_c\left(m_b \frac{\sigma_3}{\sigma_c} + s\right)^a \tag{3.79}$$

式中　m_b——经验参数值；

$\quad s$、a——与岩体特征有关的常数；

$\quad \sigma_1$、σ_3——岩体破坏时的最大和最小主应力，MPa。

相对应的等效岩体抗剪强度参数 φ 与 c 计算公式分别为

$$\varphi = \sin^{-1}\left[\frac{6am_b(s + m_b\sigma_{3n})^{a-1}}{2(1+a)(2+a) + 6am_b(s + m_b\sigma_{3n})^{a-1}}\right] \tag{3.80}$$

$$c = \frac{\sigma_c(1+2a)s + (1-a)m_b\sigma_{3n}(s+m_b\sigma_{3n})^{a-1}}{(1+a)(2+a)\sqrt{1 + \frac{6am_b(s+m_b\sigma_{3n})^{a-1}}{(1+a)(2+a)}}} \tag{3.81}$$

式中　σ_{3n}——侧限应力上限值与岩块单轴抗压强度的比值；

其余符号意义同前。

需说明的是，Hoek - Brown 准则中的有关参数是基于岩体质量分级 GSI 获得的，目前已有开发出的软件 RocLab（www.rocscience.com）可直接计算岩体的抗剪强度等参数。

3. 基于计算机模拟试验的确定方法

由于计算机模拟技术的不断进步，目前对岩体力学参数取值进行计算机模拟试验研究。该方法主要是在野外调查和室内岩块力学试验成果的基础上，通过建立大尺度工程岩体概化模型，进行不同尺寸数值模拟试验，从而确定岩体力学参数。除工程岩体抗剪强度确定方法外，还有岩体质量分级法、工程类比法（包括人工智能分析法）、反演分析法等。

3.2.4.2　基于试验及规范的岩体抗剪强度确定方法及实例

对于大型岩石工程，为确保工程安全，原位大型剪切试验是必不可少的。由于现场条件、时间、工程费用等的限制，试验数量往往受到很大限制，不同地质单元（不同风化带、不同岩性等）的试验数量往往较少，这样就给参数取值带来一定困难。为解决这一问题，首先要在大量野外调查、统计及相关测试基础上，对工程岩体进行分级，如 BQ、RMR 分级，并得到相关分级的量化评分值，将分级值与试验得到的岩体抗剪强度指标 c、φ 值及现行规范建议值建立经验关系，由此可以通过岩体质量分级得到工程区所有岩体的抗剪强度指标。建立经验关系时，不仅采用具体岩石工程的原位测试成果，而且应用规范的建议值。因此，该取值方法具有较高的可靠度。

玛尔挡水电站坝址位于青海省玛沁县军功镇上游约 5km 的黄河干流上，最初设计坝型为双曲拱坝，坝高 215m，工程规模为 Ⅰ 等大（1）型工程，主要建筑物为 1 级，次要建筑物为 3 级，以发电为主。坝址区出露的地层主要为三叠系中—上统（T_{2-3}^{Ss}）变质砂岩及中生代侵入二长岩（$\pi\gamma_5$），两者呈侵入接触关系，接触面工程性状较好。为获得坝基岩体抗剪强度指标，共进行岩体抗剪（断）强度试验 10 组，其中二长岩 6 组，变质砂岩 4 组。考虑到建基岩体主要为微新岩体，抗剪强度试验主要在微新岩体中进行，弱风化中的试验仅 1 组。表 3.19 给出了岩体抗剪强度试验结果特征。

如何根据这些试验结果将岩体的抗剪强度拓展至整个工程区值得研究。方法之一是将试验点的有关地质参数与岩体的抗剪强度之间建立起相关关系，这样就可按照这一关系将有限的试验结果进行拓展。

在所有地质参数中，既能反映岩体强度又能反映岩体完整程度的指标为岩体弹性波纵波速度以及岩体质量分级。其余地质参数如 RQD、节理间距、节理裂隙率等仅反映岩体的完整程度而不能体现岩体的强度特征，故利用这些指标建立与岩体抗剪强度参数之间的关系时，会受到一定限制。另外，由于岩体试验数量有限，从统计学的角度来看，仅二长岩中可进行统计分析，变质砂岩由于试验数量少而不能建立相关关系。且已有试验绝大部分为微新岩体，缺少弱风化或岩体质量相对较差岩体的试验，致使难以建立良好的相关关系。为解决这一问题，可充分利用各种规范提供的岩体强度值，并结合坝址的试验结果进行拟合研究，以期得到符合实际的岩体力学参数。

表 3.19　　　　　　　　　　　　　　岩体抗剪强度试验结果

试验编号	岩性	风化程度	纵波速度/(m/s)	BQ	抗剪断				抗剪	
					峰值		屈服值		比例极限 f	屈服值 f
					f'	c'/MPa	f'	c/MPa		
τ_{18-1}	二长岩	微新	5515	671	1.90	1.93	1.82	1.83	1.16	1.34
τ_{18-2}	二长岩	微新	5360	657	1.80	2.06	1.73	2.00	1.14	1.52
τ_{21-1}	二长岩	弱风化	3930	443	1.40	2.15	1.32	2.10	0.85	1.09
τ_{21-2}	二长岩	微新	5225	644	1.49	2.61	1.46	2.47	1.05	1.43
τ_{32-1}	二长岩	微新	4725	564	1.61	2.55	1.56	2.48	1.20	1.34
τ_{35-1}	二长岩	微新	4690	558	1.70	2.08	1.68	1.97	1.09	1.32
τ_{31-1}	变质砂岩	微新	5090	635	1.62	1.70	1.54	1.69	0.88	1.07
τ_{31-2}	变质砂岩	微新	5430	666	1.64	1.81	1.60	1.74	1.04	1.32
τ_{38-1}	变质砂岩	微新	5280	652	1.54	1.81	1.42	1.44	1.04	1.19
τ_{38-2}	变质砂岩	微新	4780	590	1.47	2.07	1.39	1.84	0.90	1.15

　　国家标准均对各类岩体的抗剪断强度指标提供了建议值（表 3.20、表 3.21），从表 3.20、表 3.21 的对比可以看出，利用 BQ 得到的岩体质量分级与坝基对应级别岩体的抗剪断强度参数基本一致。

表 3.20　　　　岩体物理力学参数［《工程岩体分级标准》(GB/T 50218—2014)］

岩级	BQ 值	容重 γ /(kN/m³)	抗剪断峰值强度		变形模量 E_0/GPa	泊松比 μ
			内摩擦角 φ/(°)	内聚力 c/MPa		
Ⅰ	>550	>26.5	>60	>2.1	>33.0	<0.20
Ⅱ	451～550		60～50	2.1～1.5	33.0～20.0	0.20～0.25
Ⅲ	351～450	26.5～24.5	50～39	1.5～0.7	20.0～6.0	0.25～0.30
Ⅳ	251～350	24.5～22.5	39～27	0.7～0.2	6.0～1.3	0.30～0.35
Ⅴ	≤250	<22.5	<27	<0.2	<1.3	>0.35

表 3.21　　坝基岩体力学参数［《水力发电工程地质勘察规范》(GB 50287—2016)］

岩级	混凝土与基岩接触面		抗剪 f	岩体		抗剪 f	岩体变形模量 E_0/GPa
	抗剪断			抗剪断			
	f'	c'/MPa		f'	c'/MPa		
Ⅰ	1.50～1.30	1.50～1.30	0.85～0.75	1.60～1.40	2.50～2.00	0.90～0.80	>20.0
Ⅱ	1.30～1.10	1.30～1.10	0.75～0.65	1.40～1.20	2.00～1.50	0.80～0.70	20.0～10.0
Ⅲ	1.10～0.90	1.10～0.70	0.65～0.55	1.20～0.80	1.50～0.70	0.70～0.60	10.0～5.0
Ⅳ	0.90～0.70	0.70～0.30	0.55～0.40	0.80～0.55	0.70～0.30	0.60～0.45	5.0～2.0
Ⅴ	0.70～0.40	0.30～0.05	0.40～0.30	0.55～0.40	0.30～0.05	0.45～0.35	2.0～0.2

由于标准提供的参数是经大量工程实践检验的，具有广泛代表性。因此，将其与现场试验结果相融合，不仅能够弥补现场试验不足及试验点偏少导致的误差，而且能很好满足标准要求，从而达到工程实际与标准统一的良好效果。BQ 分级能很好地反映标准的岩体抗剪强度参数，且该分级不依赖人的主观判断和经验，减少了不同地质工程师对岩体质量评判的误差。故利用 BQ 分级值进行岩体抗剪强度拟合分析较为适宜。

研究时将规范取值与现场试验相融合，利用最小二乘法进行拟合分析，得到坝址岩体 BQ 分级与岩体抗剪（断）强度之间的相关关系（图 3.9～图 3.11）。由图 3.9～图 3.11 可见，其相关系数均较高，说明具有较好的拟合关系，可用来推广到整个坝址区评价。

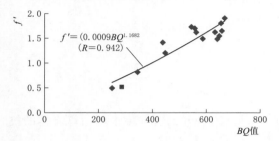

图 3.9 BQ 值与抗剪断内摩擦系数 f' 的关系

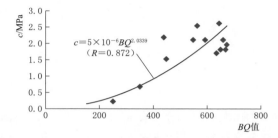

图 3.10 BQ 值与抗剪断内聚力 c 的关系

3.2.4.3 Hoek-Brown 经验准则估算值与试验值的比较

1. 经验强度估算值及与试验值比较

Hoek-Brown 经验强度准则中众多参数都是基于 GSI 获得的，如果已知试验点岩体的 GSI 值及岩块单轴抗压强度，则较易计算岩体的抗剪强度指标 c 和 φ 值。GSI 的评估可通过 3 种方法：第一种是通过野外岩体露头的观察和测量，与 GSI 图表比较获得。

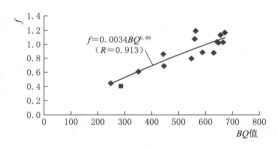

图 3.11 BQ 值与抗剪内摩擦系数 f 的关系

第二种是由 RMR 值来估算，此时有

$$GSI = RMR_{76} \quad (MR_{76} > 18) \tag{3.82}$$

$$GSI = RMR_{76} - 5 \quad (MR_{76} > 23) \tag{3.83}$$

式（3.82）和式（3.83）中，RMR_{76} 和 RMR_{89} 分别对应于 1976 年和 1989 年 Bieniawski 提出的岩体质量分级标准的基本值（不进行节理方位的校正）。当 $RMR_{76} < 18$ 或 $RMR_{89} < 23$ 时，可采用 Q 值来获得 GSI，即

$$GSI = 9\ln Q' + 44 \tag{3.84}$$

$$Q' = \frac{RQD}{J_n} \cdot \frac{J_r}{J_a} \tag{3.85}$$

第三种是通过岩石块体体积及节理面条件因素来估算。根据玛尔挡水电站大量实测数据的统计分析，利用最小二乘法建立的 BQ 与 RMR 之间的关系（图 3.12）为

$$RMR_{89} = 1.4185BQ^{0.6241} \quad (R = 0.8245) \tag{3.86}$$

根据式（3.84）、式（3.86），可得 GSI 和 BQ 的关系为

$$GSI = 1.4185BQ^{0.6241} - 5 \tag{3.87}$$

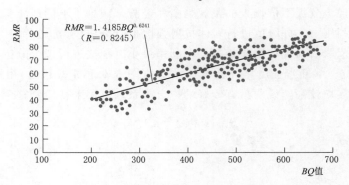

图 3.12　RMR 与 BQ 值的关系

由此可以根据 BQ 值计算 GSI，然后通过 Hoek – Brown 经验强度准则估算岩体的抗剪强度指标 c 和 φ 值，各试验点岩体抗剪强度估算结果见表 3.22。

表 3.22　　　　　　　　　　Hoek – Brown 经验强度准则估算结果

试验编号	岩性	试验点 BQ 值	相应 GSI 值	抗　剪		
				c/MPa	φ/(°)	f
τ_{18-1}	二长岩	671	77	11.07	47.9	1.11
τ_{18-2}	二长岩	657	76	10.89	47.6	1.10
τ_{21-1}	二长岩	443	59	6.62	42.7	0.92
τ_{21-2}	二长岩	644	75	10.72	47.4	1.09
τ_{32-1}	二长岩	564	69	9.81	45.7	1.02
τ_{35-1}	二长岩	558	68	9.67	45.4	1.01
τ_{31-1}	变质砂岩	635	75	9.58	43.9	0.96
τ_{31-2}	变质砂岩	666	77	9.95	44.4	0.98
τ_{38-1}	变质砂岩	652	76	9.76	44.2	0.97
τ_{38-2}	变质砂岩	590	71	8.94	42.7	0.92

根据表 3.19 和表 3.22，将试验值与 Hoek – Brown 准则估算值示于图 3.13 和图 3.14。据此可以看出，Hoek – Brown 准则估算的内摩擦系数偏小，平均差值为 0.61；而估算的内聚力则高出试验值很多：试验值区间为 1.70～2.61MPa，而估算值则为 6.62～11.07MPa。

2. 经验强度估算值及与试验值误差分析

岩体抗剪强度试验 c，φ 值是基于与法向应力和剪切应力有关的 Mohr – Coulomb 破坏准则确定的，该准则中最大主应力和最小主应力的线性关系为

$$\sigma_1 = \frac{2c\cos\varphi}{1-\sin\varphi} + \frac{1+\sin\varphi}{1-\sin\varphi}\sigma_3 \tag{3.88}$$

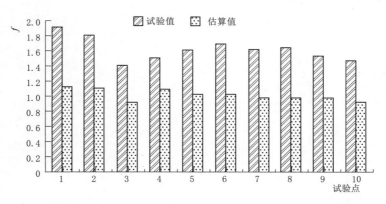

图 3.13 内摩擦系数 f 试验值与基于 Hoek - Brown 准则估算值的比较

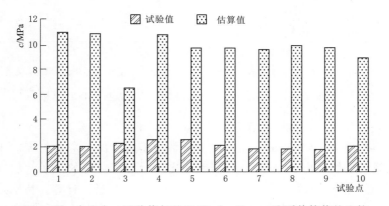

图 3.14 内聚力 c 试验值与基于 Hoek - Brown 准则估算值的比较

可以看出，式（3.88）与非线性 Hoek - Brown 准则式（3.14）没有直接相关关系。因此，通过式（3.80）、式（3.81）估算岩体等效 c 和 φ 值时，首先模拟产生一系列岩体三轴试验结果（假定一系列 σ_3，得到相应的 σ_1），然后通过式（3.88）进行线性回归分析，即可求得与 Mohr - Coulomb 准则对应的抗剪强度指标。Hoek - Brown 强度准则为非线性，由此方法估算的 c 和 φ 值与假定的最小主应力 σ_3 的取值区间有较大关系。图 3.15 为假定 $\sigma_3 \leqslant 20\text{MPa}$（岩块单轴抗压强度 $\sigma_c = 40\text{MPa}$、$GSI = 50$、$m_i = 10$、扰动因子 $D = 0$）时的 Hoek - Brown 强度包络线及拟合的等效 Mohr - Coulomb 强度线。由图 3.15 可见，当改变 σ_3 的取值区间时，拟合直线将随之发生变化而影响 c 和 φ 值。

Hoek - Brown 建议一般情况下最小主应力的上限值可取岩块单轴抗压强度的 0.25 倍。按照这一建议，实例中由于二长岩、变质砂岩的单轴抗压强度较高（约 100MPa），则模拟时 σ_3 的上限取值约为 25MPa，而现场大型剪切试验施加的最大法向应力一般为 2.0～3.0MPa（以表 3.17 中 τ_{18-1} 试验为例，此时试算对应的 $\sigma_3 < 1\text{MPa}$），表明此时 Hoek - Brown 准则估算条件（σ_3 取值区间）和试验条件明显不同。从图 3.15（b）可以看出，在实际法向应力较低情况（如小于 5MPa）下，用 Hoek - Brown 准则估算的结果将导致 c 值偏大而 φ 值偏小，误差大小主要取决于 σ_3 的上限。这是研究中实测值与估算

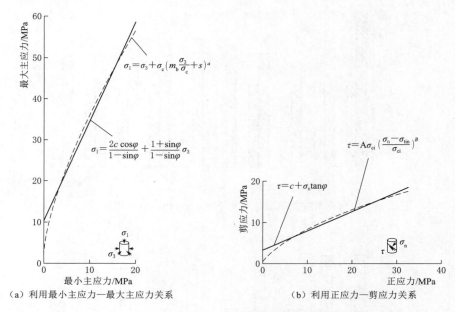

（a）利用最小主应力—最大主应力关系　　　　（b）利用正应力—剪应力关系

图 3.15　用 Hoek - Brown 准则估算等效抗剪强度

值存在误差的主要原因，也是该估算方法本身存在的不足。

　　鉴于此，当利用 Hoek - Brown 准则估算岩体抗剪强度时，应在实际应用范围内，使用抗剪强度曲线的切线求出 c、φ 值，或者利用主应力和正应力的关系，试算出实际法向应力对应的 σ_3 值，然后用该值代入式（3.80）、式（3.81）进行计算。特别是当法向应力较小时更应如此，否则得到的结果误差较大。式（3.80）、式（3.81）中参数多由地质强度指标 GSI 及岩体扰动因子 D 获取，因此对估算结果也有直接影响，其中 GSI 反映岩体的完整性及镶嵌程度，扰动因子 D 反映岩体天然结构被扰动的程度。根据对岩体变形模量的取值研究表明，在勘探平洞内 D 值大约为 0.25。

　　综上可得出：

　　（1）提出基于原位试验和标准推荐的岩体抗剪强度参数取值方法。该方法在 BQ 岩体质量分级基础上，利用少量原位试验成果并结合规范建立岩体宏观抗剪强度指标 c、φ 值与 BQ 分级的量化关系。结果表明，c、φ 值均与 BQ 值呈幂函数关系，相关程度较高，可用来获得不同部位工程岩体的抗剪强度，从而较好地解决大多岩石工程中试验数量偏少的问题。玛尔挡水电站坝基岩体实例研究表明，这一方法能够取得较好效果。

　　（2）通过大量实测数据的统计分析，建立 BQ 值与 RMR 的幂函数关系，进而获得了 BQ 与 GSI 的关系，从而也可直接将 BQ 值应用于 Hoek - Brown 经验公式中。

　　（3）利用 Hoek - Brown 准则可估算试验点岩体抗剪强度 c、φ 值。结果表明，估算的 c 值远较试验值高，而 φ 值则偏低；误差分析表明，主要原因在于 Hoek - Brown 准则中最小主应力的取值范围与试验条件存在差异。

　　（4）建立的相关关系是基于玛尔挡水电站二长岩、变质砂岩的原位试验结果，对类似坚硬岩体有参考意义。

3.2.5 关于扰动因子 D

3.2.5.1 扰动因子 D 评估的局限性

按照地质勘察数据和岩石力学测试的结果，基本参数 GSI、m_i 和 σ_{ci} 均可以获得较为合理的值。但是对于扰动因子 D，若按照 Hoek 等给出的建议方式评价，将存在很大的主观误差。例如 Edelbro（2004）统计分析了 11 位专业地质人员对瑞典 Laisvall 矿的同一岩体给出的扰动因子 D，变化范围在 0 到 0.7 之间，均值、标准差和变异系数分别为 0.28、0.24 和 0.89。除工程人员的主观因素外，还有如下两个问题值得商榷。

（1）因为在 Hoek 等给出的扰动因子评价表中，均是按照开挖和爆破后岩体的状况进行评价的，但是在非开挖岩体中扰动影响依然存在，如由于河流下切作用而形成的天然河谷边坡。

（2）Hoek 等将扰动参数的概念应用于开挖面以外的所有岩体，即认为开挖面以下的所有岩体都属于受扰动岩体，显然过于保守。因为在实际工程中由于开挖等造成的岩体扰动毕竟是有限的，工程实践也表明用 Hoek - Brown 准则确定的岩体强度多低于岩体的原位试验值。

显然，要消除工程人员的主观误差，并较好地解决以上两个问题，建立一个扰动因子的定量表达式显得很有必要。通过以上表述，可以看出扰动因子 D 与损伤力学中的损伤因子 D 的物理意义基本一致，所以可用损伤力学中评价损伤因子的方法来定量评价扰动因子 D。

3.2.5.2 广义扰动因子定量评价

为解决使用 Hoek - Brown 准则时岩体抗剪强度被高估的问题，引入求解扰动因子的定量评价公式。基于上述分析，得到一个更加精确的广义扰动因子，它既可用于评价因爆破和隧道开挖应力释放的损伤岩体，也可用于经历河流长期侵蚀造成应力松弛的天然卸荷岩体。为此，给出广义扰动因子的定量评价为

$$D = 1 - K_v \tag{3.89}$$

其中

$$K_v = \left(\frac{V_{pm}}{V_{pr}}\right)^2 \tag{3.90}$$

式中　D——广义扰动因子；

　　　V_{pm}——地震法测得的岩体纵波速度，m/s；

　　　V_{pr}——声波测试得到的新鲜岩石纵波速度，m/s；

　　　K_v——岩体完整性系数。

3.2.5.3 试验验证

用工程原位测试成果可对式（3.89）的可靠性进行检验。在此以西藏老虎嘴水电站为例。老虎嘴水电站位于雅鲁藏布江的二级支流巴河，重力坝，坝高 84m。坝址区岩体为变质石英砂岩和砂质板岩，后者占总厚度的 9.4%。岩层产状 $280° \sim 290°$ SW $\angle 75° \sim 80°$。

室内单轴和抗拉试验的试样取自钻孔岩芯，结合室内测试结果获得完整岩石试样的 m_i。表 3.23 和表 3.24 给出了 m_i 和 σ_{ci} 的均值。

在坝址区探坑内的原位试验包括 4 组变形测试和 3 组直剪试验。此外，开展了平洞内声波测试，测试结果列于表 3.23 和表 3.24。表中评估用的声波测得的完整岩石波速 V_{pr} 为 5430m/s，岩体波速 V_{pm} 为试验均值。变形测试采用刚性承压板法。平板直径 40cm，厚度 3cm。加载和卸载共 5 个循环，每次的压力分别为 1.214MPa、2.427MPa、3.641MPa、4.854MPa 和 6.068MPa。直剪试验的试样底部为边长 50cm 的方形。每组直剪试验包括 5 个测试压力，正压力分别为 0.497MPa、0.994MPa、1.491MPa、1.988MPa 和 2.485MPa。

表 3.23　　　　　　　　两种方法获得的变形模量

编号	平洞编号	测试位置/m	V_{pm}/(m/s)	K_v	D	σ_{ci}/MPa	m_i	GSI	试验值 E_0/GPa	H-B评价值 E_m/GPa
E_{1-1}	PD_1	18.2	1945	0.13	0.87	124.9	19.0	35	2.333	2.378
E_{1-2}	PD_1	27.3	2370	0.19	0.81	124.9	19.0	45	4.411	4.466
E_2	PD_2	18.7	1555	0.08	0.92	124.9	19.0	35	2.038	2.281
E_3	PD_3	17.5	1565	0.08	0.92	124.9	19.0	35	2.213	2.283

表 3.24　　　　　　　　两种方法获得的抗剪强度参数

编号	平洞编号	测试位置/m	V_{pm}/(m/s)	K_v	D	σ_{ci}/MPa	m_i	GSI	试验值 $\varphi'/(°)$	试验值 c'/MPa	H-B评价值 $\varphi'/(°)$	H-B评价值 c'/MPa
S_1	PD_1	21.0~40.8	2485	0.21	0.79	124.9	19.0	45	47.91	0.79	50.13	0.65
S_2	PD_2	20.3~40.6	2153	0.16	0.84	124.9	19.0	45	47.64	0.79	47.82	0.59
S_3	PD_3	20.5~34.8	1920	0.16	0.88	124.9	19.0	45	44.16	0.86	48.53	0.61

表 3.23 和表 3.24 中的 GSI 值是基于岩体结构和探坑中测试点附近岩体表面裂隙贯通情况，D 值是通过测得的平洞两侧岩体波速获得的。表 3.21 中的 E_m 值由 Hoek-Brown 经验公式评价。由 Hoek-Brown 准则获得的等效 φ' 和 c' 列于表 3.22。

评价等效 Mohr-Coulomb 参数的方法如图 3.16 所示，选取 Hoek-Brown 准则中的正应力和剪应力关系，Hoek-Brown 包络线任意一点的瞬态摩擦角为 φ_i。

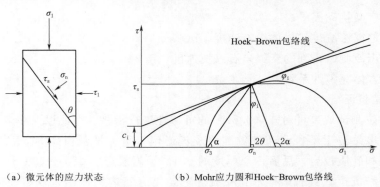

（a）微元体的应力状态　　　　（b）Mohr应力圆和Hoek-Brown包络线

图 3.16　微元体的应力状态与 Mohr 应力圆和 Hoek-Brown 包络线

与图 3.16 对应，任意一点的正应力 σ_n 和剪应力 τ_s 的表达式为

$$\sigma_n = \frac{\sigma_{ci}}{m_b}\left(1+\frac{\sin\varphi_i}{a}\right)\left[\frac{2\sin\varphi_i}{m_b a(1-\sin\varphi_i)}\right]^{\frac{1}{a-1}} - \frac{s\sigma_{ci}}{m_b} \tag{3.91}$$

$$\tau_s = \frac{\sigma_{ci}\cos\varphi_i}{2}\left[\frac{2\sin\varphi_i}{m_b a(1-\sin\varphi_i)}\right]^{\frac{a}{a-1}} \tag{3.92}$$

当 σ_n 已知，$\sin\varphi_i$ 可以通过迭代求得。获得 $\sin\varphi_i$ 后，与 σ_n 对应的 τ_s 可以通过将 $\sin\varphi_i$ 代入式（3.92）得到。

当采用 Hoek – Brown 准则拟合等效 Mohr – Coulomb 抗剪强度参数 φ' 和 c'，可以选择 5 个与原位直剪试验对应的正应力，如 0.497MPa、0.994MPa、1.491MPa、1.988MPa 和 2.485MPa。与任一正应力 σ_n 对应的剪应力 τ_s 可以通过联立式（3.91）和式（3.92）求解。获得 5 个点后，制于图 3.17 中。相应的等效 Mohr – Coulomb 强度参数可以通过最小二乘法获得。

对比两种方法获得的抗剪强度参数 φ' 和 c'，可以发现它们之间的差距非常小。显然，通过岩体完整性系数获得广义扰动因子是可行的。该方法可以有效减小因主观判断引起的扰动因子评价误差。此外，声波和地震波测试方法简单，测试装置价格便宜。

但是，如果采用 Hoek 等给定方法选取扰动因子 D 值，试验值与评价值之间将存在显著误差。以表 3.22 中的抗剪强度参数 φ' 和 c' 为例，平洞中原位试验直径为 2m，平洞经受较小的爆破损伤和应力释放。根据 Hoek 等给定方法，D 值应取为 0。如果

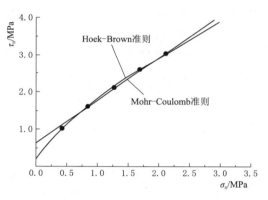

图 3.17　Hoek – Brown 准则和 Mohr – Coulomb 准则中 $\sigma_n - \tau_s$ 关系

选用表 3.22 中的 GSI、σ_{ci} 和 m_i 值，以及上述方法，评价得到的抗剪强度参数 φ' 和 c' 分别为 59.09° 和 0.98MPa。显然，通过经验方法获得的抗剪强度明显比用 Hoke – Brown 准则获得的大。

3.3　软弱夹层力学参数评价

3.3.1　软弱夹层变形参数评价

3.3.1.1　现场试验评价软弱夹层变形参数

软弱夹层常常是地下水的活动通道，在天然围压下，地下水处于动态平衡状态，一旦天然围压的动平衡遭受改变，地下水便会向临空方向发生集中渗漏。对于含泥质物的软弱夹层，泥质物会迅速膨胀挤出，从而使原有的物理力学性质发生改变。即使软弱夹层位于

地下水位以上，一旦地应力改变，也会迅速吸湿使其物理性质发生变化，相应地，力学性质也随之发生变化。

像岩体一样，目前对软弱夹层所开展的现场变形试验也多在平洞中进行。聂德新等（1992）指出，在平洞中开展软弱夹层的变形试验时，若忽略这种效应，得出的试验结果有着显著的差别（表3.25）。

表 3.25　不同试验方法下断层带变形参数的对比

试验方法	变形模量/MPa	弹性模量/MPa
常规试验	640	1080
考虑围压	3260	13800

当软弱夹层一旦在平洞中被揭露后，潮湿空气的吸入和地下水的集中渗出，使含泥物质的物理性状发生改变，尤其是含泥质物较多的软弱夹层一旦围压卸荷后会迅速吸湿膨胀。相应地再进行变形试验获得的试验值必然会很低。

聂德新等（1992）考虑围压效应时对断层进行了现场变形试验（图3.18），即"为了减少断层带的松弛，预留1m左右的岩盖，先加载至地应力引起的初始围压（图3.19），在稳定后获得的变形值ε_0应为初始围压解除后的回弹变形，变形值ε_0及对应的P_0值不应计入模量计算中，然后在此基础上加载变形试验，并推导新的边界条件下的公式计算E_0值"。经工程运营后位移监测资料反分析的变形模（反分析的变形模量为3330MPa）与考虑围压下的变形模量（3260MPa）十分相近。

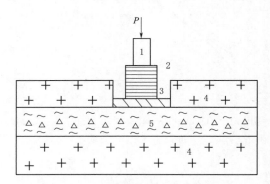

图 3.18　考虑围压条件下的变形试验
1—传力柱；2—千斤顶；3—承压板；4—花岗岩；5—断层

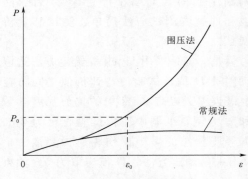

图 3.19　变形曲线对比

3.3.1.2　用室内压密模拟试验评价软弱夹层变形参数

由于软弱夹层一般较薄，在现场进行原位试验通常比较困难，而且若按照常规现场试验的办法所获得成果又不准确。虽然严格按照控制围压的办法开展现场试验获得成果可靠，但造价大。为此，必须寻求合理的试验办法来解决这一问题。

软弱夹层中的夹泥物质是工程关心的重点，而且因软弱夹层所处的位置和深度不同，受地应力的压密作用也不相同。曾对黄河上游第三系泥质沉积物开展了室内超高压压缩试验，并获得了泥质物的变形参数与物理指标的关系。因此，软弱夹层的变形参数的评价也可以通过室内超高压压缩的办法来进行。

1. 室内超高压下压缩试验简介

首先将取自现场并用蜡封好的第三系泥质沉积物试样，用粉碎机粉碎碾成粉末状，尽量保持其天然含水量。然后分次将粉末状的样品放入高强度材料制成的样筒中。根据装入样品的重量、含水量及样筒的容积，获得压密试样的初始密度、初始干密度和初始孔隙比。

将配制好的试样放入压缩试验装置上安装好，采用快速压缩方法加压（各级荷载下压缩时间为 1h，仅在最后一级荷载下，除测读 1h 的变形量外，还测读到达稳定时的变形量）。每级压力增量控制在 1.7MPa。

按照土力学理论，已知试样初始孔隙比条件，各级压力下的孔隙比计算为

$$e_i = e - M\Delta h \tag{3.93}$$

其中

$$M = \frac{1+e}{h} \tag{3.94}$$

$$\Delta h = h - h_s \tag{3.95}$$

式中　e_i——某级压力下的孔隙比，无量纲；

　　　e——试样初始孔隙比，无量纲；

　　　h——试样的初始高度，m；

　　　h_s——某级压力下压缩后的高度，m。

于是可以获得各级压力下的孔隙比和压力的压缩特征曲线（图 3.20）。由图 3.20 可以看出，第三系泥质沉积物在压缩过程中，其孔隙比逐渐减小，产生了一定结构的再恢复效应。尤其在超高压力作用下，试样基本物理指标已经接近泥岩，具有较好的工程特性。

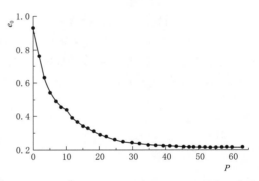

图 3.20　黄河上游第三系泥质沉积物压缩特性曲线

2. 泥质沉积物的变形参数与压力的关系

为进一步研究第三系泥质沉积物的变形参数与压力关系。在室内分别进行了不同初始压力下的变形试验（表 3.26），压力增量统一控制在 4.8～1.7MPa 范围，获得不同初始压力下的压缩曲线，并按式（3.96）求得相应初始压力下的压缩模量（表 3.26）。

$$E_s = \frac{1+e}{\alpha} \tag{3.96}$$

式中　E_s——压缩模量，MPa；

　　　α——压缩系数，MPa^{-1}；

　　　其余符号意义同前。

表 3.26　　　　　　　　不同初始压力下泥质沉积物的变形参数

初始压力 P_0/MPa	孔隙比 e	加载压力 P/MPa	压缩模量 E_s/MPa	变形模量 E_0/MPa
3.3	0.633	4.8～1.7	21.6	8.5
6.7	0.489	4.8～1.7	46.9	18.4

初始压力 P_0/MPa	孔隙比 e	加载压力 P/MPa	压缩模量 E_s/MPa	变形模量 E_0/MPa
16.7	0.328	4.8～1.7	133.5	83.8
26.7	0.255	4.8～1.7	357.0	222.4
33.4	0.236	4.8～1.7	527.0	439.2
44.1	0.226	4.8～1.7	1043.8	869.8
63.4	0.219	4.8～1.6	2073.0	1728.3

在获得不同初始压力下的压缩模量 E_s 后，用式（3.97）换算求得相应初始压力下的变形模量 E_0，即

$$E_0 = \left(1 - \frac{2\mu^2}{1-\mu}\right)E_s \qquad (3.97)$$

式中　E_0——变形模量，MPa；

　　　E_s——压缩模量，MPa；

　　　μ——泊松比，无量纲。

用式（3.97）计算泥质沉积物的变形模量时，泊松比 μ 按不同压密阶段的压密状态取值。对于易压密、难压密和极难压密阶段对应的泊松比 μ，分别取 0.42、0.35 和 0.25。于是就获得不同初始压力下的变形模量（表 3.24）。

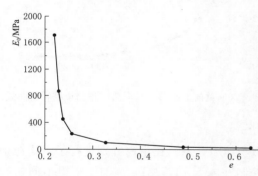

图 3.21　第三系泥质沉积物变形模量 E_0 与孔隙比 e 之间的关系

由表 3.24 可以看出，第三系泥质沉积物随初始压力的增大，其变形参数逐渐提高，变形特性向好的方向发展。且在超高压力作用下，因试样孔隙比已经接近泥岩，具有较好的变形特性。另外，据图 3.20 可得不同初始压力下的孔隙比，从而获得第三系泥质沉积物的变形模量与孔隙比的关系（图 3.21）。

图 3.21 反映了不同初始压力条件对应孔隙比与变形模量是密切相关的。因此，只要获得试样的孔隙比就可以按照图 3.21 的关系获得对应的变形模量。

第三系泥质沉积物形成时代新，历经的构造活动次数少，对黄河上游地区的几个水电站的现场调查表明，第三系泥质沉积物中节理裂隙分布极少、完整性高。显然可以利用室内试验成果来评价原位条件下的工程特性。

由试验成果可知，在超高压作用下第三系泥质物的孔隙比为 $e=0.219$、干密度为 $\rho_d = 2.24 \mathrm{g/cm^3}$、天然密度为 $\rho = 2.40 \mathrm{g/cm^3}$，对比天然状况下测试的基本物理指标，泥质沉积物已基本恢复至天然状况。在超高压作用下（图 3.21、表 3.25），当孔隙比 e 接近 0.20 时，第三系泥质物的变形模量 E_0 约为 1700MPa。而现场进行的变形试验成果（表 3.27）获得的变形模量 E_0 却为 1000MPa，比室内试验成果明显偏低。

现场变形试验从平洞开挖结束后的制样到试验结束一般需要 1～2 个月，平洞中围岩的松弛（尤其泥质沉积物）在此过程可以达到较大的量值，这可从试验前后洞壁纵波速度的衰减得到证明。

表 3.27 尼那水电站第三系泥质沉积物现场变形试验成果

试验编号	试样岩性	变形模量 E_0/MPa	试验前洞壁波速 V_{p0}/(m/s)	试验后洞壁波速 V_p/(m/s)	试验前后波速衰减 ΔV_p/(m/s)
PD_{3-1}	黏土岩	1020	2500	2100	400
PD_{3-2}	黏土岩	1110	2700	2200	500
E_{91-1}	黏土岩	1030	2600	2100	500
E_{91-2}	黏土岩	1050	2750	2300	450
ZH_1	黏土岩	1190	2800	2200	600

若平洞开挖时间较长或试验点位于地下水位以下，第三系泥质沉积物除了发生显著的应力松弛外，还会因其中黏土矿物的吸水膨胀变形产生松弛。严格来讲，目前这些试验成果，只能表征开挖地基表层有一定松弛、吸水地段的变形特性，而不能用于评价一定围压条件下的变形特性。然而，利用室内超高压试验却可以有效地避免现场试验出现的问题，且通过获得不同初始压力条件下孔隙比与变形模量的关系，可以方便、快速地评价不同风化带中第三系泥质沉积物的变形特性，具有实际工程意义和经济价值。

通过室内试验与现场试验成果的对比分析得知，室内试验可以方便、快速地获得泥质沉积物的物理力学参数。而且通过室内超高压试验建立的孔隙比与变形模量的关系，可以评价不同风化带中泥质沉积物的变形特性，这对于难以进行现场试验部位（如河床下部）泥质沉积物力学参数的评价具有实际工程意义和经济价值。因此，对于岩体中的软弱夹层，也可以通过室内超高压试验的办法获得变形模量与孔隙比等基本物理指标的关系，从而可以预测和评价其在不同分化带中的变形参数。

3.3.2 软弱夹层抗剪参数评价

位于地壳岩体中的软弱夹层是工程地质性质最差的不连续面，常是控制岩体稳定性的重要边界。其工程地质性质是物质基础与环境条件共同作用的结果。物质基础主要指颗粒组成、矿物成分和化学成分等。环境条件主要有地应力、地下水和地温等。而地应力是最积极、最活跃的因素，它不仅对软弱夹层的物理力学特性起决定性作用，而且对另外两个因素也有一定的影响（尤其对地下水）。Louis（1969）和孙广忠（1988）研究发现，当最大主应力垂直结构面时，结构面闭合、裂隙水的渗流减弱；当最大主应力平行结构面时，结构面张开、裂隙水的渗流增强。

在软弱夹层形成后的地质历史中，由于地应力对它的压密、固结并延缓地下水的渗流，从而改善了岩体工程地质性质。因此，研究软弱夹层的强度特性时，应充分考虑地应力这一环境因素。而受降雨和水文地质条件的影响，软弱夹层的饱水状态是不一样的。在非雨季，地下水位线低，软弱夹层常处于非饱和状态；在雨季，地下水位线升高、地下水渗流加剧，软弱夹层多处于饱和状态。

3.3.2.1　组装式变尺寸直剪仪设计研制思路

在岩土工程领域，通过试验获取目标工程区域内岩土体的力学参数指标常常是必不可少的途径。目前主要通过室内试验得出岩土体的强度指标。室内试验包括三轴试验、直剪试验、环剪试验等，室内直剪试验包括标准环刀直剪与大型直剪。这些试验都需要在室内完成，且都是在固定试样尺寸下对土样进行剪切，不能根据试样颗粒粒径级配实现试样相应尺寸上的变化。

目前可在野外进行直剪试验的仪器设备很少具有拆卸组装方便、施加反力大、体积小、重量轻的优点（如利用杠杆原理的野外原位直剪仪，垂向压力用砝码施加，水平推力用人力施加，所能提供的反力都较小），尤其不具备对土体试样进行变尺寸组合剪切及压缩的功能，并且不能同时进行软岩的剪切与压缩试验。

野外多功能剪切压缩仪要求其体积较小，重量较轻，仪器可以拆卸组装从而便于携带。为实现在同一仪器上进行不同尺寸试样的剪切试验，要求试验的放样装置具有尺寸可变性，反力装置能提供足够的强度，测量装置有足够的精度。此外，为了研究同一岩土体试样在尺寸变化时的抗剪强度关系，以及实现土体、软岩剪切与压缩试验的综合，并能方便携带以便在野外开展试验，有必要研发新型直剪仪器。下面对研发的新型直剪仪器进行详细介绍。

3.3.2.2　仪器构造、技术参数、主要功能及工作原理

1. 仪器构造

所用组装式变尺寸直剪仪的外形呈方形，总体尺寸为：长×宽×厚＝49cm×33cm×48cm。仪器全部由钢材加工制作而成，总质量约150kg。该仪器由剪切盒、反力框架、出力装置、位移量测装置等部分组成，如图3.22所示。

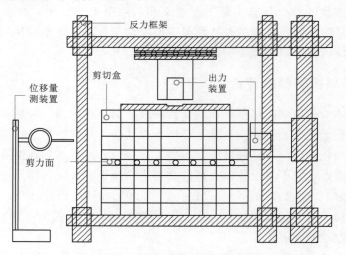

图 3.22　组装式变尺寸直剪仪原型示意图

位移量测装置采用百分表，出力装置采用两台液压式千斤顶，在垂直向与水平向分别进行安装，实验时进行垂向压力与水平剪力的施加。仪器工作状态如图3.23与图3.24所示，出力装置与位移量测装置分别如图3.25、图3.26所示。

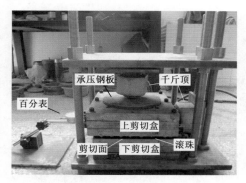

图 3.23　仪器工作下的剪切状态

图 3.24　仪器工作下的全景状态

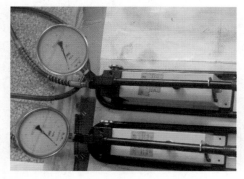

图 3.25　出力液压千斤顶

图 3.26　位移量测装置

　　剪切盒与反力框架构成了仪器的主要组成部分。反力框架为一板柱结构，其由上、下两块钢板及 6 根反力钢柱加固定螺栓连接而成。下部钢板也称为放样底板，试验时用于放置下剪切盒并与之固定；上部钢板称为垂向反力板，用于与垂向千斤顶结合进行垂向反力施加。上、下部钢板的形状、面积、厚度均相同，尺寸为长×宽×厚＝49cm×33cm×2.5cm。连接两钢板的 6 根反力钢柱表面均有螺纹以便用螺栓将其与上、下部钢板连接固定，其中 4 根较细而 2 根较粗，较细者直径为 2.5cm，较粗者直径为 3cm，长度均为48cm。反力框架设计图与实物分别如图 3.27～图 3.30 所示。

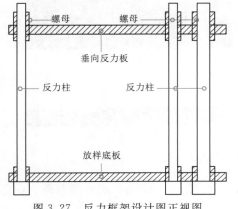

图 3.27　反力框架设计图正视图

图 3.28　反力框架设计图俯视图

图 3.29　反力框架实物正视图

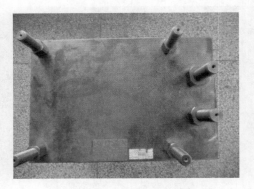

图 3.30　反力框架实物图俯视图

剪切盒是本仪器的主要特点所在。剪切盒分上剪切盒和下剪切盒，均由 1～4 层内外嵌套的刚性剪切套件层叠连接而成，设计图及实物组装如图 3.31、图 3.32 所示。每层剪切套件由正方形钢板加工制作，边长为 27cm，厚度为 2.5cm。就单层剪切套件而言，其是由内外依次嵌套的 4 个钢环组成，如图 3.33 所示。

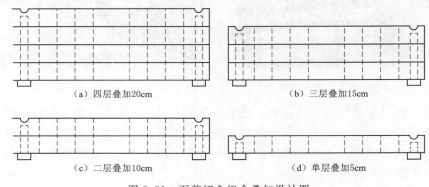

（a）四层叠加20cm　　　　　　　　　　（b）三层叠加15cm

（c）二层叠加10cm　　　　　　　　　　（d）单层叠加5cm

图 3.31　下剪切盒组合叠加设计图

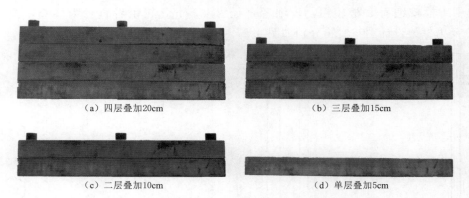

（a）四层叠加20cm　　　　　　　　　　（b）三层叠加15cm

（c）二层叠加10cm　　　　　　　　　　（d）单层叠加5cm

图 3.32　下剪切盒组合叠加实物图

最外圈钢环 1 为外方内圆形，边长为 27cm，内径 $r_1 = 20$cm；次外圈钢环 2 外径 $R_2 = 20$cm，内径 $r_2 = 15$cm；第三圈钢环 3 外径 $R_3 = 15$cm，内径 $r_3 = 10$cm；最内圈钢环外径

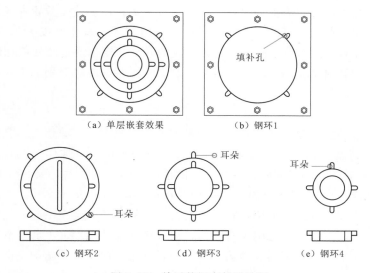

（a）单层嵌套效果　　　　（b）钢环1

（c）钢环2　　　　（d）钢环3　　　　（e）钢环4

图 3.33　单层剪切套件设计图

$R_4 = 10\text{cm}$，内径为室内直剪试验所用环刀的标准直径 $r_4 = 6.18\text{cm}$。单层剪切套件实物如图 3.34 所示。

2. 技术参数

（1）试样尺寸：圆柱形试样，直径 $\phi =$ 6.28cm、10cm、15cm、20cm，高度 $H =$ 5cm、10cm、15cm、20cm。

（2）最大允许粒径：20mm。

（3）千斤顶最大出力：表盘读数 6MPa，相应出力 27kN，约 2.75T。

（4）最大水平行程：20mm。

（5）千斤顶有效油压面积：45cm^2。

（6）水平位移测量：百分表 2 只，人工读取。

（7）加载方式：应力控制式人工加载。

3. 主要功能

由于该试验仪器试样盒尺寸较大，仪器

图 3.34　单层剪切套件实物图

整体刚度大，出力大，可用于砂土、卵石、砾石土类粗粒料的剪切实验及软岩的剪切压缩实验，亦可用于进行岩体结构面的抗剪强度试验。

根据《土工试验规程》（SL 237—1999）的建议，粗粒土试样的最大粒径与试样尺寸之间必须满足一定的比例关系，本仪器可满足试样的最大尺寸为直径 $D \times$ 高度 $H = 20\text{cm} \times 20\text{cm}$，可以对最大粒径为 20mm 的粗粒土进行实验。由于试样的尺寸可以变化，对于某一粒径满足要求的粗粒土试样，可通过改变试样尺寸进行试验，探究试样尺寸对其抗剪强度的影响。

上、下剪切盒之间设置有剪切缝，其开度可以人为控制。改变放置在光滑导槽中滚珠直径的大小，即可控制剪切缝的开度尺寸。本仪器剪切缝的最小开度为 4.8mm，最大开度为 20mm，可针对不同粗粒土的级配选择相应的开缝高度。通过改变剪切缝的开度大小进行试验，可探究其对试验结果的影响规律，从而针对某一粒径级别的粗粒土确定合适的开缝大小。

4. 工作原理

分别将一至数层剪切套件叠放在一起并铆固即组装成上、下剪切盒。叠放层数的变化即是试样尺寸在高度上的变化，单层套件厚度为 $2\sim5$cm，即试样盒高度 H 变化值为 5cm、10cm、15cm、20cm；同时，各层套件由于内外的嵌套关系，又可实现试样尺寸在径向的变化，试样直径 D 变化值为 6.18cm、10cm、15cm、20cm。

试验时，首先安装好反力框架，将下剪切盒与放样底板固定在一起，上剪切盒反扣于下剪切盒之上，上、下剪切盒之间设有导槽，内置刚性滚珠以保证上剪切盒沿着水平方向运动。试样装填完毕后，在试样表面盖上承压板，利用垂向千斤顶施加垂向压力。垂向千斤顶通过与反力板的反作用施力于承压板上，千斤顶与反力板之间设有光滑导槽，保证其在试样受剪时与上剪切盒同步运动。

垂向压力施加完毕后，安装水平和垂直位移量测装置，启动水平千斤顶施加剪应力 τ，剪切过程中保持垂向压力不变，直到试样剪切破坏为止。记录某一级垂向荷载下对应的剪应力与剪切位移，并多次改变垂向压力继续试验，即得到粗粒土试样的抗剪强度曲线。绘制垂向压力 P 与对应抗剪强度 τ 的关系图，即可得到粗粒土试样的抗剪强度参数。

3.3.2.3　仪器自身强度与变形的校核

所用组装式变尺寸直剪仪在工作过程中由于受力而产生变形。首先其受力构件强度必须满足要求，其次构件的变形对试验结果不能产生明显的影响。因此，在设计时，需要对仪器各受力组件进行强度与变形的校核。

（1）仪器出力系统。仪器所用出力系统为液压式千斤顶，在试验过程中由人工控制加压。试验时，千斤顶表盘上的读数为液压油的压强，液压油压力施加在加压活塞上，活塞向外顶出对剪切盒施加压力或推力。液压油作用的活塞面积与承压板面积有一定的比值关系，该比值随承压板面积不同而不同，因此试样直径变化时，需将试验中压力表盘上对应的数值换算为相应试样表面的垂向压力。

（2）仪器主要受力构件。仪器工作时主要受力组件有垂向反力板、反力柱、承压板以及装样盒固定螺栓等几个部分。

（3）主要受力构件强度与变形的校核。本仪器试验对象是砾石土类粗粒土，设试样所承受垂向压力为坝高 150m 级土石坝的自重压力，约为 3.2MPa，以此压力为最大正应力，按照试样横截面积为最大时计算千斤顶的出力，并用此荷载作为仪器各受力部件的强度和变形的校核荷载。试样最大直径为 20cm，最大横截面积为 313.16cm^2，则换算获得千斤顶相应出力为 14.25T。

1）垂向反力板强度与变形校核：垂向反力板在垂向反力施加后会产生变形，其承受荷载以试样承受 3.2MPa 荷载计算，即 14.25T，荷载均匀作用在板中央 15cm×15cm 范围内。采用有限元分析计算其应力与变形情况。模型与计算结果如图 3.35～图 3.37 所示。

从图 3.35～图 3.37 所示校核计算结果可见，反力板的应力与变形量值都很小，完全可以满足试验中强度与变形的要求。

2）反力柱强度的校核：按照试样垂向荷载 3.2MPa 进行校核，垂向千斤顶需提供的反力约为 14.25T。为留有一定的安全储备，假定只由较细的四根反力柱受力，则每根反力柱承受约为 2.56T 反力，即 25.1kN。反力柱横截面积约为 201.1mm²，则其应力约为 125MPa，而钢材的许用拉应力约为 380MPa，故满足强度要求，安全系数约为 3.04。由设计图，每圈螺纹的剪面面积约为 104.5mm²，每圈螺纹的高度为 3mm，反力柱上端固锁螺母的高度为 30mm，大约刻有 10 圈螺纹。每根反力柱螺纹的剪面积约为 1004.5mm²，螺纹承受剪切力约为 25.1MPa。由于钢材的许用剪应力约为 80MPa，因此满足强度要求，安全系数约为 3.2。

3）装样盒串接螺栓强度的校核：装样盒串接螺栓为 8 根直径 10mm 的螺栓，其主要承受水平方向的剪切力。为安全起见，假设其承受荷载为

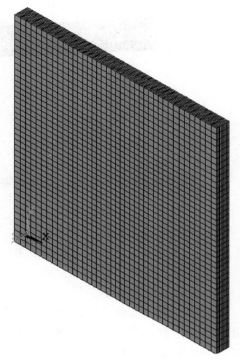

图 3.35　垂向反力板有限元分析模型

试样垂向承受荷载的最大值 3.2MPa，则 8 根受剪螺栓需承受水平剪力约为 18.84kN，计算得到每根螺栓横截面上需承受的剪应力为 30MPa，远低于许用剪应力，安全系数约为 2.67。

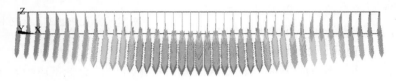

| 0 | .873E-05 | .175E-04 | .262E-04 | .349E-04 |
| .437E-05 | .131E-04 | .218E-04 | .306E-04 | .393E-04 |

图 3.36　垂向反力板变形量值图（单位：m）

4）承压钢板强度与变形校核：承压钢板与试样直接接触，承受垂向荷载并将其传递给试样，因此有必要对其受力变形情况进行计算校核，这也通过有限元进行计算。按试样承受 3.2MPa 压力校核，承压板直径为 20cm，将在中央半径为 1.5cm 范围内承受 14.25T 均布压力。有限元模型与计算结果如图 3.38～图 3.40 所示。结果表明，承压钢板的应力与变形量值都很小，完全可以满足试验中强度与变形的要求。

$-.283E+08$ $-.157E+08$ $-.316E+07$ $.940E+07$ $.220E+08$
$-.220E+08$ $-.943E+07$ $.312E+07$ $.157E+08$ $.282E+08$

图 3.37 垂向反力板应力量值图（单位：Pa）

3.3.2.4 仪器可靠性校核及试验效果

仪器用于粗粒土直剪试验时，应对仪器的剪切性能进行测试与校核。

首先，需对出力千斤顶的油压作用面积进行校核。利用四川大学水利水电学院 MTS185 岩石试验机，将千斤顶对试验机施加一定压力，在试验机上读出所加荷载的大小，根据千斤顶压力表盘上的读数，即可确定千斤顶活塞内部的油压作用面积大小。表 3.28 为校核试验数据，图 3.41 为两个压力表读数与 MTS 读数关系曲线，由图可知曲线斜率即为油压作用面积。千斤顶油压作用面积标定值为 $45cm^2$，两曲线的斜率换算值与此

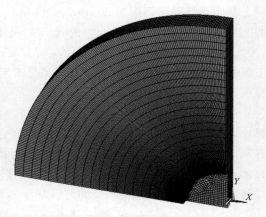

图 3.38 承压钢板有限元分析模型

接近，可见标定值是正确的。再根据试样截面面积换算出试样所受正应力与剪应力量值，换算系数见表 3.26。

$-.690E-03$ $-.522E-03$ $-.355E-03$ $-.187E-03$ $-.194E-04$
$-.606E-03$ $-.439E-03$ $-.271E-03$ $-.103E-03$ $.644E-04$

图 3.39 承压钢板变形量值图（单位：m）

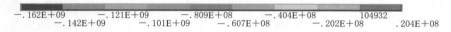

图 3.40 承压钢板应力量值图（单位：Pa）

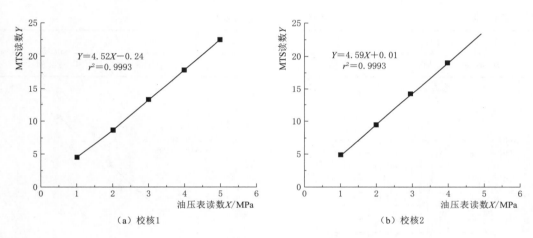

（a）校核1　　　　　　　　　　　（b）校核2

图 3.41 千斤顶油压作用面积校核

表 3.28 出力千斤顶油压作用面积校核

千斤顶表盘读数/MPa		MTS185 试验机压力读数/kN		油压作用面积/cm^2	
读表 1	读表 2	对读表 1	对读表 2	标定	校核
1.0	1.0	3.5	3.7	45	45.56
2.0	2.0	8.6	9.0	试样面积 A	
3.0	3.0	13.2	13.8	13.16	
3.0	3.0	17.8	18.5	换算系数 $\eta=45/A=4.1432$	
5.0	5.0	22.5	22.9		

其次，应取某种粗粒土试样在相同条件下平行进行数组校核试验，以便检验仪器工作效果。校核试验针对直径为 20cm 的砂砾石土试样进行，土样含水率为 4%，密度控制在 1.85g/cm^3，其颗分曲线如图 3.42 所示。在试验中，为方便在表盘上读数，并考虑换算后的垂直荷载，取正应力荷载为压力表盘读数 1.0MPa、2.0MPa、3.0MPa、4.0MPa 时的对应荷载，荷载换算系数为 4.1432，各级正应力荷载及其换算真实荷载见表 3.29。

表 3.29　　　　　　　　　　　　　　校核试验各级正应力

正应力	表盘读数/MPa	1.0	2.0	3.0	3.0
	实际荷载/kPa	143.2	286.4	429.6	572.8

再次，需要确定仪器在工作中发生相对运动部位的摩擦阻力，以便在试验后数据处理时考虑此影响因素以使试验结果更精确。这里主要是确定剪切面滚珠排及垂向千斤顶与垂向反力板之间的滚珠排在土样受各级垂直压力作用下受剪时的摩擦力。仪器工作过程中，滚珠排上所受的压力主要是上剪切盒的自重以及盒内土样与盒内壁的摩擦力，确定此摩擦力较为困难，从保守角度校核时，认为仪器工作时滚珠排上所受压力即为土样所受正应力，校核结果见表 3.30，并得到如图 3.43 所示的曲线，图中曲线的斜率即为两个滚珠排的摩擦系数，在后续试验过程中，需考虑摩擦系数影响。

表 3.30　　　　　　　　　　　　　　仪器滚珠排摩擦力校核

正应力级别/kPa	143.2	286.4	429.6	572.8
滚珠排摩擦荷载/kPa	7.16	13.05	21.48	28.64

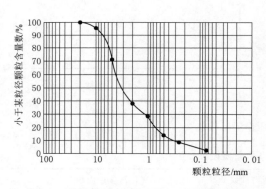

图 3.42　校核试验砂砾石土试样颗分曲线

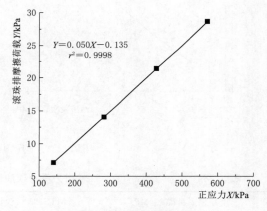

图 3.43　滚珠排摩擦力校核

对同一类砂砾石粗粒土试样进行的 5 组校核剪切试验均得到了比较理想的剪切曲线，如图 3.44～图 3.48 所示。

在图 3.44～图 3.48 所示这些曲线中，各级正应力下的剪切过程曲线都出现了明显的水平段，均能得出明显的峰值剪应力，即该级正应力下试样的抗剪强度。

5 组剪切试验中同级正应力下的抗剪强度具有理想的一致性（表 3.31），并且剪切曲线具有良好的相似性，表明试验结果具有一致性与可重复性。从试验结果中亦发现，在较低垂向压力下，粗粒土的剪切曲线出现明显的峰后残余段，且 τ-σ 关系在垂向压力较低时出现明显的非线性。表 3.32 中 5 组试验中试样的抗剪强度参数 c、φ 值均吻合得很好，表明试验客观地反映了该种土样在同等试验条件下的抗剪性质，亦说明该仪器具有较高的可靠性，可以用于开展软弱夹层力学参数及尺寸效应试验研究。

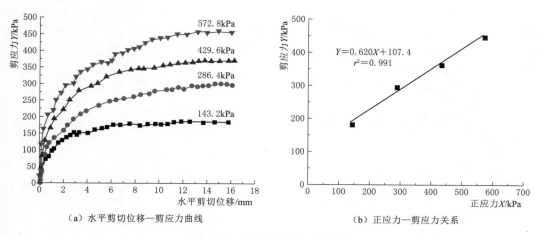

（a）水平剪切位移—剪应力曲线　　　　（b）正应力—剪应力关系

图 3.44　校核试验第 1 组结果

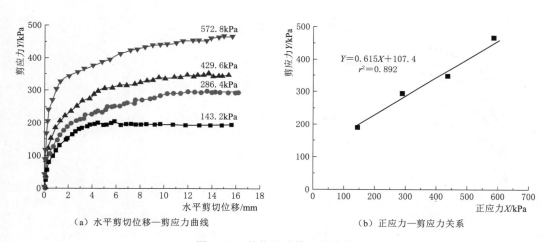

（a）水平剪切位移—剪应力曲线　　　　（b）正应力—剪应力关系

图 3.45　校核试验第 2 组结果

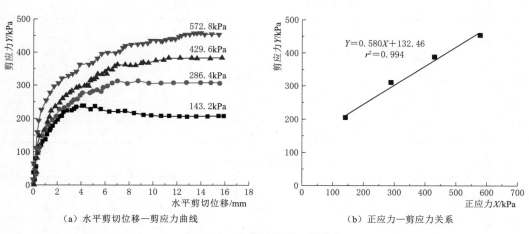

（a）水平剪切位移—剪应力曲线　　　　（b）正应力—剪应力关系

图 3.46　校核试验第 3 组结果

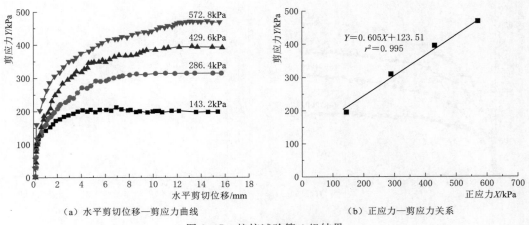

（a）水平剪切位移—剪应力曲线　　　　　　（b）正应力—剪应力关系

图 3.47　校核试验第 4 组结果

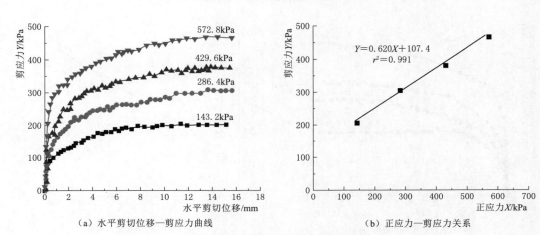

（a）水平剪切位移—剪应力曲线　　　　　　（b）正应力—剪应力关系

图 3.48　校核试验第 5 组结果

表 3.31　　　　　　　　　　　校核试验各级正应力与相应抗剪强度

正应力 σ/kPa	剪应力 τ/kPa					
	校核试验 1	校核试验 2	校核试验 3	校核试验 4	校核试验 5	均值
143.2	186.16	193.32	207.64	204.48	203.06	198.33
286.4	304.72	297.14	307.88	315.04	307.88	305.73
429.6	372.32	354.84	386.64	393.80	379.48	376.62
572.8	458.24	468.98	458.24	472.56	468.98	465.40

表 3.32　　　　　　　　　　　校核试验抗剪强度参数统计

试验编号	抗剪强度参数			
	斜率	截距	φ/(°)	c/kPa
校核试验 1	4.620	107.40	31.80	107.40
校核试验 2	4.615	107.40	31.59	107.40

试验编号	抗剪强度参数			
	斜率	截距	$\varphi/(°)$	c/kPa
校核试验 3	4.580	132.46	34.11	132.46
校核试验 4	4.625	121.72	32.01	121.72
校核试验 5	4.605	123.51	31.17	123.51
均值	4.609	118.50	31.34	118.50

3.3.2.5 软弱夹层取样试验应注意的问题

软弱夹层常含有较多的黏土矿物。当将软弱夹层试样取出进行饱水时，因作用在软弱夹层上的岩体应力（围压）释放，常导致黏土矿物迅速吸水膨胀，从而引起天然孔隙比和密度发生变化，相应地，强度参数也随之改变。若在现场开展饱水条件软弱夹层强度试验，则可以获得饱水状态下的力学特性。但是软弱夹层的夹泥物质厚度通常仅数毫米到数厘米，太薄的试样在现场难以开展饱水条件的强度试验。

获取软弱夹层"原状"试样常在勘探平洞中进行。聂德新等（2002）认为，为了尽可能获取天然地应力下的试样，必须注意开挖的影响。由于开挖后岩体初始地应力释放，洞壁岩体回弹，形成松弛圈，导致软弱夹层的夹泥物质迅速吸收空气中的水分并促使地下水渗流加剧，导致含水量、孔隙比和干密度等随之变化。

另外，取样时需避免对软弱夹层的人为扰动。Müller（1967）曾指出，沉积物一旦达到一定的积土负载，被压实的过程是不可逆的。基于这一观点，采取特殊取样方法可使软弱夹层受扰动降到最小。为了减少爆破影响，炸去软弱夹层上覆岩石时预留一定厚度的围岩，预留部分岩石由人工剥去，之后迅速切取试样并在现场快速蜡封。

3.3.2.6 软弱夹层强度参数与物理指标间的关系

从物质分布看，软弱夹层中的泥质物（"夹泥"）大多分布在软弱夹层与围岩的交界面处且连续性好，而这些连续分布的夹泥物质是其强度最低的部分。因此，工程中所关心的重点其实是软弱夹层中夹泥物质的强度。对于成因相同、矿物成分一致、黏粒含量变化不大的软弱夹层而言，与其强度密切相关的主要物理指标是含水量、干密度和孔隙比等。因此，在现场对开挖暴露的软弱夹层进行取样时，通常仅取其中的夹泥成分。

下面以浙江金华—丽水—温州高速公路高边坡工程中的软弱夹层为例，说明软弱夹层强度参数与物理指标间的关系。在室内进行强度试验时，首先将现场取得的夹泥物质试样分别配制成不同含水量、孔隙比的扰动试样并压密。然后采用直剪试验法中的快剪法（又称不排水法）测得不同含水量和孔隙比下的软弱夹层强度参数，见表3.33。

表 3.33 软弱夹层试验成果

试验组数	密度 ρ /(g/cm³)	含水量 w /%	干密度 ρ_d /(g/cm³)	比重 G	孔隙比 e	摩擦系数 f	内聚力 c /100kPa
1	2.03	26.57	1.61	2.78	0.743	0.139	0.345
2	2.02	23.66	1.631	2.78	0.715	0.240	0.350
3	2.07	21.08	1.71	2.78	0.639	0.285	0.586

续表

试验组数	密度 ρ /(g/cm³)	含水量 w /%	干密度 ρ_d /(g/cm³)	比重 G	孔隙比 e	摩擦系数 f	内聚力 c /100kPa
4	2.11	18.87	1.77	2.78	0.582	0.311	1.145
5	2.19	16.74	1.87	2.78	0.494	0.404	2.628
6	2.21	14.23	1.94	2.78	0.445	0.519	5.66

含水量、孔隙比和干密度等可表征软弱夹层物理性质的好坏。在压应力作用下软弱夹层的夹泥物质发生压缩、固结，其含水量、孔隙比和干密度相应地随之发生变化。为方便评价不同部位软弱夹层强度参数，可建立软弱夹层强度参数与物理指标的相关关系。据试验成果得到含水量 w、孔隙比 e 与摩擦系数 f 的关系，如图 3.49 所示。

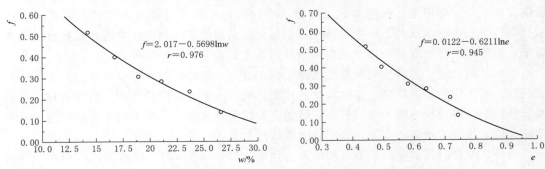

图 3.49　摩擦系数 f 与含水量 w、孔隙比 e 的相关关系曲线

图 3.49 中含水量 w、孔隙比 e 与摩擦系数 f 的相关关系为

$$f = 2.017 - 0.569\ln w \quad (r = 0.976) \tag{3.98}$$

$$f = -0.0122 - 0.629\ln e \quad (r = 0.945) \tag{3.99}$$

式中　　f——摩擦系数，无量纲；

$\quad\quad w$——含水量，%；

$\quad\quad e$——孔隙比，无量纲；

$\quad\quad r$——相关系数。

引入如下关系：

$$\rho_d = \frac{G\rho_w}{1+e} \tag{3.100}$$

式中　　ρ_d——干密度，g/cm³；

$\quad\quad G$——颗粒比重，无量纲；

$\quad\quad \rho_w$——水的密度，g/cm³；

$\quad\quad e$——孔隙比，无量纲。

将式（3.100）代入式（3.98）中，则有

$$f = -0.0122 - 0.629\ln\left(\frac{G\rho_w}{\rho_d} - 1\right) \tag{3.101}$$

而夹泥的内聚力反映了结构强度，理论上也与表征结构强度的干密度和孔隙比以及含

水量有较好的关系。据表 3.31 的试验成果，类似地，可得干密度、孔隙比和含水量与内聚力的关系，如图 3.50 所示。

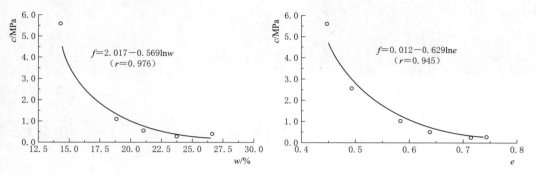

图 3.50　内聚力 c 与含水量 w、孔隙比 e 的相关关系曲线

图 3.50 中干密度、孔隙比和含水量与内聚力的相关关系为

$$c = \mathrm{e}^{(-0.241w+4.897)} \quad (r=0.922) \tag{3.102}$$

$$c = \mathrm{e}^{(-9.44e+5.726)} \quad (r=0.975) \tag{3.103}$$

式中　c——内聚力，100kPa；

　　w——含水量，%；

　　e——孔隙比，无量纲；

　　r——相关系数。

类似地，将式（3.100）代入式（3.99）中，则有

$$c = \mathrm{e}^{\left[-9.44\left(\frac{G\rho_w}{\rho_d}-1\right)+5.726\right]} \quad (r=0.975) \tag{3.104}$$

据图 3.50 可知，软弱夹层的摩擦系数与基本物理指标含水量、干密度和孔隙比之间有很好的对应关系。由图 3.50 也可以看出，软弱夹层的内聚力与基本物理指标含水量、干密度和孔隙比之间有很好的关系。因此，在获得上述关系后，只要获得不同部位软弱夹层夹泥质物的含水量、孔隙比和干密度等基本物理指标便可据式（3.98）～式（3.104）评价摩擦系数 f 和内聚力 c。

根据试验成果评价软弱夹层强度参数，可遵循以下原则：

（1）对于位于强风化带或开挖面附近受强烈卸荷作用影响的软弱夹层强度参数可以参照高含水量、高孔隙比条件下的试验成果。

（2）对于位于弱风化带或受开挖有一定影响的软弱夹层强度参数，可参照中等含水量和孔隙比条件下的试验成果。

（3）对于位于微风化～新鲜岩体部位且几乎不受开挖影响的地带，可参照低含水量、低孔隙比条件下的试验成果。

第 4 章
坝址区高地应力特征研究

4.1　概述

　　大型高拱坝水电工程一般位于深切峡谷中，其坝址区应力场由区域应力场和斜坡自重应力场两部分组成。我国西部地区的地应力和现代构造活动，主要是在印度板块和欧亚板块相互碰撞作用下受近 S-N 向的挤压作用决定，构造应力方向总体近 S-N 向。青藏高原主体部分构造应力场中的最大主应力方向为 NNE 向，在青藏高原的北和东边缘，主压应力方向由北部边缘顺时针向青藏高原的南东边界地区转变，逐步由 NNE 变化为 NE、NEE、近 E-W、SE 至 SSE 方向。实测资料表明，二滩、小湾、拉西瓦、锦屏一级、溪洛渡、大岗山 6 座水电站坝址实测最大地应力总体方向与区域主压应力方向基本一致。

　　我国西部地区新构造运动显著，除强烈的地壳隆升外，还伴随有显著的地壳水平形变。全球 GPS 测量得到的青藏高原现今地壳运动速度场表明，我国西部运动速率 15～20mm/a，运动方向与最大主应力方向基本一致。

　　大量工程地应力测试成果表明，河谷下切使河谷临空面附近岩体地应力重分布和应力集中，初始地应力状态明显改变：①在坡脚及谷底，重分布后的最大主应力方向与谷底或河床走向近于平行；在岸坡最大主应力方向一般平行坡面，最小主应力则与之近于垂直。②最大主应力值亦随之由内向外逐渐增高，至河谷临空面达到最大值，形成地应力集中，最小主应力则与之相反。③谷底岩体地应力集中区，最大主应力近于水平并垂直于河谷走向，当河谷走向与区域主压应力方向夹角 θ 增大时，这一集中区的范围增大，主应力值也显著增高。④当河谷临空面附近（特别是坡脚及谷底处）岩体受到的集中地应力超过其强度，一旦发生破裂变形时，在围绕河谷临空面附近形成一地应力降低带，高地应力集中区则向河谷深部转移。⑤地应力实测及已有研究表明，在河谷断面上，岩体地应力从外向里可划分为地应力释放低值带、地应力集中高值带和地应力正常带这 3 个应力带。二滩、拉西瓦、锦屏一级具有与此一致的明显分带特点。

　　地应力释放低值带（地应力释放区）分布于河谷周边浅表部位，一般与两岸卸荷松弛风化带相对应。地应力集中高值带（地应力集中区）分布于河谷底部及两岸坡脚，高地应力区钻孔、开洞或进行边坡与地基开挖，常引起岩芯饼裂以及洞壁、基岩面的劈裂松弛、剥落甚至弹射等岩爆现象。地应力正常带（原始应力区）处于高围压状态，隧洞开挖易出现沿洞周的环状劈裂破坏现象。岩体初始地应力分级见表 4.1。

表 4.1   岩体初始地应力的分级

应力分级	最大主应力量级 σ_m/MPa	岩石强度应力比 R_b/σ_m	主要现象	
			硬质岩	软质岩
极高地应力	$\sigma_m \leqslant 40$	<2	开挖过程时有岩爆发生，有岩块弹出，洞壁岩体发生剥离，新生裂缝多。 基坑有剥离现象，成形性差，钻孔岩芯多有饼裂现象	钻孔岩芯有饼裂现象，开挖过程洞壁岩体有剥离，位移极为显著，甚至发生大位移，持续时间长，不易成洞。 基坑岩体发生卸荷回弹，出现显著隆起或剥离，不易成形
高地应力	$20 \leqslant \sigma_m < 40$	$2\sim4$	开挖过程可能出现岩爆，洞壁岩体有剥离和掉块，新生裂缝增多。 基坑有剥离现象，成形一般尚好，钻孔岩芯多有饼裂现象	钻孔岩芯有饼裂现象，开挖过程洞壁岩体位移显著，持续时间长，成洞性差。 基坑发生隆起现象，成形性差
中等地应力	$10 \leqslant \sigma_m < 20$	$4\sim7$	开挖过程洞壁岩体有剥离和掉块现象，成洞性尚好。 基坑局部有剥离现象，成形性尚好	开挖过程中洞壁岩体局部有位移，成洞性尚好。 基坑局部有隆起现象，成形性一般尚好
低地应力	$\sigma_m < 10$	>7	无上述现象	

高地应力对岩体力学性质的影响是复杂的，这一点无论前期勘察还是后期施工，都应予充分研究，以进行规避或利用。坚硬岩体开挖可能产生岩爆劈裂、卸荷回弹破坏，而软弱岩体则可能出现具有时间效应的大变形。岩爆可分为轻微、中等、强烈、极强四个等级。据实测资料，岩爆和岩芯饼裂主要发生部位为最大主应力量值 20~25MPa 以上；中等应力范围（10~20MPa）也有局部发生岩爆或岩芯饼裂的现象，低地应力区（<10MPa）未见。

岩体的天然应力状态对边坡、坝基（坝肩）、地下洞室的开挖与施工期稳定、变形破坏方式等具有重要影响，尤其是高地应力存在区域。地应力对边坡开挖稳定的影响主要表现在坡面方向与初始地应力方向的关系，以及水平应力与垂直应力的比值。对坝基而言，由于开挖卸荷，坑底岩体向上回弹隆起，坑壁岩体向坑内发生径向位移。这种岩体变形，在垂直应力为最小主应力、水平主应力较大、岩体中存在着近水平产状的软弱面时特别显著，并且会引起坑壁岩体沿弱面发生近水平向位错。这种岩体变形和位错不仅可以影响岩体的工程性质，而且还会影响到未来建筑物的受力状态和安全稳定性。

需要说明的是，地应力作用对拱坝并不是一个附加的荷载，而主要是开挖后应力释放对拱坝建基岩体的损伤。这一点在国内 6 个特高拱坝中表现最为明显的是小湾坝基岩体，其余几个拱坝影响相对较小或轻微。

4.2   地应力的研究与测试方法

4.2.1   地应力场研究方法

地应力的大小、方位及其变化规律不仅与地震和断裂活动密切相关、影响工程场地区域稳定性，而且对坝基、边坡、洞室等工程建筑物的设计与施工有着直接影响。开挖扰动初始应力场可能发生卸荷回弹、岩体变形而对工程造成不利影响，也可能因合理选择建基岩体与开挖体型而避害就利。因此，充分认识和研究地应力的分布与变化规律十分重要。

目前，对地应力场的研究方法主要有三种：地质力学分析法、震源机制解法、数值分析法。地质力学分析法是研究各次构造变动形迹的交切、改造关系，从而判定应力场演变史及最新构造应力场特征。震源机制解法是通过分析单个地震的 P 波初动，对区域大量地震的震源应力场进行统计平均，再现区域构造应力场。数值分析法是根据现场地应力实测值，对应力场进行回归分析。

地应力实测是研究地应力场的基础。在区域地质构造复杂地区，大型水电工程都要进行地应力实测。因实测点不能代表枢纽区应力场的总体作用方式，需利用数值解析法得到初始应力场的总体分布格局。数值解析法可归纳为正演和反演两种途径。在正演算法中，主要包括边界荷载（位移）调整法和应力（位移）函数法。其中，边界荷载（位移）调整法是通过调整边界荷载或位移，利用有限元法使测点处计算值与测量值相吻合，由此计算出的应力场即为初始应力场；应力（位移）函数法系假定一个应力函数或位移函数，使区域内计算点上的应力值与实测应力值相同，则可认为该假定函数求出的应力场为初始应力场。

反演算法主要以多元线性回归法为主。该方法的基本思想是将构成初始应力场的边界因素视为待定，先假定边界荷载的种类和分布形式，构建边界荷载与测点应力的多元线性回归方程，然后通过回归计算促使两者的残差平方和逼近最小，从而求得边界荷载的待定系数，再代入有限元模型，最终计算出区域初始地应力场。该方法简单，拟合程度较好，考虑了构成初始应力场的因素，能够保证解的合理性与唯一性。

需要注意的是，各种地应力场分析方法都有缺陷和不足。在实际工程当中，应结合宏观判释的应力场特征选择适当方法。无论何种方法，都离不开地应力实测。地应力实测是研究地应力场的基础。

4.2.2　地应力测试方法

地应力测试方法繁多，所有测试方法均假定岩体为连续各向同性体，依据广义虎克定律求解地应力。水电水利工程主要采用表 4.2 的地应力方法。国内 6 个特高拱坝坝址地应力现象及岩体应力测试情况见表 4.3。国内 6 个特高拱坝坝址区的地应力测试成果统计见表 4.4。

表 4.2　　　　　　　　　　　**水电水利工程常用的岩体应力测试方法**

测试方法			说明
钻孔应力解除法	孔壁应变法（三孔交汇）	浅孔孔壁应变计	采用孔壁应变计（即在钻孔孔壁贴电阻应变计）量测套钻解除后钻孔孔壁的岩石应变，按弹性理论建立的应变应力关系求出岩体内该点的空间应力参数。为防止应变计引出电缆在钻杆内被绞断，要求测试深度不大于30m
		深孔孔壁应变计	由于测试技术和水下粘贴技术的进步，本测试可用于测试水下深孔岩体的应力状态。由于受测试设备的限制，本测试只适用于铅直向的钻孔内进行，目前尚不能应用于任意向钻孔。测试深度大于30m

测试方法		说明
钻孔应力解除法	孔底应变法（单孔）	采用孔底应变计（即在钻孔孔底平面贴电阻应变片）量测套钻解除后钻孔孔底的岩石平面应变，按弹性理论建立应变应力关系式，求出岩体内该点的平面应力
	孔径应变法（三孔交汇）	采用孔径应变计，即在钻孔内埋设孔径应变计，量测套钻解除后钻孔孔径的变形，经换算成孔径应变后，按弹性理论建立应变和应力之间的关系式，求出岩体内该点的平面应力参数
水压致裂法		采用两个长约1m串接起来可膨胀的橡胶封隔器阻塞钻孔，形成一封闭的加压段（长约1m），对加压段加压直至孔壁岩体产生张拉破坏，根据破坏压力按弹性理论公式计算岩体应力参数
表面应变法	表面解除或表面恢复	通过量测岩体表面的应变，计算岩体或地下洞室围岩受扰动应力重分布后的岩体表面应力状态。岩体表面应力测试是一种简单有效的方法，可以求得沿长度方向的应力状态变化规律
声发射法		承受过应力作用的岩石，当再次加载时，如果这一荷载没有超过以前的应力状态，此时没有（或很少）发生声发射（AE）现象，所以AE现象明显增加的起始点就可认为是岩石的先存应力

表 4.3　　　　　　国内 6 个特高拱坝坝址的地应力现象和岩体应力测试

电站名称	岩性	地应力现象	地应力测试
二滩	正长岩玄武岩	钻孔岩芯饼裂：84 个钻孔中共 8940 余个岩芯饼裂（其中有 45 个钻孔分布在河床及两岸谷坡下部）；平洞及洞室开挖掉皮剥落、片帮、岩爆；抗剪试件（50cm×50cm）松弛和爆裂；坝基开挖卸荷松弛	开展平面应力、三维应力测试共 21 点，均为应力解除法，其中地下厂房、导流洞分别有 8 个、4 个空间应力测点，河床 2 个深孔平面应力测点，平洞 6 个平面应力测点，岸坡较高部位 1 个空间应力测点。表面地应力测量：PD$_4$ 平洞 12 个，3 个断面。另为探查岩芯饼裂，凿岩测试，连续解除试件 11 个，最大水平主应力平均 88.3MPa，应力集中系数达 3~4 倍（该部位岩体初始应力为 25.5MPa）
小湾	片麻岩	部分钻孔岩芯饼裂；少数平洞轻微岩爆；进水口开挖产生近水平裂隙；坝基开挖沿已有裂隙张开、卸荷松弛产生"葱皮"、板裂、位错、底鼓、岩爆现象	坝址区共完成 35 组地应力测量，其中先后 3 次共进行 26 点平面应力测量及 9 组空间地应力测量。现场均采用应力解除法，平面应力测试采用单孔法，空间应力测试采用孔径法三孔交汇
拉西瓦	花岗岩	岸坡卸荷裂隙；河床及两岸坡脚大量岩芯饼裂；平洞洞壁剥落、剥皮；地下洞室开挖新鲜岩板裂、岩爆；坝基开挖卸荷松弛	针对地下厂房及坝基两岸共完成 13 组地应力测量，其中三维测点 10 个、二维测点 3 个
锦屏一级	大理岩	钻孔岩芯饼裂；洞壁片帮、洞肩劈裂等；坝基开挖沿已有裂隙张开、卸荷松弛产生"葱皮"、板裂、层裂及新裂纹现象	针对枢纽区大坝轴线两岸及河床等共测试 34 点，其中应力解除法空间地应力测试 24 个，水压致裂法平面应力测试 10 个。施工期两岸灌排洞进行表面应力测试，其中左岸 1 个，右岸 2 个

电站名称	岩性	地应力现象	地应力测试
溪洛渡	玄武岩	坝址区玄武岩未见岩芯饼裂，开挖过程中无明显高地应力现象。仅前期勘探在深埋灰岩部位有岩芯饼裂现象，但不甚典型	共开展40组，分布于地下厂房、大坝中低高程抗力体及河床部位，其中孔径法地应力测试18组（包括空心包体法空间地应力测试1组）；水压致裂法空间地应力测试10组；水压致裂法平面应力测试12组。另在平洞开展4组kaiser法应力测试
大岗山	花岗岩	枢纽区54个钻孔有岩芯饼裂，谷底多、岸坡少；平洞片帮	针对地下厂房、大坝等共完成7组孔径法空间地应力测试，12组水压致裂法

表 4.4　　　　　　　　　　国内 6 个特高拱坝坝址区的地应力测试成果

电站名称	岩性	测试深度/m	σ_1			σ_2			σ_3		
			量值/MPa	方位 α/(°)	倾角 β/(°)	量值 MPa	方位 α/(°)	倾角 β/(°)	量值 MPa	方位 α/(°)	倾角 β/(°)
二滩	正长岩 玄武岩	>200	17~38	NNE	—	7~23	52~160	—	3~19	123~277	—
小湾	片麻岩	>200	16~28	浅表NE 深部NW	1~53	11~20	220~276	0~60	6~10	130~278	30~40
拉西瓦	花岗岩	60~364	8.8~30	近SN向	19~55	6~20.6	336~60	6~55	0.8~13	33~9	12~69
锦屏一级	大理岩	200~400	20~40	NW~NWW	3~64	10~37	15~351	20~81	6~13	352~8	1~34
溪洛渡	玄武岩	200~625	15~21	NW~NWW	0.5~25	5~17	22~338	14~83	4~13	2~76	1~35
大岗山	花岗岩	240~500	11~22	NE	1~39	10~16	53~168	51~88	2~10	279~324	2~22

4.3　各工程坝址区应力状态与分布

4.3.1　各坝址实测地应力特征

1. 二滩水电站

二滩水电站坝址的区域地质环境复杂。对于二滩水电站坝址地应力，既从地质背景和地质现象角度进行了定性分析，也展开了大量地应力实测研究。根据定性的定量两方面的评价，得出二滩水电站坝址的地应力具有如下规律：

（1）二滩水电站坝址处于高地应力状态：最大主应力 σ_1 的大小和方向总体均较稳定，正长岩中 20~26MPa，玄武岩中 26.6~38.4MPa，岸坡有明显应力分带，河床和坡脚应力有较大集中（图4.1），可达 40~60MPa，$\sigma_1:\sigma_2:\sigma_3=1:0.44:0.25$；最大主应力在平面上与河流方向近于垂直，倾角近于或小于地形坡角。σ_2、σ_3 的方向随地形的局部变化而变化，大体说来，σ_2 平行地形等高线，σ_3 垂直于临空面。

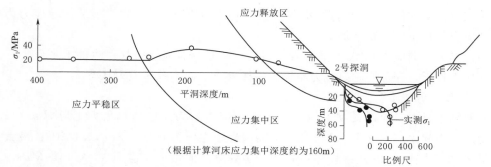

图 4.1　二滩 PD_2 实测 σ_1 及 $ZK10^\#$ 实测主应力分布（白世伟和李光煜，1982）

（2）垂直应力远小于水平应力，垂直应力远大于上覆岩体自重，水平应力远远大于依据侧压力系数计算的值。

（3）坝区地应力方向与河谷地形密切相关。这是由于测点部位的水平深度及埋藏深度一般不太深所致。谷坡下的测点，最大主应力有垂直于河流的趋势，σ_1 方向较稳定，而且有垂直河流的趋势；σ_2、σ_3 分散，变动范围较大。坝区最大主应力倾斜方向与斜坡倾斜一致，倾角小于或等于地形坡角，能反映最大主应力倾角的 19 个点的资料中，倾角在 40°左右的有 5 个点，在 20°～30°之间的有 11 个点。地形坡角为 35°～40°，则最大主应力倾角小于或等于地形坡角的占 85%。

（4）二滩水电站坝址区的地应力是以构造应力为主。新老构造应力、自重应力、封闭应力等叠加形成复杂的应力环境。

2. 小湾水电站

整理分析小湾水电站坝址平面地应力测试主要成果，获得以下主要认识：

坝址河谷横剖面实测最大主应力 σ_1' 位于距离岸坡水平埋深 30m 附近。因卸荷影响，最大主应力多小于 2MPa；距离岸坡水平埋深 40～100m 内，最大主应力为 5～15MPa；距离岸坡水平埋深大于 100m，普遍在 15MPa 以上。

为了解河谷深部地应力状态，在两岸高程 1004.00m 附近各布置了一个垂直深孔，测试结果显示：①在孔深 50m 以上，两孔实测最大主应力 σ_1' 基本接近，多在 20～30MPa 之间；方位角在浅部变化较大，但在孔深 50m 以下趋于一致，为 NW290°～NW310°范围；②两侧孔在孔深 85m 左右出现饼状岩芯饼裂，左侧测孔在出现饼状岩芯附近的完整岩体中，实测最大主应力 σ_1' 达到 57.37MPa，河谷深部应力集中区显现；而右岸测孔因节理裂隙发育，实测 σ_1' 相对左岸为低，且离散性较大。

小湾坝址的空间地应力测试主要成果显示如下特征：

（1）σ_1、σ_2 和 σ_3 这 3 个主应力值均随垂直埋深增加而增加。两岸水平埋深 100～125m：$\sigma_1=8.2～17.2$，$\sigma_2/\sigma_1=0.176～0.638$，$\sigma_3/\sigma_1=0.036～0.582$；水平埋深 225～480m：$\sigma_1=16.4～28.0$，$\sigma_2/\sigma_1=0.521～0.708$，$\sigma_3/\sigma_1=0.211～0.53$；水平埋深接近时，上部高程测点 σ_1 低于下部高程测点。

（2）地质因素对地应力影响大，岩体完整性差、节理发育地段值低，一般 σ_1 为 2.4～4.7MPa。断层 F_{11} 两侧地应力则高达 10.9～20.69MPa。

（3）最大主应力方位角由浅部的 NE 或 NNE 向，逆时针偏转，至深部转至 NW296°；

最大主应力倾角均值为 24.9°，至深部厂房区均值增至 51.3°，表明坝址区地应力为水平构造地应力与自重应力相叠加。

（4）实测竖向应力 σ_z 大于上覆岩体自重产生的竖向应力 γH；浅部水平应力 σ_x、σ_y 与竖向应力接近，深部则垂直应力略大。总体处于三向不等压应力状态。

3. 拉西瓦水电站

实测结果显示，拉西瓦坝址地应力场的主应力均为压应力。最大主应力 $\sigma_1 = 8.8 \sim 29.7$MPa，中间主应力 $\sigma_2 = 5.5 \sim 13.1$MPa，最小主应力 $\sigma_3 = 2.2 \sim 13.1$MPa；最大主应力和最小主应力比值 $\sigma_1/\sigma_3 = 1.70 \sim 4.20$。多数测点的最大主应力 σ_1 大于 20MPa。三维地应力测试结果中 σ_1 最大为 29.7MPa；二维地应力测试钻孔 ZK_{72} 测得坝址区的最大应力值。水平最大主应力 σ_H 高达 54.6MPa，水平最小主应力 σ_h 高达 37.6MPa。地应力测试结果表明坝址区存在高地应力，尤其河床及两岸坡脚处更明显。

坝址地应力与埋深线性相关程度不高，反映出坝址区地应力场的复杂性。实测的地应力值普遍大于理论计算的自重应力值，这表明存在较大的构造应力。坝址地应力存在较为明显的应力分异特征：①垂直深度上，深度小于 200m 范围内应力值相对较低，深度 220～270m 内主应力值最大，此后随深度的变化不甚明显；②水平方向上，70m 以外地应力相对较低，150～270m 范围段地应力值较高，表现出一定程度的应力集中，此后变化不显著，甚至略低于前段，如 PD_{14} 的 2 个测点，洞深 364m 的最大主应力（21.5MPa）小于 255m 处的应力值（29.7MPa）。无论垂向上还是水平方向上，自表向里依次呈现为应力降低区、应力增高区和正常应力区，说明坝址区应力分异明显。

坝址实测地应力方向表明：最大主应力方位从 NW300° 到 NE60° 均存在（以 NW370°～NE9° 为主）；最大主应力倾角 19°～55°（多为 40° 左右）；最大主应力方向近于平行岸坡，且均向岸外倾斜。最小主应力方向变化范围较大，从 NE28°～SE170° 均存在；倾角相对较大，12°～69°；中间主应力的方位主要为 NE，多为 20° 左右。

坝址区地应力较为复杂，不仅与岩体自重有关，也与区域构造应力有关。坝址地区地应力与地形地貌及其剥蚀、卸荷作用有关。因此，坝址区现今地应力场是自重应力与构造应力叠加形成并受卸荷作用影响的残余构造应力场。

4. 锦屏一级水电站

锦屏一级水电站坝址位于雅砻江中游锦屏大河湾西侧峡谷河段上，属于青藏高原东部向四川盆地过渡的斜坡地带，为诸多断裂带所围限的川滇 SN 向菱形断块中段东部，区域地质条件复杂，河谷地形切割极为强烈。

分别在坝轴线剖面附近开展了 34 组地应力实测。其中，左岸、右岸空间地应力实测分别 7 组、17 组，河床谷底坝基～二道坝部位完成水压致裂法 5 组。根据实测结果，坝轴线附近地应力呈现如下特征：

（1）无论两岸还是河床谷底，均呈现明显应力分带特征（图 4.2）。且总体上左岸高于右岸，谷底高于两岸坡脚，左岸坡脚低于右岸坡脚。两岸由表及里分别为应力松弛带、应力增高带和原岩应力区；谷底存在明显应力集中区。

应力松弛带最大主应力左岸一般 10～20MPa，右岸一般小于 10MPa。应力增高区左岸 20～40.4MPa，右岸 20～35.7MPa。谷底表层因岩体卸荷、岩体完整性差，最大水平

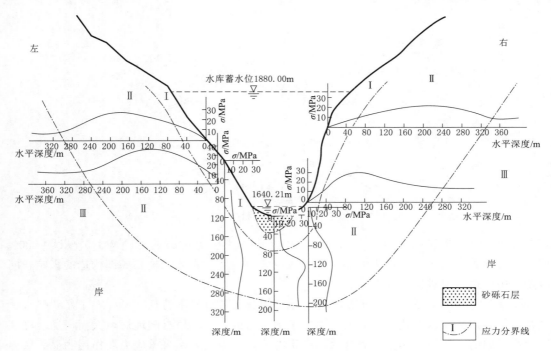

图 4.2 雅砻江锦屏一级坝址轴线河谷最大主应力分布（谭成轩等，2008）

σ—最大水平主压应力；Ⅰ—应力降低区；Ⅱ—应力增高区；Ⅲ—原岩应力区

主压应力 σ_H 一般小于 15MPa；基岩面以下 50～80m，出现明显地应力集中（即应力包），最大水平主压应力 σ_H 一般为 20～36MPa；孔深 130m 以下最大水平主压应力 σ_H 为 25MPa 左右。

（2）随岸坡高程增加，岩体应力降低。如左岸 1649m 高程 PD_2 平洞 224～236m 处 $\sigma_1 = 40.4$MPa，高程 1670.00m PD_{50} 平洞 215m 处 $\sigma_1 = 34.14$MPa，高程 1780.00m PD_{40} 平洞 200m 处 $\sigma_1 = 27.42$MPa，高程 1783.00m PD_{14} 平洞 190～200m 处 $\sigma_1 = 27.23$MPa，高程 1830.00m PD_{54} 平洞 245m 处 $\sigma_1 = 21.49$MPa。

（3）左岸水平埋深大于 200m 的测点，σ_1 方向左岸为 NW295°～NW257°，平均 NW318°；右岸为 NW280.7°～NW331.5°，平均 NW312°。σ_1 与岸坡走向近于垂直，倾角左岸平均约 39°、右岸平均约 16°。

（4）左岸受深部卸荷等影响，水平深度 200m 以外最大主应力值波动较大。如Ⅳ勘探线 σ_{14-1} 测点位于高程 1780.00m 水平深度 120m 处，该测点前后均有深部裂缝，应力松弛明显，σ_1 量值仅为 5.84MPa；而 σ_{50-3} 测点位于Ⅱ勘探线，高程 1670.00m 水平埋深仅 28m，σ_1 量值为 20.72MPa。

5. 溪洛渡水电站

溪洛渡水电站坝址区共开展了 14 点地应力测试，位置如图 4.3 中"●"所示。

坝址区河谷呈不对称的 U 形，玄武岩岩流层产状平缓，岩体最大主应力 σ_1 方向与河流方向平行，倾角 5°～25°，15～20MPa；中间主应力 σ_2 为铅直向，倾角 10°～30°，4～7MPa；最小主应力 σ_3 方向垂直河谷，倾角 10°～30°，8～15MPa。在河心高程 320.00～

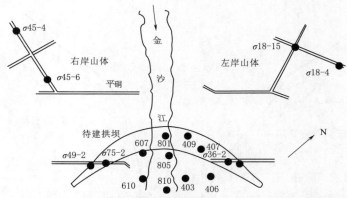

图 4.3　溪洛渡水电站坝址地应力测试（丁立丰等，2004）

180.00m、两岸高程 400.00～150.00m，最大水平主应力的方向为 NW300°～NW320°。坝址应力场总体均衡，地应力大小主要受区域应力环境、岩体结构和局部构造的影响，同时受到山体边坡河谷地形的影响。

据地应力实测，溪洛渡水电站坝址区地应力分布具有以下特征：

（1）溪洛渡坝区构造活动微弱，属中等地应力区，应力值有随埋深增大而增加。坝区以近水平向的构造应力为主，表现为潜在走滑型，谷坡浅表部自重应力场作用明显。域内未见明显应力集中区。

（2）深埋平洞地应力测试点其水平和垂直埋深大多已超过 250m，已跨过谷坡卸荷带而进入应力正常区。从测试结果看，三向应力值 $\sigma_1=14.79\sim18.44$MPa，$\sigma_2=10.05\sim15.85$MPa，$\sigma_3=4.23\sim7.59$MPa，σ_2 倾角较陡，σ_1 和 σ_3 倾角平缓。总体上 σ_1 为 NW～NWW 向，近水平，与岸坡呈 $10°\sim30°$。

（3）河床与地表水压致裂测试结果显示，除浅表受卸荷影响应力释放较明显外，往下未见明显的应力集中区。河床部位一般浅表 60m，对应高程 300.00m 以上，最大水平应力 $\sigma_H=4\sim6$MPa，最小水平应力 $\sigma_h=3\sim4$MPa；在 300.00m 高程附近，河床部位测得的 σ_H 约 6.0MPa，两岸地表测得的 σ_H 为 $10\sim13$MPa。高程 200.00m 附近，河床部位测得 σ_H 为 $12\sim15$MPa，两岸为 20.98MPa。两岸低高程的测试孔位于坡脚与河床之间，测试结果总体与河床部位相近，但在同一高程上，两岸的应力值较河床部位要高。

（4）地应力值与岩性和岩体的完整性关系密切。水压致裂法测试值总体上有随深度增加而增加的趋势，但在上部玄武岩与下部灰岩之间的 $P_2^{\beta n}$ 层泥页岩地层上下一定范围内，应力值普遍下降，ZK_{805} 孔最明显。此外在玄武岩地层中，下部坚硬致密的玄武岩又较上部的角砾集块熔岩相对高些。最为显著的是岩体结构及完整性对应力值的影响，凡遇裂隙发育或错动带附近，应力值均有所下降。

（5）两种测试方法应力值总体一致。水压致裂法测得的是平面主应力，对岩体的完整性要求不是很高。孔径法测得的是三维空间主应力，要求测点岩体很完整。但是测试结果表明，水压致裂法测试值仅低于孔径法测试值约 10%。

6．大岗山水电站

大岗山水电站坝址区共开展了 19 组地应力实测。其中，水压致裂法 12 组，孔径变形法地应力 7 组。

水压致裂法测点布置于拱坝坝基河床和低高程部位，应力分布特征如下：

（1）最大水平主应力 8～11MPa，最小水平主应力 5～8MPa，估测垂直主应力 3～5MPa。相比前述几个坝址区的地应力，大岗山坝址区地应力量值不高。测试深度内三向主应力 $\sigma_H > \sigma_h > \sigma_v$，水平应力占主导地位。

（2）坝址区附近最大水平主应力方向基本为 NW295°～NW310°，说明坝址附近主要受该方向水平应力的作用。

（3）随埋深增加，各主应力值大致呈"犬牙交错"式增大，个别测段由于受河谷边坡地形影响，出现了不同程度的应力集中。

（4）据地应力实测，完整岩石抗拉强度在 5～10MPa，而含有隐闭裂隙的不完整岩石抗拉强度小于 5MPa。

4.3.2 各坝址初始应力分布特征

4.3.2.1 高地应力特征

二滩、拉西瓦、锦屏一级水电站坝址均属高地应力区，河谷地形均为深切 V 形，坝基岩性坚硬，软弱岩带发育少，可归为一类。

1. 二滩水电站

（1）地应力发育规律。根据二滩水电站的地质背景和地质现象，结合大量实测资料分析，得出坝址区地应力的规律如下：

1）通过数值模拟，二滩坝址河谷地应力场呈现明显地应力分区（图 4.4），具体分浅层应力松弛区、应力过渡区、应力平稳区和河床应力集中区。其中，应力松弛区一般低于 5～10MPa；应力过渡区 10～20MPa；应力平稳区 20～40MPa；河床应力集中区可达 40～80MPa，是岩芯饼裂现象最严重部位。二滩坝址处于高地应力状态。

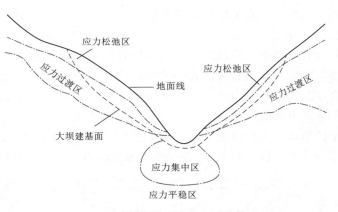

图 4.4 二滩坝址区地应力分区图（庄再明，1993）

2）二滩坝址区地应力以构造应力为主，并叠加新老构造应力、自重应力、封闭应力等多种应力。

3）二滩水电站在地下厂房轴向、导流洞设计、建基面的选择中充分考虑了地应力的作用和影响。通过二滩坝址地应力场研究而提出的地下厂房轴线与最大主应力方向夹角应尽量减小。导流洞布置应进入应力平稳区，基础埋深应适当，不能进入应力集中区等相关重要结论都得以应用。

（2）二滩大坝基坑开挖时空效应模拟。大坝基坑开挖后形成新的临空面，改变了建基岩体的天然应力状态，岩体将随时间过程向开挖空间移动，而初始地应力就是开挖时空效应的基本荷载。

1）建基岩体的数学模型。二滩拱坝河床部位建基面高程 980.00m 以下位于应力集中区，岸坡部位大多处于应力过渡区，部分在应力平稳区。根据建基岩体所处不同的工程环境、不同的初始应力状态和不同的岩体结构特征，引用了黏性弹塑性和弹脆性两种数学力学模型进行分析。黏性弹塑性采用推广 Kelvin 和 Bingharn 理论模型，弹脆性采用 Griffith 断裂理论。

2）开挖模拟。应力平稳区开挖模拟采用反向加等效荷载使建基面处的应力为零的方法。对挖掉的岩体，采用"空单元"模拟，给一个极小的变模值。

3）成果分析。瞬弹位移反映基坑开挖的空间效应，蠕变位移反映时间效应。坝基岩体岩质坚硬，开挖后 30 天内产生的累计位移相当于 2708 天所产生位移的 90% 以上，最终蠕变位移值约为总位移值的 3%，说明基坑开挖后以空间效应为主。瞬弹应力和蠕变应力的变化是反映基坑开挖时空效应的另一重要标志。开挖后建基岩体的瞬弹应力和蠕变应力均呈消减作用，建基岩体表层部分出现拉应力。在开挖边坡与基坑交接处，瞬弹应力和蠕变应力均呈增加趋势。但蠕变应力的消减和增加作用都很小，仍说明空间效应作用大于时间效应作用。位于河谷底部应力集中的建基岩体开挖后发生初裂，部分产生脆断性破坏，两岸开挖边坡上的 E-3 级和 F 级岩体大部分屈服。

4）稳定性评价。基坑开挖稳定直接与初始应力有关。空间效应受应力历史、岩性岩质和开挖边界控制，时间效应反映岩体的流变规律。二滩拱坝坝基建基岩体岩质坚硬，有较高的初始应力，开挖后以空间效应为主，符合工程实际情况。

河床应力集中区部位的建基岩体，开挖后岩体表层将出现向临空方向的位移和较大拉应力，导致岩体发生片状破坏。为避开高地应力集中区，经多方案比较，拱坝河床部位建基面和水垫塘底板开挖高程均选择以河床原基岩顶面为最终开挖高程。但因坝体结构需要，965.00m 高程河床建基面需向两侧扩挖，仍有可能揭露应力集中区岩体。为此应结合坝基基坑开挖设计，认真筹划开挖和浇筑步骤，采取有效措施防止基岩破坏。对类似工程，若河床底部存在应力集中量级大的高地应力集中区，可考虑在河床深槽处回填混凝土，抬高河床部位建基面，作为技术经济比较方案之一。

开挖边坡上的 E-3 级岩体出现拉应力，且大部分屈服。经敏感性分析表明，这是由于该岩级的开挖边坡过陡而引起的。据此提出，虽然屈服并不一定意味着失稳，但在施工过程仍需给予注意，视具体情况及时实施支护。

2. 拉西瓦水电站

（1）地应力发育规律。根据区域应力场地质分析与数值模拟，并以此作为坝址区数值模拟边界，采用有限元法得到坝址区初始地应力场。结果表明，坝址区应力场分带明显，可分为 5 个带（图 4.5）。

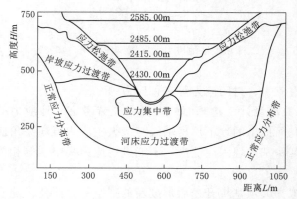

图 4.5　拉西瓦坝址横 II 剖面河谷应力场分带特征

图 4.5 各带不仅应力量值差别较大，应力变化趋势也不相同，各带特征分述如下：

1) 应力集中带：分布在河谷底部，其宽度和高度仅限于河谷呈弧形的地带；河床应力集中带最大应力为 56MPa，应力大于 30MPa 的宽度为 100～130m，分布高程为 2230.00～2160.00m。

2) 应力松弛带：分布在河谷斜坡表部 20～50m 范围内，特征是应力低、岩体卸荷松弛，松弛带应力为 0～2MPa。

3) 岸坡应力过渡带：应力量值 6～12MPa，位于应力松弛带以内，表现为谷坡应力随岸边深度的增大逐渐升高，直到应力趋于稳定。

4) 河床应力过渡带：应力量值 16MPa，为河床应力集中带与谷坡应力增高带之间，应力-深度曲线呈波状，从岸坡表部的低应力到一定深度出现高应力峰值，然后应力缓慢降低至稳定。

5) 正常应力分布带：不受河谷形态影响的深部原始地应力带。

（2）拉西瓦坝基开挖应力场模拟。在此基础上，采用构造应力场与自重应力场相叠加，以现今河谷应力场为初始应力条件，严格按 19 个梯段设计开挖方案，坝基开挖计算剖面如图 4.6 所示。模拟开挖卸荷条件下坝基应力场，计算结果如图 4.7 所示。

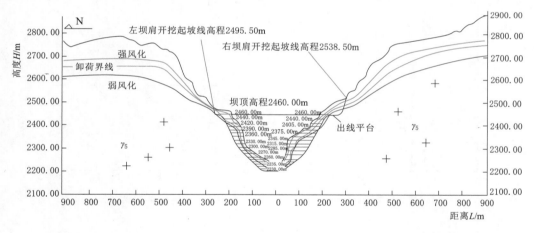

图 4.6　坝基开挖计算剖面图

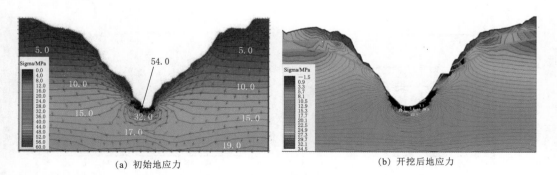

（a）初始地应力　　　　　　　　　　（b）开挖后地应力

图 4.7　拉西瓦坝基开挖前后数值模拟最大主应力 σ_1 分布

　　分别在左岸 2420.00m 高程、左岸 2330.00m 高程、河床中心及两侧设置若干计算监控点（表 4.5），分析开挖对坝基岩体卸荷及应力场的影响。图 4.8 为不同部位的最大主应力 σ_1 随梯段开挖变化。

表 4.5　　　　　　　　　　拉西瓦坝基计算监控点及其位置

编号	位置	距岸坡/m	距开挖面/m	编号	位置	距河床/m	距开挖面/m
A_1	左岸 2420.00m	67.6	11.6	C_2	河床中心	29.1	8.1
A_2	左岸 2420.00m	146.1	90.1	C_3	河床中心	78.8	57.8
A_3	左岸 2420.00m	221.6	165.6	C_4	河床中心	123.1	102.1
A_4	左岸 2420.00m	363.3	307.3	C_5	河床中心	171.9	150.9
B_1	左岸 2330.00m	48.0	12.0	C_6	河床中心	241.1	220.1
B_2	左岸 2330.00m	141.9	105.9	D_1	河床左侧 2320.00m	48.2	0.2
B_3	左岸 2330.00m	238.2	202.2	D_2	河床左侧	75.7	27.6
B_4	左岸 2330.00m	333.5	297.5	E_1	河床右侧 2330.00m	33.6	0.2
C_1	河床中心	21.3	0.3	E_2	河床右侧	74.9	42.5

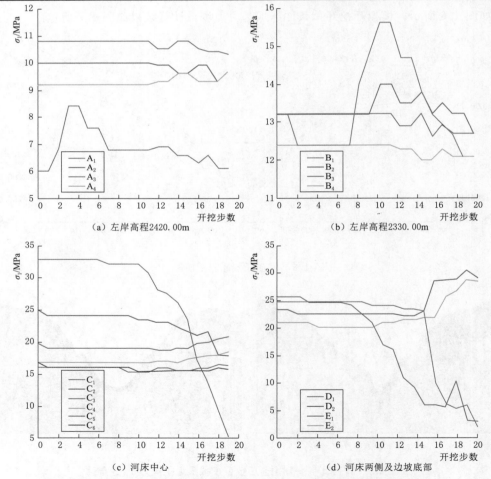

（a）左岸高程2420.00m　　　　　　　（b）左岸高程2330.00m

（c）河床中心　　　　　　　（d）河床两侧及边坡底部

图 4.8　拉西瓦坝基不同部位最大主应力 σ_1 随梯段开挖的变化特征

由图 4.8 可知，各阶段开挖后的边坡岩体应力场均与岸坡岩体的天然应力场有较明显的差别，说明开挖对坝基坝肩岩体应力场及其演化特征有较大影响。

（3）拉西瓦坝基坑开挖时空效应模拟。

1）坝基开挖岩体应力场的时间分布特征。上部开挖及后续梯段开挖均对两岸坝肩岩体应力场调整产生影响。总体呈现的变化特征是应力降低→应力增加→应力降低，此过程可用高程 2330.00m 边坡线附近 B_1 点梯段开挖过程的应力变化进行说明。

高程 2420.00m 以上开挖并持续开挖至高程 2390.00m，引起 B_1 点 σ_1 降低，降低幅度达 0.8MPa；高程 2390.00～2330.00m 边坡开挖期间，B_1 点 σ_1 随向下开挖逐渐增加；开挖至高程 2330.00m 持续至下一开挖阶段的高程 2330.00～2285.00m，σ_1 达到 15.6MPa；高程 2285.00m 以下开挖期间，B_1 点 σ_1 显著下降并趋于稳定值 12.1MPa。

又如高程 2420.00m 处边坡线附近的 A_1 点：高程 2440.00m 以上边坡开挖即产生应力集中，σ_1 增加；开挖至高程 2420.00m 并持续至下一开挖阶段的开挖高程 2405.00m，应力集中，最大主应力 σ_1 可达 8.4MPa；此后，继续向下开挖，开挖至高程 2390.00m 以后，σ_1 急剧降低，然后趋于稳定或缓慢调整。

河床部位应力场随开挖推进，变化较为复杂。高程 2375.00m 以上边坡开挖对河床附近应力影响较小。但是自 2375.00m 高程开挖向下，开挖开始引起河床建基面附近应力缓慢下降。河床中心开挖至 2315.00m 以后，最大主应力 σ_1 随开挖大幅度降低，尤其是在 2285.00m 以下的各梯段开挖降低幅度更明显。

在高程 2375.00m 以上的各开挖阶段中，河床建基面右侧的最大主应力 σ_1 变化较小，基本与天然应力相近（25～26MPa）；此后，随开挖向下，最大主应力 σ_1 逐渐降低，当开挖至高程 2250.00m 时，达到最低（6.0MPa）并趋于稳定；开挖至高程 2230.00m 时，最大主应力 σ_1 则快速增加至 10.0MPa；继续下挖后，最大主应力持续减小，最终趋于稳定（约 3.0MPa）。

河床建基面左侧岩体最大主应力 σ_1 开挖过程的变化特征与右侧基本相似。左侧边坡高程 2250.00m 及其以上，开挖对应力场影响较小，最大主应力 σ_1 维持在 23～25MPa。其后的开挖则导致应力显著降低。开挖至高程 2230.00m 时，应力趋于稳定，量值最终稳定在 3～5MPa。

上述应力变化特征表明，下部开挖对上部岩体应力场产生影响。对整个拱圈建基岩体应力场而言，开挖对应力的影响范围和影响程度更大。无论两岸坝肩还是河床建基面，也无论处于建基面附近还是较深部位（即全拱圈范围），在所有梯段开挖过程中，高程 2300.00～2285.00m 的梯段开挖对岩体应力场的影响最大。

2）坝基开挖岩体应力场的空间分布特征。坝址区河谷天然应力场具有显著的应力分异和应力集中现象。坝基下挖导致天然应力场发生较大改变。不过，坝基开挖仅对一定范围岩体应力场产生影响，并不能改变应力场空间分布的基本格局。

总体而言，坝基上部高程开挖对岩体应力场影响相对较小。坝基中部高程开挖对岩体应力场改变较大，引起中部高程建基面以下岩体应力重分布，建基面附近岩体应力释放并向深部转移，从而形成新的应力分异带（应力降低带、应力增高带、应力轻微调整带），各带内应力量值较此前均有不同程度降低。两岸下部高程及河床坝基开挖对应力场影响最大，建基岩体表层应力降低，河床谷底"应力包"向深部转移明显。图4.9为开挖后总位移特征。

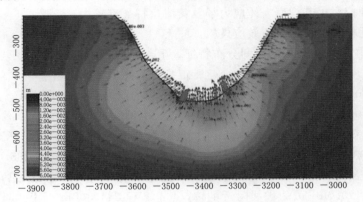

图4.9 拉西瓦坝基开挖后总位移特征

从图4.9可看出：①开挖后建基岩体所处部位应力集中向深部转移，应力普遍有所降低，松弛带厚度3～5m，过渡带厚7～8m，可视为未扰动岩体；②河床坝基垂直位移可达3～5cm，两岸坡脚水平位移可达3～6cm；③总体表现为随高程下降位移增大，上部高程总位移小于1cm，中部高程总位移小于2cm，谷底总位移3～6cm。

4.3.2.2 中高地应力特征

小湾水电站坝址属中高地应力区，边坡高，岸坡中陡，岩性坚硬，但发育有一定数量的蚀变岩体。整理小湾坝基地应力场特征，获得以下认识：

1. 初始应力场回归

初始地应力场回归分两部分，坝址EW剖面的二维地应力场回归和枢纽区的三维地应力场回归分析。因二维计算与三维计算的边界条件与力源不同，两者所表现的地应力场特征不同。

二维地应力场回归计算时，用平洞内21个测点和2个深孔内测点的地应力实测资料拟合。获得的二维地应力回归方程为

$$\sigma_k = 1.061\sigma_{k\gamma H} + 0.388\sigma_{ku} \tag{4.1}$$

式中　$\sigma_{k\gamma H}$——自重应力分量，MPa；

　　　σ_{ku}——构造应力分量，MPa；

　　　σ_k——应力拟合估值，MPa。

通过二维初始地应力回归分析可知：

（1）在一定深度范围内，地应力分量随埋深增大近似现行增加，但σ_y递增速度远大于σ_x。

（2）剖面上河谷两岸可大致划分为3个应力区，即应力释放区（1.5MPa$\leqslant\sigma_x<$4.5MPa）、应力增高区（6MPa$\leqslant\sigma_x<$8.8MPa）和应力平稳区（4.5MPa$\leqslant\sigma_x<$6.0MPa）。

（3）自重应力贡献大于构造应力，表明小湾坝址横剖面的地应力场以自重应力为主、构造应力次之。

（4）除受卸荷带、断层影响外，σ_1与水平面的夹角一般在8°～90°之间，浅部夹角较小，基本顺坡向分布，深部逐渐变大，至某一深度，趋于垂直。河谷附近第一主应力轨迹

均平行于河谷，谷底局部存在一定程度的应力集中现象。

三维地应力场回归计算时，用9个空间应力测点和2个深孔内测点实测资料拟合。获得的三维地应力回归方程为

$$\sigma_k = 1.2978\sigma_{k\gamma H} + 1.0076\sigma_{ku1} + 1.8483\sigma_{ku2} + 2.7683\sigma_{ku3} \tag{4.2}$$

式中 σ_{ku1}、σ_{ku2}、σ_{ku3}——构造应力分量，MPa。

通过坝址区三维初始地应力场回归分析可知：小湾坝址区地应力场以地质构造应力场为主导；坝址区可分为3个应力区，即应力释放区（表层卸荷带，σ_1 一般为1～15MPa，局部出现主拉应力 σ_3）、应力集中区（河谷底部）、应力平稳区（σ_1 为20～30MPa）。

综上所述，小湾坝址区的初始应力场由自重应力场和构造应力场叠加而成。坝址平面应力场以自重应力为主、构造应力为次，而空间应力场以构造应力场为主导。沿岩体深度方向，压应力呈现增大的趋势，但变化梯度逐渐减小。最大主应力基本上呈河谷对称分布，在两岸岸坡由表及里存在应力松弛区、应力增高区及正常应力带，并在河床25～100m 深度范围内出现压应力集中现象。小湾坝址区浅部属中等应力区，σ_1 在5～17MPa；而在深部（垂直埋深225m以下）及河床谷底应力集中区，σ_1 在20～30MPa，属中高地应力区。实测的最大主应力方向，浅部为 NE 或 NEE 向，而深部则表现为 NW 向。

2. 坝基开挖应力场数值模拟

小湾水电站坝肩边坡开挖后，最小主应力垂直坡面，最大主应力与坡面接近平行，一定深度以下坝基开挖对岩体应力影响微小。开挖造成地应力调整，建基面浅表部应力场变化明显，应力场变化最为显著的部位，在左岸坡脚部位高程970.00～953.00m 附近，主要表现为应力偏转方向大于15°，水平向应力降幅在1MPa以上、垂直向应力降幅1.5～2MPa以上、而剪应力增幅0.5MPa，应力偏转与变载明显高于右岸对应位置。

3. 应力场演化过程及松弛变形机理

岩体在大规模开挖条件下常表现为显著的黏性，这与结构面的力学效应、岩石本身的流变特性、岩体赋存环境及开挖体型、开挖方式等外部因素有关。即使结构面以外的岩石不具任何黏性，只要岩体在变形破坏中伴随岩壁摩擦，在某种程度上仍会呈现出对开挖事件的时空效应。自开挖面由表及里，变形破坏渐进发展，某一点在某一刻测得的位移，包含了该时刻以前一段时间开挖历史的演变过程。

岩体卸荷是一个非常复杂的变载过程，且是一个与时间有关的过程，不仅表现在对开挖的滞后，而且在开挖停止后，仍会持续相当长的时间。在空间上，则不仅发生一定的位移，而且开挖越深，影响的岩体范围越大。

变形的时空效应，实际为应力重新调整驱动变形、释放能量的过程，包括应力大小、方向的调整、变化。开挖后，开挖面附近最小主应力迅速降至最小值，而最大主应力则由于岩体变形调整而出现两种情况（图4.10）：一种是最大主应力随时间逐渐减小；一种是最大主应力随开挖迅速增大（可能引发岩爆等剧烈破坏）。之后，随时间逐渐减小，无论图4.10中的哪种，以应力差为直径的 Mohr 圆均会变大，并可能触碰到包络线导致岩石破坏。

综上所述，岩体开挖引起应力状态的时效变化可分为两个阶段，即开始时的应力差增加及之后的应力差减小。与之相对应，应力差增加时变形相应剧烈，可能引发岩体破坏，应力差降低时，变形响应趋于舒缓，表现为松动、流变等。

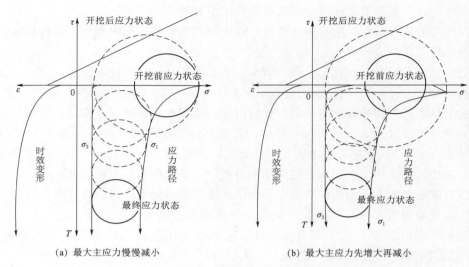

(a) 最大主应力慢慢减小　　　　　　　(b) 最大主应力先增大再减小

图 4.10　卸荷状态下应力－应变时间过程示意 (刘彤, 2006)

4.3.2.3　中等 (略偏高) 地应力特征

大岗山水电站坝址总体属中等地应力区, V 形河谷, 坚硬花岗岩穿插辉绿岩脉。通过多元回归三维数值计算, 对大岗山水电站坝区初始地应力场反演分析, 求得地应力最优回归系数, 较为准确地反演了大岗山坝区的初始地应力场。模拟除考虑自重应力、构造应力及河谷岸坡浅表的全风化和强风化地层, 同时还模拟了位于拱坝坝肩部位对拱坝稳定性与安全性起重要作用的 β_{21} 辉绿岩脉和 β_{43} 辉绿岩脉 (f_6 断层破碎带)。

三维地应力场回归基于坝址区 12 个水压致裂法平面应力、7 个孔径法空间应力实测资料, 获得三维地应力回归方程, 即

$$\sigma_{地} = 0.98\sigma_{自} + 4.42\sigma_{1H} + 11.21\sigma_{2H} + 0.2204 \quad (R^2 = 0.92) \tag{4.3}$$

式中　$\sigma_{自}$——自重应力, MPa;

　　　σ_{1H}——沿 x 坐标轴方向水平构造应力分量 (指向坝轴线左岸), MPa;

　　　σ_{2H}——沿 y 坐标轴方向水平构造应力分量 (垂直坝轴线指向上游), MPa。

据此计算得到的坝轴线最大、最小主应力分布如图 4.11 所示。计算表明:

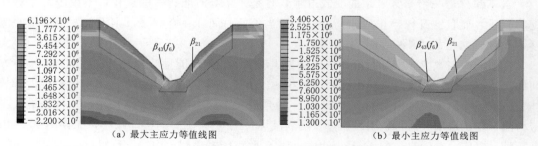

(a) 最大主应力等值线图　　　　　　　(b) 最小主应力等值线图

图 4.11　大岗山坝基 $y+0$m 横剖面主应力等值线分布图

(1) 在坝区河谷两岸岸坡浅表地层部位, 由于受地形地貌特征和表层风化剥蚀的影响, 最大主应力方向近似平行于边坡坡面, 而最小主应力方向近似垂直于边坡坡面; 在远

离岸坡的深部岩体内，主应力的方向发生了偏转，即最大主应力转向为竖直方向，最小主应力转向为水平方向。

（2）河床坝基及两岸坡脚部位，总体最大主应力 $7 \sim 14MPa$，右岸坡脚出现一较小范围应力集中，最大主应力量值接近 $20MPa$。左岸坡脚受 β_{43} 辉绿岩脉（f_6 断层破碎带）影响，应力明显减低，σ_1 降至约 $6MPa$，σ_3 降至 $0.17 \sim 1.5MPa$。右岸坡脚 β_{21} 辉绿岩脉上下盘出现明显应力分异，靠近河床的上盘 σ_1 最大可达约 $18MPa$，下盘则将迅速降为约 $6MPa$，σ_3 降至则上盘低于下盘，上盘约 $1.5MPa$，下盘 $2 \sim 4MPa$，上下盘岩体附近应力差（$\sigma_1 - \sigma_3$）较大。

总体而言，大岗山坝区初始地应力场是一个在浅部以构造应力为主、在深部以自重应力为主、由构造应力和自重应力联合组成的中等地应力场，右岸坡脚存在一小范围地应力集中区，最大主应力量值接近 $20MPa$。辉绿岩脉和断层破碎带介质比较松软破碎，其初始地应力明显降低。

4.3.2.4 中等地应力特征

溪洛渡水电站坝址属地应力中等区，坝址区河道顺直，谷坡陡峻，河谷断面呈较对称的 U 形，坝基为玄武岩，发育缓倾结构的层间、层内错动带。

根据溪洛渡水电站工程坝区地应力的实测资料，采用三维有限元法，结合多元线性回归方法、神经网络方法和遗传算法。计算时均考虑自重应力场和两个边界水平构造应力场，分别反演求得整个坝区的初始地应力场。

比较发现三维有限元法结合多元线性回归法、神经网络法和遗传算法反演计算的结果非常接近，且均能模拟实际地应力的分布规律。进一步分析结果表明，由于溪洛渡水电站工程坝区在天然情况下岩体的屈服范围很小，坝区初始地应力场的非线性特征不明显，故线性回归分析方法即可满足要求。回归分析计算结果如图 4.12 所示。

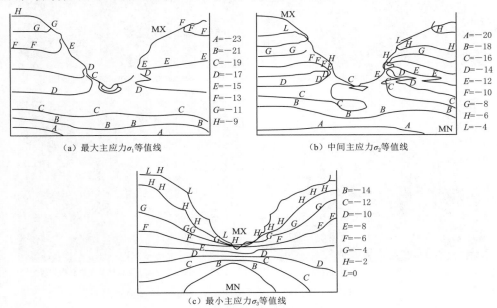

（a）最大主应力 σ_1 等值线　　　　　　　　（b）中间主应力 σ_2 等值线

（c）最小主应力 σ_3 等值线

图 4.12　溪洛渡坝轴线剖面主应力等值线

4.4 坝基开挖岩体变形破坏特征

4.4.1 坝基变形破坏特征

1. 拉西瓦坝基

松弛带岩体内会出现卸荷回弹变形、结构面张开、局部表面岩体轻微剥离及开裂、松动等现象，如图 4.13（a）～（f）所示。

（a）右岸坝基高程2250.00m新裂纹

（b）右岸坝基高程2250.00m排水洞洞口结构性破坏

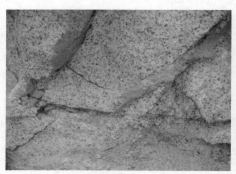

（c）右岸坝基高程2272.00m平缓裂隙位错

（d）高程2280.00~2240.00m拱间槽低波速区

（e）河床坝基缓倾角卸荷裂隙

（f）2240.00m高程以下河床坝基左岸轻微岩爆

图 4.13 拉西瓦拱坝建基面开挖卸荷松弛破坏的典型组图

　　(1) 沿原有构造裂隙松弛、开裂〔图 4.13 (a)〕。在开挖前原岩较高应力及上覆荷重作用下，左岸与拱肩槽边坡近平行或与边坡轴向呈小夹角的 NWW 向陡倾裂隙，右岸与拱肩槽边坡近平行或与边坡轴向呈小夹角的 NEE 向陡倾裂隙，处于轻微张开或闭合状态。建基面开挖形成后，应力降低调整使得前述裂隙在松弛带内回弹张开，宏观显现明显。左岸主要发生在 2320.00m 以上高程，右岸主要发生在高程 2400.00m 以上、高程 2320.00~2300.00m、高程 2280.00~2240.00m 等地段。

　　(2) 产生新的裂纹。主要发生在微风化~新鲜的岩石中，且周围发育有早期裂隙，但早期裂隙及其组合未形成完整结构块体（即完全分离的独立块体），在开挖爆破作用下，应力与能量释放造成新的破裂产生，如图 4.13 (a) 所示。

　　(3) 结构性破坏。原岩中早期发育有多组结构面，组合形成一定规模的块体，开挖作用下应力释放，结构面开裂导致结构体位移甚至失稳，如图 4.13 (b) 所示。

　　(4) 层状位错。坝基发育有缓倾角及近水平裂隙组，建基面开挖后产生向临空方向的差异回弹或蠕滑，如图 4.13 (c) 所示。

　　(5) 层状开裂。河床坝基发育有近水平裂隙组，建基面开挖后向上部临空方向回弹变形，造成层状开裂现象，如图 4.13 (e) 所示。

　　(6) 剪切滑移。缓倾坡外结构面作为底滑面，与坡面夹角较小的陡倾结构面作为后缘拉裂面，与坡面大角度相交的结构面切割两侧，产生向临空面方向的剪切滑移或蠕动变形。

　　(7) 结构面表皮剥落。建基岩体表层结构体失稳或破坏后，残留结构面表面原充填物如方解石等，与结构面剥落、分离。

　　(8) 葱皮现象。原岩赋存于谷底高地应力环境中，建基面开挖后，岩体应力释放较为强烈，在完整岩体表层出现葱皮状剥离，剥离厚度一般不超过 20cm。

　　(9) 轻微岩爆。原岩赋存于谷底高地应力环境中，开挖卸荷应力快速调整，在完整岩体表层出现小片薄层岩体脱离，厚度一般不超过 20cm，面积小于 $1m^2$，如图 4.13 (f) 所示。

　　(10) 爆炸引起的结构性破坏。通常发生在与建基面相交的交通洞、排水洞及廊道洞口，且结构面较为发育地段，钻孔爆破产生的强大冲击波以气浪形式沿结构面迅速传播，致使结构面完全张裂，并引发裂纹扩展，产生新的爆破裂隙，岩体完全破坏，范围可达洞周数米、洞深 2~4m，如图 4.13 (b) 所示。

　　(11) 形成一定厚度松弛带。建基岩体表层因卸荷回弹、结构开裂、钻孔爆破等因素在拱肩槽及河床坝基表层建基面全范围内形成一定厚度、连续分布的松弛岩带。物探声波测试其厚度一般 1~3m，波速一般在 2500~4000m/s 之间，局部受构造影响，松弛厚度较大，如右岸拱肩槽 2260.00~2240.00m 高程段。

　　2. 小湾坝基

　　小湾坝基开挖后建基岩体表层出现了明显卸荷松弛现象，伍法权等（2009）对其进行了归纳，认为其主要有以下变形破坏形式：①沿已有结构面张开、错动及扩展，并形成新的裂隙；②"葱皮"现象；③"板裂"现象；④差异回弹或蠕滑现象；⑤岩爆现象等。

差异回弹在河床坝基表现最为明显，缓倾角-水平裂隙卸荷回弹张开，致使坝基检测孔孔口段普遍漏水；河谷底部高地应力集中区，开挖后局部可见岩爆现象，2005年7月18日右岸坝基高程962.00m中心线上游侧发生了岩爆，有"啪"的声响，面积2~3m²，有部分岩片弹出。

任爱武等（2009）根据小湾高拱坝坝基的台错、弯折、板裂、底拱等变形破裂现象，结合河谷应力场特征，对其进行了工程地质和力学机制分析，提出了剪胀模式、纵弯曲张裂模式、错动板裂和上拱张裂模式等几种变形破坏力学模式。图4.14为小湾拱坝建基面开挖卸荷松弛破坏的典型特征。

（a）钻孔水平裂隙张开

（b）沿顺层面剪切破坏

（c）河床部位底鼓张裂

（d）错动回弹剪断钻孔

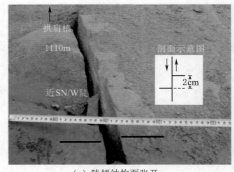
（e）陡倾结构面张开

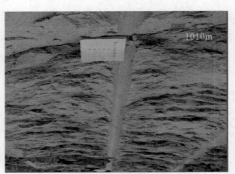
（f）左岸坝基高程1010.00m葱皮现象

图4.14　小湾拱坝建基面开挖卸荷松弛破坏的典型特征

3. 锦屏一级坝基

锦屏一级高拱坝坝基在开挖后建基岩体表层也出现了明显的卸荷松弛现象，冯学敏等（2010）对其进行归纳认为存在以下几种形式：①沿原有结构面张开；②"葱皮"现象；③"板裂"现象；④位错及水平剪裂；⑤松弛层裂；⑥岩体松弛产生新裂纹等。

图 4.15 为锦屏一级拱坝建基面开挖卸荷松弛破坏的典型特征。

(a) 右岸高程1595.00~1590.00m葱皮现象　　　　(b) 左岸高程1586.00m炮孔位错

(c) 右岸高程1584.00m松弛层裂　　　　(d) 右岸高程1582.00m板裂

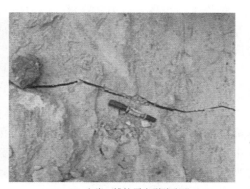

(e) 右岸f_{18}置换槽内侧产生新裂纹　　　　(f) 右岸f_{18}槽挖原有裂隙张开

图 4.15　锦屏一级拱坝建基面开挖卸荷松弛破坏的典型特征

4. 主要认识

比较高地应力条件下，二滩、小湾、拉西瓦、锦屏一级等特高拱坝坝基建基岩体变形随时间全过程的变化特征，可得到以下几点认识：

（1）坝基开挖后建基面附近岩体产生了明显变形破坏，且形式多样。建基岩体变形破坏与岩性、构造、赋存应力环境及开挖爆炸荷载施加与卸载过程岩体应力不断调整密切相关。建基岩体变形破坏可归纳为剪切破坏、拉张破坏、拉剪复合型破坏这三种形式。建基面形成后，在距开挖面 10m 深附近，岩体变形破坏主要受剪应力控制；建基面以下深 3～10m 部位，岩体变形破坏主要为拉剪复合型；建基面表层岩体变形破坏多属拉张破坏。

（2）阶段性特征：坝基开挖及建基面形成后，建基岩体经历了快速变形、缓慢变形、基本稳定～稳定三个阶段。其中，快速变形历时一般在 3 天～1 个月；缓慢变形大致经历 60～90 天；基本稳定～稳定持续时间在数月至 1 年甚至更长时间。由此可见，各阶段变形时段在逐渐加长。

（3）瞬间变形表现为脆性、弹性；缓慢变形则主要表现为塑性；基本稳定～稳定阶段岩体卸荷松弛流变效应明显。这种特征主要在岩石坚硬、岩体完整、地应力量值较高。

（4）随时间迁移，应力调整逐渐向深部转移，松弛带厚度逐渐增加。但是，经历一定时段后，应力调整完成，松弛厚度趋于稳定。

（5）随开挖高度增加，变形持续时间有加长趋势。如小湾坝基开挖坡高近 700m，变形持续时间最长，可达 1 年以上。锦屏一级坝基开挖坡高近 300m，变形持续时间居中，约 6 个月；拉西瓦坝基开挖坡高约 250m，变形持续时间最短，约 4 个月。总体来看，随开挖坡高增加，持续时间延长主要发生在缓慢蠕变及长期流变阶段。

4.4.2　坝基开挖卸荷松弛时空效应

对以上 6 个特高拱坝坝基开挖岩体卸荷松弛分析总结，可分为以下 4 种类型。

（1）空间效应强烈、变形稳定时间短。处于高地应力场，岩性坚硬，断层、软弱岩体发育少，主要发育随机基体裂隙，岩体结构以完整、较完整为主，两岸岩体应力分带明显，谷底及河床有显著应力集中区（应力包），赋存于高初始地应力环境中。此类坝基岩体，开挖后大量变形迅速完成，剩余变形完成时间也相对较短。此类坝基有二滩、拉西瓦和锦屏一级水电站，可将其称为"拉西瓦型"。

（2）空间效应较强、变形稳定持续时间较长。小湾坝基岩性为硬脆的黑云花岗片麻岩和有一定韧性的角闪斜长片麻岩，发育有蚀变岩体。两岸坝基发育"两陡一缓"结构面，其中缓倾角结构面大致在 1020.00m 高程以下，顺坡发育、近 SN 向，倾角小于 30°，至河床部位表现为近水平的卸荷回弹裂隙。小湾坝基浅部处于中等应力场，谷底两侧及河床进入中高地应力区。因岸坡高、应力量值较高、岩石总体坚硬、较完整，小湾坝址仍可形成较为明显的应力分带：应力松弛区、应力过渡区、正常应力区及谷底应力集中区，但坝基地质条件及赋存环境较为复杂。鉴于此，坝基开挖后卸荷松弛大量变形在较短时间内完成，剩余变形完成时间也相对较长，可将其称为"小湾型"。

（3）空间效应明显，变形稳定持续时间较长。大岗山坝基花岗岩和辉绿岩虽然均属坚硬岩，较完整，以Ⅱ类为主，但在长期的构造历史演化中不仅产生了大量的宏观断裂和隐微裂隙，还蚀变产生了大量的绿泥石等软弱的黏土矿物。大岗山坝址属中等（略偏高）地应力，右岸坡脚存在一小范围地应力集中区，最大主应力量值接近20MPa。上述地质条件与赋存环境，使坝基在开挖卸荷过程中不仅具有松弛的空间效应，还具有明显的时间效应，可将其称为"大岗山型"。

（4）空间效应不明显，变形稳定持续时间较长。溪洛渡坝址属中等地应力，无论岸坡还是谷底，均未见地应力集中区。坝基主要由致密玄武岩构成，占总厚度的80%，角砾熔岩占总厚度的20%左右。坝址位于永盛向斜的西翼，构造影响较弱。玄武岩以3°～5°缓倾下游偏左岸，坝区无断层分布，层间、层内错动带和节理裂隙是坝区的主要结构面。玄武岩体中裂隙较发育，但具短小、稀疏、走向发散之特点，一般长2.3m，间距大于1.0m，面多平直粗糙，卸荷带内嵌合紧密，无充填，为硬性结构面。开挖后空间效应不明显，变形稳定持续时间较长，可将其称为"溪洛渡型"。

4.4.2.1　拉西瓦型

1. 拉西瓦坝基开挖松弛时空效应

为掌握开挖前后坝基岩体纵波速度V_p随时间变化情况，在左岸坝基2237.00～2232.00m高程布置了K_1～K_5共5个孔（图4.16），进行了开挖前后单孔及跨孔声波变化物探检测。

图4.16　拉西瓦左岸高程2237.00～2232.00m坝基开挖前后波速检测钻孔分布

检测时间为2005年11月29日—2006年2月9日，前后历时73天，最初检测时间间隔较短，为1～3天，后间隔调整为7～14天。衰减率计算公式为

$$V_{sj} = \frac{100(V_0 - V_i)}{V_0} \quad (4.4)$$

式中　V_{sj}——爆破前后波速衰减率，%；

V_0——开挖前某一深度岩体纵波速度，m/s；

V_i——开挖后某一深度岩体纵波速度（$i=1, 2, \cdots, n$），m/s。

坝基开挖后，爆破前后单孔及跨孔纵波速度对比见表4.6、表4.7。据检测成果绘制不同深度衰减率，如图4.17、图4.18所示。

表4.6　　　　　　　　拉西瓦坝基单孔纵波速度V_p声波法测试成果统计

孔号	孔深/m	爆破开挖前V_0/(m/s)			爆破后第45天V_p/(m/s)		
		最大值	最小值	均值	最大值	最小值	均值
K_1	9.4	5620	4190	5090	5450	3960	4790
K_2	8.4	5460	5000	5190	5450	4240	4920
K_3	10.8	5450	4620	5120	5220	4040	4960
K_4	8.8	5460	5000	5190	5450	4290	4960
K_5	10.0	5620	4620	5110	5620	4390	4920

表 4.7　　　　拉西瓦坝基爆破前后跨孔纵波速度 V_p 声波法测试成果统计

孔号	孔深 /m	爆破开挖前 V_p/(m/s)			爆破后第 45 天 V_p/(m/s)		
		最大值	最小值	均值	最大值	最小值	均值
$K_2 \sim K_1$	8.5	5670	5270	5500	5630	4560	5260
$K_2 \sim K_5$	8.5	5830	5150	5410	5740	4180	5130
$K_3 \sim K_2$	8.5	5660	5490	5560	5630	4790	5340
$K_3 \sim K_4$	8.5	5620	5210	5370	5580	4680	5150
$K_3 \sim K_1$	10.0	5630	5840	5370	5710	4660	5310
$K_3 \sim K_5$	10.0	5590	5250	5430	5540	4830	5210
$K_4 \sim K_1$	8.5	5670	5230	5520	5650	4480	5270
$K_4 \sim K_5$	8.5	5570	5150	5410	5550	4620	5190

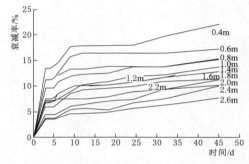 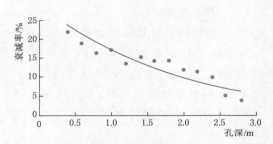

图 4.17　拉西瓦左岸高程 2237.00～2232.00m　图 4.18　拉西瓦坝基岩体波速衰减率随深度变化曲线
坝基开挖前后不同深度建基岩体波速衰减率

通过对左岸高程 2240.00～2230.00m 坝基开挖前后 $K_1 \sim K_5$ 共 5 个孔的声波法测试可知：

（1）在开挖后一定时间内，坝基岩体波速随时间增加而降低。衰减率随时间延长，V_p 减小；随深度增加 V_p 衰减率而降低。这表明坝基浅部及较深部岩体受爆破开挖影响较大。

（2）坝基开挖后第 3 天，岩体波速的衰减率已达到第 45 天衰减率（总衰减率）的 60％左右，说明应力开挖调整主要在开挖爆破后 3 天内完成。

（3）坝基开挖后第 9 天，共完成总衰减率的 80％左右，说明大部分岩体应力开挖调整在开挖爆破后 9 天内已完成。

（4）第 9 天～第 45 天的测试结果表明，此期间坝基岩体波速衰减缓慢，共完成总衰减率的 20％左右。

（5）坝基岩体波速衰减率随孔深的增大而减小，在孔深 0.4m 最大，衰减率为 22％。当孔深大于 2m 时，第 45 天的总衰减率不大于 10％。在孔深 2.6m 以下，坝基岩体受爆破开挖的影响较小。

（6）从声波法测试成果可以看出，完整坚硬岩体的衰减率一般小于 10％，且爆破影响范围在 2.5m 深度范围以内。

左、右岸坝肩拱肩槽边坡各布置 16 根岩石变位计，布置于拱间槽边坡 2425.00～2240.00m 高程，施测时间 2005 年 11 月 26 日—2006 年 9 月 21 日。总体来看，两岸拱间槽岩石变位计监测变位在 0.53～15mm，分析认为在边坡开挖应力调整范围之内，岩石变位计监测变位大多波动较小。岩石变位计监测曲线大部分已趋于平稳，表明拱间槽岩体基本稳定。

2. 拉西瓦坝基开挖松弛分带

根据坝基开挖有限元数值模拟、开挖后建基岩体变形破坏特征，以及坝基表面地震波、单孔声波、跨孔声波和坝基原位物理力学测试结果，拉西瓦坝基开挖卸荷岩体可大致分为松弛带（0～3m）、过渡带（3～10m）、正常带（＞10m），松弛带厚度（图4.19）在坝基不同部位有一定变化，这是坝基部位初始地应力场、地形地貌、地质构造、岩体完整性、开挖方式等联合作用的结果。

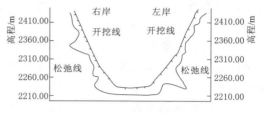

图 4.19　拉西瓦拱坝坝基松弛深度剖面示意

3. 谷底浅表时效现象及河床坝基开挖型式

高陡峡谷谷底普遍存在"应力包"现象。高坝大库水电工程建设中，二滩、小湾、拉西瓦、锦屏一级等水电站河床坝基部位均揭示有谷底浅表时效现象。拉西瓦河床坝基的缓倾角卸荷裂隙及开挖后层状开裂，也属浅表时效型卸荷松弛。实际上，河床开挖面揭示较多水平状缓倾裂隙，左岸河床坝基揭露的 Zf_8 断层（图 4.20），坝基开挖揭露右岸2260.00m 高程以下河床部位大量缓倾岸外裂隙密集带（图4.21），即属此类。

图 4.20　拉西瓦河床坝基偏左岸 Zf_8 断层　　　图 4.21　拉西瓦河床坝基偏右岸的缓倾岸
　　　　　　　　　　　　　　　　　　　　　　　　　　　　　外裂隙密集带

河床坝基设计建基面高程 2210.00m。开挖至 2213m 时，已触碰到谷底高应力集中区，高程 2240.00m 以下河床坝基左岸轻微岩爆，缓倾角裂隙密集带已明显开裂，河床谷底已产生 3～4m 厚开挖松弛岩体。据钻孔声波揭示，河床 11、12、13 坝段，高程2009.00m 以下波速大于 4500m/s 占 85％以上。若再下挖，将触及更高地应力，也将引发更深的卸荷松弛和高地应力现象。鉴此，设计将建基面抬高 2.00m 至高程 2212.00m，并采取下凹反弧形开挖方式。其后对坝基进行了有盖重固结灌浆，河床 9～14 坝段坝基松弛岩体灌浆后波速均在 5000m/s 以上。大坝至今已安全运行 13 年，监测各项指标正常，证明当时的决策是正确的。

4. 4. 2. 2　小湾型

1. 小湾坝基开挖表观时空分布规律

小湾坝基开挖表观时空分布规律与坝址区初始应力、岩体松弛程度及深度、岩体结构与岩性、开挖体型、临空条件以及支护方式等密切相关，主要表现在以下方面：

（1）两岸坝基开挖后均存在松弛现象，但在不同部位、不同岩性有差异。左岸松弛较普遍且较右岸明显；同岸低高程部位较上部高程部位明显，尤其河谷底部更为显著；同岸坝踵部位（上游段）较坝址部位（下游段）明显。

（2）松弛现象与岩性、岩体完整性密切。硬脆的黑云花岗片麻岩与有一定韧性的角闪斜长片麻岩相比松弛现象更为明显；天然状态下较完整岩体往往积蓄了较高地应力，松弛现象主要发生于较完整岩体中，而在结构面发育、较破碎岩体中松弛现象不明显。

（3）河谷底部基岩中存在高地应力集中区，局部有岩爆现象。

（4）开挖锚固可有效限制松弛变形。

2. 小湾坝基开挖松弛时空效应特征

图 4.22 是根据多次观测成果，绘制开挖后坝基岩体 5％衰减率对应孔深随时间变化的典型特征曲线。图 4.23 是长观孔波速衰减率沿孔深的变化的典型特征曲线。

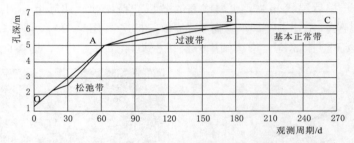

图 4.22　小湾坝基 5％波速衰减率对应孔深随时间变化

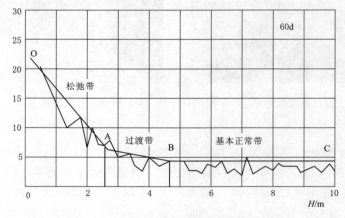

图 4.23　小湾坝基波速衰减率沿孔深变化

据图 4.22 和图 4.23 可粗略判断坝基岩体松弛带、过渡带和基本正常带的特征如下：

（1）松弛带（OA 段），岩体波速衰减快，反映爆破影响和应力快速释放对松弛的影响。

（2）过渡带（AB 段）：岩体波速衰减较慢，反映爆破后一定时间内岩体的应力调整对松弛的影响。

（3）基本正常带（BC 段）：岩体波速基本不衰减，岩体已基本不受松弛影响或影响较小。两岸开挖暴露时间长，松弛深度较大，但松弛强度小；河床部位地应力高，松弛强度大，但松弛深度较小。

坝基岩体开挖后应力重分布，随时间推移岩体进一步松弛。根据多点变位计、滑动测微计、声波长期测试等成果，主要松弛变形量发生在开挖后 60 天或 90 天以内，90～180 天之间松弛变形量相对较小，180 天以后基本趋于平稳，但仍有缓慢的时效变形。

3. 小湾坝基二次扩挖后岩体松弛特征

坝基开挖至高程 953.00m（原设计方案已开挖完成）后，针对高程 975.00m 以下岩体严重的开挖松弛现象，采取二次规则性开挖方式，将河床坝段整体挖至高程 950.50m 后沿该高程向两侧扩挖 10m，并顺势向上放坡与坝基原开挖高程 975.00m 相接。

虽然二次扩挖前采用了严格的锚固措施，但因河床部位应力较高、发育有近 SN 向、近 EW 向陡倾节理且缓倾角结构面密集发育，二次扩挖导致岩体新一轮松弛，其程度及时效性较第一次开挖严重得多，包括缓倾裂隙卸荷回弹张开（部分裂面见有预锚充填的水泥结石）、陡倾裂隙拉张、差异回弹错台、低凹处沿裂隙面涌水等。锚固造孔完成后须立即下锚杆，否则钻孔错位、变形，锚杆不能达到预定深度。

由此说明，在地应力较高、岩体坚硬完整地区，采用规则性扩挖，爆破对下部原较完整岩体造成新的损伤，且越往下挖，地应力越高，开挖将触发新一轮更加严重的卸荷松弛变形破坏。

4.4.2.3 大岗山型

1. 大岗山坝基岩体开挖松弛测试

（1）声波测试曲线类型。大岗山坝基开挖卸荷松弛岩体声波曲线主要为突变型、渐变型、波动型（图 4.24）。

由图 4.24 可知，突变型岩体开挖松弛的主导因素为爆破损伤，表层岩体声波速度急剧降低；渐变型主导因素为爆破损伤和开挖后卸荷松弛的叠加，损伤程度较突变型轻微；波动型主导因素为地层岩性、地质构造的复杂性，松弛岩体表现为大锯齿状跳跃型。

（2）孔口低波速带特征。统计单孔声波检测成果表明，坝基不同部位孔口低波速带（即松弛带，波速小于 3500m/s）在 0.2～3.0m，局部因断层破碎带影响，可达 8～11m。

（3）钻孔全景图像检测松弛特征。坝基完成 191 个孔的钻孔全景图像检测工作，各类岩体与开挖卸荷松弛有关的主要特征为：Ⅱ类花岗岩，多闭合，个别微张；Ⅲ₁ 类花岗岩，钻孔孔形稍差，少量钻蚀空腔，局部裂隙发育较多，多闭合，部分呈微张～张开；Ⅲ₁ 类辉绿岩，钻孔孔形稍差，少量钻蚀空腔，局部轻微掉块，局部裂隙较发育，多闭合，部分呈微张～张开；Ⅲ₂ 类花岗岩，钻孔孔形较差，局部掉块、空腔，少量钻蚀空腔，裂隙发育较多，多闭合，部分呈微张～张开，岩体完整性差、嵌合较紧密；Ⅲ₂ 类辉绿岩，钻孔孔形较差，局部轻微掉块，孔壁平整度较差，岩体均一性差，裂隙非常发育，少量闭合，多呈微张～张开，岩体完整性较差、嵌合较紧密。综合分析左右岸钻孔全景图像长期检测成果可知，坝基浅表岩体随时间增长均存在一定程度卸荷松弛现象；左岸缓倾角裂隙比右岸发育，且左岸裂隙张开程度较右岸强。

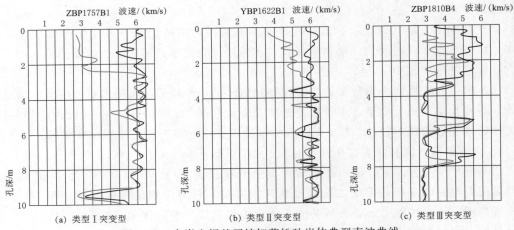

图 4.24 大岗山坝基开挖卸荷松弛岩体典型声波曲线

2. 坝基开挖松弛时空效应特征

通过对坝基开挖后长观孔波速随时间变化规律研究，得到如下认识：

（1）坝基开挖后波速均有不同程度降低，主要集中在 4～8m 范围内，个别孔达 16m。

（2）松弛具时效特征，随时间增加，波速衰减持续发展，但衰减速率逐渐变缓，部分孔段曲线平稳，衰减趋于稳定，如 L1070B3 孔在 45 天后曲线趋于平稳，45 天之前每天平均衰减 2～3m/s，45～146 天每天平均衰减 0～2m/s。

（3）不同高程、不同孔深波速出现衰减大于 10% 的时间不一致，一般在 1～6 个月。

（4）左岸观测 12 个月、右岸观测 24 个月后，变形仍以流变方式持续，但已逐渐趋于稳定。

综上所述，坝基岩体开挖卸荷强烈，主要受岩体蚀变、断层、缓倾角裂隙及隐微裂隙发育导致的流变性质影响，开挖卸荷过程中不仅具有松弛的空间效应，还具有明显的时间效应。

4.4.2.4 溪洛渡型

1. 溪洛渡坝基开挖松弛时空效应特征

溪洛渡坝基存在中等地应力，主要由于层间、层内错动带、缓倾角裂隙以及岩体完整性等因素影响，开挖后建基面以下一定深度岩体卸荷松弛较明显，表现为缓倾结构面卸荷回弹、陡倾裂隙张开、岩体沿错动带发生明显松弛、浅表层岩体出现波速降低带等现象（图 4.25）。

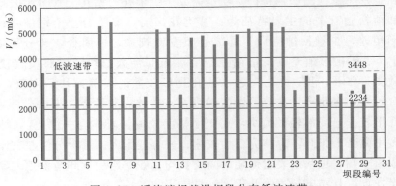

图 4.25 溪洛渡坝基沿坝段分布低波速带

由图 4.25 可知，坝基开挖两岸浅表层岩体大部分出现低波速带（实际为松弛带）钻孔声波最大值 3448m/s，最小值 2234m/s，均值 2784m/s。而左岸 6、7、11、12 坝段、河床 14～19 坝段、右岸 20～22、26 坝段建基岩体表层低波速不明显。

溪洛渡坝基开挖松弛时空效应具有以下特征：

（1）建基岩体开挖松弛主要发生在表部 1.2～1.5m 范围（对应孔深 0～2m 段），低波速范围为 2200～3500m/s，低波速带右岸的平均波速较左岸低。浅表层卸荷松弛主要是开挖爆破扰动造成的，与岩性、风化卸荷、岩体质量等相关性不明显。

（2）建基岩体的快速松弛主要发生在开挖后的前 1～2 个月之内，约完成总变形量的 30%，但曲线斜率并不陡，显示开挖爆破对岩体卸荷松弛作用并不十分强烈；以后波速衰减趋缓，剩余大量变形在此阶段缓慢完成，达到变形稳定持续时间较长，一般需 260～430 天甚至更长。

2. 高程 400.00m 以下建基岩体深挖

溪洛渡坝基原设计河床坝段建基面为 332.00m 高程，原计划对建基面以下的 III$_2$～IV$_1$ 级岩体进行局部掏槽置换处理。技施阶段考虑到局部置换处理存在软弱岩体处理不到位、施工掏槽爆破易对坝基岩体造成新的损伤，且施工难度较大、施工工艺复杂、工期难保证，并可能对坝基的变形、稳定和建基面开挖成形、卸荷回弹带来一定影响。整体下挖虽会增加工程量，降低建基面高程，挖去较多的好岩体，但可将软弱岩体彻底挖除，使建基面较平顺规则，将坝体置于较完整、均一的 III$_1$ 级岩体上，简化了施工程序，总体上有利于加快施工进度。鉴于此，中国长江三峡集团有限公司组织国内院士、专家专题会议，确定对高程 400.00m 以下进行整体下挖，建基面高程由可研招标阶段的 332.00m 降到 324.50m。

溪洛渡坝基地应力中等，总体不高，因谷底 U 形河谷、层间及层内错动带发育、每一岩流层自上而下岩性差异等因素对早期地应力的释放作用，两岸未形成应力增高带、河床坝基未见高地应力集中区。因此，坝基开挖调整后并未出现新一轮的明显变形破坏。

4.5 高地应力条件下岩体力学行为与参数研究

4.5.1 高地应力条件下岩体力学行为

依托拉西瓦水电站，对高拱坝坝基岩体力学行为与参数研究主要包括岩芯饼裂、岩体板（劈）裂、建基岩体开挖面形状、坝基岩体开挖后应力释放和岩体力学参数变化等方面。

1. 岩芯饼裂力学研究

采用力学模型、数值模拟，研究拉西瓦坝址区高地应力条件下河床钻孔岩芯饼裂的原因，建立判据，圈定可发生岩芯饼裂的区段。

岩芯饼裂出现的力学判据为

$$\begin{cases} \gamma_z = \dfrac{\sigma(1-2v)}{E} \cdot \dfrac{(-1)}{2R^2}(2Rr - r^2 + 2Rz - z^2) \\ \gamma_{z,\,max} = \dfrac{\sigma(1-2v)}{E} \end{cases}$$

(4.5)

式中　γ_z——剪应变，无量纲；

　　$\gamma_{z,\max}$——最大剪应变，无量纲；

　　　σ——岩芯原位处平均应力，MPa；

　　　E——岩芯模量，MPa；

　　　υ——岩芯泊松比，无量纲；

　　　R——岩芯半径，m；

　　　r——巨岩芯中间距离，m。

岩芯饼裂形成条件为 $G\gamma_{z,\max} \geqslant c + \sigma_n \tan\varphi$。由于岩芯饼裂形成时，端面自由，所以有 $\sigma_n = 0$。其中，G 为剪切模量；c 为内聚力；σ_n 为正压力；φ 为内摩擦角。于是，岩芯饼裂出现的力学判据可改写为

$$\sigma \geqslant \frac{2c(1+\upsilon)}{1-2\upsilon} \tag{4.6}$$

经数值模拟，坝基可能出现岩芯饼裂的部位位于河床谷底及两岸坡脚（图 4.26、图 4.27）。可能发生岩芯饼裂的地段，与河床部位质量较好岩体分布有关，岩芯饼裂发生一般应进入微风化岩体。

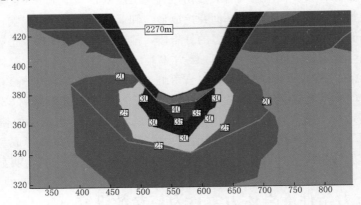

图 4.26　拉西瓦坝址横 II 剖面河床最大主应力（单位：MPa）

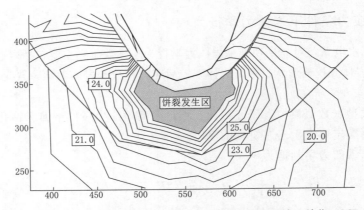

图 4.27　拉西瓦坝址横 II 剖面可能发生岩芯饼裂的区域（单位：MPa）

2. 建基岩体开挖板状劈裂研究

拉西瓦坝址平洞 PD_2、PD_{14} 中发现有沿洞壁岩石的片状剥落，平洞 PD_2 中板状劈裂尤为突出，呈厚度 2～4cm 薄板，长 1～2m，宽 50～100cm，劈裂面规则且相互平行，表面粗糙，形成时间短，在开挖后数月即告完成。对其成因，在前人研究基础上，从力学上进行论证。根据观察，板状劈裂主要发生在洞轴线为 NE～SW、近 SN 方向，即洞轴向与最大主应力方向相同（图 4.28）。

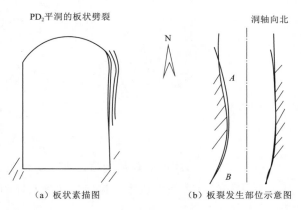

PD₂平洞的板状劈裂　　　　洞轴向北

（a）板状素描图　　　　（b）板裂发生部位示意图

图 4.28　拉西瓦坝址平洞 PD_2 中岩体板裂示意图

因板裂部位外凸，初步分析板状劈裂是在最大主应力作用下，岩体沿初始弯曲面 AB 受压所致（图 4.29）。设洞轴线在 AB 处略有弯曲，向洞内突出，设初始弯曲曲线 y_0 为

$$y_0 = a\sin(\pi x / l) \tag{4.7}$$

式中　a——曲线初始最大值，m；

　　　l——曲线沿 x 轴向长度（即失稳板长度）。

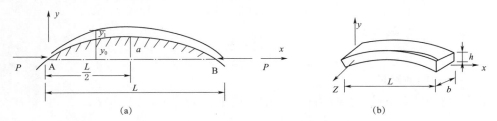

（a）　　　　　　　　　　（b）

图 4.29　有初始弯曲面 AB 的失稳示意图

失稳时曲线为 $y = y_0 + y_1$，板之弯矩 $M(x)$ 计算为

$$M(x) = -P(y_0 + y_1) \tag{4.8}$$

有

$$\frac{\mathrm{d}^2 y_1}{\mathrm{d}x^2} = -\frac{P}{EI}(y_0 + y_1) \tag{4.9}$$

$$y_1 = A\sin kx + B\cos kx + \frac{a}{\dfrac{\pi^2}{k^2 l^2} - 1}\sin\left(\frac{\pi x}{l}\right) \tag{4.10}$$

两端铰支边界条件为 $y(0) = 0$ 和 $y(l) = 0$，求出式（4.10）的系数，得 $A = B = 0$。于是式（4.10）变为

$$y_1 = \frac{1}{\dfrac{\pi^2}{k^2 l^2} - 1} a\sin\left(\frac{\pi x}{l}\right) \tag{4.11}$$

式（4.11）可以写为

$$y_1 = \frac{\alpha}{1-\alpha} a \sin\left(\frac{\pi x}{l}\right) \tag{4.12}$$

其中

$$\alpha = \frac{k^2 l^2}{\pi^2} \tag{4.13}$$

从而得到

$$y = \frac{1}{1-\alpha} a \sin\left(\frac{\pi x}{l}\right) \tag{4.14}$$

当 $x = l/2$ 时，弯矩达到最大值，即 $|M(x)_{\max}| = pa/(1-\alpha)$。

岩板失稳时，若最大弯矩处拉应力达到岩体的抗拉强度，则板状岩体在此处断裂，因此有

$$\frac{M(x)_{\max}}{W} = \sigma_t \tag{4.15}$$

式中　　W——板状劈裂之抗弯截面系数，无量纲；

σ_t——岩板抗拉强度的允许值，MPa。

此外，还有

$$P = \frac{W\sigma_t}{a + \dfrac{W\sigma_t}{P_{cr}}} \tag{4.16}$$

$$P_{cr} = \frac{\pi^2 EI}{l^2} \tag{4.17}$$

式中　　a——初始曲线最大 y_0 值，m。

有初始弯曲情况下的临界应力 $\sigma_{cr}(\mathrm{curl})$，简记为 $\sigma_{cr}(\mathrm{cu})$，即

$$\sigma_{cr}(\mathrm{cu}) = \frac{W\sigma_t}{bh\left(a + \dfrac{W\sigma_t}{P_{cr}}\right)} \tag{4.18}$$

直线（无初始弯曲）情况下的临界应力 $\sigma_{cr}(\mathrm{straight})$ 简记为 $\sigma_{cr}(\mathrm{st})$，即

$$\sigma_{cr}(\mathrm{st}) = \frac{P_{cr}}{bt} \tag{4.19}$$

当 $b = 0.4\mathrm{m}$，$h = 0.02\mathrm{m}$，$l = 2\mathrm{m}$，$a = 0.1\mathrm{m}$ 时，$\sigma_t = 5\mathrm{MPa}$ 时，有

$$\sigma_{cr}(\mathrm{cu}) = 0.15(\mathrm{MPa}) \tag{4.20}$$

$$\sigma_{cr}(\mathrm{st}) = 2.04(\mathrm{MPa}) \tag{4.21}$$

$$\frac{\sigma_{cr}(\mathrm{st})}{\sigma_{cr}(\mathrm{cu})} = 12 \tag{4.22}$$

当其余条件不变，板宽 $h = 0.04\mathrm{m}$ 时，有

$$\sigma_{cr}(\mathrm{cu}) = 0.32(\mathrm{MPa}) \tag{4.23}$$

$$\sigma_{cr}(\mathrm{st}) = 8.23(\mathrm{MPa}) \tag{4.24}$$

$$\frac{\sigma_{cr}(st)}{\sigma_{cr}(cu)} = 25 \qquad (4.25)$$

以上分析表明，在有初始弯曲的情况下，失稳临界应力远小于直线弯曲时临界应力，在本问题中，综合考虑最薄板、最厚板两种情况，$\sigma_{cr}(cu)/\sigma_{cr}(st)$ 比值取 10 较为可信。

建立力学模型时，考虑到开洞放炮震动裂隙充分发展，为简化分析过程，更好揭示主要问题，忽略了内聚力 c 的影响。但在研究直线型平板失稳问题时，若考虑 c 值，则临界应力为

$$\sigma_{cr}(st) = \frac{\pi^2 EI}{bhl^2} + \frac{cbl}{bh} \qquad (4.26)$$

若式（4.26）中，c 取 0.2～0.3MPa，则 $\sigma_{cr}(st)$ 取值，可从上述的 2.038～8.33MPa 提高为 22.028～30.33MPa 以及 32.038～38.33MPa。

若进一步考虑实际约束强于两端铰支情况，特别是表层板裂形成后，向内陆续形成的各板裂之两端，可近似为固定端，其临界应力，应有所提高，最高可为原来的 10 倍。本问题中取 2 倍较为稳妥，故最终考虑开挖时形成曲线岩面的临界应力取值范围为：低值范围，44.056～60.66MPa；高值范围，64.076～76.66MPa。

上述估算取值虽有一定误差，但丝毫不影响对本问题作出明确的概念性判断，即：

（1）初始开面平整，切面呈直线（此直线是最大主应力方向）的洞壁，其失稳的临界应力远远大于有初始弯曲时的情况。本问题中至少在 10 倍之多，即 $\sigma_{cr}(cu)/\sigma_{cr}(st) > 10$。

（2）$\sigma_{cr}(st)$ 保守取值范围，其低值已在 44～60MPa 间，故洞中沿 SN 向的直线段洞壁很难见到板裂现象。$\sigma_{2cr} \gg \sigma_{1cr}$，图 4.30（c）情况几乎不可能发生破坏，这为进一步分析高地应力条件下建基面开挖会否出现板裂打下了基础。

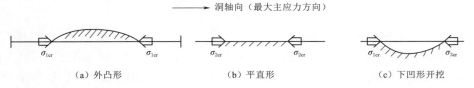

图 4.30 不同开挖形状的应力条件

3. 建基面开挖受力状态分析

随建基面开挖应力将向应力集中包下移，导致建基面表层应力降低。坝基开挖后形成的临空面完全不同于岩芯取出时状态，前者是一个近似弹性半空间的临空面，后者几乎是孤立体，周围皆空。因此，建基面上不会出现岩芯饼裂那样剧烈的破坏形式。

开挖后河床部位形成的临空面平直近水平，一般而言，类似于图 4.30（b）或图 4.30（c）情况多见，图 4.30（a）情形极少。因此，出现大范围板状劈裂的可能性较小，开挖后应力集中包下移，临空面水平方向上出现 44～60MPa 以上的应力可能性不大。国家地震局地壳应力研究所实测河床下 60m（即高程 2190.00m）处最大主应力值为 33MPa，理论计算该部位最大主应力值可达 50MPa 左右。未开挖时取谷底应力集中区最大主应力 $\sigma_1 = 54$MPa，最小主应力 $\sigma_3 = 6$MPa，考虑最极端情况即快速一次开挖到位，应力包来不及向下转移，则垂直向应变计算为

$$\varepsilon = \frac{\gamma}{E}(\sigma_1 + \sigma_3) = \frac{0.20(54 + 6)(10^6 \, \text{N/m}^2)}{25 \times 10^9 \, (\text{N/m}^3)} = 4.8 \times 10^{-4} \quad (4.27)$$

根据岩体抗拉强度计算的容许应变值为

$$\varepsilon = \frac{\sigma_t}{E} = \frac{6 \times 10^6 \, (\text{N/m}^3)}{25 \times 10^9 \, (\text{N/m}^3)} = 2.4 \times 10^{-4} \quad (4.28)$$

基于拉西瓦坝基地应力水平,分析认为,建基面开挖可能造成局部地段产生水平裂隙,但不会隆起破坏。据此提出建议是,开挖分阶段进行、采用尽量小的爆破振动方式,并加强监测及时采取预防措施。

4. 不同坝基开挖形状岩体破坏情况

利用有限元法研究了建基面形状对岩体变形破坏的影响(图4.31)。结果表明,开挖面保持平直时,岩体仅出现剪破裂而不出现张破坏;开挖面有凸起时,凸起小包绝大部分发生拉裂破坏,而其余部位以剪裂为主;整个开挖面呈凸起曲面时,坝基破坏将沿整个凸面岩体发生拉裂,从而导致岩体劈裂破坏,说明无论尺寸大小,只要开挖面呈凸形状,高地应力条件下河床坝基表层岩体将发生拉裂或劈裂破坏。

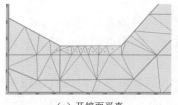 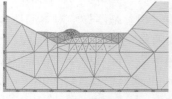 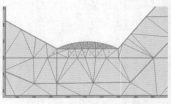

　　(a) 开挖面平直　　　　　　　　(b) 开挖面小凸起　　　　　　　　(c) 整个开挖面凸起

图 4.31　拉西瓦河床坝基平直开挖岩体仅有剪切破坏发生
×-剪破坏;○-拉破坏

5. 坝基开挖岩体松弛回弹分析

1)坝基岩体开挖将引起建基面附近应力降低:以拉西瓦坝址横Ⅷ剖面为例,开挖前河床表部应力44MPa,开挖后河床表部至下部12~15m地段最大主应力降为32~35MPa,最大达38MPa。

2)坝基开挖后岩体回弹位移值为20~30mm,其中以河床近中心部位总位移值最大,达31mm。低值出现在两侧岸坡,回弹位移量为10~18mm。而在13m厚度的岩体范围,岩体回弹量的差值一般为2mm左右,回弹量大的为4~6mm。以上变形,将导致岩体力学参数降低,尤其变形模量。

3)坝基开挖卸荷回弹对岩体变形模量影响的力学分析。

研究坝基开挖岩体回弹对岩体模量影响,可从岩体平均应力与体积模量关系入手,即

$$\sigma = K\theta \quad (4.29)$$

其中

$$\sigma = \frac{\sigma_1 + \sigma_2 + \sigma_3}{3} \quad (4.30)$$

$$\theta = e_{11} + e_{22} + e_{33} = \frac{\partial u_1}{\partial x_1} + \frac{\partial u_2}{\partial x_2} + \frac{\partial u_3}{\partial x_3} \quad (4.31)$$

$$K = \frac{E}{3(1-2\mu)} \tag{4.32}$$

式中　σ——三个主应力的平均应力，MPa；

　　　θ——体积变化率，无量纲；

　　　K——体积模量，MPa；

　　　E——弹性模量，MPa；

　　　μ——泊松比，MPa。

于是，可得

$$E = \frac{3\sigma(1-2\mu)}{\theta} \tag{4.33}$$

对于拉西瓦坝基具体情况，坐标如图 4.32 所示。

由于河谷可处理为平面应变问题，则 $e_{33}=0$、$e_{32}=e_{31}=0$ 及 $\sigma_3=\mu(\sigma_1+\sigma_2)$，于是有

$$\bar{\sigma} = \frac{\sigma_1+\sigma_2+\sigma_3}{3} = \frac{1}{3}\left[(1+\mu)(\sigma_1+\sigma_2)\right] \tag{4.34}$$

$$\theta = \frac{\partial u_1}{\partial x_1} + \frac{\partial u_2}{\partial x_2} \tag{4.35}$$

以河谷底部中点为原点建立的建基面坐标系上，在 x_1 正负两个方向上有 $x_1 \leqslant 0$ 和 $x_1 \geqslant 0$。由于受到两岸等高度高边坡自重的影响，从理论分析和实际计算中均发现，沿 x_2 轴线上 $(\partial u_2/\partial x_2) \gg (\partial u_1/\partial x_1)$，$\theta = \partial u_2/\partial x_2$，则有

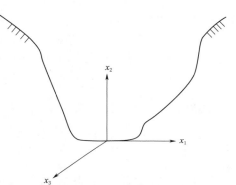

图 4.32　拉西瓦建基面坐标示意
x_1—平行于建基面；x_2—垂直于建基面；
x_3—沿河流方向

$$E \doteq \frac{(1+\mu)(1-2\mu)}{\dfrac{\partial u_2}{\partial x_2}}(\sigma_1+\sigma_2) \tag{4.36}$$

计算式（4.36）中 $\partial u_2/\partial x_2$，可沿 x_2 轴（$x_2 \leqslant 0$）轴线上取足够小的间距 Δx_2 及相应的位移差 Δu_2，即得 $\Delta u_2/\Delta x_2 = \partial u_2/\partial x_2$。由式（4.36）可求出 $x_2 \leqslant 0$ 时轴线上各段的弹性模量，并可找出弹性模量的变化规律。

6. 坝基开挖岩体回弹引起变形模量降低的量值分析

仍以拉西瓦坝址横Ⅷ剖面为例，主要变量值计算值如下：

（1）总位移差值：$\Delta L = 0.001 \sim 0.002\text{m}$，取大值 $\Delta L = 0.002\text{m}$。

（2）铅直位移差值：$\Delta L_H = 0.001 \sim 0.002\text{m}$，取大值 $\Delta L_H = \text{m}$。

（3）岩体厚度：$L = 13.0\text{m}$。

（4）则垂直方向应变：$\varepsilon_H = 0.002/13000 = 0.00015$。

（5）总应变：$\varepsilon = 0.002/13000 = 0.00015$。

计算得到的总的应变与垂直方向的应变一致也反映出上节通过力学分析得出的结论是合理的。结合拉西瓦坝址横Ⅷ剖面河床开挖后主应力量值（图 4.33 仅给出 σ_2）可得：σ_1 均值＝4.25MPa，σ_2 均值＝－1.25MPa（向河床上部呈降低趋势，与 σ_1 量值变化相反）。

由此得 $\sigma_1 + \sigma_2 = 3.0\text{MPa}$。

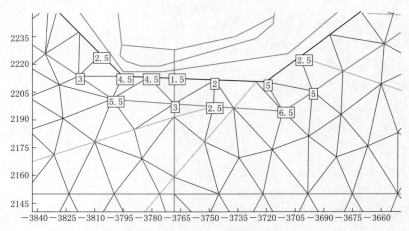

图 4.33　拉西瓦坝址横Ⅷ剖面河床开挖后 σ_2 量值

取泊松比 $\mu = 0.24$，$\partial u_2 / \partial x_2 = \varepsilon = 0.00015$，可算得回弹变化后岩体模量，即

$$E = \frac{(1+\mu)(1-2\mu)}{\dfrac{\partial u_2}{\partial x_2}}(\sigma_1 + \sigma_2) = 12.57(\text{GPa}) \tag{4.37}$$

通过计算表明河床表浅部岩体变形模量，由原来的 $E = 20\text{GPa}$ 降低为 $E_1 = 12.57\text{GPa}$，降低量值约 37%，相当于从Ⅱ级岩体变为Ⅲ$_1$级岩体。

4.5.2　坝基开挖岩体力学参数变化

1. 小湾坝基岩体参数变化

（1）爆前、爆后坝基岩体质量变化。小湾坝基声波测试结果见表 4.8。

表 4.8　　　　　　　　　小湾坝基爆前、爆后坝基岩体质量变化

各级占比	Ⅰ	Ⅱ	Ⅲ$_1$	Ⅲ$_2$	Ⅳ	Ⅴ
爆前	42.47%	45.29%	6.69%	3.92%	1.50%	0.13%
爆后	36.06%	46.81%	10.04%	5.16%	1.79%	0.16%

（2）松弛岩体变形特性。坝基松弛岩体变形模量明显降低，波速较原岩大幅降低。相应的变形模量、波速测试结果为：黑云花岗片麻岩（次块状）10.66GPa、4745m/s；角闪斜长片麻岩（次块状—块状）25.87GPa、5170m/s；黑云花岗片麻岩（块状）13.77GPa、4583m/s；黑云花岗片麻岩（碎裂—镶嵌）1.11GPa、2939m/s；强烈蚀变岩（次块状）1.06GPa、3018m/s；黑云花岗片麻岩（次块状、轻微蚀变）6.23GPa、4336m/s。

坝基开挖松弛导致岩体结构松弛、裂隙扩展或新生。经对岩芯声波测试对比，干燥岩芯（3350m/s）比饱水岩芯（4330m/s）降低 22.5%，饱水岩芯比原位孔壁（5270m/s）降低 17.8%。而且松弛岩体变模更加离散。

（3）松弛岩体抗剪强度变化。岩体强度由整块状劣化为次块状、似层状或者裂隙岩体强度。岩体结构松弛，强度降低，松弛岩体较原岩 f' 降低幅度 5%～10%，c' 降低幅度可

达 30%～50%。裂面张开、位错，结构面强度劣化。

（4）坝基固灌、锚固后岩体质量变化。锁口锚杆、超前锚杆、预应力锚杆有效抑制了岩体松弛变形。坝趾设置预应力锚索调整坝基岩体应力状态。松弛岩体可灌性较好，固灌单位注入率、透水率随灌浆次序、孔深增加而递减，张开裂隙充填、V_p 得到一定程度恢复，结构面强度明显提高。通过以上措施，坝基岩体整体抗变形、抗剪性能得到明显改善。

（5）大坝混凝土浇筑坝基岩体变形与应力状态变化。初期固灌过程中坝基回弹变形有一定增加，灌浆结束回弹量减小。后随大坝混凝土浇筑高程增加，坝基卸荷回弹量得到有效抑制。据变形监测，河床坝段大坝混凝土压重厚约 10m 即可抑制坝基岩体继续回弹（斜坡坝段要达到同样的抑制效果则需混凝土压重 20～30m），压重层厚 30～40m 时，位移开始呈现压缩趋势。后期大坝廊道内及坝后贴脚部位钻孔发现，建基面 5～10m 以下有应力集中现象，出现岩芯饼裂，说明随压重增加，坝基以下岩体应力再次调整，坝基浅表层岩体应力得到一定程度恢复。

综合分析前期地质勘测资料、施工期坝基检测数据及大坝混凝土压重，天然状态下建基面岩体以Ⅱ类为主，占 89.3%，坝基开挖卸载导致岩体松弛、岩体质量劣化，在完成高质量有盖重固结灌浆后，建基面以下浅表层岩体波速明显提高，0～2m 一般大于 4750m/s，以下一般大于 5000m/s，离散性减小、整体性提高。后大坝混凝土浇筑，建基岩体回弹变形得到有效遏制并趋于压密。浇筑高度继续增加，最小主应力逐渐增加，最大、最小主应力差值减小，岩体变形模量与抗剪强度提高并趋于稳定。后期钻孔发现岩体应力得到恢复，建基岩体见有岩芯饼裂。

2. 拉西瓦坝基岩体参数变化

可研阶段拉西瓦水电站坝基岩体强度参数见表 4.9，开挖后建基岩体力学参数复核见表 4.10。

表 4.9 　　　　　　　　　　拉西瓦水电站坝基岩体变形模量及强度参数建议值

坝基岩体质量分级	变形模量 E_0/GPa	强度参数	
		f'	c'/MPa
Ⅰ	＞25	1.40～1.55	2.7～2.8
Ⅱ	25～15	1.25～1.38	1.77～2.10
Ⅲ₁	15～10	0.92～1.10	1.03～1.43
Ⅲ₂	8～5	0.72～0.74	0.64～0.68
Ⅳ	4～1	0.60～0.70	0.40～0.60

表 4.10 　　　　　　　按不同岩带岩体建议的拉西瓦高拱坝坝基变形模量与强度参数

坝基岩体质量分级	变形模量 E_0/GPa		强度参数			
			f'		c'/MPa	
	范围值	均值	范围值	均值	范围值	均值
松弛带	9.37～3.18	5.73	1.04～0.65	0.82	1.30～0.49	0.84
过渡带	17.24～11.12	13.53	1.38～1.13	1.24	2.08～1.51	1.74
深部正常岩体	21.72～14.18	19.12	1.49～1.27	1.43	2.41～1.81	2.22

对比表 4.9 和表 4.10 可得出：变形模量 E_0 降低率，松弛带岩体为 58%，过渡带岩体为 30%；抗剪断摩擦系数 f' 降低率，松弛带岩体为 34%，过渡带岩体为 13%；抗剪断内聚力 c' 降低率，松弛带岩体为 52%，过渡带岩体为 22%。可见坝基开挖对岩体变形参数及强度参数影响明显，尤其是变形参数。

据灌浆前后波速对比及钻孔录像、孔内变模测试验证，可得出以下结论：

（1）经无盖重固结灌浆、有盖重固结灌浆等基础处理，坝基松弛带及其以深岩体纵波速度及岩体质量均有不同程度提高，其中松弛带岩体提高最大，过渡带次之，深部正常岩体提高不明显。

（2）经固结灌浆后，松弛带岩体可由Ⅳ级、Ⅲ级、Ⅱ级提高至Ⅱ级、Ⅰ级，且绝大部分提升至Ⅰ级；因建基面 3m 以深波速提高不大，岩体灌浆前灌浆后岩级变化不大。

（3）建基面以下 0～3m 段松弛带岩体经灌浆后其波速提高远大于建基面 3m 以深岩体，波速提高可达 320～2090m/s，平均可达约 1000m/s，无盖重灌浆后波速提高率 37%～50%，两次灌浆后波速提高 54%～72%；而建基面 3m 以深岩体波速提高仅 100～570m/s，一般提升约 300m/s，两次灌浆后波速提高一般小于 10%。

（4）经固结灌浆后，松弛岩体恢复度可达 63%～144%，平均提升达 126%，说明灌浆后岩体紧密程度大大提高，甚至超过原岩。建基面 3m 以深岩体紧密程度提高至原来 102%～112%，平均提升达 108%，其紧密程度有一定程度提高。

（5）经上述处理后坝基岩体质量普遍变好，且各级岩体质量趋同效果明显，岩体变模及强度基本恢复到原岩水平，满足建基岩体要求。

3．大岗山坝基岩体参数变化

（1）岩体声波测试表明，Ⅱ类声波＞4500m/s，Ⅲ₁ 类声波 4000～4500m/s，Ⅲ₂ 类声波 3500～4000m/s，Ⅳ类声波 1500～3500m/s，Ⅴ类声波 1500～3500m/s。

（2）坝基开挖施工期岩体声波测试表明，表层岩体波速降低明显，孔口段声波速度低于 3500m/s，坝基表层低波速带厚度一般 0.5～3.0m，局部达 10.0～15.0m；且随时间延续，岩体卸荷松弛深度增大。经分析，坝基岩体卸荷松弛强烈主要与岩体隐微裂隙发育、岩体蚀变强烈、拱坝嵌深较大等因素有关。

（3）长期检测表明，坝基固结灌浆后随混凝土盖重厚度增大，岩体声波逐渐恢复提高，松弛岩体逐渐压密。具体来讲，坝基岩体的单孔声波速度普遍有所提高，0.0～5.0m 段岩体波速月提高率在 0.3%～1.9% 之间，累计提高率最大达 48.9%（48 月）；5.0m 以下段岩体波速月提高率在 0.3%～1.6% 之间，累计提高率最大达 27.7%（42 月）。坝基岩体波速提高与混凝土盖重厚度密切相关，随混凝土盖重厚度的增高波速逐渐提高。坝基岩体波速提高与岩体初始波速有一定的关系，岩体初始波速越高，波速提高率越小。

4．主要认识

综合以上分析，获得以下认识：

（1）以上 6 座特高拱坝均位于中国西部印度洋板块向欧亚板块推挤统一力源作用下的青藏高原东部、东北部，地壳年抬升在毫米级以上、地震频发、新构造运动强烈，具有复杂的地质构造背景和相似的河谷应力场特征，峡谷深切、岩性坚硬、地应力高—中高，具备修建特高拱坝地形地质条件，但高地应力是一把双刃剑，既可保护岩体，使其具有优良的物理力学性能,不仅提供足够坝肩抗力,而且提高坝基防渗能力;在坝基开挖过程中,又可能因为触碰岸坡应力增高带、河床谷底应力集中区而造成建基岩体的严重破坏。因此,对特高拱坝坝基地应力进行深入、系统研究,以趋利避害十分重要。

(2)对地应力的研究,除采用适当方法实测场址地应力获得第一手宝贵资料,以及地质力学分析、震源机制解之外,要特别重视坝址区及坝轴线剖面三维、二维地应力场的数值解析法初始地应力场求解。惟其如此,方可得到整个坝址区及高拱坝轴线的初始应力场总体赋存规律与分布特征,为坝基开挖设计及基础处理提供指导。尽管数值解析法仍基于某些假定,但近年工程实践、数值模拟技术与计算机科学的发展,使得数值解析法分析计算结果已能越来越好地与现场实际相吻合,从而解决了诸多工程难题,并已得到工程实践所验证。同时,随工程向青藏高原腹深地带挺进,工程地质条件与赋存环境更加复杂,新问题、高难度问题层出,传统技术方法、包括近年使用的一些勘察技术与评价方法,也已不能满足对工程的掌控。因此,一方面要不断对现有技术手段进行改进,另一方面要勇于探求先进的、适宜的新技术与新方法。

(3)前期地质工作要从区域、坝址及地应力测试等方面,高度重视地应力的分析与计算,为大坝及基础的设计与施工提供初始地应力场的准确地质判断。高地应力是长期地质历史过程中形成的,天然条件下处于稳定状态,但外界环境迅速改变,其随之快速响应。因初始地应力、地质构造、地下水、开挖方式等因素,而表现出一定的时空效应,对工程造成影响。技施阶段,要进行精细地质编录、仔细观察边坡与坝基开挖出现的各种变形破坏形象,及时在全局范围又重点突出地布设、开展应力、位移、渗流及建基岩体物理力学性质等的监测与试验,必要时开展快速表面应力测试,及时分析监测成果,不断总结岩体开挖卸荷松弛特征,并与前期预判作对比,为施工期乃至运行期建基面的优化、调整与施工处理提供可靠依据。

(4)高地应力条件下高拱坝坝基开挖卸荷松弛,要充分了解不同应力分带特征,重点为两岸坡脚及谷底高地应力集中区域。虽然二滩、锦屏一级坝基属高地应力区,但是因坝基未触及应力集中区,岩体开挖卸荷现象不显著;而小湾坝基因触及谷底应力集中区,出现了显著的破坏。二滩坝基经分析研究,在开挖前就提出了"基础埋深应适当、不能进入应力集中区"的重要结论,但因坝体结构需要,高程965.00m河床建基面需向两侧扩挖,仍有可能揭露应力集中区岩体,为此结合坝基基坑开挖设计,认真筹划开挖和浇筑步骤,采取有效措施防止了基岩破坏。拉西瓦则是在河床坝基揭示到高地应力现象后,及时将建基高程抬高2m,有效避免了坝基的进一步破坏,并节约了工程投资与工期。溪洛渡坝基按原设计方案,高程390.00~330.00m坝基岩体质量已不能满足建基要求,施工处理难度亦大,遂对两岸高程400.00m以下进行整体下挖。因溪洛渡坝址河谷相对开阔、玄武岩错动带发育,且岩流层有3°~5°微倾斜,对高地应力储集不利,谷底及两岸并未形成应力集中区,因此二次开挖未产生明显变形破坏,坝基妥妥坐落于III_1级岩体之上。高地应力有利有弊,关键是如何利用,有四点需要特别说明:一是坝基开挖不要轻易触碰谷底高地应力集中区或岸坡应力增高带,如果无法避免,则要尽量少挖,并采取适宜方式方法有效控制开挖松弛层厚度,防止高地应力大幅度向深部转移,从而导致变形破坏加剧;二是"溪洛渡型",二次开挖没有产生显著变形破坏,利大于弊,施工期开挖调整建基岩体满足验收要求；三是"大岗山型"，地应力中等略偏高，岩性构造多变，表现出既有空间效应，又有时间效应，此种类型须施工期精心收集分析各方面资料，掌握规律并分区分类，采取适宜方法限制变形扩展，使建基岩体开挖松弛尽早达到稳定状态；四是坝基开挖松弛造成一定的变形破坏与岩体物理力学性能下降，这并不可怕，采取锚固、有盖重固结灌浆并经大坝浇筑荷重，松弛岩体质量得到很大程度恢复，这已被检测所证实。最早建成的二滩水电站于 1998 年发电，迄今已运行 24 年，最晚建成的大岗山水电站也已于 2015 年发电，运行 7 年。目前 6 座特高拱坝均在良好运行中。

4.6　拉西瓦水电站坝址区地应力场特征

拉西瓦水电站为黄河上游规模最大的水电站工程，枢纽建筑物由双曲拱坝（图 4.34）、坝身表孔与深孔泄水建筑物、右岸全地下引水发电系统等组成。

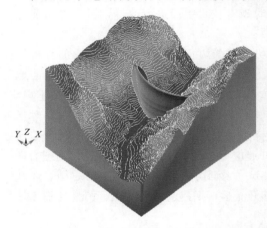

拉西瓦水电站设计坝型为对数螺旋线双曲拱坝，坝顶高程 2460.00m，最大坝高 250m，拱冠梁底部厚 49m，厚高比 0.196，坝顶宽 10m，共分 22 个坝段，设计坝基岩石开挖量 $178.8 \times 10^4 \mathrm{m}^3$。拉西瓦水库正常蓄水位 2452.00m，校核洪水位 2457.00m，死水位 2440.00m。电站总库容 $10.79 \times 10^8 \mathrm{m}^3$，装机容量 4200MW（6 台，700MW/台），多年平均发电量 $102.23 \times 10^8 \mathrm{kW \cdot h}$。大坝、泄洪建筑物按 1000 年一遇洪水设计，水库洪峰流量为 $4250 \mathrm{m}^3/\mathrm{s}$；校核洪水标准为 5000 年，入库洪峰流量 $6310 \mathrm{m}^3/\mathrm{s}$。

图 4.34　拉西瓦水电站坝址区地形地貌
特征与拱坝模型（图中 Y 指向正 N）

2005 年 3 月，中国国际工程咨询有限公司对拉西瓦水电站可行性研究报告进行了核准评估；2006 年 4 月 15 日大坝开始浇注；2009 年 3 月 1 日下闸蓄水；2009 年 4 月 15 日首批 2 台机组实现并网发电。目前 6 台机组全部并网发电，水库运行水位为 2430.00m。

4.6.1　区域地质构造

拉西瓦水电站库坝区位于青藏高原东部，在大地构造单元上隶属秦岭褶皱系青海南山印支槽向斜，北邻祁连褶皱系，南接松潘—甘孜褶皱系，西为东昆仑褶皱带，区域地质构造图如图 4.35 所示。

图 4.35 中涉及新构造分区名称：I_1 青藏高原北部断块隆起区；I_1^1 河西走廊断陷带；I_1^2 祁连山强烈断隆带；I_1^3 陇中轻微断隆；I_1^4 柴达木-共和断陷带；I_1^5 西秦岭强烈断隆；I_2 可可西里～川西断块隆起区；I_2^1 巴颜喀拉～川西断隆；I_3 羌塘～昌都断块隆起区；I_3^1 昌都断隆。图 4.35 中数字对应的主要断裂名称：拉脊山北缘断裂

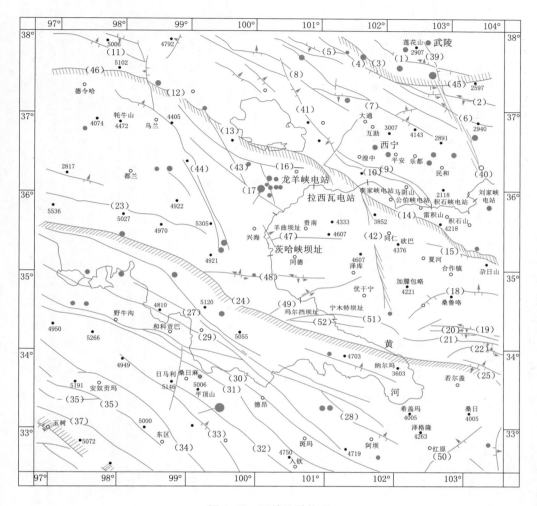

图 4.35 区域地质构造

带（9）；拉脊山南缘断裂带（10）；青海南山北缘主要断裂名称（13）：倒淌河～循化南山断裂（14）；哇玉香卡～拉干断裂（17）；东昆仑断裂带（24）；日月山断裂带（41）；贵德河～河南断裂（42）；共和盆地西部断裂（43）；鄂拉山断裂带（44）；贵南南断裂（47）。

由图 4.35 可知，区内一系列 NW 向山脉及山间盆地构成区域基本地形地貌轮廓。坝址区位于分割共和盆地与贵德盆地的瓦里贡山隆起带的黄河深切峡谷——龙羊峡峡谷出口段。地层主要为三叠系浅变质岩系，中生代花岗岩、闪长岩零星出露。

地质构造主要发育 NWW 组断裂与 NNW 组断裂（表 4.11），其中 NWW 组代表性断裂为东昆仑断裂、青海南山-倒淌河-阿什贡断裂、哇玉香卡-拉干隐伏断裂、拉脊山活动断裂带；NNW 组代表性断裂主要有鄂拉山-温泉活动断裂带、岗察寺活动断裂带、日月山活动断裂带。

表 4.11　拉西瓦水电站库坝区外围主要断裂发育特征及其构造意义

分组	名称	性质	产状	发育特征	断裂与地震活动性	构造单元与地形地貌意义
	东昆仑	左旋走滑为主深大断裂带	总体走向 NW290°	沿断层带分布有蛇绿岩套和混合岩带，延伸长于 450km	最活跃断裂带，全新世以来多期活动，活动方式多以左旋走滑为主，历史上曾多次发生 7 级以上地震，花石峡以西地震形变带长 200km。1937 年托素湖附近，7.7 级强震；1963 年，托素湖附近，7.0 级强震；1971 年 6.8 级强震	本区南部有青山—阿尼玛卿山断褶带与松潘—甘孜褶皱系分界深大断裂带，中生代欧亚大陆南部边缘小型克拉通以西壳块同缝合线。形成断裂谷，控制新生代盆地堆积现代湖泊，水系发育，震级强，频率高，为控制本区地震活动一级深大断裂
NWW	青海南山—倒淌河—阿什贡	多期活动的区域活动性断裂带	总体走向 NW310°~320°，倾向 NE，倾角 40°~70°	沿青海湖南岸向东延伸至倒淌河附近，与青海南山斜接，断裂斜裂式相接，再向东经循化盆地南缘到天水，前人称青海南山—天水断裂	多期活动的区域性深断裂。断层泥测对年龄测定值为 8,056 万年；西段全新世比较稳定，而东、西两端近代仍有活动；断裂东段 1936 年天水 6 级地震；康乐南段 1938 年天水 6.75 级地震；断裂西段 1952 年 5 级与 4.75 级地震	为北部祁连—加里东褶皱带与南部松潘—甘孜印支褶皱带分界，构成贵德盆地北部边界，次于年玛一级深大断裂为控制本区地震活动一级深大断裂
	唯玉香卡—拉干	隐伏断裂带	延伸方向 NW300°~310°	隐伏的逆冲断裂	现代仍有活动。1990 年 4 月 26 日，共和县西南格木 6.9 级地震可能与此有关	断裂形成于等第四纪以前，对盆地形成一定作用，构成共和盆地与河卡山一带分界，属共和盆地西缘—鄂拉山潜在震源区
	拉脊山	活动断裂带	南缘断裂带，总体倾 NE	南缘断裂带，平面上呈 "S" 形展布，断层破碎带宽 20m	南缘断裂带：东段于 1819 年和 1968 年发生过 5 级地震，现今小震活动零星出现；北缘近代无破坏性地震记录，现震活动也很微弱	北缘断裂新生代以来一直活动幅度很大，致使沉积了千余米陆相碎屑物，拉脊山隆起与湟水分水，分为南、北裂谷
	鄂拉山	活动断裂带	总体走向 NW300°~345°，倾 SW，倾角 49°~60°	沿茶卡山，鄂拉山东麓到兴海县温泉一带，全长 180km，挤压破碎带宽 50~250m	震级低，频率高，近代仍在活动	控制共和盆地东部边界，并使两盘同级夷平面高差 100m，有陷坎，三角面及断裂谷等切割山脊，冲沟共和一贯穿盆地一分为二
NNW	岗察寺	断裂带	总体 NNW 向展布	北起共和，经阿尔贡、岗察寺向南延伸，全长约 200km	自中更新世后期以来处于稳定状态，构造绝对年龄测值为 (36.58±2.93) 万年	该断裂在上新世更新世有强烈活动，导致贵德盆地和盆地分离并将贵德盆地东部边缘与扎马山隆起的分割线
	日月山	活动断裂带	总体走向 NW330°~345°，倾 SW	延伸超过 150km，其南端与拉脊山断裂有搭接趋势	推测其最晚一次活动为全新期此前，裂隙无流震，弱震也很稀少	青海湖东缘侧界，在构造上将东部祁连山昌地槽隆起带与拉脊山优地槽带斜接，沿断裂带分开，其南段与拉脊山断裂斜交，其北段错简水系成宽谷，右旋扭曲成沿河泽和泉正水分水，并在山麓形成沿河泽和泉出露，为青海省东部牧区与西部农业区分界

  库坝区主要发育瓦里贡山龙羊峡谷一带的高角度、NNW 向、压扭性龙羊峡组断裂，从泥鳅山至差其卡沟长约 4.5km 的坝址区夹持在伊黑龙断层与拉西瓦断层之间。两断层晚更新世以来无新的活动，沿断层无历史中强震发生，无明显现代形变，对坝址构造稳定性无大的影响。

  坝址区在地貌上属高山峡谷，河谷狭窄、岸坡陡峻，横剖面呈典型 V 形，谷底至岸顶相对高差达 $680\sim700m$。出露地层主要为三叠系下统龙羊峡群下亚群浅变质岩系（T_1^{Ln1}）、中生代印支期花岗岩（γ_5）。拱坝坝基为花岗岩（γ_5），岩块致密坚硬，具有弹性模量大、抗压强度高等特点；岩体中虽发育一定程度断层、裂隙，但是总体完整、抗变形性能好。

  经国家地震局批准，拉西瓦水电站坝址区地震基本烈度为Ⅶ度，50 年超越概率 10% 时的基岩峰值加速度为 $0.104g$，用于大坝抗震设计的 100 年超越概率 2% 时的基岩峰值加速度为 $0.23g$。

4.6.2 新构造运动与河谷形成演化

1. 新构造运动

  本区自晚三叠纪以来，大地构造格局已基本定型，形成 NWW 向与 NNW 向褶皱山系和断裂带及峡盆相间的地形地貌。第三纪以来，随青藏高原隆升，研究区大幅度抬升，垂直差异运动强烈（表 4.12），新构造运动主要表现在新生代盆地的发育特征与一些断裂的活动性上（图 4.35）。

  根据研究区的地貌形态和新生代沉积的发育分布，可将区域新构造运动的发展分为图 4.36 所示三个阶段（黄润秋等，1991）。

  图 4.36 所示三个阶段的特征如下：

  （1）第一阶段。大体始于中新世早期，

表 4.12 新生代以来研究区地壳抬升速率

地质年代	速率/(mm/a)
中更新世早期（Q_1）	抬升速率约 2.90
中更新世早～中期（Q_{1-2}）	抬升速率约 1.01
中更新世末期（Q_3）～全新世（Q_4）	抬升速率约 5.30

本区的新构造运动表现为断陷盆地下陷和断块山区隆起。此期间，共和盆地、贵德盆地沉积了上千米厚的湖相地层。而瓦里贡山—泥鳅山隆起区内部的抬升因受断裂活动控制而显示出较大的差异，可分为三个次级升降单元。其中，瓦里贡山和泥鳅山两隆起单元因大幅度抬升遭受剥蚀而缺失 $N_2\sim Q_1$ 早期的沉积；地处二者之间的曲乃亥凹陷则表现为沉降，接受了 $N_2\sim Q_1$ 早期的沉积，但沉降幅度远不及共和盆地、贵德盆地，仅发育了几百米厚的湖相地层。

  （2）第二阶段。大致从早更新世中期延续至中更新世早期。此期间，随差异性升降运动逐渐结束，地壳运动也转变为整体式沉降，使盆地与隆起区同步接受沉积。区内广泛发育的 Q_1 中、晚期湖相沉积即为该期的产物。

  （3）第三阶段。大体始于中更新世中早期，本区地貌发展逐渐转入以差异性隆起为特征的第三阶段。由于自此开始的整体间歇性抬升，贵德盆地、共和盆地于中更新世间逐渐结束其内陆湖盆的历史。上更新世初期以来，本区地壳脉动式抬升的频度加剧，致使黄河溯源切穿瓦里贡山，并于盆地内形成了多级阶地（共和盆地中多达 13 级）。但此阶段，本区地壳

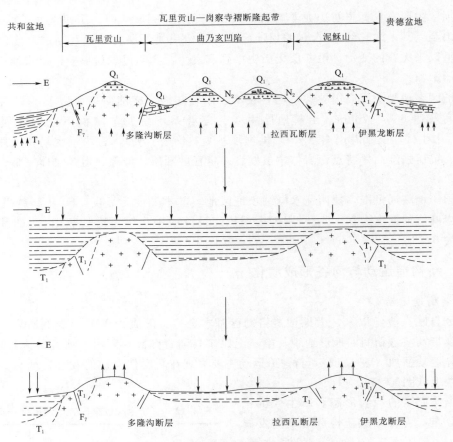

图 4.36 龙羊峡地区新构造运动阶段划分图

抬升并不均一，仍表现出一定的差异性。其中，瓦里贡山和泥鳅山的抬升幅度略大于盆地。

2. 河谷形成与演化

拉西瓦水电站坝区高陡边坡地貌景观的形成，不仅与新构造运动有关，而且与边坡的地质结构紧密关联。Q_2 末期以来，黄河以较快速度迅速下切成谷，谷坡两岸的缓倾角断裂组和不同地质历史时期的新构造运动，控制了从 Q_2 末期以来边坡不同部位应力场的调整、释放及坡形改造。尤其晚更新世以来，黄河自岸坡肩坎附近迅速下切，由于速度极快，分布在岸坡肩坎附近（高程 2350.00～2430.00m）的缓倾角断裂又非常不利于地应力的调整、释放，从而直接导致下部坡形改造轻微，并形成了与上部地貌单元迥然不同的陡壁峡谷地貌景观（图 4.37）。

值得一提的是始于 150 ka 前的共和运动。该运动造成日月山至瓦里贡山进一步隆起，造成河湖相地层褶皱变形，致使瓦里贡山东麓贵德盆地西缘河湖相地层倾角达 40°～60°。构造抬升运动导致河流侵蚀基准面下降与流域扩大造成的水量增长相结合（李吉均等，2001），使峡谷受到前所未有的强烈切割（图 4.38、图 4.39）。

如果 800m 深度的龙羊峡主要归因于该次共和运动的下切作用（孙鸿烈认为黄河龙羊峡形成于晚更新世），则其平均下切速度接近 5.3mm/a，这是十分惊人的。在贵德盆地，

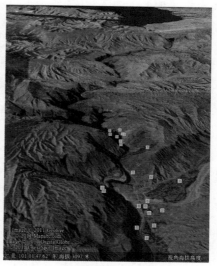

（a）龙羊峡大坝及其下游深切峡谷　　　　　　　（b）龙羊峡峡谷全貌

图 4.37　龙羊峡深切河谷地貌景观

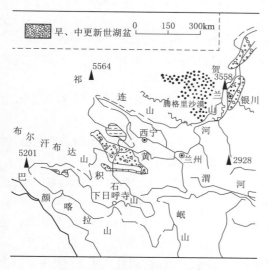

图 4.38　早～中更新世共和盆地分布

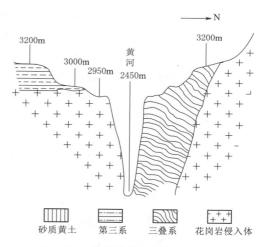

图 4.39　龙羊峡黄河河谷地貌剖面

高出黄河河床 600m 有黄土覆盖 TL 测年 93 ka 的 T_5 阶地，显示该处末次间冰期以来，河流下切速度达 6mm/a 左右。

更下游兰州附近 150 ka 前形成的 T_3 阶地高出河床 70m（李吉均等，2001），其下切速率便降为 0.5mm/a。从上述黄河不同区段下切速率可看出，研究区所处地段及青藏高原东北部更远外围区域隆起量差别之大。现阶段研究区仍在上升，其证据为 1959—1960 年至 1979—1980 年时间跨度 20 年、总长度近 800km，相对于西宁的一等水准重复测量资料，该资料显示其平均上升速率为 5.8mm/a。

拉西瓦坝址区河谷岸坡地形复杂，新构造运动导致横河剖面沿高程表现为三个较大的陡缓相间台阶状地形，如图4.40所示。

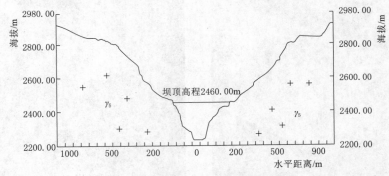

图4.40　拉西瓦坝址河谷地形剖面图

图4.40所示拉西瓦坝址区河谷各高程特征如下：

（1）高程2850.00m为第一个缓坡台阶，该高程及其以上到达岸顶平台高程约2980.00m（岸顶平台为青藏高原Ⅳ级夷平面），可视为黄河形成的宽谷时期，高程2850.00～2700.00m坡度变陡，平均坡度55°～60°。

（2）高程2700.00m附近出现第二级缓坡台阶，高程2650.00～2500.00m坡度变陡，平均55°。

（3）高程2500.00～2400.00m坡度较缓，平均坡度40°～45°。

（4）高程2400.00m为第三个缓坡台阶，以下谷坡陡立，平均坡度60°～65°，高程2360.00m、2280.00m见有残留阶地。

根据区域地质背景、新构造运动、河谷地形地貌特征及河谷形成演化，将拉西瓦水电站坝址所在峡谷形成分为三个阶段。

（1）宽谷期（幼年期）。相当于下切至现今高程2930.00～2710.00m的谷坡形成时间。地质年代大致对应于早更新世（Q_1）末期～中更新世（Q_2）早期。

（2）峡谷期（青年期）。相当于下切至现今高程2710.00～2440.00m的谷坡形成时间。地质年代大致对应于中更新世（Q_2）中期～晚更新世（Q_3）末期。

（3）窄谷期（壮年期）。相当于下切至现今高程2440.00～2234.00m段的谷坡形成，地质年代大致相当于晚更新世（Q_3）末期～现今。此一时期又可细分为两个时期：①近代河谷期（高程2440.00m以下～2280.00m），地质年代大致相当于晚更新世末期（Q_3）～全新世早期（Q_4）；②现代河谷期（高程2280.00m～现今河床2234.00m），地质年代大致相当于全新世中期（Q_4）～现今。

根据坝址区河谷岸坡微地貌与阶地发育特征，将河谷下切过程进一步分为9个阶段。对应的各阶段谷底下切高程（岸顶高程2930.00m）分别为：2850.00m→2710.00m→2580.00m→2470.00m→2440.00m→2390.00m→2320.00m→2280.00m→2234.00m。

4.6.3　区域构造应力场特征

4.6.3.1　区域地应力场

我国西部地区的地应力和现代构造活动，主要由印度板块和欧亚板块相互碰撞、近

SN 向的挤压作用决定，构造应力总体上近 S - N 向（张倬元等，1994；邓起东等，1979；谢富仁等，2004）。青藏高原主体部分的构造应力场最大主应力方向为 NNE 向，在其北、东边缘主压应力方向由北部边缘顺时针向高原南东边界地区逐步由 NNE 变化为 NE、NEE、近 EW、SE～SSE 方向。据此推断，位于青藏高原东缘的拉西瓦水电站坝址区区域构造应力方向为 NE～NEE 向。

因位于青藏高原东缘地带，加之受印度板块与欧亚板块碰撞向北持续推挤和楔入力源作用，拉西瓦坝址区新构造运动显著，除强烈的地壳隆升外，还伴随有显著的地壳水平形变。根据全球 GPS 测量得到的青藏高原现今地壳运动速度场（张培震等，2002）可知，研究区所在的青海南山冒地槽褶皱带南缘总体位移特征呈 NEE 向，运动速率约 15～20mm/a，这也表明研究区现今构造运动方位总体为 NEE 向。此外，据区域地质环境、新构造运动、地应力实测结果和震源机制解等资料，也可大致确定研究区内构造应力场最大主应力总体方向应为 NE～NEE 向。

综上所述，拉西瓦水电站坝址区区域构造主压应力方向为 NE～NNE 向。

4.6.3.2 区域地应力场数值模拟

聂德新、巨广宏等（2002）根据龙羊峡水电站（$\sigma_1 = 4.65$MPa）、拉西瓦水电站（$\sigma_1 = 9.50$MPa）、李家峡水电站（$\sigma_1 = 5.87$MPa）的地应力实测结果，计算模拟得到拉西瓦水电站区域应力场分布（图 4.41）。

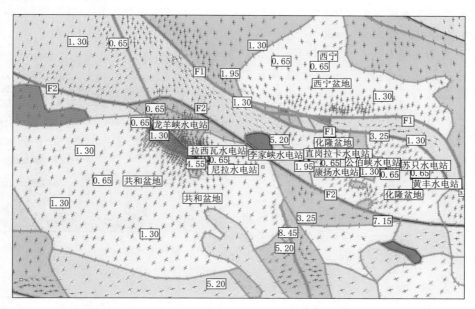

图 4.41　拉西瓦水电站区域主应力矢量图

根据计算模拟结果图 4.41，主要得出如下结论：

（1）区域构造应力场最大主应力方向。绝大部分地区最大主应力方向为 NE 向，变化范围为 NE5°～65°，李家峡至西宁一线为 NE15°～20°；龙羊峡至拉西瓦及其以西为 NE3°～45°；龙羊峡至青海湖以北为近 SN 向。

根据图 4.41 可知，拉西瓦坝址区区域构造主压应力方向为 NE～NEE 向。同时计算得出坝址区花岗岩与三叠系砂板岩交界的北部边界一带，最大主应力方向为近 SN 向，虽与区域总体 NE 向方位有一定差异，但与坝址实测地应力方位较为吻合。

分析认为，受高原总体隆升和板块内部构造挤压影响，加之块体内部断块的差异性升降，使得断块内岩体承受较高的挤压应力；同时断块隆升、河流急剧下切，形成高陡岸坡，构造应力与自重应力叠加，致使峡谷区一定范围出现局部应力场，并使应力方向发生转化。

（2）应力量值及特征。从模拟结果看，拉西瓦水电站坝址区存在局部较高构造应力，最大主应力 $\sigma_1=9.0$MPa，最小主应力 $\sigma_3=4.5$MPa，剪应力为 $\tau=3.0$MPa。

上述成果与前述基于地质构造、新构造运动、震源机制解分析得到的区域应力场结果基本一致，表明计算结果较好地反映了区域构造应力场特征，可作为拉西瓦水电站坝址区河谷应力场分析依据。

4.6.4　坝址区高地应力现象

岸坡发育卸荷裂隙、钻孔岩芯饼裂、勘探平洞洞壁剥落及平洞开挖过程中岩爆现象等，均反映坝址区为高地应力区。

1. 卸荷裂隙

坝址岸坡浅表层花岗岩体中发育卸荷裂隙，卸荷裂隙与岸坡平行，局部地段卸荷裂隙成组密集发育，间距仅 1～2m。

2. 钻孔岩芯饼裂

坝址揭示高程 2300.00m 以下花岗岩中见有大量钻孔岩芯饼裂（图 4.42），岩芯饼裂主要发生在河床及两岸坡脚，且河床右侧出现率高于左侧（表 4.13）。发育深度一般在河床基岩面以下 20～200m，以 30～70m 和 100～200m 较为集中。总体上，岩芯饼裂在深度上的分布规律不强。岩芯饼裂厚度一般 0.6～1cm，其出现不受孔径大小和孔斜影响，且岩芯饼裂均出现在新鲜完整、裂隙稀少的完整岩石地段。

图 4.42　拉西瓦水电站坝址区 ZK_4 钻孔岩芯饼裂

表 4.13　　　　　　　　河床坝基附近钻孔揭露岩芯饼裂出现状况表

孔号	孔口高程/m	岩芯饼裂起始高程/m	岩芯饼裂终止高程/m	出现岩芯饼裂长度/m	岩芯饼裂块数	岩芯饼裂密度/(块/m)	岩芯饼裂平均厚度/cm
ZK$_2$	2244.97	2173.89	2164.62	9.27	282	30	3
		2079.75	2073.17	6.58	91	14	—
		1987.37	1986.34	1.03	29	28	4
		1930.82	1928.72	2.10	39	19	5

孔号	孔口高程/m	岩芯饼裂起始高程/m	岩芯饼裂终止高程/m	出现岩芯饼裂长度/m	岩芯饼裂块数	岩芯饼裂密度/(块/m)	岩芯饼裂平均厚度/cm
ZK$_3$	2398.82	2345.92	2345.82	0.10	9	90	1
		2329.35	2324.50	4.85			
ZK$_4$	2240.34	2211.67	2210.94	0.73	15	21	5
		2125.55	2124.94	0.61	15	25	4
		2105.04	2104.39	0.65	165	254	0
		2101.64	2082.00	19.64	959	49	2
		2080.52	2080.27	0.25	82	328	0
		2078.18	2063.32	14.86	160	11	—
		2054.85	2054.48	0.37	34	92	1
		2048.00	2044.10	3.90	30	8	—
		2043.30	2042.75	0.55	30	55	2
		2028.08	2027.58	0.50	26	52	2
ZK$_6$	2240.94	2200.94	2199.94	1.00	30	30	3
		2194.70	2191.17	3.53	155	44	2
		2187.94	2183.02	4.92	50	10	—
		2032.54	2029.00	3.54	103	29	3
		2025.18	2013.64	11.54	232	20	5
ZK$_{12}$	2234.06	2187.36	2187.13	0.23	8	35	3
		2174.61	2174.17	0.44	16	36	3
		2171.19	2170.80	0.39	46	118	1
ZK$_{16}$	2240.44	2190.74	2184.94	5.80	247	43	2
		2148.84	2148.19	0.65	17	26	4
		2144.34	2142.84	1.50	10	7	—
		2140.04	2114.54	25.50	—	—	—
		2084.64	2080.36	4.28	66	15	—
ZK$_{20}$	2282.89	2239.48	2238.88	0.60	—	—	—
		2183.83	2175.25	8.58	108	13	—
ZK$_{22}$	2266.02	2200.82	2200.57	0.25	17	68	1
		2182.09	2181.77	0.32	12	37	3
		2136.02	2124.77	11.25	94	8	—
		2200.82	2200.57	0.25	17	68	1
		2182.09	2181.77	0.32	12	37	3
		2136.02	2124.77	11.25	94	8	—

孔号	孔口高程/m	岩芯饼裂起始高程/m	岩芯饼裂终止高程/m	出现岩芯饼裂长度/m	岩芯饼裂块数	岩芯饼裂密度/(块/m)	岩芯饼裂平均厚度/cm
ZK$_{25}$	2223.93	2216.64	2216.24	0.40	13	32	3
		2207.97	2207.81	0.16	7	44	2
		2104.73	2101.03	3.70	128	35	3
		2081.51	2080.63	0.88	32	36	3
		2061.10	2056.35	4.75	32	7	—
		2053.44	2031.01	22.43	450	20	5
ZK$_{26}$	2230.49	2203.58	2202.58	1.00	61	61	2
		2200.68	2200.48	0.20	15	75	1
		2187.99	2186.89	1.10	29	26	4
		2083.10	2075.56	7.54	247	33	3
		2061.55	2050.00	11.55	220	19	5
ZK$_{28}$	2241.58	2195.38	2195.31	0.07	5	71	1
		2132.12	2131.30	0.82	9	11	—
		2115.43	2106.01	9.42	8	1	—
		2102.10	2067.49	34.61	606	18	—
ZK$_{35}$	2229.95	2208.40	2207.75	0.65	20	31	3
		2198.65	2198.57	0.08	5	63	2
		2194.96	2194.53	0.43	8	19	5
		2180.81	2180.67	0.14	15	107	1
ZK$_{36}$	2228.19	2192.09	218.54	2.55	82	32	3
		2094.05	2093.45	0.60	3	5	—
ZK$_{38}$	2229.23	2219.13	2218.73	0.40	—	—	—
		2181.69	2178.73	2.96	90	30	3
		2102.63	2102.51	0.12	5	42	2
ZK$_{39}$	2262.7	2149.10	2148.00	1.10	24	22	5
ZK$_{43}$	2231.89	2188.03	2187.03	1.00	10	10	—
ZK$_{47}$	2226.52	2211.30	2209.59	1.71	8	5	—
ZK$_{49}$	2229.89	2196.28	2196.18	0.10	—	—	—
		2178.57	2178.29	0.28	20	71	1
		2163.39	2162.19	1.20	100	83	1
		2159.59	2155.39	4.20	160	38	3
		2141.79	2132.04	9.75	10	1	—
		2141.79	2132.04	9.75	10	1	—

孔号	孔口 高程/m	岩芯饼裂起始 高程/m	岩芯饼裂终止 高程/m	出现岩芯饼裂 长度/m	岩芯饼裂 块数	岩芯饼裂 密度/(块/m)	岩芯饼裂平均 厚度/cm
ZK_{48}	2229.32	2150.40	2150.10	0.30	30	100	1
		2148.82	2135.62	13.2	—	—	—
ZK_{58}	2455.79	2284.24	2283.99	0.25	9	36	3
		2280.29	2280.09	0.20	10	50	2
ZK_{60}	2256.67	2196.42	2195.82	0.60	15	25	4
		2193.56	2193.53	0.03	3	100	1
		2183.10	2183.00	0.10	6	60	2
		2162.95	2162.89	0.06	6	100	1
		2154.12	2151.87	2.25	90	40	3
		2150.57	2150.35	0.22	16	73	1
		2147.37	2146.97	0.40	40	100	1
		2133.39	2133.27	0.12	9	75	1
		2097.62	2096.61	1.01			
ZK_{69}	2241.2	2197.36	2194.20	3.16	—	—	—
		2192.10	2188.66	3.44	76	22	5
		2187.20	2185.05	2.15	66	31	3
ZK_{70}	2286.91	2235.01	2233.11	1.90	120	63	2
ZK_{72}	2241.28	2222.48	2218.79	3.69	56	15	
		2040.12	2039.30	0.82	20	24	4
		2037.78	2036.28	1.50	50	33	3
		2030.18	2020.98	9.20	110	12	—
ZK_{74}	2233.83	2170.29	2170.03	0.26	20	77	1
		2156.53	2150.49	6.04	340	56	2
K_5	2285.66	2279.26	2278.76	0.50	16	32	3
		2274.15	2272.26	1.89	8	4	—
K_8	2258.35	2250.11	2249.95	0.16	7	44	2
K_{10}	2285.25	2268.50	2268.98	0.48	3	6	—
K_1	2285.74	2272.26	2271.76	0.50	25	50	2
		2270.84	2270.64	0.20	11	55	2
K_2	2285.73	2280.09	2279.43	0.66	31	47	2

3. 平洞洞壁剥落、剥皮与岩爆

（1）坝址区部分平洞洞壁坚硬新鲜岩石出现片状剥落，断层带处岩体板状劈裂。如坝址 PD_2、PD_{14}、PD_{5-2}（高程分别为 2246.00m、2280.00m、2326.00m）平洞均发现有片状剥落，发育深度分别为 130m、140m 和 240m，距岸边水平距离分别为 100m、110m 和

240m。发育洞段主要为 NE～SW 向，次为近 SN 向，从特征上看，片状剥落呈千枚状薄片，剥落厚度 3～5cm。

（2）隧洞完成一段时间后，洞顶完整新鲜岩石局部发生明显板状剥皮，此种破坏可延续至开挖后 2～3 年内。

（3）个别平洞在开挖过程中出现岩石爆裂声响及岩片（块）弹落，且模拟开挖过程及完工后用声发射监测仪能确切测出岩石中的声响。

4. 开挖岩爆

岩爆是地应力较高地区普遍发生的一种岩体失稳现象，拉西瓦水电站地下厂房系统、导流洞、拱坝坝基等洞室与基础开挖过程中发生了大量岩爆现象，从量级来看，多属轻微岩爆，局部段为中等岩爆。因各建筑物位于河谷不同应力分带，岩爆表现方式明显不同，地下主厂房及尾水洞岩爆最为强烈，导流洞次之，坝基最弱。

（1）地下厂房系统。垂直埋深 400～600m、水平埋深约 400m 的地下厂房系统，位于应力过渡带～应力增高带中，开挖后有洞壁新鲜岩石呈粉末状、洞壁片状剥落、洞壁板裂等现象，岩爆最为强烈。2004 年 5 月，发生在 2# 尾水洞 0＋410.00～0＋360.00m 桩号的洞壁板裂最为典型（图 4.43），该段中粗粒花岗岩坚硬完整，以 Ⅰ、Ⅱ 类围岩为主，岩体中无断层、裂隙发育，岩爆规模较大，属中等程度，板裂状，直径 4～5m，厚度 30～50cm，边墙 3～4 层板裂。

(a) 2#尾水洞上游壁新鲜岩体岩爆板裂　　　　　(b) 主厂房第Ⅵ层开挖岩爆薄层剥离

图 4.43　拉西瓦引水发电系统地下洞室开挖岩爆现象

（2）导流洞。导流洞布置于左岸岸边，距岸坡水平埋深 50～70m，位于坡脚应力集中区，2003 年导流洞开挖过程中靠岸外侧拱角曾发生岩爆，一直径 1m、厚度 20～30cm、中间厚、边缘薄的岩芯饼裂从新鲜完整岩石掉落，发生很大声响。

（3）拱坝坝基。主要为河床坝基层状开裂及河床坝基左岸葱皮状剥离。

4.6.5　坝址区地应力测试结果及分析

1. 地应力实测成果

拉西瓦水电站坝址实测有多组地应力，其中三维地应力测量点 10 个，二维地应力测量点 3 个（表 4.14）。

表 4.14　　　　　　　　拉西瓦坝址花岗岩体地应力实测成果表

测点高程/m	测点位置	岩体厚度		σ_1		σ_2		σ_3	
		垂直/m	水平/m	应力值/MPa	方位与倾角	应力值/MPa	方位与倾角	应力值/MPa	方位与倾角
2250.00	PD$_2$ 283m	272	254	22.9	NW350° NW∠41°	13.3	NE89° SW∠11°	5.5	NW327° SE∠48°
2248.00	PD$_2$ 15m	236	150	22.7	NW338° NW∠33°	18.6	NE88° NE∠27°	13.1	NE28° SW∠45°
2247.00	PD$_2$ 60m	158	60	20.5	NE12° NE∠39°	14.0	NE82° SW∠22°	5.7	NW331° SE∠42°
2284.00	PD$_{14-1}$ 100m	125	65	14.6	NW302° NW∠51°	9.5	NE66° NE∠25°	3.7	NW350° SE∠27°
2262.00	PD$_{11}$ 70m	120	70	9.5	NW320° SE∠54°	6.0	NE86° SW∠23°	2.7	NE9° NE∠26°
2259.00	PD$_1$ 60m	160	60	8.8	NE65° SE∠28°	5.5	NE28° NE∠55°	2.2	NW326° SE∠17°
2323.00	PD$_{5-2}$ 160m	220	160	21.7	NE63° SW∠19°	13.0	NW336° NW∠6°	7.5	NE83° SW∠69°
2286.00	PD$_{14}$ 364m	320	364	21.5	NE9° NE∠35°	13.8	NE41° SE∠43°	5.8	NE78° SW∠28°
2285.00	PD$_{14}$ 255m	258	255	29.7	NW357° NW∠27°	20.6	NE73° SW∠24°	9.8	NW307° SE∠52°
2385.00	J$_1$ 140m	200	140	10.8	NE44° SW∠55°	8.7	NE68° NE∠33°	4.1	NW330° SE∠12°
2243.00	ZK$_{72}$	31～34.05		54.6	NE4°			37.6	NW274°
2241.00	ZK$_{72}$	38.04～204.27		20.8 (均值)	NE5°			11.1 (均值)	
2263.00	ZK$_{39}$	28.72～179.74		16.2 (均值)	NE37°			9.3 (均值)	

2. 地应力量值及其分布特征

（1）地应力量值较高。实测结果显示，研究区地应力场的主应力均为压应力。最大主应力 σ_1 为 8.8～29.7MPa，中间主应力 σ_2 为 5.5～13.1MPa，最小主应力 σ_3 为 2.2～13.1MPa，最大主应力和最小主应力比值 σ_1/σ_3 为 1.70～4.2。多数测点的最大主应力 σ_1 大于 20MPa。三维地应力测试结果中 σ_1 最大为 29.7MPa。二维地应力测试钻孔 ZK$_{72}$ 内的地应力值为研究区最大应力值，最大水平主应力 σ_H 和最小水平主应力 σ_h 分别约 54.6MPa 和 37.6MPa。表明研究区存在高地应力，尤其在河床及两岸坡脚部位更明显。

本区高地应力产生主要有以下原因：①坝区位于受印度板块俯冲挤压同时又受塔里木地块阻挡的青藏高原东北缘，现今地壳仍在上升，构造应力显著；②坝区属中高山峡谷区，河谷垂直高差在 700m 以上，自重应力不容忽视，峡谷区地应力正是区域应力场与局部应力场叠加的结果；③岩石密实、断裂不甚发育、岩体完整性较好，致使岩体具有储存高弹性应变能的物质条件；④山高坡陡，地形条件有利。

（2）构造应力量值较大。先分析主应力随深度的变化特征。根据各测点地应力测试结果及其所处位置与深度，可分析研究区地应力场空间分布特征（图 4.44）。

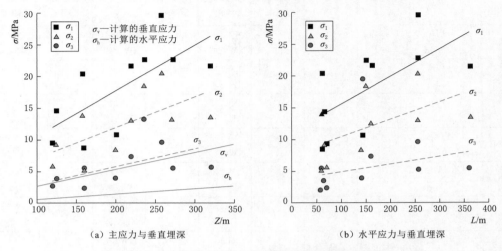

图 4.44　拉西瓦坝址区实测地应力与埋深相关性

据图 4.44，在竖直方向上，主应力有随垂直埋深 Z 的增加而增加的趋势［图 4.44（a）］，但二者线性相关性不高，通过主应力与埋深的相关式（4.26）分析，最大相关系数仅为 0.693，小于 0.7；在平面上，主应力总体上随岸坡水平埋深 L 的增加而增大［图 4.44（b）］，但与垂直埋深分布特征相同，水平埋深相关性拟合式（4.27）亦较低，相关系数仅为 0.64；但无论垂直埋深、水平埋深，主应力量值均表现为一定程度的分区分带特征（图 4.44）。

$$\begin{cases} \sigma_1 = 0.073Z + 3.238 & (r = 0.693) \\ \sigma_2 = 0.048Z + 2.420 & (r = 0.637) \\ \sigma_3 = 0.027Z + 0.537 & (r = 0.522) \end{cases} \quad (4.38)$$

$$\begin{cases} \sigma_1 = 0.043L + 11.470 & (r = 0.641) \\ \sigma_2 = 0.026L + 8.132 & (r = 0.550) \\ \sigma_3 = 0.012L + 4.093 & (r = 0.374) \end{cases} \quad (4.39)$$

式中　Z——垂直埋深，m；

　　　L——水平埋深，m；

　　　σ_1——最大主应力，MPa；

　　　σ_2——中间主应力，MPa；

　　　σ_3——最小主应力，MPa。

地应力与埋深线性相关程度不高，反映出研究区地应力场的复杂性，说明研究地应力场并非仅由自重应力场（具有随深度线性分布特征）构成，同时也包括构造应力场。这正是构造应力较强地区，地应力线性回归关系不好的原因（邱祥波等，2003；李青麒，1998；戚蓝等，2003；李宏等，2006；梁瑶等，2009）。

进一步对地应力实测值与自重应力进行比较。根据坝址区岩体力学研究，岩体平均容重和泊松比分别取 $0.027\mathrm{MN/m^3}$ 和 0.23，可计算得到各测点自重应力场随埋深的分布特征 [图 4.44（a）]。对比分析表明，研究区测试得到的主应力分量量值均大于理论自重应力，且远大于理论计算的水平应力。σ_1 和 σ_2 随深度增加的变化率不仅大于自重应力而且远大于自重应力引起的侧压力变化率 0.008。最小主应力 σ_3 大致与自重应力的垂直应力分量相当，随深度的增加率与岩体的平均容重 $0.027\mathrm{MN/m^3}$ 相当。各测点实测垂直应力远大于自重应力，铅直应力与最大水平构造应力大体相当。水平最大主应力与自重应力之比均大于 1.0，且随距边坡距离增大而减小，近岸边处最大达 3.6，向洞内逐渐达到稳定值 1.7。这表明研究区存在较大的构造应力且受地表卸荷影响。实测地应力值普遍大于理论计算自重应力，也表明研究区有较高的构造应力存在。

（3）应力分异明显。根据测试成果，坝址区地应力存在较为明显的应力分异特征。在垂直深度上，深度小于 200m 范围内应力值相对较低，深度 $220\sim270\mathrm{m}$ 内主应力值最大，此后随深度的变化不甚明显 [图 4.44（a）]。在水平方向上，随水平埋深增加，地应力具有较明显的分带 [图 4.44（b）]，70m 以外地应力相对较低，如平洞 PD_1、PD_{11} 和 PD_{14-1} 的 3 个测点；水平距 $150\sim270\mathrm{m}$ 范围段地应力值较高，表现出一定程度的应力集中；此后变化不显著，甚至略低于前段，如 PD_{14} 的 2 个测点，洞深 364m 的最大主应力（21.5MPa）小于 255m 处的应力值（29.75MPa）。总之，无论垂向还是水平方向上，坝址区应力分异明显，自表向里依次呈现为应力降低区、应力增高区和正常应力区。

3. 地应力方向及其分布特征

研究区实测地应力方向也显示出复杂的分布特征，各主应力方位和倾角较分散。最大主应力方位从 NW300°到 NE60°均有分布，总体上以 NW350°～NE9°为主；最大主应力倾角 19°～55°，多为 40°左右，近于平行岸坡，且均向岸外倾斜。最小主应力方向变化范围较大，从 NE28°～SE170°均有分布，倾角相对较大，为 12°～69°。中间主应力方位主要为NE，倾角相对较小（6°～33°），多为 20°左右。

综上所述，坝址区地应力分布特征较为复杂，不仅与岩体自重有关，也与区域构造应力有关，并与地形地貌及其剥蚀、卸荷有关。因此，坝址区现今是一个自重应力与构造应力叠加并受卸荷影响的残余构造应力场。

4. 坝址区地应力场状态

由于岩体自重、构造运动以及黄河下切卸荷等综合作用，坝址区地应力场分布规律较为复杂，地应力实测结果因规律性不强或离散性较大，而不能较好反映坝址区地应力场的总体特征。鉴于坝址区地应力场的特殊性，已不能简单依据测试结果均值予以描述，本研究中采用 Hudson 和 Harrison（2008）推荐的应力张量平均法评价坝址区天然应力场的总体特征。

应力张量平均法基本思想是，用各测点在同一坐标系下应力分量的均值，计算场区的地应力。首先确定统一坐标系 xyz，其次通过应力转换公式，将各测点用主应力表示的应力状态 $\sigma_{i(j)}(i=1,2,3;j=1\sim N$，$N$ 为测点总数）转换为用坐标分别表示的应力状态 $\sigma_{lm(j)}(l=x,y,z;m=x,y,z)$，然后计算各分量的均值，得均值应力张量 $\sigma_{lm(av)}$，最后再用应力转换公式，将坐标分量应力状态 $\sigma_{lm(av)}$ 转换为主应力状态 $\sigma_{i(total)}$ （$i=1,2,3$），即

$\sigma_{i(j)}$ $\longrightarrow \sigma_{lm(j)}$ $\longrightarrow \sigma_{lm(av)}$ $\longrightarrow \sigma_{i(total)}$。以 σ_i 作为研究区综合应力场，反映其天然应力场状态。

为研究工程区地应力的基本特征，应以自重应力和构造应力为主，而不考虑卸荷的影响。为此，研究中取表 4.14 中埋深较大的测点的实测值，以尽量减小卸荷因素影响。计算结果见表 4.15，由表可见，坝址区总体上处于以近 S～N 向水平压应力为主的地应力场，这与前述分析结果一致。包括自重应力和构造应力在内，测深范围内总体最大主应力约 20.9MPa，倾伏方位角 351°，倾角 34°；最小主应力 8.1MPa，倾伏方位角 133°，倾角较大，约 49°。

表 4.15　　　　　　　　　　　　总体平均主应力张量计算结果

应力值别	量值/MPa	方向		
		倾伏方位角/(°)	倾角/(°)	倾伏方向
σ_1	20.9	351	34	近 SN
σ_2	17.6	67	19	SW
σ_3	8.1	133	49	SE

4.6.6　坝址区河谷地应力场数值模拟

地应力场是岩体的赋存环境之一，在很大程度上控制和影响着岩体的力学性质。赋存于特定地应力环境之中的岩体始终与地应力场相适应，并随地应力场的演化而不断发展演化，地应力场地质环境的改变（如河流下切）和工程活动（如开挖）将导致地应力场的改变，岩体也因之而发生变化。在此意义上，岩体工程中不仅要研究岩体力学性质的基本特征，更应注重岩体力学性质随地应力环境演化的时间和空间变化特征，即对整个工程区地应力场形成全面而准确的认识非常重要。同时，地应力是岩体工程设计的基本荷载之一，尤其是位于高山峡谷地区且地应力环境复杂的水电工程，其天然地应力不仅量值大，而且分布复杂，更要求准确掌握各工程部位的应力场分布特征，以期为工程设计和布局提供更为准确合理的参数。总之，对于高山峡谷地区重大岩体工程，地应力场是确定基本荷载条件和岩体力学参数的重要方面。

前面已在区域地应力场研究分析基础上，根据地应力实测成果，采用地质分析、模拟分析和回归分析等方法描述了坝址区地应力场，对地应力的总体特征获得了基本认识。但鉴于研究区新构造运动强烈且处于"V"形河谷区，其地应力场本身十分复杂，加之实测资料数量有限且测试结果分散，上述研究获得的地应力场初步认识尚不能建立坝址区地应力场的总体概念。

为此，根据坝址区地应力实测，结合区域地应力环境、工程区地质条件及河谷演化特征，通过数值计算，分析坝址区地应力场演化及现代河谷应力场的空间分布特征。

1. 计算模型及参数

计算模型中，拉西瓦坝址区地应力场是在自重应力和构造应力叠加作用下，受黄河下切而在岸坡和河床一定范围发生应力调整的特殊而复杂的应力场。河谷应力场与其地层岩性、地质构造、地形地貌和岩体特征等诸多因素有关（戚承志和钱七虎，2009），因此，地应力场分析时应综合考虑其地质环境因素。

根据工程地质研究成果，坝址区岩体完整且无较大规模的断层，计算模型中可不予以考虑。坝址区河谷部位地形陡峻，覆盖层较薄，计算时仅以主体花岗岩为基本岩体。基于这些综合考虑，根据其工程地质条件及地质力学模型，以坝基部位横Ⅲ剖面为基础，恢复坝址原夷平面分阶段模拟河谷下切（图4.45）。建立数值计算模型，模型南北方向长1840m、垂向高1030m，共计4893个计算单元（图4.46）。

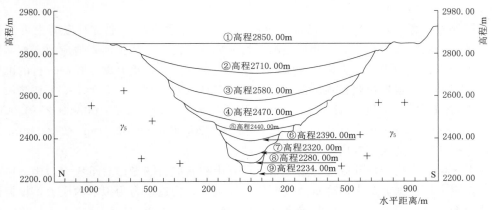

图4.45 天然状态河谷下切阶段特征

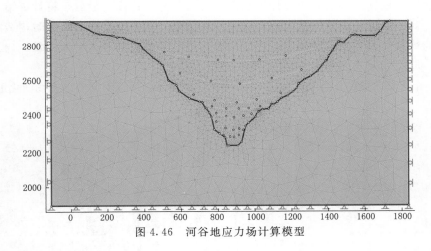

图4.46 河谷地应力场计算模型

为更合理反映河谷应力场演化史，同时为坝基开挖分析衔接并为之提供初始条件，河谷应力场分析时，采用弹塑性本构模型，计算中岩体力学参数按弹塑性本构选取。计算分析中岩体力学参数按微新岩体考虑，取值见表4.16。

表4.16   岩体物理力学参数取值

参数项	容重 $\gamma/(MN/m^3)$	弹模 E/GPa	泊松比 μ	内聚力 c/MPa	内摩擦角 $\varphi/(°)$	抗拉强度 σ_t/MPa
取值	0.027	40.0	0.23	4.0	60.0	3.0

2. 边界条件与初始条件

模型顶面（高程2930.00m）取为自由边界；底面（高程1900.00m）取为全约束，

即水平方向和垂直方向均不发生位移；南北两侧边界为滑动边界，即沿垂直河流方向发生位移、但顺河方向不发生位移（图 4.46）。

河谷形成前的应力场（自重应力场和构造应力场）及河谷发育史，共同造就了拉西瓦坝址复杂的河谷应力场。研究认为，坝址区河谷发育史与新构造运动密切相关，大致经历了 3 个主要发育阶段或主要下切阶段，坝址区河谷呈现出 3 个陡缓相间的河谷地貌，本节河谷应力场反演即以此为依据。

该段河谷发育主要始自第三纪末第四纪初。因此计算以岸顶平台对应高程为顶部边界，假设其初始状态为水平面，此后逐渐下切形成现今河谷。模拟河谷地应力，据其阶段性特征增加河谷下切步能更好地反映河谷发育史，计算结果更有助于提高分析的准确性（Nozhin，1985）。根据拉西瓦坝址河谷微地貌与阶地发育特征，在 3 个主要下切阶段基础上，按 9 个下切阶段进行计算。具体过程为 2930.00m → 2850.00m → 2710.00m → 2580.00m → 2470.00m → 2440.00m → 2390.00m → 2320.00m → 2280.00m → 2234.00m 连续下切，模拟获得坝址区河谷应力形成演化规律。

根据区域应力场和坝址区应力场成果，计算中初始应力场考虑自重应力与构造应力叠加。自重应力场根据上覆岩体容重及其厚度计算可得。构造应力为拟求的应力，根据区域构造应力场以及现今河谷应力实测确定。具体做法为，首先根据区域地应力成果确定初始参照值；之后，根据河谷下切历史计算获得应力及其分布特征；最后，将计算结果与地应力实测进行对照，反复调整构造应力，直到计算结果与实测结果吻合，此时构造应力即为满足条件的构造应力。经最终确定研究区初始构造应力条件为：$\sigma_1 = 9.5\text{MPa}$（模型 X 方向，即 SN 向）、$\sigma_3 = 3.2\text{MPa}$（垂直方向）。

以上 9 个下切阶段的计算结果如图 4.47～图 4.49 所示。下面对河谷应力场演化进行分析。

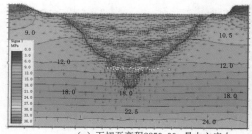
（a）下切至高程 2850.00m 最大主应力

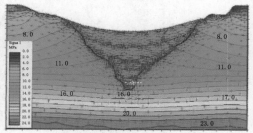
（b）下切至高程 2710.00m 最大主应力

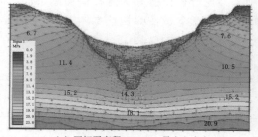
（c）下切至高程 2580.00m 最大主应力

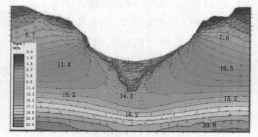
（d）下切至高程 2470.00m 最大主应力

图 4.47（一）　坝址区河谷应力场——最大主应力

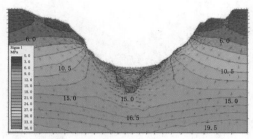
（e）下切至高程2440.00m最大主应力

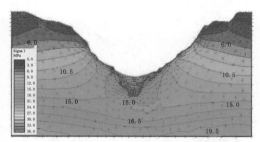
（f）下切至高程2390.00m最大主应力

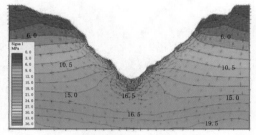
（g）下切至高程2320.00m最大主应力

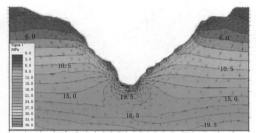
（h）下切至高程2280.00m最大主应力

图 4.47（二） 坝址区河谷应力场——最大主应力

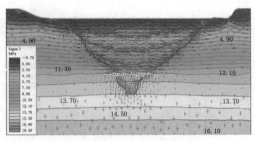
（a）下切至高程2850.00m最小主应力

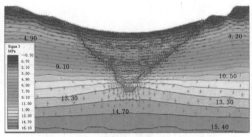
（b）下切至高程2710.00m最小主应力

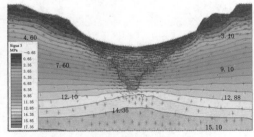
（c）下切至高程2580.00m最小主应力

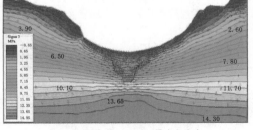
（d）下切至高程2470.00m最小主应力

图 4.48（一） 坝址区河谷应力场——最小主应力

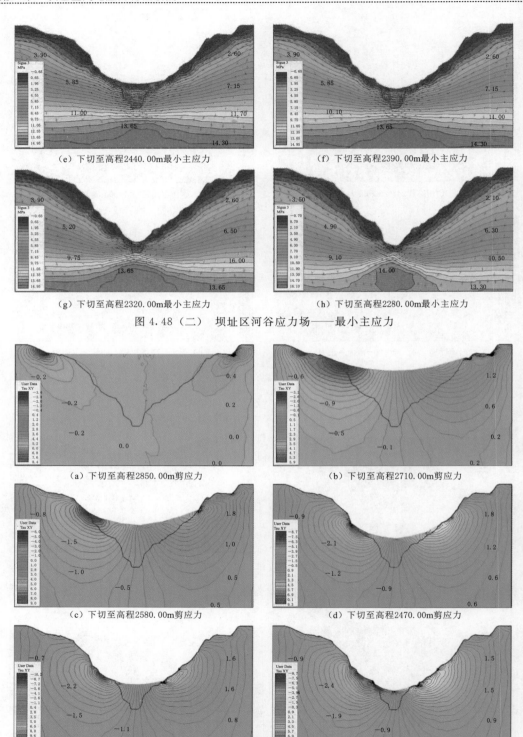

（e）下切至高程2440.00m最小主应力　　　　　（f）下切至高程2390.00m最小主应力

（g）下切至高程2320.00m最小主应力　　　　　（h）下切至高程2280.00m最小主应力

图4.48（二）　坝址区河谷应力场——最小主应力

（a）下切至高程2850.00m剪应力　　　　　（b）下切至高程2710.00m剪应力

（c）下切至高程2580.00m剪应力　　　　　（d）下切至高程2470.00m剪应力

（e）下切至高程2440.00m剪应力　　　　　（f）下切至高程2390.00m剪应力

图4.49（一）　坝址区河谷应力场——剪应力

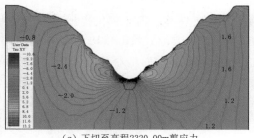
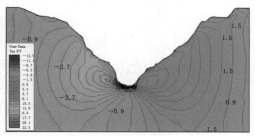

(g) 下切至高程2320.00m剪应力　　　　　　(h) 下切至高程2280.00m剪应力

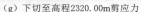

图 4.49（二）　坝址区河谷应力场——剪应力

3. 河谷应力场演化特征

（1）宽谷期（高程 2930.00～2710.00m）。该阶段地质年代大致对应的时代为早更新世末期（Q_1）～中更新世早期（Q_2）。在黄河下切初期，河流宽达 1000～2000m，缓慢地表径流是其主要流动方式，河流下切作用对整个坝址区地应力场影响不大，无论是主应力量值，还是主应力方向，均与前期由自重应力和构造应力叠加的地应力场特征基本相同，仅在河岸附近有小幅度应力降低，宽谷河床应力略有升高，河岸附近剪应力集中相对较为显著（图 4.49）。表明河谷最初形成的宽谷期，伴随河流下切发生了应力调整，但改变程度较小。

（2）峡谷期（高程 2710.00～2440.00m）。该阶段地质年代大致对应的时代为中更新世中期（Q_2）～晚更新世末期（Q_3）。自高程 2710m 开始，黄河开始进入峡谷期发育阶段，河道缩窄，水流运动加快。随河流进一步下切，河谷应力场发生了较大改变，表现出以下特征。

1）主应力方向偏转。伴随河流下切，主应力方向不断偏转，如图 4.47～图 4.49 所示。河流下切深度越大，偏转角度越大，σ_1 由早期近水平偏转为与临空面接近平行，σ_3 则变为与临空面近垂直。

2）岸坡应力集中明显。

a. 最大主应力 σ_1：随下切进行，岸坡表部最大主应力 σ_1 有一定程度的降低，但浅部最大主应力 σ_1 则明显升高，至一定深度后与早期应力基本相同，而且应力集中程度随下切深度增加而加大 [图 4.47（b）～（e）]。由此可见，黄河进入峡谷期后，随河流下切两岸地应力不断调整或重分布，表现为早期地应力随下切不断释放，同时应力集中不断向深部转移，导致岸坡应力分异，应力降低带、应力增高带和正常应力带等开始显现，即岸坡应力呈现出一定的应力分带特征。与之相对应，表部 σ_1 的方向与岸坡平行，向深部不断偏转并逐渐过渡至近水平状态。

b. 最小主应力 σ_3：两岸最小主应力 σ_3 则因下切而有所降低，岸坡表部降低最为显著，至一定深度后趋于先期应力。与之对应，岸坡表层部位 σ_3 的应力方向近于与岸坡垂直，向深部逐渐过渡至近于垂直。σ_3 降低程度随下切深度增加大而增大 [图 4.48（b）～（e）]。

c. 剪应力 τ_{xz}：下切过程中，与河床交接的两岸坡脚部位出现明显的剪应力 τ_{xz} 集中，而且集中部位随着下切作用进行而不断下延 [图 4.49 (b)～(e)]。

3) 河床应力集中。因河流下切及相应的应力释放与转移，河床部位也出现应力集中，同样表现为最大主应力 σ_1 增加，最小主应力 σ_3 降低 (图 4.47、图 4.48)。在河床部位，主应力方向与岸坡有明显区别，即最大主应力 σ_1 近于水平，而最小主应力 σ_3 近于垂直 (图 4.48)。谷底应力集中程度以及应力迹线偏转程度稍弱于岸坡，但其集中程度随河流下切深延而加剧。

(3) 近代河谷期 (高程 2440.00m 以下～2280.00m)。该阶段地质年代大致对应的时代为晚更新世末期 (Q_3)～全新世早期 (Q_4)。自高程 2440.00m 开始，本河段进入近代河谷期的窄谷阶段，河道十分狭窄，流速变急，侵蚀强烈。

本阶段河谷应力场变化更为剧烈和复杂，主要表现为应力集中程度更高、应力分异现象明显、应力调整影响范围更大 [图 4.47 (e)～(h)，图 4.48 (e)～(h)，图 4.49 (e)～(h)]。

岸坡表部应力差加剧，致使岸坡应力集中区向深部发展；河床及岸坡底部一带，不仅最大主应力 σ_1 出现"应力包"，而且最小主应力也因应力不断调整、集中而逐渐形成"应力包"；在上述两应力作用下，谷底两侧剪应力 τ_{xz} 集中程度增高、范围进一步扩大。

下切深度愈大，"σ_1 应力包"愈显著、范围愈大；谷底"σ_3 应力包"范围更大、也更为集中；谷底两侧剪应力 τ_{xz} 集中程度和影响愈大。如至高程 2320.00m 时，河床部位已有明显的"σ_1 应力包"和"σ_3 应力包"存在 [图 4.47 (g)、图 4.48 (g)]，同时，早期只在两岸坡脚出现的剪应力集中区域，此时已扩展到与河床连成一片 [图 4.49 (g)]。

(4) 现代河谷期 (高程 2280.00m～现今河床 2234.00m)。地质年代大致相当于全新世中期 (Q_4)～现今。自高程 2440.00m 开始，本河段进入现代河谷期的窄谷阶段，河道坡降大 (约 9‰)，侵蚀剧烈，河流继续下切至现今河床位置 (高程 2234.00m)，形成陡峻狭窄的谷底地貌。

此时河谷地应力 (图 4.50) 与近代河谷期地应力场 [图 4.47 (h)、图 4.48 (h)、图 4.49 (h)] 的基本特征相似，主要差别在于岸坡下部及河床部位。较之近代河谷期 (高程 2280.00m)，河谷两岸较高部位地应力略有调整，变化不大；但是岸坡底部及河床的应力分异和应力集中极为显著。

河谷两岸从外向里，底部岸坡地应力场呈现出十分明显的应力降低区、应力集中区和应力正常区，其中应力集中区范围有所增大并略向深部发展，应力集中程度相应增大 [图 4.50 (a)]；最小主应力 σ_3 则持续降低，且降低幅度相对于前阶段更大，在岸坡表层出现最小主应力 σ_3 降低的封闭区域 [图 4.50 (b)]。

在河床部位，应力集中更为明显，最显著的特征就是河床部位"应力包"范围大、量值高，河床左侧最大主应力 σ_1 高达 54MPa，与 ZK_{72} 的地应力实测值，基本接近 [图 4.50 (a)]；与岸坡不同，河床部位最小主应力 σ_3 不仅不降低，反而有较大幅度增加，从而导致河床以下一定深度范围内最小主应力 σ_3 因增大而现出较为明显的"应力包" [图 4.50 (b)]。

因河谷下切导致岸坡陡峻，主应力矢量方向发生较大改变，在底部岸坡附近，最小主应力倾角明显增大，向内逐渐过渡到水平方向，而河谷谷底最大主应力近水平 [图 4.50 (a)]。

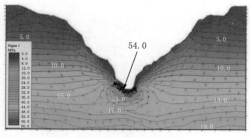
（a）最大主应力等值线

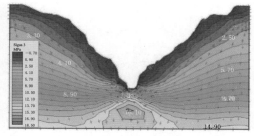
（b）最小主应力等值线

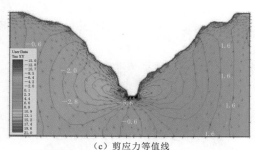
（c）剪应力等值线

图 4.50　黄河下切至现代河床位置时的地应力场特征

与近代河谷期相似，剪应力集中主要发生在岸坡坡底与河床交界部位，但剪应力量值和影响范围稍大于前期［图 4.50（c）］。

至此，拉西瓦现代河谷应力场已基本定型，并随青藏高原东北缘继续隆起而调整。

4. 现代河谷应力场及其基本特征

伴随黄河下切，拉西瓦河谷应力逐步形成。在谷底部位的基本特征是应力量值高、应力集中程度高和应力分异明显。应力分异表现为岸坡从外向内依次出现应力降低区、应力增高区和应力正常区，在黄河下切至现代河谷位置时，应力分异现象更为明显（图 4.50）。

特别需要说明的是，应力降低区内最大主应力和最小主应力均有不同程度的降低，从而导致岩体物理力学性质劣化，进而加速岩体外营力演化进程，如风化、卸荷等。外动力运动作用的结果，使得河谷区岩体物理力学性质进一步变差，并逐步向岸坡内部转移，形成不同程度的风化岩带和一定深度的卸荷岩带（图 4.51）。

外营力作用及其影响下岩体物理力学性质的变化，反过来又会影响和改变河谷应力场，使其逐步缓慢调整，并最终形成现今河谷应力场（图 4.51）。

对比下切至现代位置的地应力场（图 4.50），不难看出，河谷应力场在遭受外营力作用前后的基本特征大体上相似，但岩体的风化卸荷对河谷地应力场的影响却较为明显，即河谷应力场在风化卸荷作用下进一步调整和重分布。

风化、卸荷使岸坡表部应力降低加剧且范围逐渐加大，河床部位则主要因为浅表时效型的卸荷松弛而出现一定范围的应力降低区［图 4.52（a）、图 4.52（b）］。岸坡与河床表部应力降低区的深延与下迁，使应力增高区进一步向两岸和河床深部转移。在不同风化界线附近，河谷应力场出现应力突变现象，无论主应力还是剪应力均存在一定程度的不连续分布特征。

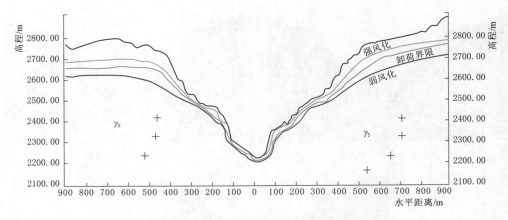

图 4.51　拉西瓦坝轴线剖面岩体风化卸荷特征

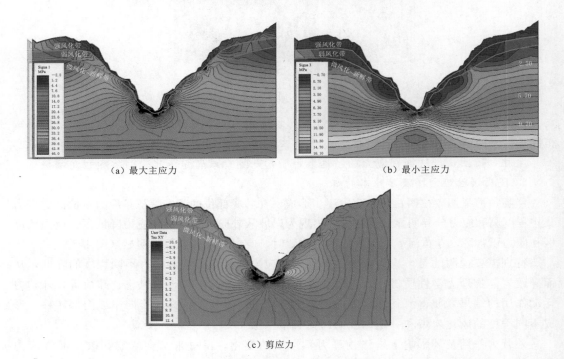

（a）最大主应力　　　　　　　　　　　（b）最小主应力

（c）剪应力

图 4.52　拉西瓦坝址现代河谷应力场特征

　　综上所述，拉西瓦坝址区河谷地应力场是在自重应力和区域构造应力综合叠加作用的基础上，受黄河逐步下切以及两岸岩体风化、卸荷等外动力作用而形成的局部应力场。显然，现今河谷应力场基本特征是应力量值高、应力集中程度高和应力分异明显。

第 5 章
坝基岩体天然卸荷研究

河谷斜坡岩体卸荷，是因为河谷侵蚀以后形成的临空面为储存在岩体中的高应变能提供了释放空间，并在斜坡较深部位产生应力集中，斜坡浅表部岩体向临空面回弹、松弛造成的。在这一过程中，岩体应力的降低将导致岩体松弛和岩体内原有的裂隙发生各种变化，形成新环境下的裂隙网络。这些裂隙一部分是原有构造裂隙经改造形成，另一部分是微裂隙扩展后的显式裂隙，也有新应力环境和外动力环境下形成的裂隙。在岩体卸荷、应力降低的过程中，随着新的裂隙系统形成，也为风化营力、地下水等外动力作用提供了通道，加速岩体风化和应力进一步降低，促进了岩体进一步破坏（巨广宏，2007）。因此，浅表部岩体的卸荷和风化作用应当认为是同步或基本同步进行的。强烈卸荷的岩体，大多是受到强烈风化作用的岩体，而弱卸荷岩体，也应是风化作用较弱的岩体。由此可以认为风化岩体裂隙的增多，是岩体卸荷和风化造就的，裂隙的增多和裂隙开度的加大是斜坡岩体受卸荷作用的结果或是卸荷作用在岩体中的一种表现形式。因此，研究斜坡从表部至深部岩体裂隙的变化，可以揭示岩体的卸荷程度，其代表性指标将是岩体裂隙数量和裂隙开度的变化等。岩体裂隙数量的变化可以用单位统计段裂隙条数或体积节理数来表示。裂隙的开度，对于较大的裂隙可以获得较为可靠的开度或宽度，而小的裂隙要测出其较可信的开度是较难的。

5.1 坝址区地质环境

1. 地形地貌

地形地貌既是长期地质历史过程中内外动力作用的产物，其浅表部又是外动力地质作用的对象。拉西瓦水电站坝址区位于共和盆地东侧之瓦里贡山龙羊峡谷（图 5.1）。峡谷两岸陡峻、河谷狭窄，相对高差为 680～700m，浅表重力地质作用发育。河床水流湍急，平均纵坡降达 9‰～10‰，近现代下切速度可达 5mm/a。因河谷强烈快速甚至不间断下切，河谷阶地鲜有发育，仅在岸坡高程 2400.00m、2360.00m、2280.00m 见有残留阶地。

坝址区河流自 NE45°流入，至坝址段呈 EW 向，经下游消能池后转为 SE 向、于龙羊峡出口处急剧转弯，绕泥鳅山入贵德盆地。

坝址附近平水期河水位 2235.00m，主流线偏左岸，水面宽仅 45～55m，水深 7～

图 5.1 拉西瓦水电站坝址地形地貌

10m，河床覆盖层一般 5~12m，坝基部位平均厚 8m，高程 2400.00m 处谷宽 245~255m，正常蓄水位 2452.00m 处谷宽 350~365m。河谷两岸基本对称，左岸以高程 2400.00m 为界、右岸以高程 2380.00m 为界，又可大致分为上下两段，上部河谷明显扩宽，坡度在 40°~50°之间；下部河谷陡峻，坡度在 70°以上（图 5.2）。

2. 地层岩性

坝区出露地层岩性主要是三叠系下统龙羊峡群浅变质岩系（T_1^{Lnl}）、中生代印支期花岗岩（γ_5）和第四系松散堆积物。

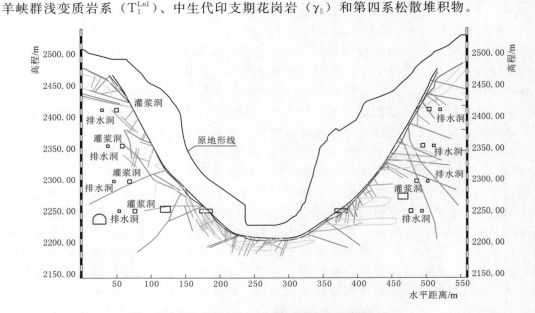

图 5.2 拉西瓦水电站拱坝轴线工程地质剖面

坝区花岗岩分布于差其卡沟至其以下 $1^\#$ 吊桥地段，顺河出露的长度约 2.1km。该花岗岩呈岩基形式产出，形成于中生代印支运动，属深成侵入岩，与围岩呈波状接触，花岗岩灰—灰白色，粒径一般在 2~8mm，属中粗粒结构，块状构造，按粒径组成，推断其结晶环境在地表以下 30km。电站挡水建筑物双曲拱坝、发电地下厂房系统、泄洪消能系统及部分施工临时建筑物（如导流洞等）均布置于该岩体中。

3. 地质构造

拱坝坝基布置于花岗岩体中，地质构造主要为断层、裂隙。坝址区Ⅱ、Ⅲ级断裂控制坝区岩体稳定。按倾角分为中—陡倾角、缓倾角断裂两类，且缓倾角断层发育较少。

（1）中—陡倾角断层。坝基岩体中陡倾角断层较为发育，按产状可分四组（表 5.1）：①NNW 向结构面，以压扭性为主，多为逆断、平移断层，断面多有斜擦痕，一般延伸较长，最大可达数百米，如 F_{201}、F_{166}、F_{164}、F_{172}，可横切两岸，破碎带宽度一般 0.1~

1.5m，该组断层约占断裂总数的 26%；②NNE 向断裂，多为张扭性，少数张性，占断裂总数的 23%，且规模也较大，如 F_{29}、F_{193}、F_{396}、F_{222}、F_{73}；③NE－NEE 向结构面，一般规模较小，以张性、张扭性为主，约占断裂总数的 24%，如 F_{165}、F_{167}；④NW－NWW 向结构面，以压和压扭性见多，不甚发育，仅占断裂总数的 11%。

表 5.1　　　　　　　　　　　　　　　　坝址区中-陡倾角断层分组

组别	产状	破碎带宽/m	主要特征	代表断层
NNW	NW330°～355° 倾 NE 或 SW 倾角 65°～80°	0.1～1.5	以压扭性为主，多为逆断层、平移断层，断面多有斜擦痕，一般延伸较长，最大可达 800～1000m，此组断层约占断裂总数的 26%。破碎带为碎块岩、糜棱岩、片状方解石脉等，胶结较好	F_{26} F_{227} F_{28} F_{252} F_{164} F_{327}
NNE	NE5°～30° 倾 SE 或 NW 倾角 60°～85°	0.2～0.3	大多为张扭性，少数为张性，占断裂总数的 23%，规模也较大；破碎带由角砾岩、糜棱岩、块状岩组成，胶结较好，断面平直，多具水平擦痕	F_{27} F_{81} F_{158} F_{72} F_{73}
NW－NWW	NW280°～320° 倾 SW 或 NE 倾角 45°～70°	0.2～1.5	以压和压扭性居多，占断裂总数的 11%；破碎带为糜棱岩、角砾岩、胶结较差，断面呈波状，延伸长	F_{70} F_{172} F_{212} F_{218} F_{250}
NE－NEE	NE30°～80° 倾 NW 倾角 55°～75°	0.1～1.4	规模一般较小，以张性、张扭性为主，发育较多，约占断裂总数的 24%；破碎带为角砾岩、糜棱岩、片状岩，胶结较好，规模较小	F_{29} F_{71} F_{151} F_{170} F_{174} F_{186} F_{198} F_{248}

（2）缓倾角断层。拱坝坝基缓倾断裂（表 5.2）占断裂的 20%～30%，倾角均小于 35°，多为 10°～20°，按其走向一般可分两组，即 NWW－NW 向、NNW 向，前者较发育，代表性断裂有 H_{f7}、H_{f6}（坝基地质编录编号为 H_{f7-1}）、H_{f8}、H_{f10}；后者不甚发育，代表性断裂有 H_{f3}、H_{L32}。缓倾断裂破碎带宽一般 10～70cm，最小 2～5cm，最大达 1.5m，断面粗糙，多见擦痕，面上附有绿色片状矿物及泥质物，破碎带组成物为糜棱岩、岩屑、碎块岩、角砾岩等，具明显的压剪特征。经分析，缓倾角断裂早期为花岗岩原生节理，后期经受了构造剪切作用，使其规模增大，表部受卸荷影响，破碎程度增高。左岸缓倾结构面主要在高程 2390.00～2440.00m 发育，右岸缓倾结构面主要分布在高程 2430.00m、2330.00～2320.00m、2290.00～2280.00m、2250.00～2240.00m 等部位。

表 5.2　　　　　　　　　　　　　　　　坝区缓倾角断层分组

组别	产状	破碎带宽/m	主要特征	性质	代表断层
NWW	NW270°～300° 倾向 S～SW 倾角 10°～20°	0.1～0.6	带内为角砾岩、糜棱岩、胶结差，断面具绿色片状矿物，局部夹泥	压性为主	H_{f1} H_{f4} H_{f8} H_{f10} H_{f12} H_{f14}
NEE	NE50°～90° 倾向 SE～S 倾角 10°～25°	0.1～0.3	带内为角砾岩、糜棱岩、胶结差，断面具绿色片状矿物，局部夹泥	压性为主	H_{f2} H_{f13} H_{f15}

续表

组别	产状	破碎带宽/m	主要特征	性质	代表断层
NNW	NW340°～350° 倾向 NE 倾角 18°～21°	0.1～0.3	角砾岩、糜棱岩,少量 岩屑泥质类	压性为主	H_{f3}

（3）硬性结构面。经大量统计分析,坝基裂隙产状、分组与断层产状、分组基本相同,其中陡倾角裂隙占 82%～85%,缓倾角裂隙仅占 15%～18%。

裂隙按走向大体分为 4 组（图 5.3、表 5.3）：① NW－NNW 组；② NNE 组；③ NWW 组；④ NE 组。裂隙在左岸以第 NWW 组占优势,约占裂隙总数的 25%,其余各组发育均衡；裂隙在右岸以 NNE 组、NE 组占优势,分别占 27.1% 和 27.8%,其余各组相对不发育。

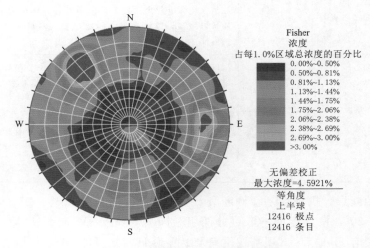

图 5.3　拉西瓦坝址区节理等密图

表 5.3　　　　　　　　　　　　　拉西瓦坝址区硬性结构面分组

岸别	组号	走向 /(°)	倾向 /(°)	倾角 /(°)	节理 条数	百分比 /%	次序	优势方位 倾向 /(°)	优势方位 倾角 /(°)
两岸总	1	320～360	50～90/240～270	>55	2234	18.0	4	72	86
两岸总	2	0～40	270～310/90～130	>50	2755	22.2	2	108	89
两岸总	3	270～300 /70～90	160～210/350～30	>50	2368	19.1	3	191	85
两岸总	4	40～80	310～350/130～170	>50	2869	23.1	1	323	82
两岸总	5			<40	1802	14.5	5	102	23
两岸节理统计总条数：12396									
左岸	1	320～360	240～270/50～90	>55	1043	17.0	5	253	75
左岸	2	0～40	270～310/90～130	>50	1055	17.2	4	292	64

续表

岸别	组号	走向/(°)	倾向/(°)	倾角/(°)	节理条数	百分比/%	次序	优势方位 倾向/(°)	优势方位 倾角/(°)
左岸	3	270～300/70～90	160～210/350～30	>50	1534	25.0	1	191	69
左岸	4	40～80	310～350/130～170	>50	1124	18.3	2	323	68
左岸	5			<40	1114	18.1	3	112	27
未参与分组节理					271	4.4			

左岸节理统计总条数：6141

岸别	组号	走向/(°)	倾向/(°)	倾角/(°)	节理条数	百分比/%	次序	优势方位 倾向/(°)	优势方位 倾角/(°)
右岸	1	320～360	50～90/240～270	>55	1191	19.0	3	73	82
右岸	2	0～40	90～130/270～310	>50	1700	27.1	2	106	84
右岸	3	270～300/70～90	160～210/350～30	>50	783	12.5	4	186	70
右岸	4	40～80	310～350/130～170	>50	1745	27.8	1	324	80
右岸	5			<40	688	11.0	5	321	5
未参与分组节理					168	2.7			

右岸节理统计总条数：6275

平洞裂隙统计资料表明，左岸裂隙切割密度一般 0.64～1.2 条/m，局部 1.4～1.7 条/m；右岸一般 0.57～0.85 条/m，局部 1.1～1.5 条/m，两岸裂隙发育程度稍有差异，岸坡表部中等发育，深部发育程度相对较弱。

4. 坝基岩体风化特征

结合坝址勘测成果，两岸坝肩部位花岗岩体总体风化特征如下：

(1) 随岸坡高程降低，两岸坝肩岩体风化岩体厚度明显减少，微风化岩体从上部高程 2380.00m 以上的 70～40m 降到下部高程 2310.00m 以下的 40～20m。

(2) 垂向上岩体风化具有明显的特征：左岸高程 2400.00m 以上，两岸坝肩风化程度大致相当，此高程以下，相对左岸坝肩同一部位，右岸靠近上游部位较为严重；高程 2400.00～2380.00m 段，左岸微风化岩体水平深度一般在 20～60m 以内，弱风化下带岩体在 20～50m 以内；右岸微风化岩体一般在 30～80m 以内，弱风化下带岩体在 20～60m 以内；高程 2380.00～2310.00m 段，左岸微风化岩体一般在 20～50m 以内，弱风化下带岩体在 10～30m 以内；右岸微风化岩体一般在 30～50m 以内，弱风化下带岩体在 10～30m 以内；高程 2310.00m 以下，左岸微风化岩体一般在 4～15m 以内，弱风化下带岩体在 10～25m 以内；右岸微风化岩体一般在 40～20m 以内，弱风化下带岩体在 40～15m 以内。

(3) 河床坝基及两岸坝肩低高程部位岩体风化较弱，仅局部地带存在少量弱风化岩体，微风化岩体埋深较浅，通过用钻孔 *RQD* 值及波速资料进行的岩体风化分带表明，河床坝基岩体因受岩芯饼裂影响，*RQD* 值普遍偏低，但坝基岩体波速高，完整性好，风化微弱，弱风化深度一般在 10～15m 以内，微风化顶板高程一般在 2210.00m 以上。

5. 坝基岩体卸荷特征

综合野外调查与平洞岩体卸荷特征，坝区岩体卸荷具以下基本特征：

（1）以高程 2400.00m 为界，其上部岩体松动、崩塌等物理地质现象普遍，而其下部浅表岩体则以结构面开裂等浅表改造为主要卸荷方式（图 5.4）。

图 5.4　坝址高程 2400.00m 以下左、右岸表部花岗岩卸荷特征（拍摄方向：从上游往下游）

（2）坝基中低高程部位强卸荷带水平深度浅，一般在 10m 以内，弱卸荷带在 30m 以内，而坝基上部高程部位（＞2380.00m）强卸荷带一般在 20m 以内，弱卸荷带一般不超过 50m，局部地段如受 Ⅱ# 变形体及地形等因素影响，弱卸荷带水平深度可达 70m。

（3）强卸荷带岩体裂隙张开一般 0.1～1cm，岩体有松动现象，拉裂缝中常见充填后期次生泥质等，岩体风化强烈，岩石矿物褪色，力学性能差；而弱卸荷带岩体中偶见开度小于 1mm 裂隙，但大部分裂隙闭合，即便有张开，其开度也多在 0.1mm 以下，裂隙面两侧蚀变宽度一般在 1cm 左右，弱卸荷带岩体一般弱风化，岩体结构多为次块状—镶嵌碎裂。

（4）弱—未卸荷岩体中随机裂隙、节理总体不甚发育，且大部分裂隙闭合、无充填，节理、裂隙大多以宽度小于 1cm 的方解石脉、岩片等硬性物质充填，岩屑很少，几乎没有泥质。

（5）左、右岸节理等密图所示两岸平行谷坡倾岸外高陡倾角节理呈微弱对称，可见因卸荷作用产生的新生卸荷裂隙并不发育，坝区卸荷裂隙应是在原有节理基础上产生尖端扩展或张开的卸荷作用改造型裂隙。

（6）弱卸荷岩体中渗流场微弱、出水地段比例极小，出水方式多以潮湿为主，雨季调查个别地段偶见滴水现象。

6. 水文地质条件

本区气候干燥，降雨量少，主要受大气降水补给，排泄于黄河。地下水类型为裂隙潜水,地下水埋藏较深,左岸自河边陡壁到坝顶高程处垂直埋深 $115\sim175m$,右岸相应部位为 $40\sim187m$。两岸水力坡降在上述区间内坡度 $25°\sim30°$,向岸里变缓($5°\sim10°$),地下水位在 7—10 月较高,略滞后于降雨季节。水位年变化幅度一般 $1\sim5m$,左岸变化较大,最大可达 $20m$。地下水化学类型属重碳酸氯化钾钠型水,呈弱碱性,对混凝土无侵蚀性。坝基花岗岩体以极微透水为主(占 85%),严重透水段($>10Lu$)所占比例很小(坝基部位仅占 6%),且多分布在地表强~弱风化岩体或卸荷带中。

7. 物理力学参数

坝基花岗岩致密坚硬,具有抗压强度高、弹性模量大、吸水率低等物理力学性质,主要物理力学参数见表 5.4,各岩级主要力学参数建议值见表 5.5。

表 5.4　坝基花岗岩主要物理力学试验指标

物理指标			力学指标			
参数类别	范围值	均值	参数类别		范围值	均值
比重	$2.63\sim2.71$	2.70	单轴抗压强度 /MPa	干	$94\sim205$	157
				饱和	$57\sim155$	110
密度 /(g/cm³) 干密度	$2.67\sim2.70$	2.68	软化系数		$0.32\sim0.99$	0.7
饱和密度	$2.67\sim2.71$	2.68	弹性模量/GPa		$35.3\sim63.7$	5.0
孔隙率/%	$0.27\sim0.73$	0.46	泊松比		$0.13\sim0.32$	0.20
吸水率/%	$0.07\sim0.25$	0.15	单轴抗拉强度 /MPa	干	$5.8\sim9.8$	7.8
饱和吸水率/%	$0.10\sim0.27$	0.17		饱和	$3.5\sim8.8$	6.7
饱和系数	$0.16\sim0.97$	0.85	抗剪断强度	$\tan\varphi$	$0.78\sim1.32$	0.96
				c/MPa	$10.0\sim20.0$	16.6

表 5.5　坝基各级岩体主要力学参数建议值

岩体级别		风化程度	变形模量 E_0/GPa	岩/岩抗剪(断)强度		混凝土/岩抗剪(断)强度	
				f'	c'/MPa	f'	c'/MPa
Ⅰ		微新	>25	$1.40\sim1.50$	$2.60\sim3.70$	$1.15\sim1.25$	$1.10\sim1.20$
Ⅱ		微风化	$25\sim15$	$1.20\sim1.40$	$1.50\sim2.60$	$1.00\sim1.15$	$0.90\sim1.10$
Ⅲ	Ⅲ₁	弱风化下	$15\sim10$	$1.00\sim1.20$	$1.00\sim1.50$	$0.95\sim1.00$	$0.80\sim0.90$
	Ⅲ₂	弱风化上	$8\sim5$	$0.80\sim1.00$	$0.70\sim1.00$	$0.80\sim0.95$	$0.70\sim0.80$
Ⅳ	Ⅳ₁	强风化下	$4\sim2$	$0.60\sim0.80$	$0.45\sim0.70$	$0.70\sim0.75$	$0.55\sim0.60$
	Ⅳ₂	强风化上	$2\sim1$			$0.60\sim0.65$	$0.40\sim0.50$

5.2　岩体卸荷特征的宏观调查

岩体卸荷一般分为强卸荷和弱卸荷。大量研究表明卸荷带岩体表现出如下特征:

(1)表部岩体有崩塌、松动,地面开裂。严重情况下使斜坡岩体演化为变形体或滑坡。

（2）新的结构面产生、原有结构面在其尖端表现出裂纹扩展，一些近地表结构面张开拉裂。

（3）节理面充填次生夹泥或为次生充填物。

（4）在松弛的应力场、活跃的渗流场作用下，风化加剧。由此导致岩石某些组织结构破坏，某些矿物成分发生转化、流失或质变。

（5）应力释放导致岩体松动松弛、密度降低。

（6）岩石卸荷回弹，体积膨胀，力学性能降低。

（7）岩体位移明显。软岩表现为塑性变形强烈，硬岩表现为结构流变突出。

（8）RQD 值、波速值、视电阻率值降低。岩体结构松弛，完整性变差。

（9）地下水活跃，水—岩作用显著。洞室开挖后围岩有渗水、滴水、流水、涌水特征。

地表调查表明，坝址区岩体因卸荷、风化等外动力作用而引起的斜坡变形破坏明显分为两部分。在高程 2400.00m 以上，两岸斜坡岩体以崩塌、松动体、变形体等为主要变形破坏方式，如左岸坝肩下游 $\text{II}^\#$、$\text{III}^\#$ 变形体。在高程 2400.00m 以下，因坡陡、坡体形成历时短暂、风化营力仅在浅表岩体活动而未深入到更深部位、岩石坚硬、岩体应力较高、表部岩体中尚存在一定应变能等一系列原因，岩体卸荷主要以极浅部结构面开裂为主要特征（图 5.5），表部不稳定块体即使崩落坍塌，也只能堆积在坡脚或被水流带走而不可能停留在 70°以上的斜坡面上。从右岸 $1^\#$ 桥稍偏上游观看对岸，岩体沿各组结构面均有张开现象。越往深部，某些组别结构面很快闭合。再如，在 $2^\#$ 桥附近的右岸孤梁处可见张开数厘米、长达百米的平行岸坡结构面，从坡底一直追高而上。

图 5.5　拉西瓦坝址区高程 2400.00m 以下花岗岩表部卸荷特征

需强调的是，与图 5.3 的坝区节理比较，出露地下水的结构面（图 5.6）特征，无论其密度集中还是总体格局，均与两岸节理总分布图相似。

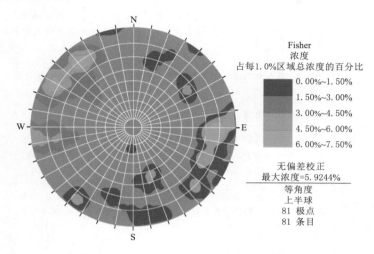

图 5.6 坝址区平洞地下水出露节理等密图

研究中对坝址区部分平洞的岩体卸荷特征及各平洞岩体卸荷带的宏观划分调查结果见表 5.6、表 5.7。

表 5.6 坝址区两岸部分平洞岩体卸荷特征野外调查成果

平洞	洞口高程/m	岩体卸荷发育特征
PD_{28}	2450.98	0～9m 为卸荷带，沿 L_{18} 有松动拉开现象，洞顶及上游侧洞壁有 1～2cm 张开缝，岩体呈强风化状态，局部偏弱风化，岩体中裂隙发育且成组成带出现，裂隙密度大于 2 条/m，隙壁浸染，岩体呈块状碎裂结构
J_3	2436.13	0～64m 强卸荷，节理发育，大部分张开 0.2～1.2cm，表部拉裂缝张开 25～30cm，岩石矿物风化失去光泽，裂面锈染或为青灰色，岩石结构疏松，岩体结构碎裂
J_4	2433.88	0～4m 岩体卸荷松动明显，0～12m 岩体强风化、裂隙发育，有松动现象，裂隙呈微张开状态，岩石已变色呈灰白色。 12～33m，部分裂隙微张（<0.1mm），裂隙多充填钙片、岩片、方解石及少量次生泥质，沿 f_7 上盘局部拉开，有架空现象，68～159.85m 洞顶沿裂隙面有滴水现象
PD_{33}	2432.81	28～45m 岩体弱风化，裂隙密度 1.12 条/m，局部有卸荷张开，岩体呈次块－镶嵌碎裂结构
PD_{43}	2421.82	洞口处拉裂缝宽 0.1～0.8cm，部分岩体中有张扭性片状破裂
PD_3	2395.04	0～16m 为强卸荷带，岩体强风化、松动拉开，部分拉裂缝中充填红色黏粒，裂隙发育且组数多，裂面多为方解石脉充填，胶结差，岩石大部分呈褐绿色及绿泥石化，并沿 Hf1、Hf3 曾有明显滑动迹象
PD_{35-3}	2366.10	0～12.5m 为卸荷带，卸荷裂隙发育，如 L_{231}、L_{230}、f_{13}、L_{236} 等；12.55～27.4m，断裂发育，如 Hf_1，HL_4，HL_1 组均呈强－弱风化，裂隙间距 0.1～0.6m，岩体属镶嵌碎裂结构

平洞	洞口高程/m	岩体卸荷发育特征
PD$_{35-2}$	2365.99	－2～7.5m 为卸荷带，节理裂隙发育，有数条平行岸坡裂隙受卸荷影响轻微张开，为镶嵌碎裂结构 7.5～21.2m 卸荷轻微，充填物挤压较紧密或无充填，岩体为次块状—镶嵌碎裂结构
PD$_{35-1}$	2364.81	0～2m 为强卸荷带，岩体强风化，岩石矿物全部变色，大部分裂隙松动拉开，岩体为碎裂结构
PD$_{24}$	2355.90	0～6m 为强卸荷松动带，6～22m 为弱卸荷带
PD$_{8-3}$	2326.05	0～23.2m 为卸荷带（以洞深 23m 处 L17 为界），0～14m 强风化，卸荷明显，裂隙多张开，充填细砂等。岩石呈灰白色，面较新鲜，岩体呈镶嵌碎裂结构；14～23.2m 岩体弱风化，大部分裂隙胶结，岩体为块状—镶嵌碎裂结构
PD$_{26}$	2293.33	0～6m 为强卸荷带，洞口处有一张开 0.5m 卸荷拉裂缝。6～15m 为弱卸荷带，裂隙较发育，裂面锈染或呈青灰色，岩体弱风化，呈次块—碎裂结构
PD$_{27}$	2291.62	0～7m 强卸荷带，岩体强风化，裂隙发育且以平行岸坡向为主，沿节理面多有卸荷松动，结构体直径一般 15～25cm；7～13.5m 为弱风化段
J$_5$	2281.15	1.6～57m 为卸荷带，1.6～8m 为强风化带，卸荷裂隙发育，裂面多被拉开 0.1～1.2cm，充填岩屑、次生泥质，胶结差，岩石矿物灰白色。8～62m 为弱风化带，岩体较完整，裂隙不甚发育，裂面部分呈肉红色，部分呈灰白色，胶结一般或较好，少数裂隙有轻微张开，岩体大多为Ⅱ～Ⅲ类围岩
J$_6$	2281.14	0～10m 卸荷明显，岩石矿物变色，岩体呈强～弱风化，裂隙微张，两侧多呈肉红色及土黄色，蚀变带宽 1～2cm，局部充填次生泥质
PD$_{23}$	2261.81	0～5m 弱风化，围岩矿物呈灰绿色，裂面围岩有 5cm 蚀变带
PD$_{36}$	2252.43	0～23.5m 为卸荷松动带。0～16m 岩石轻微褪色，裂隙发育，多数裂隙面张开，充填岩屑及次生黄泥，有部分裂面弯曲或不规则，岩体呈碎裂结构。16～23.5m，该段缓倾结构面发育，面多有张开且充填泥质、岩屑、岩片，岩石大部分新鲜，岩体呈次块—镶嵌碎裂结构，下游壁 17.5～22m 及拱角有渗水及滴水
PD$_{32}$	2241.15	0～37m 为卸荷带，岩石部分褪色，岩体弱风化呈碎裂结构，隙面大部分张开，有次生泥质、岩屑充填，胶结差。HL13 向岸内延伸长 44m，充填泥质和方解石，上盘向岸外错动 1～5cm，错断大部分裂隙，2～12m 段为裂隙密集带，发育有不同方向裂隙，岩体破碎

5.3　岩体卸荷分带量化指标选取

　　工程上目前对岩体卸荷带的划分主要是根据岸坡浅表层卸荷裂隙发育来确定。由于河谷斜坡岩体由外至里裂隙发育程度（或裂隙数量）、开度，大都随深度增加逐渐减少并至一定深度趋于稳定。这种变化是河谷形成过程中岩体卸荷、回弹、风化造成的。而至一定深度裂隙数量趋于稳定，则表明风化、卸荷对岩体已无大的影响。

表 5.7　拉西瓦水电站左、右岸不同高程各平洞岩体卸荷带现场调查宏观划分

左岸 高程/m	左岸 平洞	前期 强卸荷下限/m	前期 弱卸荷下限/m	本研究 强卸荷下限/m	本研究 弱卸荷下限/m	右岸 高程/m	右岸 平洞	前期 强卸荷下限/m	前期 弱卸荷下限/m	本研究 强卸荷下限/m	本研究 弱卸荷下限/m
2460 ~ 2380	PD_{9-1}	18	65	44	58.7	2460 ~ 2380	PD_{28}	9	48	9	46
	J_3	64	95				J_4	12			
	PD_{33}	28	45	28	70		PD_{4-1}	7.5	25	7.5	25
	PD_{43}		25	30	48		PD_{4-2}	7	47	7	46
	PD_{19}		40	53	68		PD_4	8	44	10	44
	PD_7	5	24	5	36		PD_4	12~26 强卸荷	10~12 / 55~91.5 / 157~170 为弱卸荷	同前期大体一致	
	PD_{7-1}		无明显卸荷	无明显卸荷	无明显卸荷	2380 ~ 2310	PD_{24}	10	20	8	22
	PD_{7-2}		40		40		PD_{24-2}		5		
	PD_3	16	79.5m	16	80		PD_{24-1}		11		11
2380 ~ 2310	PD_{35}	10	20	10	34		J_2	3	28		
	PD_{35-1}	2	28		23		PD_8	8	48	8	34
	PD_{35-2}	-2~7.5	21		20		PD_{8-1}		0~18		0~18
	PD_{35-3}	12.55	27	12	27		PD_{8-3}	23.2	36	16	28
	PD_{5-3}		7		28		PD_{8-2}		无明显卸荷	7	19
	PD_{5-2}		无明显卸荷				PD_{16}	8	10		9
	PD_{5-1}		41		47		PD_{16-1}	无明显卸荷		无明显卸荷	
	J_1		17				PD_{26}	6	15		28
≤2310	PD_{27}	7	13.5		10		PD_{14}		7		14
	PD_{11}		7	0.5	22	≤2310	J_6	10	36		
	PD_{31}		无明显卸荷		25		PD_6		55		60
	PD_{23}		5		5		PD_{6-1}	20	68	20	68
	PD_1		5		5		PD_{32}		37		38
	J_5	8	57				PD_{36}	23.5		23	43
							PD_2		4.5		4.5

　　深部岩体的裂隙应认为是构造运动留下的痕迹，而外表部裂隙的增多，且一些裂隙呈现张开状态或充填次生泥质物则可以认为是后期风化、卸荷造成的。因此，岩体卸荷可导

致新的裂隙的形成、原有的结构面的松弛张开，从而破坏岩体的完整性，使岩体的导水能力增强。针对这些特点，结合坝址区已有的勘探资料与现场调查的成果，对岩体卸荷带分带的量化指标选取，两岸坝肩地段以裂隙数量、裂隙开度、岩体纵波速度及透水性为依据，河床坝基地段则以岩体的透水性为依据。

坝高292m的澜沧江小湾水电站和坝高278m的金沙江溪洛渡水电站，坝型均为超过200m的特高双曲拱坝。坝肩岩体卸荷带的划分主要采用岩体纵波速度及裂隙开度这两个指标（表5.8）。这为双曲拱坝坝高250m的黄河拉西瓦水电站坝肩岩体卸荷带的划分提供了参考依据。卸荷导致岩石结构松弛、岩体完整性变差，岩石和结构面松弛从而增大岩体导水能力。因此，压水试验获得的透水指标也反映了岩体裂隙发育程度、节理开合度及卸荷程度，利用透水系数也可以对岩体卸荷带进行划分。

表 5.8　　　　　　　国内部分高双曲拱坝坝址区卸荷岩体特征

电站名称	卸荷带	V_p/(m/s)	开度	卸荷特征	岩性
小湾	强	<2500	>2cm	中陡倾～缓倾结构面发育，充填岩屑、岩块及泥，有架空现象，卸荷结构面两侧岩体松动错位	片麻岩
	弱	3000～4000	0.2～2cm	卸荷裂隙发育，充填细粒软泥，卸荷裂隙由表及里分布	
溪洛渡	强	<2500	>2cm	岩体松弛，裂面普遍张开、锈染，充填以岩屑为主	玄武岩
	弱	<4100	轻微张开	较松弛，裂隙轻微张开（一般小于1mm），长大裂面锈染严重	
	未	>4800	闭合	岩体结构紧密，裂面闭合新鲜	

考虑国内外卸荷岩体大量实测资料及其特征指标，结合拉西瓦水电站工程实践，选取裂隙开度S、裂隙条数、纵波速度V_p、透水性等指标来探讨坝址区岩体卸荷定量划分问题。不同卸荷带岩体、特征指标值选取的标准见表5.9。

表 5.9　　　　　　　拉西瓦水电站坝区岩体卸荷分带量化指标

卸荷分带	节理开度		每5m洞段裂隙条数	纵波速度 V_p/(m/s)	吕荣值 /Lu
	S/mm	每5m洞段闭合所占比例/%			
弱卸荷带下限	1	>95	18	≤4000	<10 (0.1ω)
强卸荷带下限	10	<60	36	≤2500	≥100 (1ω)

5.4　不同定量指标的卸荷分带

5.4.1　按裂隙开度、裂隙数量对坝肩岩体的卸荷分带

5.4.1.1　坝肩岩体裂隙开度的调查及卸荷分带

1. 左岸坝肩岩体裂隙开度调查及卸荷分带

为了研究坝肩岩体的卸荷程度并进行分带，在左岸坝肩各勘探平洞对所有裂隙的方

位、开度、充填物特征进行了仔细地量测。为了便于统计，将所有闭合裂隙的张开度作"0"处理，获得基本资料的格式见表 5.10 中以 PD$_{5-3}$ 平洞的调查结果为例来表示。从表 5.10 可以看出，裂隙的开度随洞深的增加有明显的减小趋势。从 30m 以后的裂隙基本上都闭合，因此表中未列出该平洞洞深 30m 以后的调查结果。

表 5.10　　　　　左岸 PD$_{5-3}$ 平洞沿 0～30m 的裂隙宽度（开度）调查结果

位置 /m	倾向 /(°)	倾角 /(°)	迹长 /m	张开度 /mm	宽度 /mm	充填	粗糙程度
0.6	190	52	0.8	5～10		无	
1.3	190	69	1.1	2～3		无	
2.2	200	66	0.7	3		无	
2.8	200	59	2.5	50～80		无	
3.1	335	57	2.4	局部张开 2～3	10	岩屑，岩粉	
3.4	300	88	1.8	局部张开 3～4	3～10	岩屑，岩粉	
3.6	180	49	1.7	2～3		无	
3.8	180	49	1.7	2～3		无	
4.8	340	77	2.5	洞顶张开	2～3	方解石脉	
5.7	215	46	1.3	2～3		无	
5.0	45	27		1～2		无	
8.7	325	77	1.5	3～5		无	
9.2	150	48	3	局部张开 3～5		无	
14.15	203	48	2.1	0.3			平直较粗糙
17.0	187	46	2.5	1～2			平直较粗糙
17.6	196	76	2.3	0.2～0.3			平直较粗糙
19.1	46	30	9	0.1			平直较粗糙
27.7	-134	67	3.2	30			平直较粗糙
28.2	145	70	1.2	2～3			平直较粗糙
28.7	170	32	3.2	4～5			平直较粗糙

将各平洞调查的裂隙总条数和闭合条数均按每 5m 洞段进行统计。获得 PD$_{5-3}$ 平洞不同洞深裂隙总条数与闭合条数的关系见表 5.11。从表可以看出，每 5m 洞段闭合裂隙条数随洞深不断增多，即张开条数随洞深的增大而不断减少，具有较为明显的递变特征，在 30m 以后裂隙的张开条数基本上为零，说明谷坡由外至内卸荷作用不断减弱，到一定位置岩体不再受卸荷作用的影响，裂隙基本为闭合状态。

表 5.11　　　　　　　平洞 PD$_{5-3}$ 每 5m 段总条数与闭合条数

位置/m	总条数	闭合条数	位置/m	总条数	闭合条数
0～5	45	36	10～15	43	42
5～10	26	22	15～20	33	30

续表

位置/m	总条数	闭合条数	位置/m	总条数	闭合条数
20~25	29	29	60~65	41	41
25~30	29	26	65~70	35	35
30~35	7	7	70~75	45	45
35~40	14	14	75~80	21	21
40~45	38	38	80~85	19	19
45~50	31	31	85~90	21	21
50~55	21	21	90~95	18	18
55~60	28	28	95~98.5	23	23

将表 5.12 中的裂隙闭合条数与总条数随洞深变化绘制的柱状图如图 5.7 所示。从图 5.7 中可以看出，裂隙每 5m 段总条数与闭合条数在洞深 0~10m 段差值较大，差值达到 5~9 条，即有 5~9 条有拉张宽度的裂隙，张开裂隙条数占总条数的 15%~20%，说明 0~10m 段岩体是受卸荷强烈作用影响的带，而不是较深处个别单条裂隙拉开的卸荷形式。10~30m 段裂隙总条数与闭合条数的差值有减小趋势，均值为 1~2 条，张开裂隙的条数占总条数的比例都小于 10%，30m 以后裂隙闭合条数与总条数值的差值一般都为零，裂隙处于闭合状态，因此可以认为 30m 以后的岩体是不受卸荷影响的岩体。据此，划分出卸荷带：强卸荷带，0~10m；弱卸荷带，10~30m。

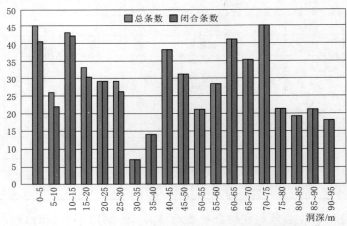

图 5.7　平洞 PD_{5-3} 裂隙总条数与闭合条数随洞深的变化

依照上述方法，将现场调查 PD_{23}、PD_{27}、PD_{31}、PD_{5-2}、PD_{5-3}、PD_{35-1}、PD_{35-2}、PD_{35-3}、PD_{7-2} 等平洞的裂隙开度资料，按表 5.9 的量化标准，获得各平洞的卸荷带划分结果见表 5.12，各平洞裂隙条数随洞深的变化见图 5.8~图 5.16。

表 5.12　　　　　　　按裂隙开度对左岸坝肩各平洞岩体卸荷带划分结果

卸荷带	PD_{23}	PD_{27}	PD_{31}	PD_{5-2}	PD_{5-3}	PD_{35-1}	PD_{35-2}	PD_{35-3}	PD_{7-2}
强卸荷下限/m	5	5	5	5	10	10	10	5	10
弱卸荷下限/m	15	25	37	10	30	15	15	15	35

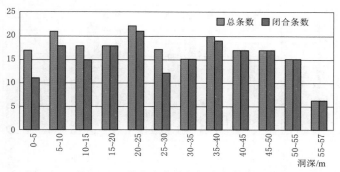

图 5.8 平洞 PD_{23} 裂隙总条数与闭合条数随洞深的变化

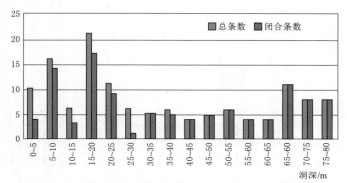

图 5.9 平洞 PD_{31} 裂隙总条数与闭合条数随洞深的变化

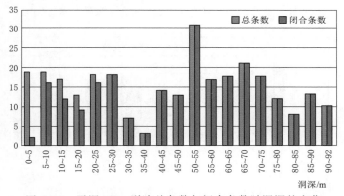

图 5.10 平洞 PD_{27} 裂隙总条数与闭合条数随洞深的变化

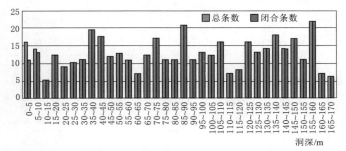

图 5.11 平洞 PD_{5-2} 裂隙总条数与闭合条数随洞深的变化

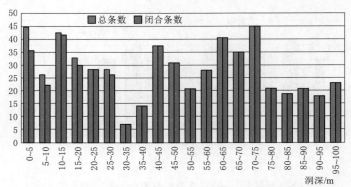

图 5.12   平洞 PD_{5-3} 裂隙总条数与闭合条数随洞深的变化

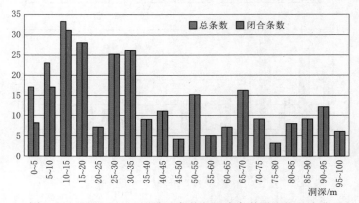

图 5.13   平洞 PD_{35-1} 裂隙总条数与闭合条数随洞深的变化

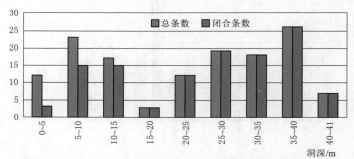

图 5.14   平洞 PD_{35-2} 裂隙总条数与闭合条数随洞深的变化

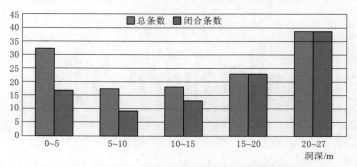

图 5.15   平洞 PD_{35-3} 裂隙总条数与闭合条数随洞深的变化

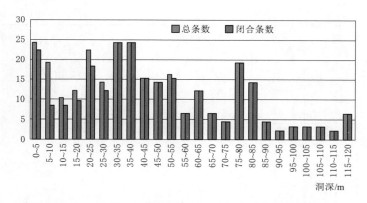

图 5.16　平洞 PD_{7-23} 裂隙总条数与闭合条数随洞深的变化

2. 右岸坝肩岩体裂隙开度调查及卸荷分带

按上述方法对右岸坝肩岩体的裂隙开度也进行了调查统计，表 5.13 是 PD_{24-2} 平洞的调查结果。从表 5.13 中张开度可以看出，平洞洞口浅部裂隙大都有一定的开度或充填，而至洞深约 35m 以后，裂隙基本上呈闭合状态。因此，可从裂隙开度的变化来分析卸荷带的变化。

表 5.13　　　　右岸平洞 PD_{24-2} 沿 0~80m 的裂隙宽度（开度）调查结果

位置 x/m	位置 y/m	倾向 /(°)	倾角 /(°)	迹长 /m	张开度 /mm	宽度 /mm	充填情况	粗糙程度
0	1	75	68		0	2~4.0	钙膜、岩粉	较平直
1.1	1	315	72		0		无	
1.3	1	305	71		20~40		岩屑、碎块	
2.1	1	335	46	1.2	2~3		无	
3.1	1	310	82	3	5~10		无	
3.9	1	85	63	1.2	3~5		无	
3.95	1	355	80	0.5	1~3		无	
4.1	1	275	30	2	2~3（局部）		无	
4.1	1	355	80	0.5	1~3		无	
4.55	1	350	82	1.5	2~3		无	
4.65	1	350	82	1.5	2~3		无	
5	1	5	84		局部张开	5	岩屑、岩粉	
6.3	1	5	78	1.2	1~2（局部）		无	
6.4	1	85	70		2~3		无	
7.7	1	355	89		15	15	泥质	
7.9	1	350	88		0	1~2	岩屑	
9.5	1	335	58	0.8	局部张开	3~5	岩屑	
10	1	95	68		局部张开	2~3	方解石脉	

续表

位置 x/m	位置 y/m	倾向 /(°)	倾角 /(°)	迹长 /m	张开度 /mm	宽度 /mm	充填情况	粗糙程度
12.9	1	320	31	2.5	5～20		无	
19.2	0.75	347	87	1.6	0.1			较平直
19.2	0.6	5	67	1.3	0.2	0.2	钙膜岩粉	较平直
19.25	1.1	350	83	3.2	0.1			较平直
24.3	1.2	350	41		1	3～5.0	岩屑岩粉	较平直
26	1.3	75	56	2.3	0	1～2.0	岩屑	较平直
27.8	1	310	87		0.3			较平直
28	1.2	315	67	5	3～5.0	10～20.0	岩屑岩粉	较平直
28.2	1	95	82	1.9	0.7			较平直
28.5	1.2	95	67	4	0.2			较平直
28.9	1.2	95	82	2.5	0.1			较平直
31	2	95	63	2.5	0	1	方解石	有起伏，较粗糙
31.2	1.1	75	73	2.1	0	1	方解石	有起伏，较粗糙
32.5	1.6	120	72	2.2	0	4.5	方解石	有起伏，较粗糙
33	1.5	92	63	2.1	0.1	3.5	局部充填方解石	较平直，较粗糙
60～65					0			
64		305	65	2	0.2			
70～75					0			
71					0			
75～80					0			

根据调查结果，将平洞中的裂隙的总条数和闭合条数均按每 5m 洞段进行统计。获得 PD_{24-2} 不同洞深裂隙总条数与闭合条数的关系见表 5.14。

表 5.14　　　　　　　　　平洞 PD_{24-2} 每 5m 段总条数与闭合条数

位置/m	裂隙总条数	裂隙闭合条数	位置/m	裂隙总条数	裂隙闭合条数
0～5	16	6	40～45	12	12
5～10	11	6	45～50	23	22
10～15	21	20	50～55	11	11
15～20	23	20	55～60	2	1
20～25	20	19	60～65	6	5
25～30	15	10	65～70	11	11
30～35	17	15	70～75	15	15
35～40	5	5	75～78	12	12

表 5.14 中可以看出，每 5m 段闭合裂隙条数随洞深的增加而增大，也具有较明显的递变特征，特别是在 35m 以后闭合裂隙的条数基本与总条数一致，岩体卸荷作用明显减弱，处于微卸荷状态。图 5.17 是按每 5m 洞段统计平洞 PD_{24-2} 的闭合裂隙条数与总条数沿洞深的分布关系。从图中可以看出，每 5m 段裂隙总条数与闭合条数在洞深 0～10m 段差值较大，达到 5～10 条。有 5～10 条有拉张宽度的裂隙，张开裂隙条数占总条数的 40%～60%，闭合的裂隙占总条数的比例很小，说明 0～10m 段岩体是受卸荷强烈影响带；10～35m 段裂隙总条数与闭合条数的差值有减小趋势，均值为 2～3 条，张开裂隙的条数占总条数的比例多小于 10%，35m 以后裂隙闭合条数与总条数值的差值一般都为零，裂隙处于闭合状态，因此可以判断 35m 以后的岩体是不受卸荷影响的岩体。据此，划分出卸荷带：强卸荷带，0～10m；弱卸荷带，10～35m。

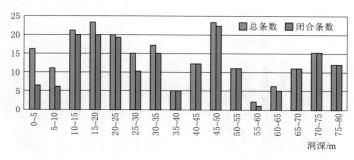

图 5.17　平洞 PD_{24-2} 裂隙总条数与闭合条数随洞深的变化

同样，按上述方法对右岸 PD_{14}、PD_{32}、PD_{8-2}、PD_{8-3}、PD_{26}、PD_{28} 等平洞调查获得裂隙条数与开度进行统计。仍然按表 5.9 的量化标准，获得各平洞的卸荷分带结果的见表 5.15，各平洞 5m 段裂隙条数变化特征如图 5.18～图 5.23。

表 5.15　按裂隙开度对右岸坝肩各平洞岩体卸荷带划分结果

卸荷带	PD_{14}	PD_{32}	PD_{24-2}	PD_{8-2}	PD_{8-3}	PD_{26}	PD_{28}
强卸荷下限/m	10	5	10		30		10
弱卸荷下限/m	20	37	35	35	35	10	40

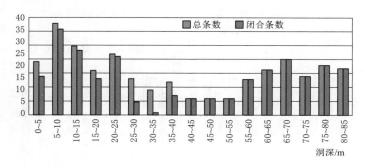

图 5.18　平洞 PD_{32} 裂隙总条数与闭合条数随洞深的变化

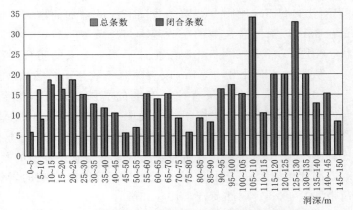

图 5.19　平洞 PD_{14} 裂隙条数与闭合条数随洞深的变化

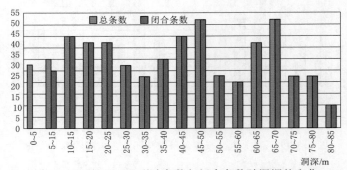

图 5.20　平洞 PD_{26} 裂隙条数与闭合条数随洞深的变化

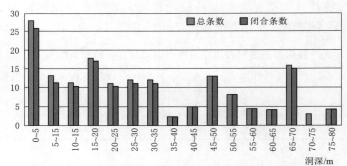

图 5.21　平洞 PD_{8-2} 裂隙总条数与闭合条数随洞深的变化

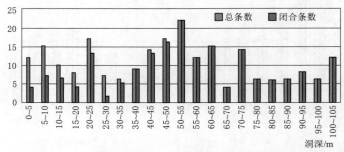

图 5.22　平洞 PD_{8-3} 裂隙条数与闭合条数随洞深的变化

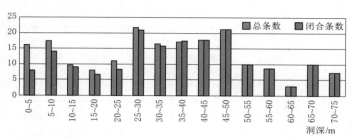

图 5.23 平洞 PD_{28} 裂隙条数与闭合条数随洞深的变化

5.4.1.2 按裂隙条数对坝肩岩体的卸荷分带

裂隙开度是反映岩体卸荷特征最直观的量化指标，可以较好地对岩体卸荷分带。然而，对于弱~微卸荷（未卸荷）的岩体，裂隙开度非常小，有效量测其开度较困难。因此，研究中采用了裂隙条数这一量化指标进一步对岩体的卸荷分带作校核和补充。

通常，斜坡发育的裂隙数量是距斜坡表面距离的增加而逐渐减少。到一定深度后，裂隙稳定在一定水平上，且与岩体的风化、卸荷程度具有较好的对应性。从河谷斜坡表部向深部、河床表部向深部，岩体风化一般由表部的全风化→强风化→弱风化→微风化→深部的新鲜岩体；岩体卸荷一般由表部的强卸荷→弱卸荷→微卸荷→深部的未卸荷岩体。岩体风化、卸荷程度的变化是渐近变化的。与此对应，结构面条数逐渐由多到少、结构面间距也逐渐由小至大，岩体结构由差变好，呈现彼此相对应的渐近变化特征。因此，研究斜坡从表部至深部裂隙的变化，可以揭示岩体的风化、卸荷程度。下面按 5m 洞段对坝址区主要平洞岩体的弱卸荷下限进行划分。

现场调查时由于重点是迹长大于 50cm 以上的裂隙，对于迹长小的裂隙多数没有统计。这样按实际调查的裂隙条数，会与岩体中真实的裂隙发育条数有一定差异。为此，采用裂隙条数对岩体的卸荷带划分主要是弱卸荷下限。

前面在岩体裂隙开度对坝肩岩体卸荷带划分时已经给出了大部分平洞 5m 洞段裂隙总条数。这里利用上述条数资料及平洞条数的现场统计结果，对主要平洞弱卸荷带下限划分结果见表 5.16。

表 5.16 据裂隙条数确定的各平洞弱卸荷带下限位置

高程/m	左岸		右岸	
	平洞编号	弱卸荷下限/m	平洞编号	弱卸荷下限/m
2460.00~ 2380.00	PD_{43}	55	PD_{28}	55
	PD_7	15	PD_{4-2}	>40
	PD_{7-2}	40	PD_4	35
2380.00~ 2310.00	PD_{35}	10	PD_{24}	>40
	PD_{35-1}	30	PD_{24-2}	25
	PD_{35-2}	10	PD_{24-1}	25
	PD_{5-2}	10		
	PD_{5-3}	30		

高程/m	左岸		右岸	
	平洞编号	弱卸荷下限/m	平洞编号	弱卸荷下限/m
<2310.00	PD_{27}	30	PD_8	25
	PD_{23}	30	PD_{8-3}	25
	PD_{11}	25	PD_{8-2}	20
	PD_{31}	20	PD_{26}	15
	PD_1	10	PD_{14}	20
			PD_{36}	30
			PD_{32}	25

5.4.2　用纵波速度确定的两岸坝肩岩体卸荷深度

根据坝址区主要勘探平洞的波速特征，按表 5.9 中不同卸荷带岩体纵波速度 V_p 的量化标准，确定各平洞卸荷带洞深位置见表 5.17。

表 5.17　　　　　　　据纵波速度 V_p 确定的各平洞不同卸荷带下限位置

高程/m	左岸			右岸		
	平洞编号	强卸荷下限/m	弱卸荷下限/m	平洞编号	强卸荷下限/m	弱卸荷下限/m
2460.00~2380.00	PD_{43}	21	56	PD_{28}	42	57
	PD_7	0	25	PD_4	17	44
	PD_{7-2}	20	40	PD_{4-1}	24	
	PD_3	39	69	PD_{4-2}	0	48
2380.00~2310.00	PD_{35}	10	20	PD_{24}	15	42.5
	PD_{35-1}	10	20	PD_{24-1}	0	40
	PD_{5-1}	0	45	PD_{24-2}	12	37
	PD_{5-2}	0	15	PD_8	0	20
	PD_{5-3}	5	30	PD_{8-1}	0	25
				PD_{8-2}	5	16
				PD_{8-3}	20	30
<2310.00	PD_{11}	15	20	PD_{26}	20	30
	PD_{31}	5	15	PD_{14}	10	21
	PD_1	0	23	PD_6	18	55
				PD_{32}	0	35
				PD_2	0	5

5.4.3　用钻孔透水系数确定的两坝肩岩体垂直卸荷深度

坝址区有近 100 个钻孔，且 70% 以上进行了压水试验。这为用单位吸水量 ω 来确定岩体不同卸荷带垂直深度提供了非常宝贵的资料。然而，坝区钻孔 ω 范围在 0.1~0.00001L/(min·m·m)，数据变动在万倍以上，难以直接绘制孔深 H 与单位吸水量 ω 二维曲线直观图示。因此，必须对数据加以处理。对于 $\omega>0.00001$L/(min·m·m)，均以 $-\lg\omega$ 取代；对于 $\omega\leqslant0.00001$L/(min·m·m) 则统一取为 $-\lg\omega=5$。经此处理后，绘制横Ⅰ~横Ⅳ剖面各钻孔不同高程高部位对应岩体单位吸水量关系，如图 5.24~图 5.27 所示

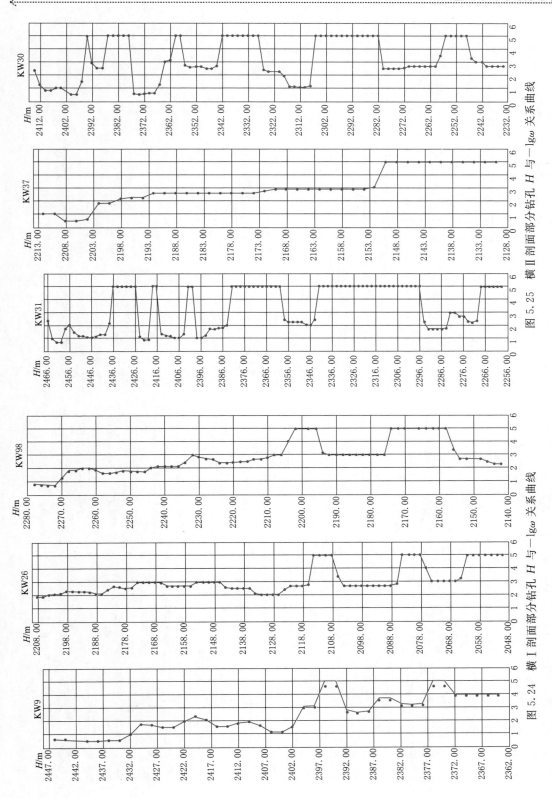

图 5.25 横Ⅱ剖面部分钻孔 H 与 $-\lg\omega$ 关系曲线

图 5.24 横Ⅰ剖面部分钻孔 H 与 $-\lg\omega$ 关系曲线

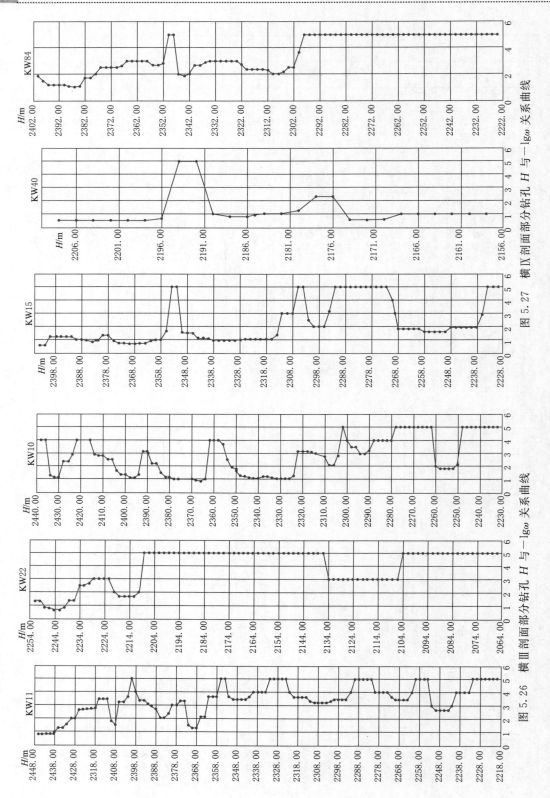

图 5.27　横 Ⅸ 剖面部分钻孔 H 与 $-\lg\omega$ 关系曲线

图 5.26　横 Ⅲ 剖面部分钻孔 H 与 $-\lg\omega$ 关系曲线

（仅列每剖面左岸、河床坝基、右岸各一个钻孔）。图中横坐标为$-\lg\omega$，纵坐标为高程H。显然，弱卸荷下限值为$X=-\lg0.1=1$，强卸荷下限值为$X=0$。

图5.24～图5.27显示拉西瓦坝址区岩体单位吸水量具有如下特征：

（1）ω值普遍偏小，一般情况下$\omega<1L/(min \cdot m \cdot m)$。

（2）曲线具有明显波动性，表明钻孔对应部位岩体应力场、断裂构造、岩体完整性等不连续、不均匀。

（3）所有曲线几乎无一例外呈现在波动中随高程降低总体上扬的趋势，也即岩体透水性能减弱，卸荷区域不断向原始应力场控制下岩体过渡。

据钻孔各高程H与单位吸水量$-\lg\omega$曲线，依据$\omega<0.1L/(min \cdot m \cdot m)$特征指数，确定拉西瓦水电站坝址区横Ⅰ～横Ⅸ剖面河谷各钻孔弱卸荷带高程与钻孔深度见表5.18。

表5.18　　　　　　　　　　据钻孔单位吸水量确定的弱卸荷界限

剖面	钻孔	孔口高程/m	弱卸荷孔深/m	弱卸荷顶板高程/m
横Ⅰ	ZK_{29}	2405.40	<5.40	>2400.00
	ZK_9	2458.37	26.37	2432.00
	ZK_7	2401.65	11.65	2390.00
	ZK_{19}	2262.62	<20.00	>2242.00
	ZK_{35}	2229.95	12.15	>2217.80
	ZK_{25}	2225.33	<14.14	>2211.19
	ZK_{26}	2230.49	<10.44	>2220.05
	ZK_4	2240.34	14.34	2226.00
	ZK_{98}	2291.41	<47.40	>2244.00
	ZK_{58}	2455.79	35.80	2420.00
横Ⅱ	ZK_{33}	2496.65	<42.65	>2454.00
	ZK_{31}	2479.80	11.80	2468.00
	ZK_{57}	2301.16	<27.16	>2274.00
	ZK_{21}	2262.14	68.14	2194.00
	ZK_{36}	2228.19	<7.96	>2220.23
	ZK_{37}	2229.98	<10.28	>2219.70
	ZK_{28}	2241.58	<7.08	>2234.50
	ZK_{90}	2379.90	25.90	2354.00
	ZK_8	2425.40	15.40	2410.00
	ZK_{30}	2432.79	18.79	2414.00
横Ⅲ	ZK_{61}	2502.18	<40.34	>2462.00
	ZK_{11}	2458.18	20.18	2438.00
	ZK_5	2414.20	<20.20	>2394.00
	ZK_3	2398.82	<50.80	>2348.00

剖面	钻孔	孔口高程/m	弱卸荷孔深/m	弱卸荷顶板高程/m
横Ⅲ	ZK$_{23}$	2261.70	<11.70	>2250.00
	ZK$_{12}$	2234.06	无压水试验资料	
	ZK$_{22}$	2266.02	26.02	2240.00
	ZK$_{20}$	2282.89	<20.90	>2262.00
	ZK$_{10}$	2455.43	<15.40	>2440.00
	ZK$_{32}$	2512.07	<12.10	>2500.00
横Ⅸ	ZK$_{63}$	2365.40	无压水试验资料	
	ZK$_{15}$	2429.62	45.62	2384.00
	ZK$_{47}$	2226.52	19.00	2205.50
	ZK$_{40}$	2227.18	<17.18	>2210.00
	ZK$_{94}$	2249.60	26.00	2223.00
	ZK$_{84}$	2423.70	<20.00	>2403.70
	ZK$_{34}$	2508.56	<56.56	>2452.00

5.5　坝址区岩体卸荷分带的综合确定

前面分别从岩体卸荷的宏观特征、裂隙条数、裂隙开度、岩体纵波速度、岩体透水性等方面对岩体卸荷带进行了定性与定量划分，综合各划分方案的结果见表 5.19。

表 5.19　　　　　　　　拉西瓦水电站坝基岩体卸荷带划分综合结果表

岸别	平洞编号	强卸荷下限/m				弱卸荷下限/m				
		基于裂隙开度	基于纵波速度	基于现场调查	建议深度	基于裂隙开度	基于裂隙条数	基于纵波速度	基于现场调查	建议深度
左岸	PD$_{33}$		15	28	28				45	45
	PD$_{43}$		21		21		55	56	25	56
	PD$_7$		0	5	5		15	25	24	25
	PD$_{7-2}$	10	20		20	35	40	40	40	40
	PD$_{35}$		10	10	10		10	20	20	20
	PD$_{35-1}$	10	10	2	10	15	35	20	28	30
	PD$_{35-2}$	10		7.5	10	15	10		21	21
	PD$_{35-3}$	5		12.55	12.55	15			27	27

岸别	平洞编号	强卸荷下限/m				弱卸荷下限/m				
		基于裂隙开度	基于纵波速度	基于现场调查	建议深度	基于裂隙开度	基于裂隙条数	基于纵波速度	基于现场调查	建议深度
左岸	PD_{5-1}		0					45	41	45
	PD_{5-2}	5	0		5	10	10	15		15
	PD_{5-3}	10	5		10	30	30	30	7	30
	PD_{27}	5		7	7	15	15		13.5	15
	PD_{23}	5			5	15	30		5	20
	PD_{11}		15		15	25	20		7	20
	PD_{31}	5	5		5	37	20	15		20
	PD_1		0				10	23	5	23
右岸	PD_{28}	10	42	9	42	40	55	57	48	57
	PD_4		17	8	17		35	44	44	44
	PD_{4-1}		24	7.5	24				25	25
	PD_{4-2}		0	7	7		>40	48	47	48
	PD_{24}		15	10	15		>40	42.5	20	40
	PD_{24-1}		0				25	40	11	35
	PD_{24-2}	10	12		12	35	35	37	5	35
	PD_8		0	8	8		25	20	48	25
	PD_{8-1}		0					25	18	25
	PD_{8-2}		5		5		20	16		20
	PD_{8-3}	30	20	23.2	30	35	25	30	36	36
	PD_{25}		20	6	20	10	15	30	15	30
	PD_{14}	10	10		10	20	20	21	7	20
	PD_6		18		18			55	55	55
	PD_{32}	5	0		5	37	25	35	37	37
	PD_2		0					6	5	5
	PD_{36}			23.5	24		30		43	43

由表 5.19 可见，按各量化指标对坝址区主要平洞岩体进行的卸荷带划分，大部分平洞与现场划分具有较好的一致性。仅少数平洞（如 PD_{11}、PD_{23}、PD_{5-3}、PD_{24}、PD_{14} 等）按量化指标划分的卸荷分带界线有一定差异，这几个平洞按量化指标确定的弱卸荷下限比现场定性划分稍偏深。为了便于对比，选取横Ⅱ剖面图绘制的坝址区两岸坝肩岩体弱卸荷下限分布如图 5.28 所示。从图 5.28 中可见，弱卸荷下限略浅于弱风化下限，二者趋势基本一致。

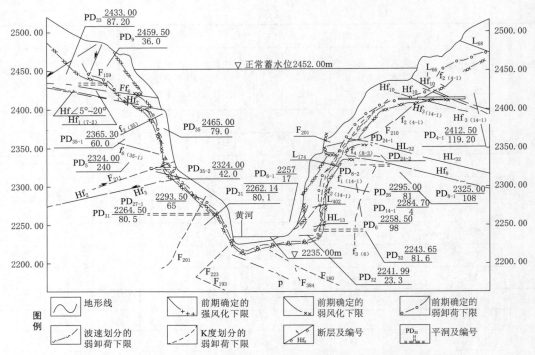

图 5.28　拉西瓦坝址横 II 剖面两岸坝肩各定量指标划分的弱卸荷下限分布

5.6　河床坝基岩体卸荷分带

河床坝基部位水力侵蚀剧烈,一般不存在强风化、卸荷岩体。因此,按照表 5.9 岩体透水性对岩体卸荷带的划分标准,对河床坝基部位的各钻孔弱卸荷带下限划分结果见表 5.20。表 5.20 表明,河床坝基部位弱卸荷岩体垂直深度一般在 5~15m,分布于高程 2210.00m 以上。

表 5.20　　　　　　据透水率 ω 确定的河床坝基岩体弱卸荷深度表

孔号	高程 /m	部位	覆盖层 厚度/m	基岩顶板 高程/m	卸荷 高程/m	卸荷 深度/m	备注
ZK_4	2240.34	右坝基	0	2240.34	2226.00	14.34	2218.00~2216.00m, $\omega=0.26$ 2214.00m 以下, $\omega<0.01$
ZK_6	2240.94	右坝基	0	2240.94	2216.00	24.94	2196.00m 以下, $\omega<0.01$
ZK_{16}	2240.14	右岸河边	14.48	2225.96	>2218.00	<7.96	2190.00~2188.00m, $\omega>0.01$
ZK_{24}	2235.04	横 II 剖面河心	18.8	2216.24	2190.00	26.24	
ZK_{25}	2225.33	横 I 剖面河心	7.19	2218.14	>2204.00	<14.14	钻孔压水试验开始于 2204.00m 高程以下
ZK_{26}	2230.49	横 I 剖面河心	10.05	2220.44	>2210.00	<10.44	钻孔压水试验开始于 2210.00m 高程以下
ZK_{28}	2241.58	右坝基	6.5	2235.08	>2228.00	<7.08	钻孔压水试验开始于 2228.00m 高程以下
ZK_{36}	2228.19	河床坝基	12.23	2215.96	>2208.00	<7.96	钻孔压水试验开始于 2208.00m 高程以下

续表

孔号	高程/m	部位	覆盖层厚度/m	基岩顶板高程/m	卸荷高程/m	卸荷深度/m	备注
ZK$_{35}$	2229.95	河床坝基	7.8	2222.15	2210.00	12.15	
ZK$_{38}$	2229.23	河床坝基	8.69	2220.54	2208.00	12.54	
ZK$_{37}$	2229.98	河床坝基	5.7	2224.28	>2214.00	<10.28	钻孔压水试验开始于2214.00m高程以下
ZK$_{48}$	2229.32	上游河床	12.51	2216.81	>2208.00	<8.81	钻孔压水试验开始于2208.00m高程以下
ZK$_{49}$	2229.89	上游河床	10.39	2219.5	>2210.00	<9.5	钻孔压水试验开始于2210.00m高程以下
ZK$_{72}$	2241.28	河床坝基右侧	6.14	2235.14	>2204.00	<31.14	钻孔压水试验开始于2204.00m高程以下
ZK$_{60}$	2256.67	平洞PD$_6$内	0	2256.67	>2246.00	<10.67	钻孔压水试验开始于2246.00m高程以下

5.7 坝址区卸荷岩体的空间分布特征

1. 地表调查

以高程2400.00m为界，坝区花岗岩体岸坡变形破坏可明显分为两部分。

（1）高程2400.00m以上，两岸斜坡以崩塌、危石、松动体、变形体等为主要变形破坏方式。分析原因主要为：高程2400.00m恰为下部70°斜坡与上部斜坡45°分界，且高程2400.00m以上仍有400m以上的高差，沟梁相间、凸凹多变，微地貌更为复杂，为岩体卸荷提供了更为充分的释放空间；相对下部岩体，斜坡形成时间长，岩体风化、卸荷程度高、深度大，表部岩体中弹性应变能已全部或大部释放。

（2）高程2400.00m以下，因坡陡、坡体形成历时短暂，风化营力尚未深入到更深部位，且谷底岩体应力量值较高，使岩体卸荷主要以极浅部结构面开裂为其主要特征（图5.29，岸坡表部岩体开裂，卸荷裂隙多倾向岸外）。浅表岩体的各组结构面均有张开现象。右岸孤梁可见平行岸坡结构面张开数厘米乃至长达百米，结构面由坡底追高而上。

2. 平洞调查

按坝区部分平洞的野外调查结果，上部高程水平卸荷深度较深，浅表部卸荷裂隙拉裂开度较大，如平洞J$_3$（洞口高程2436.13m），0～64m强卸荷，节理发育，大部分张开1～2cm，表部拉裂缝张开达25～30cm。

3. 卸荷岩体剖面展布特征

将上述根据各平洞、钻孔资料对岩体卸荷分带的综合量化结果，选取坝址区横Ⅰ、横Ⅱ、横Ⅲ、横Ⅸ剖面绘制的岩体弱卸荷下限分布图如图5.29～图5.32。为了便于对比，在图中将前期划分的岩体风化界线一并列于其中。

分析图5.29～图5.32的成果，可得出如下认识：

（1）拉西瓦水电站坝基岩体两岸及河床地带卸荷相对较弱，总的卸荷特征表现为随高程的增加，岸坡卸荷深度逐渐加深。在高程2400.00m以上，强卸荷水平深度一般为20～30m；在高程2400.00m以下，强卸荷水平深度一般为10～15m。在高程2400.00m以上，弱卸荷带岩体水平深度一般为40～60m；在高程2400.00m以下，弱卸荷带岩体水平深度一般为20～35m。河床坝基部位，弱卸荷岩体垂直深度一般为5～10m。

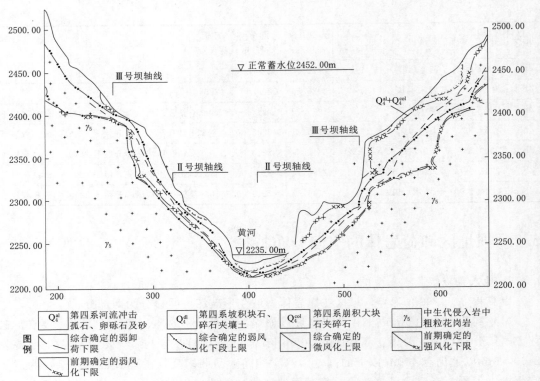

图 5.29　横Ⅰ剖面风化带及弱卸荷下限分布

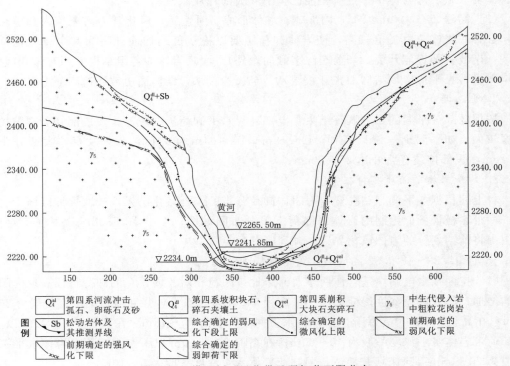

图 5.30　横Ⅱ剖面风化带及弱卸荷下限分布

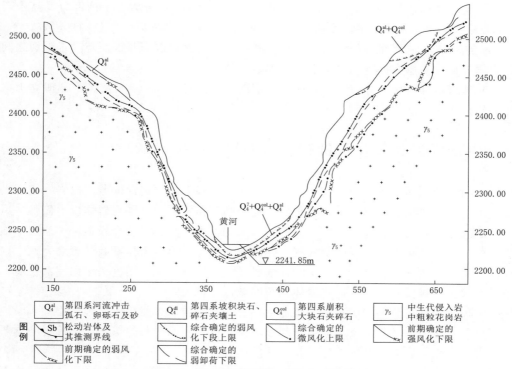

图 5.31 横Ⅲ剖面风化、弱卸荷下限分布

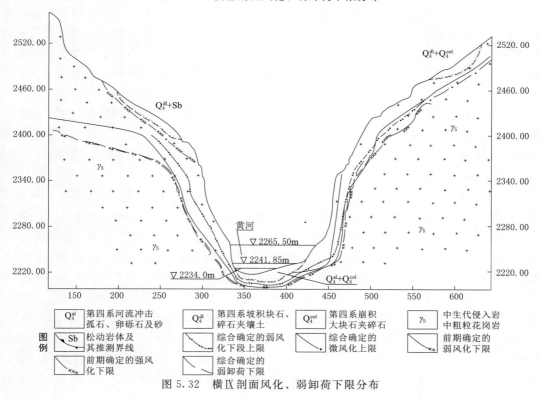

图 5.32 横Ⅸ剖面风化、弱卸荷下限分布

（2）无论左岸还是右岸，大致以高程 2400.00m 为界，可分为上下两部分，其中高程 2400.00m 以上卸荷岩体水平深度明显加大，而高程 2400.00m 以下则趋同性较好。

（3）结合各平洞所在的剖面来看，从上游至下游，大致以横Ⅱ剖面与横Ⅲ剖面之间为界，岩体卸荷在左岸有加宽趋势，在右岸有减弱趋势。

（4）地形对卸荷影响亦较明显，如横Ⅰ剖面右岸高程 2280.00m 及其下部孤立山梁使岩体弱卸荷水平深度达 55m。

5.8　坝址区岩体风化与卸荷关系探讨

风化与卸荷同属外动力地质作用，两者共同对河谷表部一定深度范围内岩体进行次生时效改造。风化作用的本质为岩石矿物的蚀变，卸荷作用的本质则为岩体应力松弛。风化与卸荷之间存在着天然联系。岩体应力松弛为风化营力、地下水的介入提供了通道，加速了岩体的风化。风化作用不断改变周围岩体的应力状态，迫使岩体不断进行应力调整以适应新的环境，导致浅表岩体中应力不断被削弱，从而使得风化作用进一步向深部扩展，破坏扰动其邻近区域天然应力从而将岩体卸荷领域逐步扩大。

影响风化和卸荷作用的因素很多，但主要有地形地貌、气候因素、地层岩性、断裂发育、岩体天然应力场及其最大主应力与斜坡坡向的关系、历时长短等等，而且更为重要的是，二者本身相互影响、共同促进，是时间的函数。

风化和卸荷共同作用的结果表现在：岩体应力松弛，岩石矿物蚀变，岩体中结构面张开，产生新的次生裂隙（如风化裂隙、卸荷裂隙），岩体卸荷回弹，变形模量和抗剪强度降低，岩石密度减小，石吸水性增强，岩体渗透性能提高。对于高山峡谷，河谷扩宽的根本原因为风化卸荷和河流的剥蚀作用，即表部岩体的松动、变形、破坏、失稳是以风化和卸荷作用为基础。对于工程来讲，主要产生两方面的后果：岩体完整性变差，岩体物理力学性能不能完全满足工程安全要求。

风化与卸荷岩体有一个共同特征，即由表及里、由浅入深两种外动力作用都有逐渐减弱的特点，但卸荷有时地表和深部同时发生，即所谓深部应力扩张。从工程应用角度可将风化带岩体划分为全风化带、强风化带、弱风化带、微风化带等，将卸荷带岩体划分为强卸荷带和弱卸荷带。

对于岩体风化和卸荷进行研究并对其详细分带具有重大工程意义。强卸荷、强风化岩体由于裂隙张开、充填泥土而表现为低波速、低模量、介质不连续、稳定性差，故一般不可利用而全部开挖。弱风化、弱卸荷岩体是伴随明显卸荷而产生的由卸荷向无卸荷过渡带，是一种轻微松弛的岩体，进行一定程度的处理后可满足工程要求，因而属可利用岩体。研究风化、卸荷作用有三种方法，即定性、定量与数值模拟。定性为在野外进行大面积宏观地质调查统计，获得第一性资料与感性认识，这是研究风化、卸荷的基础，应高度重视；定量则是通过工程类比，并结合具体工程实践对表征风化、卸荷的特征指标加以量化而得到不同风化带、卸荷带的定量深度；数值模拟尽管因其难以建立完全的地质力学模型与数学模型，但是优点也是非常明显的。通过数值模拟，一方面可从理论上对规律进行探讨，另一方面可大大弥补定性与定量研究方法的不足。因为定性与定量一般是建立在地表可视范围与有限的勘探之上，而数值模拟则可以从整体、宏观的角度给予卸荷作用等可整体可局部地把握，重在本质规律性的探讨。

为分析上述卸荷与应力场的关系，地应力场一章研究中对坝区河谷应力场亦做了二维有限元数值模拟，获得的主要成果见第 2 章的图件所示。风化卸荷与应力场的对应关系如下：

（1）河谷底部"应力包"明显，是河床应力集中区，其量值一般在 30MPa 以上，其量值与实测地应力相吻合，而且钻孔揭露的大量岩芯饼裂正发育于此带内，出现这一明显应力集中区，是在区域环境应力场作用下因高陡斜坡、狭窄河谷所造成的局部应力场的结果。在这一部位的浅部，岩体的风化不强，但卸荷很强，深度 5~10m，高程 2210.00m以上。

（2）河谷应力松弛带。其量值一般小于 4MPa，分布在河谷斜坡外部厚度 20~50m，并且随河谷加宽，应力松弛带有加宽的趋势，拱坝建基面附近中低高程以下，右岸卸荷宽度明显大于左岸，而从水平卸荷深度看，横Ⅰ、横Ⅱ、横Ⅲ剖面各剖面应力特征与本次实际调查统计、定量化研究的卸荷结论非常吻合，因此河谷卸荷带是河流下切时谷坡周边二次应力作用后周围岩体屈服松弛以及风化营力介入造成的。

（3）岸坡应力过渡带。为不受河床应力集中带影响的斜坡地带，位于应力松弛带以内，量值一般为 6~12MPa，谷坡应力随岸深度增大而趋于稳定，逐渐到达岩体初始应力场。在风化卸荷特征上，此带则已为微风化~新鲜岩体或未卸荷岩体。

（4）河床应力过渡带。为河床一定区域向天然应力场过渡地带。此带应力不稳定，应力曲线随深度增加呈波状起伏。具体变化表现为岸坡松弛低应力→一定深度高应力峰→应力缓慢降低→趋于稳定。在风化卸荷上仅表现为局部的沿断层裂隙的带状风化，无卸荷特征。

（5）正常应力带。不受河流下切、河谷开挖影响的天然应力场，该带为基本未受风化和卸荷影响的深部原位岩体。

第6章
高拱坝坝基开挖卸荷工程应用

6.1 坝基开挖揭露工程特征

6.1.1 坝基开挖特点

拉西瓦水电站坝址区边坡高陡险峻，图6.1为拉西瓦水电站坝址区卫星图。拉西瓦水电站坝基开挖在很多方面具有挑战性，主要有以下几个方面特点：

图6.1 拉西瓦水电站坝址区卫星图

（1）外围开挖环境复杂。坝顶高程2460.00m以上仍有450～500m的高陡边坡，地质历史时期改造时间长，岩体风化卸荷明显，谷坡演化过程中形成结构复杂、变形破坏机制多样的各类不良地质体，发育或悬挂于陡峻岸坡之上，工程处理难度很大，且坝基外围枢纽布置密集（右岸进水口、出线平台及两岸缆机平台、河床水垫塘等紧密布置于拱坝坝基周围）。

（2）开挖高度大。岸坡陡峻，多处为悬崖、且有倒坡发育，开挖边坡最大高度接近180m，开挖坡比最大达到5∶1。

（3）断层、裂隙等地质构造发育。开挖边坡结构块体较多，且出现多次塌方。

（4）因坝肩开挖，两岸各产生上游、拱肩槽、下游三个人工边坡，边坡高陡，加之结构面不利组合形成的块体，边坡支护难度大。

（5）面临坝建基面岩体松弛、断层出露、裂隙密集带等地质缺陷，工程处理复杂。

（6）河床钻探揭示较多岩芯饼裂现象，两岸坝肩尤其河床坝基处于中～高应力水平状态，坝基开挖过程中岩体产生较强卸荷作用。

6.1.2 坝基开挖前可利用岩体选择

1. 高拱坝坝基可利用岩体选择及其量化指标

混凝土双曲拱坝结构复杂，超高拱坝对抗力体的要求十分严格。拉西瓦水电站拱坝坝基可利用岩体选择难度大，主要表现在：①地形地貌条件复杂，边坡问题突出；②坝基内各组断层、裂隙较为发育，地质构造复杂，局部存在裂隙密集带；③坝基所在岸坡岩体风化、卸荷不均匀；④岩体质量在空间展布不均匀；⑤建基岩体与结构面力学参数选取；⑥坝基开挖岩体卸荷与地应力关系密切，拱坝坝基赋存于河谷底部中高地应力环境场中；⑦可利用岩体标准的制定等。

拉西瓦水电站坝基花岗岩为致密坚硬岩石，建基岩体赋存于中高地应力场中，卸荷带以内深部岩体挤压紧密，完整性好，断裂呈闭合状态。从岩石与岩体物理力学性态考虑，建基岩体强度与变形均满足高拱坝建基要求。因此，拱坝嵌深选择主要考虑风化、卸荷、岩体结构等因素。

根据《水力发电工程地质勘察规范》（GB 50287—2016）及拉西瓦水电站高拱坝荷载特征，以高程2380.00m为界，高程2380.00m以下选用高拱坝标准，高程2380.00m以上选用中低坝标准。据此，选择拉西瓦高拱坝坝基可利用岩体选择量化指标列于表6.1（巨广宏等，2007）。

2. 高拱坝坝基可利用岩体嵌深选择

依据上述原则与量化指标，对拱坝坝基部位Ⅰ坝线、Ⅱ坝线、Ⅲ坝线建基嵌深选择见表6.2。

表6.1　　　　　　　　　　　**拉西瓦高拱坝坝基可利用岩体量化指标**

项目	定性及定量指标		高程段	
			2380.00m 以下	2380.00m 以上
风化程度	定性	风化程度	微风化至新鲜	弱风化下段
	定量	波速比	＞0.8	0.7～0.8
		完整性系数 K_v	＞0.64	0.49～0.64
		裂隙间距/m	＞0.50	＞0.4
		5m 洞段单元节理数/条	＜20	20～30
		RQD/%	＞75	62.5～75
岩体结构	定性	结构类型	块状以上，局部次块状	次块状以上，局部镶嵌
	定量	裂隙间距/m	＞0.50	＞0.4
		RQD/%	＞75	62.5～75

续表

项目	定性及定量指标		高程段	
			2380.00m 以下	2380.00m 以上
岩体完整性	定性	完整程度	完整、较完整	完整性一般
	定量	完整性系数 K_v	>0.64	0.49~0.64
卸荷程度	定性	分带	轻微或未卸荷	弱卸荷
	定量	波速 V_p/(m/s)	>4000	2500~4000
		开度/cm	<0.1	0.1~1.0
		透水性/Lu	<1.0	1~10

6.1.3　坝基开挖揭露地质条件

经地质、设计各专业综合确定，按拱坝体型，坝基开挖最终嵌深线与表 6.2 基本接近。图 6.2 为拉西瓦高拱坝坝基开挖平面轮廓图，图 6.3 为拱坝轴线工程地质剖面图。

表 6.2　　　　　　　　　　　坝基各剖面可利用岩体水平深度

岸别	高程段	水平深度嵌深		
		Ⅰ 坝线	Ⅱ 坝线	Ⅲ 坝线
左岸	2400.00m 以上	可利用Ⅲ₁级岩体，高程 2452.00m 宜开挖深度 45m	可利用Ⅲ₁级岩体，嵌深 30~40m，局部嵌深 50m	同Ⅱ坝线
	2400.00m 以下	Ⅱ 级岩体，建议高程 2340.00m 以下嵌深 30~60m	可利用岩体Ⅱ级，嵌深 20~30m，局部嵌深 40m	同Ⅱ坝线
右岸	2400.00m 以上	高程 2380.00m 以上，可利用Ⅲ₁级岩体，深度一般 30~40m	高程 2380.00m 以上，可利用Ⅲ₁级岩体，深度一般 25~60m	高程 2380.00m 以上，可利用Ⅲ₁级岩体，深度一般 30~35m，最大深度 45m
	2400.00m 以下	高程 2380.00m 以下，可利用Ⅱ级岩体	同Ⅰ坝线	嵌深 30~40m，凸梁地带嵌深 50~60m
河床坝基		建议建基高程 2210.00m		

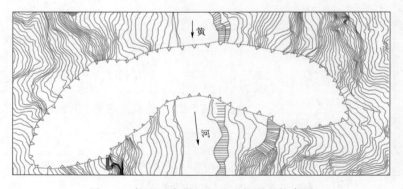

图 6.2　拉西瓦高拱坝坝基开挖平面轮廓图

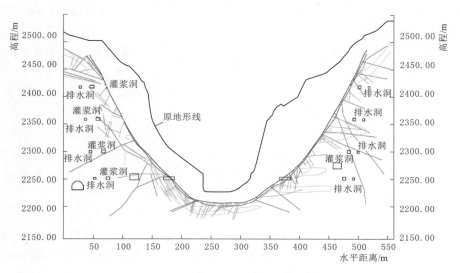

图 6.3 拉西瓦拱坝轴线开挖后地质剖面

6.1.3.1 左坝肩开挖揭露地质条件

1. 总体地质条件

左岸坝肩开挖于 2004 年 8 月 25 日，共计石方开挖 $70.5 \times 10^4 \mathrm{m}^3$，支护时段 2004 年 9 月 10 日—2005 年 11 月 10 日，开挖形象及地质特征如图 6.4 所示。左岸坝肩高程 2400.00m 以下为 $60° \sim 65°$ 左右陡坡，其中高程 $2290.00 \sim 2270.00 \mathrm{m}$ 段为坡积覆盖的 $40°$ 左右缓坡，高程 2400.00m 以上为 $45° \sim 50°$ 基岩岸坡。

左岸坝肩夹持于上游 F_{27}、F_{28} 与下游 F_{29} 断层之间，上部高程约 2408.00m 被 Hf_{7-1} 缓倾角断层切割、中高程被 Hf_3 缓倾角断层切割、低高程被 F_{211} 断层斜切。拱肩槽为拱坝建基岩体，属施工期临时边坡。据开挖揭露，开挖边坡岩体结构总体呈块状—整体块状，高程 2408.00m 以上涉及厚 10~15m 的弱风化岩体。高程 2408.00m 以上以 III_1 级为主，高程 2400.00m 以下以 II 级为主。局部断裂发育地段的岩体结构较差，岩体波速偏低，主要受高程 $2445.00 \sim 2415.00 \mathrm{m}$ 附近 Hf_{7-1}、Hf_7 断层影响以及 $2295.00 \sim 2262.00 \mathrm{m}$ 高程段 F_{211} 断层密集带影响。

（1）地质构造。左岸坝肩开挖揭露地质构造仍为断层、裂隙，但总体不甚发育，如图 6.4 所示。左岸坝肩开挖共揭露较大断层 13 条（表 6.3、表 6.4）。

开挖揭示断层可分为三组：NNW 组高倾角、NNE 组高倾角、缓倾角断层。以中、陡倾角断层为主，其中 NNW 组高倾角断层 5 条，占 38.5%；NNE 组高倾角断层 5 条，占 38.5%；缓倾角断层 3 条，占 23.0%。NE-NEE 向、

图 6.4 左岸坝肩开挖形象及地质特征

NW - NWW 向高倾角断层在左坝肩未见出露。具体的 NNW 组高倾角、NNE 组高倾角、缓倾角断层介绍如下。

1）NNW 组高倾角断层。如 F_{28}、Zf_1、Zf_3、Zf_4、Zf_5 等断层；走向 NW330°～350°，倾向 SW，倾角 60°～80°；断层宽度一般 20～50cm，也有宽度 3～8cm 情况；充填糜棱岩、碎裂岩、岩粉、方解石脉等，充填物肉红色，胶结差；断层面略弯曲；F_{28} 断层上盘影响带宽 2～3m，下盘影响带宽 2～8m。

2）NNE 组高倾角断层。如发育 F_{319}、F_{28-1}、F_{211}（Zf_6）、Zf_7 等断层；走向 NE5°～35°，倾向 NW，倾角 50°～80°；断层宽度 10～20cm，F_{28-1} 宽度达 150～200cm，Zf_7 宽度仅为 3～8cm。充填岩屑、岩片，碎裂岩，局部糜棱化，少量钙质方解石，胶结差；断层面平直光滑。

3）缓倾角断层。如 Hf_{7-1}、Hf_7、Hf_3 等断层；走向 NW280°～310°，Hf_{7-1}、Hf_7 的倾向 SW，Hf_3 的倾向 NE，Hf_{7-1}、Hf_7 的倾角 12°～15°，Hf_3 的倾角 20°；断层宽度一般 5～20cm，充填糜棱岩、碎裂岩、挤压片状岩、灰色泥、钙质岩片等；断层带内风化严重，胶结差～胶结一般；断层面平直光滑；断层上下盘影响带宽 1～2m，局部 50cm。

共揭露裂隙 194 条，可分为 5 组（表 6.5）；高倾角裂隙 4 组，缓倾角裂隙 1 组（约占 20.1%），高倾角裂隙中，走向 NW - NNW 约占 27.5%，走向 NNE 约占 17.6%，走向 NWW 组约占 24.3%；走向 NE - NEE 组约占 10.4%；裂隙宽度一般 5～8mm，主要充填岩屑、钙质或方解石脉，多有锈染；裂隙面平直光滑，充填物胶结较好；裂隙延伸长度 7～12m；成组发育规律较强。

表 6.3　　　　　　　　　　　左岸坝肩开挖揭露断层汇总表

序号	编号	走向/(°)	倾向	倾角/(°)	宽度/cm	地质描述
1	F_{319}	28	NW	70	40	充填糜棱岩、碎裂岩、钙质薄片胶结差，面弯曲，见 NE34° 擦痕，上盘影响带宽 3m、下盘宽 8m
2	$F_{28-1上}$	30	NW	30	150～200	充填糜棱岩、碎裂岩、角砾岩，胶结较好，面平直光滑，上盘影响带宽 2m、下盘宽 5m
	$F_{28-1下}$			50		
3	Zf_1	330	SW	69	40～50	充填糜棱岩、碎裂岩、岩片，胶结差，平直粗糙
4	Zf_2（F_{319}）	28	NW	80	10～20	糜棱岩、碎裂岩、钙质薄片，胶结差，平直较粗糙
5	F_{28}（2400m）	357	SW	70	20～50	充填糜棱岩、碎裂岩、岩粉、方解石脉，肉红色，胶结差，面稍弯曲，上盘影响带宽 2.7m、下盘带宽 2m
6	Hf_{7-1}	280	SW	15	10～15	充填糜棱岩、角砾岩、钙质薄片等，胶结一般，面平直光滑，上盘影响带宽 3m、下盘宽 2m
7	Hf_7	280	SW	12	5～20	充填糜棱岩、碎裂岩、灰色泥、钙质岩片，带内风化严重，胶结差，面平直光滑，上下盘影响带宽 1.2m（局部宽 50cm）
8	F_{28}（2385m）	350	SW	54	30	充填岩屑、岩片、糜棱岩，胶结差，弯曲较光滑，延伸较长，上盘影响带宽 2m、下盘宽 8m
9	F_{28}（2370m）	342	SW	65	90	充填碎裂岩、3cm 厚方解石、糜棱岩，胶结差，面弯曲较光滑，延伸较长，上盘影响带宽 2m、下盘宽 8m

序号	编号	走向/(°)	倾向	倾角/(°)	宽度/cm	地质描述
10	Zf_3	355	SW	70	0.3～0.8	充填方解石、岩屑，胶结较好，面弯曲光滑，延伸较长
11	Zf_4	340	SW	80	15～25	充填碎裂岩（橄榄绿）、糜棱岩、钙质岩屑，潮湿，胶结差，弯曲较光滑，向上交 Zf_5，下游形成光面面
12	Zf_5 (ZL_{49})	355	SW	60	0.3～0.5	充填岩屑、岩片，灰白色，胶结一般，面弯曲光滑，总宽30cm
13	Hf_3	310	NE	20	20	充填挤压片状岩、碎裂岩等，胶结一般，面平直光滑，产状稳定
14	F_{211} (Zf_6)	35	NW	45～60	5～20	充填岩屑岩片（局部糜棱化）、少量钙质方解石，胶结差，面平直光滑，下盘影响带宽1.5m，上盘无影响
15	Zf_7	5	NW	60	2～3	充填岩块、岩屑，胶结差，平直光滑，长大于15m

表 6.4　　　　　　　　左岸坝肩开挖揭露断层分组统计结果

组号	走向（方位/°）		倾向/(°)	倾角/(°)	百分比/%	次序	优势方位	条数	总条数
1	NW－NNW	330～360	240～270/60～90	＞55	38.5	1	347°SW∠67°	5	
2	NE－NEE	0～40	270～310/90～130	＞50	38.5	2	25°NW∠60°	5	13
5	缓倾角	—	—	＜40	23.0	3	16°NW∠7°	3	

表 6.5　　　　　　　　左岸坝肩开挖揭露裂隙分组统计结果

组号	走向（方位）/(°)		倾向/(°)	倾角/(°)	百分比/(%)	次序	优势方位	条数	总条数
1	NW－NNW	330～360	240～270/60～90	＞55	27.3	1	346°SW∠83°	53	
2	NNE	0～40	270～310/90～130	＞50	17.5	3	15°SE∠86°	34	
3	NWW（近EW）	270～300/70～90	160～210/350～30	＞50	24.2	2	275°SW∠83°	47	194
4	NE－NEE	40～80	310～350/130～170	＞50	10.3	5	64°NW∠81°	20	
5	缓倾角	320～360	240～270/50～90	＜40	20.1			39	

（2）风化卸荷。据开挖揭露，左岸坝肩高程 2400.00m 以上强风化水平深度 5～10m，弱风化水平深度 20～38m，卸荷水平深度 10～20m；高程 2400.00m 以下强风化水平深度 4～9m，弱风化水平深度 15～30m，卸荷水平深度一般 10～20m。

高程 2400.00m 以上的建基岩体部分位于弱风化岩体，高程 2400.00m 以下的建基岩体大部分位于微风化岩体。

2. 左坝肩高程分段地质特征

（1）左岸坝肩 2460.00～2370.00m 高程段。根据左岸拱肩槽开挖所揭露的地质情况、野外地质编录资料及物探检测资料，结合室内分析，高程 2370.00m 以上具有以下工程地质特征：

1）宏观分析。左岸坝肩地处 F_{28} 及 F_{29} 两断层下盘岩体相对较好的三角体部位，两断层在高程 2460.00m 处距坝轴线分别约 50m、60m，受断层带的影响，断层带附近岩石风化较强烈，靠近拱肩槽附近岩体多以弱风化为主，断层及裂隙密集附近岩体强风化，且多属构造风化类型。

2）地质构造。拱肩槽岩体中断层不发育，裂隙发育程度一般。

3）物探波速检测。高程 2417.00m 以上表面地震波速平均为 2200～3000m/s，高程 2408.00m 以下地震波速明显提高，平均波速 4400～5500m/s。孔内声波表明，在孔深大于 2m 时，高程 2417.00m 以上的平均波速为 2500～3800m/s，高程 2417.00m 以下绝大部分波速大于 5000m/s。总体以缓倾断层为界，上部和下部岩体具明显的差异性。

总体看，左坝肩高程 2370.00m 以上岩体质量除高程 2408.00m 以上相对较差外，其余地段均较好，岩体中无影响边坡稳定的大型结构块体，但存在较多的规模较小的结构块体，影响局部边坡的稳定。根据坝肩岩体质量分级标准，高程 2408.00m 以上岩划分为 III_1 级；高程 2408m.00 以下岩体质量较好，划分为 II 级。

（2）左岸坝肩 2370.00～2290.00m 高程段。本段开挖揭露的坝肩岩体仍处于 F_{28}、F_{29} 和 Hf_7 交切形成的三角形下部岩块之中，岩体质量相对较好，上游边坡外侧及 F_{28} 断层下盘 5～8m 内受断层影响，岩体强风化，其余弱风化～微风化。拱肩槽岩体完整性较好，裂隙不甚发育，岩体质量为 II 级，开挖面物探地震波一般大于 4000m/s，声波测试一般在孔深 2m 以深波速即达 4000m/s 以上。

（3）左岸坝肩 2290.00～2240.00m 高程段。本段岩体总体微风化，完整程度好，断裂不甚发育，且多与拱肩槽呈大角度相交。本段中部高程 2285.00～2255.00m 主要发育 F_{211} 断层，F_{211} 断层及其影响带附近表层岩体（6.4m）波速值低，平均在 2930m/s。

物探地震面波、单孔声波及跨孔声波检测表明，坝肩波速值总体较高，且单孔声波与跨孔声波测值具有较好对应性、跨孔声波测值较单孔声波普遍偏高。局部 2270.00～2280.00m 高程段岩体表面波速较低，地震波均值 2370～3960m/s（坝中心线下游侧），而中心线以上则大于 4000m/s；孔内声波检测，当孔深 6.4m 以后波速大于 4000m/s。经分析认为，表面波速低的原因是：边坡表部多组裂隙相互切割，致使岩体呈块状；深部可能为裂隙穿过部位。其余拱肩槽部位的岩体波速均大于 4000m/s，最大岩体波速为 5140m/s，下部高程 2260.00m 以下岩体波速为 4000～4840m/s。

根据坝肩岩体质量分级标准，该高程段岩体总体上划分为 II 级，高程 2270.00m 以下拱肩槽中心线上游岩体划为 I 级岩体。

6.1.3.2　右岸坝肩开挖揭露地质条件

开挖于 2004 年 8 月 1 日，共计覆盖层开挖 $1.2 \times 10^4 m^3$，石方开挖 $110.5 \times 10^4 m^3$。高程 2240.00m 以上，两坝肩开挖均于 2005 年 11 月 10 日结束。支护时段为 2004 年 10 月 4 日—2005 年 12 月 11 日，右岸坝肩开挖揭露现象如图 6.5 所示。

1. 总体地质条件

右坝肩较低高程受石门沟影响，较上部高

图 6.5　右岸坝肩开挖形象及地质特征

程受青草沟影响，因而岩体质量总体略差于左坝肩。高程 2360.00m 以下岸坡近 $70°\sim$ $80°$，$2460.00\sim2360.00$m 高程段呈陡缓相间台阶状。

据开挖揭露，除 $2270.00\sim2240.00$m 高程段存在低波速区以外，右坝肩断裂不甚发育，且因镶嵌岸里，受岸坡早期风化、卸荷影响不大，仅在高程 2400.00m 以上涉及厚约 10m 岩体。岩体结构总体呈块状—整体块状，高程 2400.00m 以上以 Ⅲ_1 级为主，高程 2400.00m 以下以 Ⅱ 级为主。局部断裂发育地段的岩体结构较差，岩体波速偏低，主要受高程 2432.00m 附近 Hf_{10} 断层的影响以及高程 $2370.00\sim2340.00$m 的 HL_{32}、Hf_8、F_{164}、F_{166} 等断层的影响。

（1）地质构造。右岸坝肩及其上下游侧坡主要发育 NNW 组（倾 NE）、NNE 组（倾 SE，少量倾 NW）、NEE 组高陡倾角断裂，缓倾角断裂发育少。主要有 Hf_{10-1}、Hf_{10}、HL_{32} 组、Hf_8 等，且大致以 HL_{32} 组、Hf_8 缓倾角断裂为界，NNW 组（倾 NE）主要发育在 2310m 高程以上，NNE 向主要发育在高程 2310.00m 以下。$2260.00\sim2240.00$m 高程段断裂集中发育，造成低波速区。缓切坝肩的主要有 Hf_{10-1}、Hf_{10}、HL_{32} 组、Hf_8 等断层，斜切坝肩的主要有 F_{164}、F_{166}、F_{210}、Yf_6、Yf_{11}、Yf_{17}、Yf_{19} 高倾角断层（NNW、NNE 向展布）。右岸坝肩开挖揭露地质构造仍为断层、裂隙，总体较发育。

右岸坝肩开挖共揭露 61 条断层，断层汇总见表 6.6，分组统计见表 6.7。由表可知，开挖揭示的主要断层可分为 5 组，以中、陡倾角断层为主。高倾角断层可分为 4 组，即 NNW 组、NNE 组、NW−NWW 组（近 EW）及 NE～NEE 组。其中，NNW 组高倾角断层 23 条，占 37.0%；NNE 组高倾角断层 24 条，占 38.7%；NW−NWW 组（近 EW）高倾角断层 2 条，占 3.2%；NE−NNE 组高倾角断层 8 条，占 12.9%。缓倾角断层 4 条，占 6.4%。各组断层介绍如下：

表 6.6　　　　　　　　　　　右岸坝肩开挖揭露断层汇总表

序号	编号	产状	地质描述
1	Yf_1	$347°NE\angle65°$	宽 2～5cm，充填岩屑、糜棱岩，胶结差，弯曲，上下影响带约 0.3m
2	Yf_2	$SN\cdot W\angle67°$	宽 15～20cm，充填碎裂岩、糜棱岩、红色泥，胶结差，平直光滑，下盘影响带 0.5m，上盘 0.1m
3	Yf_3	$SN\cdot W\angle75°$	宽 8～15cm，充填灰色糜棱岩、碎屑岩，胶结差，弯曲，下盘影响带 0.4m
4	Hf_{10-1}	$305°SW\angle25°$	宽 10cm，胶结差
5	Hf_{10}	$280°SW\angle13°\sim20°$	宽 15～20cm，充填碎裂岩、片岩、糜棱岩，向上游面分枝 2 条，胶结差，平直光滑，间距 0.8～1.0m
6	Yf_4	$38°NW\angle72°$	宽 1～2cm，充填岩块、岩片，肉红色，延伸不长，靠近岸坡有张开现象，胶结差，平直光滑，下盘影响带 0.2m、上盘 0.5m
7	Yf_5	$40°\sim325°NW\sim SW$ $\angle60°\sim66°$	宽 8～15cm，充填岩粉、方解石、糜棱岩、锈染，可见擦痕，胶结差，平直光滑
8	F_{164}	$352°\sim25°NE\sim SE\angle76°$	宽 3～5cm，充填碎裂岩、糜棱岩，延伸长，胶结较好，平直光滑，下盘影响带 0.3m
9	Yf_6	$350°SW\angle55°$	宽 2cm，充填碎裂岩，肉红色，胶结好，较平直粗糙
10	Yf_7	$25°NW\angle47°$	宽 15～20cm，充填岩块、碎裂岩、方解石，胶结一般，稍弯曲粗糙

序号	编号	产状	地质描述
11	Yf$_8$	25°NW∠73°	宽 3～5cm，充填钙质、方解石、岩屑、碎裂岩，胶结一般，较平直光滑
12	Yf$_9$	35°～356°NW～SE∠70°～77°	厚 15～20cm，充填方解石、糜棱岩、岩屑，胶结差，平直光滑潮湿，下盘影响带 1.5～2m
13	Yf$_{10}$	SN·E∠85°	单条宽 0.3～0.5cm，总宽 100cm，充填钙质、岩片、方解石，见擦痕，面呈肉红色，8 条组成，胶结差，平直光滑
14	Yf$_{11}$	330～345°NE∠69°～73°	宽 3～10cm，充填岩片、碎裂岩、方解石，胶结差，弯曲光滑，上盘影响带 1.5m
15	Yf$_{12}$	50°NW∠78°	宽 5～10cm，充填糜棱岩、岩片、方解石、岩屑，胶结较好，光滑
16	Yf$_{13}$	353°NE∠66°～88°	宽 2～3cm，充填方解石、岩片、糜棱岩、岩屑，胶结较好，较平直光滑潮湿
17	Yf$_{14}$	55°NW∠74°	宽 1.5～2cm，充填岩片、钙质，胶结好，平直光滑
18	Yf$_{15}$	30°NW∠66°	宽 3cm，充填糜棱岩、碎裂岩、肉红色岩屑面，胶结较好，平直光滑，下盘影响带 1.5～2m
19	Yf$_{16}$	SN～50°NW～W∠70°	宽 5cm，充填方解石、岩屑、岩片，肉红色，胶结差，弯曲光滑，下盘影响带 0.3m，上盘 0.2m
20	Yf$_{17}$	10°NW∠85°	宽 3～5cm，充填风化方解石、钙质，肉红色，胶结差，弯曲粗糙
21	Yf$_{18}$	15°SE∠74°	宽 7～8cm，充填糜棱岩、岩片，附红色钙质，胶结差，弯曲粗糙
22	Yf$_{19}$	340°～348°NE∠65°～68°	总宽 60cm，充填钙质、方解石、岩片，带内岩石破碎；单条宽 0.5cm，胶结差，平直光滑，下盘影响带 0.4～0.5m
23	Yf$_{20}$	35°～53°NW∠54°～74°	宽 0.3～0.5cm，充填岩片、方解石、糜棱岩、岩屑，肉红色，胶结差，面平直光滑，下盘影响带 5～30cm
24	Yf$_{21}$	330°NE∠72°	宽 1～2cm，充填钙质、岩屑、岩粉，胶结差，平直光滑
25	Yf$_{22}$	50°NW∠80°～85°	宽 5～8cm，充填挤压片状岩、岩块，面锈染，胶结差，延伸大于 50m
26	Yf$_{23}$	345°NE∠60°	宽 2～10cm，充填糜棱岩、岩片、岩屑，胶结差，光滑，延伸大于 30m
27	Yf$_{24}$	42°SE∠80°	宽 5～20cm，充填方解石、钙质、岩片，胶结差，平直光滑
28	Yf$_{25}$	15°SE∠71°	宽 1～5cm，充填方解石，灰白色泥连续，胶结差，平直光滑
29	Yf$_{26}$	30°NW∠72°	宽 2cm，充填钙质、橄榄绿色方解石，胶结一般，较平直
30	Yf$_{27}$	50°NW∠88°	宽 0.5cm，充填方解石，胶结好，平直
31	Yf$_{28}$	345°NE∠88°	宽 3～5cm，充填碎块岩、钙质、方解石，胶结一般，平直光滑
32	Hf$_8$	300°SW∠16°	宽 5～50cm
33	Yf$_{29}$ 组	5°SE∠78°	宽 3～5cm，充填钙质、锈染，胶结差，平直光滑，延伸大于 20m
34	Yf$_{30}$	350°～355°NE∠52°～85°	宽 50～100cm，充填挤压片状岩、碎裂岩、风化成红褐色、锈染，胶结差，平直光滑，影响带上盘 2m，发育 4 条
35	Yf$_{31}$	50°NW∠58°	宽 5cm，充填碎块岩、钙质，胶结一般，较光滑，影响带上盘塌落
36	Yf$_{32}$	15°SE∠70°	宽 30～50cm，充填碎裂岩、方解石脉、钙质，胶结较好，弯曲光滑
37	Yf$_{33}$	350°NE∠55°	宽 50cm，充填块状岩、岩屑、钙质，胶结一般，平直光滑，面呈褐红色
38	Yf$_{34}$	10°SE∠81°	宽 0.2～0.5cm，充填钙质、岩片，胶结一般，平直光滑，褐红色
39	Yf$_{35}$	5°SE∠78°	宽 5～20cm，充填碎裂岩、钙质，胶结一般，平直光滑，褐红色

序号	编号	产状	地质描述
40	Yf_{35-1}	10°SE∠67°	宽 0.3cm，充填钙质薄片，胶结差，面平直光滑，
41	Yf_{36}	20°SE∠65°	宽 60cm，充填方解石脉、钙质，胶结一般，弯曲光滑，褐红色
42	Yf_{36-1}	346°NE∠63°	宽 0.2～0.5cm，充填方解石、钙质、岩块，胶结差，平直光滑
43	Yf_{36-2}	346°NE∠57°	宽 0.3cm，充填钙质、岩屑、岩块，胶结差，平直光滑
44	Yf_{37}	356°NE∠70°	宽 10～20cm，充填岩块、角砾岩、1cm 厚方解石、岩屑、糜棱岩，带内呈肉红色，胶结差，较平直光滑
45	Yf_{38}	350°NE∠57°	宽 3～10cm，充填方解石脉、岩块、岩屑，胶结差，带内肉红色
46	Yf_{39}	25°NW∠90°	宽 0.3cm，充填钙质，弯曲延伸，胶结一般，平直光滑，灰白色
47	Yf_{40}	3°SE∠72°	宽 0.3cm，充填薄片方解石、钙质，胶结一般，平直光滑，锈色
48	Yf_{41}	302°NE∠83°	宽 1cm，充填钙质、糜棱岩、0.1cm 厚橄榄绿色泥，胶结差，凸凹不平
49	Yf_{42}	26°NW∠75°	宽 2cm，充填方解石薄片、岩片，胶结差，平直光滑，肉红色
50	Yf_{43}	7°SE∠83°	宽 1～3cm，充填方解石、岩片，胶结一般，平直光滑，锈色
51	Yf_{44}	326°NE∠69°	宽 8～10cm，充填岩块、方解石、岩粉，胶结差，较平直光滑
52	Yf_{45}	30°SE∠74°	宽 1～3cm，充填方解石片、岩块，胶结差，平直光滑，肉红色
53	Yf_{46}	10°SE∠77°	宽 0.3cm 充填钙质，胶结，平直光滑，肉红色
54	Yf_{47}	40°NW∠53°	宽 1～5cm，充填岩屑、碎裂岩、方解石，胶结差，平直光滑
55	Yf_{48}	62°NW∠54°	宽 0.3～0.5cm，充填钙质、岩块，胶结差，弯曲粗糙
56	Yf_{49}	350°NE∠57°	宽 0.3～0.5cm，充填钙质薄片、岩块，胶结差，平直粗糙
57	Yf_{50}	SN・W∠79°	宽 0.8～1cm，充填碎裂岩、岩片，胶结较好，平直光滑
58	Yf_{51}	50°NW∠62°	宽 0.5～1cm，充填红色方解石脉、岩片，胶结较好，平直光滑
59	Yf_{52}	310°NE∠86°	宽 0.5～1cm，充填灰绿色泥质、岩屑，胶结差，平直光滑
60	Yf_{53}	295°NE∠86°	宽 0.5～1cm，充填灰色岩粉、岩片、岩屑，胶结差，平直光滑
61	Yf_{54}	340°NE∠60°	宽 0.5～1cm，充填浅黄色岩片、岩屑，胶结中等，平直光滑

表 6.7　　　　　右岸坝肩开挖揭露断层分组统计结果

组号	走向（方位/(°)）	倾向/(°)	倾角/(°)	百分比/%	次序	优势方位	条数	总条数
1	NNW	330～360	240～270/60～90	＞55	37.0	2	349°NE∠73°	23	
2	NNE	0～40	270～310/90～130	＞50	38.7	1	19°NW∠85°	24	
3	NW－NWW	270～300	160～210/350～30	＞50	3.2	5	283°NE∠88°	2	61
4	NE－NEE	40～80	310～350/130～170	＞50	12.9	3	48°NW∠71°	8	
5	缓倾角	—	—	＜40	4.8	4	299°SW∠19°	4	

1）NNW 组高倾角断层。主要有 Yf_1、Yf_2、Yf_3、F_{164}、Yf_6、Yf_{10}、Yf_{11}、Yf_{13}、Yf_{19}、Yf_{21}、Yf_{23}、Yf_{28}、Yf_{30}、Yf_{33}、Yf_{36-1}、Yf_{36-2}、Yf_{37}、Yf_{38}、Yf_{45}、Yf_{49}、Yf_{54} 等断层，走向 NW330°～360°，多倾向 NE，倾角一般 60°～80°，断层宽度一般小于 10cm。充

填方解石脉、岩块、钙质、岩屑，胶结差，面粗糙，带内呈肉红色，胶结差～胶结一般，面较平直较光滑，延伸长度一般大于20m，断层影响带一般小于1m或不明显。

2）NNE组高倾角断层。主要有Yf_4、Yf_5、Yf_7、Yf_8、Yf_9、Yf_{15}、Yf_{16}、Yf_{17}、Yf_{18}、Yf_{25}、Yf_{26}、Yf_{29}、Yf_{32}、Yf_{34}、Yf_{35}、Yf_{35-1}、Yf_{36}、Yf_{40}、Yf_{42}、Yf_{43}、Yf_{45}、Yf_{46}、Yf_{47}、Yf_{50}等断层；走向NE0°～40°（一般NE5°～20°），倾向SE或NW，倾角50°～80°（多在65°以上）；断层宽度一般在10cm以下；充填岩片、钙质、方解石脉、碎裂岩，局部糜棱化，胶结差～胶结一般，面较平直光滑。

3）NW-NWW组高倾角断层。主要有Yf_{39}、Yf_{41}、Yf_{52}、Yf_{53}等断层；走向NW295°～310°，倾向NE，倾角在80°以上；宽0.5～1cm，充填灰色岩粉、岩片、岩屑，胶结差，面平直光滑。

4）NE-NEE组高倾角断层。主要有Yf_{12}、Yf_{14}、Yf_{20}、Yf_{22}、Yf_{24}、Yf_{27}、Yf_{31}、Yf_{48}、Yf_{51}等断层；走向NE40°～60°，倾向NW，倾角60°～85°；断层宽度一般在10cm以下；充填糜棱岩、岩片、方解石、岩屑，胶结较好～胶结一般，面平直光滑。

5）缓倾角断层。主要有Hf_{10-1}、Hf_{10}、Hf_8等断层；走向NW280°～305°，倾向SW，倾角13°～25°（一般在15°左右）；断层宽度一般10～20cm；充填碎裂岩、片岩、糜棱岩，局部夹泥，面平直光滑，泥厚数毫米至3cm，胶结差。

右岸共揭露287条裂隙，以高倾角为主，有少量缓倾角裂隙（约占5.3%）；高倾角裂隙主要可分为4组（表6.8）。NW-NNW组，约占26.9%；NNE组，约占24.6%；NWW组（近EW），约占11.2%；NE-NEE组，约占27.0%。

表6.8　　　　　　　　　右岸坝肩开挖揭露裂隙分组统计结果

组号	走向（方位）/(°)		倾向/(°)	倾角/(°)	百分比/%	次序	优势方位	条数	总条数
1	NW-NNW	330～360	240～270/60～90	>55	26.9	2	78°NW∠71°	81	
2	NNE	0～40	270～310/90～130	>50	24.6	3	112°SW∠85°	74	
3	NWW（近EW）	270～300/70～90	160～210/350～30	>50	11.2	4	359°NE∠83°	34	287
4	NE-NEE	40～80	310～350/130～170	>50	27.0	1	328°NW∠75°	82	
5	缓倾角	—	—	<40	5.3	5	339°NE∠15°	16	

裂隙宽度一般为5～8mm。裂隙内主要充填岩屑、钙质或方解石脉，多有锈染；裂隙面平直光滑；充填物胶结较好～胶结一般；裂隙延伸长度一般7～15m，成组发育规律性较强。

（2）风化卸荷。据开挖揭露地质条件看，右岸坝肩风化、卸荷水平深度自上而下明显减小。高程2460.00～2380.00m段弱风化水平深度30～50m，局部60～80m；高程2380.00～2240.00m段15～40m，局部近60m，卸荷带一般20～30m，局部（高程2410.00m、2370.00m）可达45m。高程2400.00m以上建基岩体，有一部分位于弱风化岩体，高程2400.00m以下建基岩体，大部分位于微风化岩体。

2. 右坝肩高程分段地质特征

（1）右岸坝肩2460.00～2370.00m高程地质特征。根据开挖揭露的地质情况，结合编录资料及物探检测资料，右岸拱肩槽具有以下地质特征：开挖揭露的岩体以弱风化～强风化为主，靠岸外侧具明显的卸荷特征，地质构造较为发育，但其走向多与开挖坡面大角度相交。波速检测表明，表面地震波速为 3000～4000m/s，在孔深大于 2m 时孔内声波绝大部分大于 5000m/s。

高程 2405.00m 以上总体为弱风化，宏观判定岩体级别为Ⅲ₁级；高程 2405.00m 以下岩体以块状为主，完整性较好，总体为微风化，宏观判定岩体级别为Ⅱ级；但断裂带附近岩体为弱风化～强风化，岩体级别总体为Ⅲ级。

（2）右岸坝肩高程 2370.00～2325.00m 地质特征。开挖揭露的岩体以微风化为主，靠岸外侧具明显的卸荷特征，地质构造较发育，但多与开挖坡面大角度相交。岩体以微风化为主，经物探波速检测，建基面表面地震纵波速在 3000～4000m/s 左右，孔内声波在孔深大于 2m 时绝大部分大于 4200m/s，局部构造及其影响带小于 3000m/s，反映出拱肩槽岩体质量较好，按建基岩体分级标准，可划分为Ⅱ级岩体。

（3）右岸坝肩高程 2325.00～2240.00m 地质特征。右岸坝肩高程 2325.00～2240.00m 岩体风化较弱，坝肩岩体中构造不发育，岩体以微风化为主，局部受构造影响为弱风化，经物探波速检测，建基面表面地震纵波速在 3000～4000m/s 左右，孔内声波在孔深大于 2m 时绝大部分都大于 4200m/s，局部受构造影响小于 3000m/s，特别是在高程 2240.00～2260.00m 段受构造影响，表面岩体波速较低，影响深度为 5.6～6.8m。坝基物探检测反映出拱肩槽岩体质量总体较好（除高程 2270.00～2242.00m 段），按建基岩体分级标准，可划分为Ⅱ级岩体。

（4）右岸坝肩高程 2270.00～2240.00m 拱肩槽地质特征。右岸坝肩 2270.00～2240.00m 高程段拱肩槽岩体中断裂发育，拱肩槽开挖、高程 2250.00m 灌浆洞及高程 2250.00m 排水洞开挖等对建基面岩体产生一定程度扰动，总体特征如下：

1）断裂发育特征。右岸坝肩拱肩槽 2280.00～2240.00m 高程段断裂发育，尤其 2270.00～2240.00m 高程段，且以裂隙或小型断层为主。

2）风化特征。由上部高程～低高程受构造影响风化深度逐渐增加，愈靠近下游侧构造风化带愈深；高程 2260.00～2240.00m 拱肩槽风化相对较深，且由上游向下游、由高到低增加明显，构造风化深度可达 5～7m；高程 2270.00～2242.00m 表层低波速带范围加大，可达 5.6～6.8m，低波速带范围平均声波 2123m/s，一般 1530～3460m/s，此带以下，岩体波速值与总体规律基本一致。

3）岩体质量特征。岩体结构主要为次块状，岩体质量以Ⅲ₁级为主，开挖爆破致使高程 2250.00m 灌、排洞洞脸部位岩体为Ⅲ₂级。

爆破开挖对本高程段岩体扰动影响较大。对于与边坡走向夹角较小的结构面尤其明显。

6.1.3.3 河床坝基开挖揭露地质条件

2005 年 12 月 6 日高程 2240.00m 以下基坑开始爆破，2006 年 3 月 28 日开挖结束，河床坝基开挖支护历时 4 个多月。基坑开挖工程量：覆盖层为 $6.6 \times 10^4 m^3$，石方为 $10.2 \times 10^4 m^3$，开挖方式为预留 1～3m 保护层，并采用锚杆支护。2006 年 4 月 15 日 12 坝段第一块混凝土开盘浇筑。

河床坝基建基面及其以下除少数断层、裂隙有锈染外，岩体均为微风化～新鲜。开挖岩体表层存在松弛带，松弛带厚度一般 1～3m。松弛带以下岩体质量以Ⅰ、Ⅱ级为主。

在高程 2212.00m 部位岩体，极个别地段的裂隙密集带为镶嵌碎裂结构（少数为次块状结构），其余地段基本为完整～较完整的整体状、块状结构。总体上满足国标 GB 50287—2016 坝基岩体工程地质分级中的Ⅰ、Ⅱ级岩体对岩体结构方面的要求。高程 2210.00m 处岩体大部分为完整和较完整岩体，对应的岩体结构为整体状、块状，局部为次块状结构。

左岸拱肩槽高程 2240.00m 以下，裂隙倾角多为陡倾角，走向主要为 NWW、NEE、NNW 和 NNE。绝大部分岩体为整体状结构和块状结构岩体，局部断层处岩体结构为次块状结构、镶嵌碎裂结构和碎裂结构。

右岸拱肩槽高程 2240.00m 以下，裂隙倾角多为中陡倾角，走向主要为 NWW、NNW、NNE、NW 和 NE。岩体结构主要为整体状结构和块状结构，镶嵌碎裂结构和碎裂结构也占一定比例，个别地段为次块状结构。

河床坝基开挖揭露岩体均为微风化，建基面浅表层岩体卸荷松弛。

6.1.4 开挖前后工程地质条件对比

与开挖前相比，坝基开挖后主要工程地质条件如下：

（1）岩性为印支期花岗岩。

（2）高程 2400.99m 以上建基岩体部分位于弱风化岩体，高程 2400.00m 以下建基岩体大部分位于微风化岩体。左岸坝肩高程 2400.00m 以上，卸荷水平深度为 10～20m，高程 2400.00m 以下，卸荷水平深度一般为 10～20m；右岸坝肩高程 2400.00m 以上，卸荷水平深度为 20～45m；高程 2400.00m 以下，卸荷水平深度为 20～45m。

（3）地质构造以中陡倾角断层、缓倾角断层及高倾角裂隙为主。其中，中陡倾角断层主要为 NNW 向、NNE 向、NE－NEE 向、NW－NWW 向，高倾角裂隙主要为 NW－NNW 组、NNE 组、NWW 组、NE 组；坝基开挖 F_{210}、F_{166}、F_{164}、F_{172}、F_{29}、F_{193}、F_{396}、F_{222}、F_{73}、Hf_7、Hf_6、Hf_8、Hf_{10}、Hf_3、HL_{32} 等主要断裂均被揭露。

（4）地下水埋藏深，坝基开挖过程中未见明显地下水出露。

（5）上部高程无岩爆、中高程不明显、低高程尤其左岸坡脚岩爆轻微。

综上所述，从地层岩性、风化卸荷、地质构造、地下水、地应力等方面比较，开挖后建基岩体基本地质条件与前期勘测结论吻合较好，主要不同在于：①建基岩体表层产生一定程度变形破坏，松弛带岩体物理力学性能有所降低；②右岸坝肩高程 2260.00～2240.00m 出现低波速区，岩体质量以Ⅲ级为主。

6.2 坝基岩体变形破坏特征

松弛带岩体会出现卸荷回弹变形、结构面张开、局部表面岩体轻微剥离开裂、松动等现象（图 6.6～图 6.17）。归纳的松弛带岩体变形破坏形式及特征说明如下：

（1）沿原有构造裂隙松弛、开裂。此类现象如图 6.6 所示。左岸与拱肩槽边坡接近平行或呈小夹角的 NWW 向陡倾裂隙，右岸与拱肩槽边坡接近平行或呈小夹角的 NEE 向陡倾裂隙，在开挖前原岩较高应力及上覆荷重作用下，处于轻微张开或闭合状态。建基面开挖形成后，应力降低调整使得该组裂隙主要在松弛带内回弹张开、宏观显现，左岸发生在高程 2320.00m 以上，右岸主要发生在高程 2400.00m 以上、2320.00～2300.00m、2280.00～2240.00m 等部位。

图 6.6　右岸高程 2250.00m 新裂纹　　　图 6.7　右岸高程 2272.00m 平缓裂隙位错

（2）层状位错。坝基发育有缓倾角及近水平裂隙组。受这类裂隙影响，建基面开挖后产生向临空方向的差异回弹或蠕滑，如图 6.7 所示。

（3）产生新的裂纹。此类破坏主要发生在微风化～新鲜的岩石中，且周围发育有早期裂隙，但早期裂隙及其组合未形成完整结构块体（即完全分离的独立块体），在开挖爆破作用下，应力与能量释放造成新的破裂产生，如图 6.6 所示。

（4）结构性破坏。此类破坏与岩体中发育的结构面有关。原岩中早期发育有多组结构面，组合形成一定规模的块体，开挖作用下应力释放，结构面开裂导致结构体位移甚至失稳塌方，如图 6.8、图 6.9 所示。

图 6.8　右岸高程 2250.00m 结构性破坏　图 6.9　右岸高程 2241.00m
PD$_{32}$ 洞口塌方

（5）结构面表皮剥落。建基岩体表层结构体失稳或破坏后，残留结构面表面原充填物（如方解石等）与结构面剥落、分离，如图 6.10、图 6.11 所示。

图 6.10　右岸高程 2260.00m 裂隙剥离　　　图 6.11　右岸高程 2255.00m 结构面剥落

（6）层状开裂。河床坝基发育有近水平裂隙组。受这类裂隙影响，建基面开挖后向上部临空方向回弹变形，出现层状开裂现象，如图 6.12、图 6.13 所示。

图 6.12　右岸高程 2260.00～2240.00m　　图 6.13　右岸高程 2250.00m 板裂现象
层裂现象

（7）剪切滑移。缓倾坡外结构面作为底滑面；与坡面走向夹角较小的陡倾结构面作为后缘拉裂面；与坡面大角度相交的结构面切割两侧。受这些结构面组合影响，产生向临空面方向的剪切滑移或蠕动变形，如图 6.14、图 6.15 所示。

图 6.14　右岸高程 2250.00m　　图 6.15　右岸高程 2280.00～2240.00m
裂隙张开　　　　　　　　　低波速区

（8）葱皮现象。原岩赋存于谷底高地应力环境中。建基面开挖后，岩体应力释放较为强烈。受建基面开挖影响，完整岩体表层出现葱皮状剥离。剥离厚度一般不超过 20cm，如图 6.16 所示。

（9）轻微岩爆。原岩赋存于谷底高地应力环境。开挖卸荷应力快速调整，在完整岩体表层出现小片薄层岩体脱离。脱离的薄层岩体厚度一般不超过 20cm，面积小于 $1m^2$，如图 6.17 所示。

 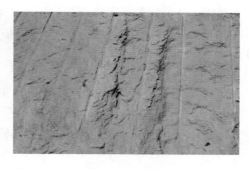

图 6.16　左岸高程 2240.00m 以下葱皮现象　　图 6.17　左岸高程 2240.00m 以下轻微岩爆

（10）爆炸破坏。通常发生在与建基面相交的交通洞、排水洞及廊道洞口，结构面较为发育。钻孔爆破产生的强大冲击波以气浪形式沿结构面迅速传播，致使结构面完全张裂，引发裂纹扩展，产生新的爆破裂隙。岩体完全破坏，范围可达洞周数米、洞深 2～4m 范围。

（11）形成一定厚度松弛带。因卸荷回弹、结构开裂、钻孔爆破等因素影响，在拱肩槽及河床坝基表层建基面全范围内形成一定厚度、连续分布的松弛岩带。物探声波测试的厚度一般为 1～3m，波速一般为 2500～4000m/s，局部受构造影响，松弛厚度较大，如右岸拱肩槽 2260.00～2240.00m 高程。

关于高拱坝建基岩体，一般具有以下几个特点：绝大部分建于高陡深切河谷的谷底低高程地段，该部位存在较高地应力，河床谷底有明显应力包，建基岩体岩质坚硬，坝基上部高程部位为弱风化岩体、中高程以下为微风化～新鲜岩体，岩体中发育一定程度不同组别结构面，坝基开挖采用爆破，高拱坝建基开挖面具有复杂体型等。

因上述原因，坝基开挖后建基面附近岩体产生了明显变形破坏，且形式多样，主要有：沿已有结构面张开、错动及扩展；"葱皮"现象；"板裂"现象；卸荷回弹；岩爆现象；底鼓现象；近水平层状剪切位错；层状开裂；产生新裂纹；沿倾向开挖面方向的剪切滑移；爆炸破坏等。

建基岩体变形破坏除了与岩性、构造、赋存应力环境有关外，开挖爆炸荷载施加与卸载过程中岩体应力不断调整，也对建基岩体变形破坏有影响。建基岩体变形破坏，可归纳为剪切破坏、拉张破坏及拉剪复合型破坏三种形式。建基面形成后，约在深 10m 的岩体，其变形破坏主要受剪应力控制；建基面以下深 3～10m 部位岩体，主要为拉剪复合型；建基面表层部位，则多属拉张破坏。

6.3　建基岩体松弛时间效应

时间与空间是物质存在与运动的基本属性，地质材料的变形破坏也不例外。戚承志和钱七虎（2009）指出：时间特性不仅仅指地质材料变形破坏的时间进程，也指与地质材料内部结构及物理力学性质相关的时间尺度。对岩体卸荷时间进程的研究，可真实再现变形破坏全过程，从而更加深刻地理解岩体变形破坏机制与卸荷过程中位移、应变、拉应力、剪应力、能量等发生变化的一系列力学响应，建基岩体不同深度纵波速度随时间衰减率较好地反映了这一过程响应。

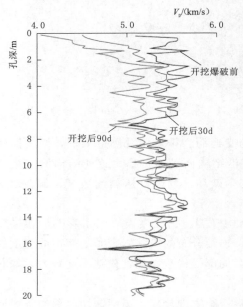

图 6.18　开挖前后不同时间段钻孔声波波速随孔深变化

（1）小湾拱坝坝基。小湾坝基开挖人工边坡高达近 700m，垂直深度可达 120m。伍法权等（2009）对小湾坝基开挖后及大坝混凝土浇筑无盖重、有盖重不同时期岩体松弛时间效应进行了研究，反映了坝基岩体从天然状态→开挖状态→浇铸状态其纵波速度由好变坏、再到一定程度恢复的全过程（图 6.18）。

据多点变位计、滑动测微计、声波长期测试等监测成果，建基岩体松弛量主要发生在开挖后 60～90 天以内（图 6.19 为 5% 波速衰减率对应孔深随时间变化曲线），90～180 天卸荷量相对较小，180 天后虽有缓慢变形，但总体趋于稳定。

（2）锦屏一级拱坝坝基。锦屏一级水电站谷坡高陡，天然状态下地应力量值高（40MPa）。黄焱波（2009）研究了坝基开挖后建基岩体松弛影响深度、程度；根据长观孔测试资料，基于衰减率 5% 对应的孔深值及相应观测时间绘制"波

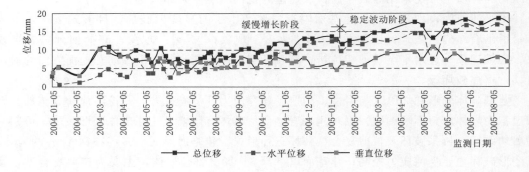

图 6.19　小湾坝基 C2B-2Ⅲ-TP-10 总位移、水平位移及垂直位移与时间关系曲线

速衰减率 5% 对应孔深~时间关系图"，研究了坝基岩体声波波速及质量随时间推移的变化趋势，在此以 YBP1884B2 孔结果为例（图 6.20、图 6.21）。由图 6.22、图 6.23 可见，随时间推移，YBP1884B2 孔应力调整非常明显，松弛深度 2007 年 9 月第 1 次观测为 8.4m，2008 年 1 月观测为 15.4m。

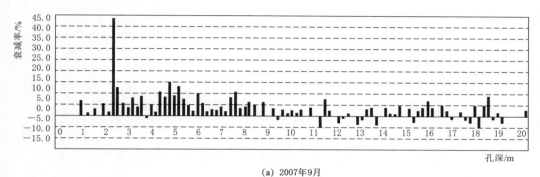

（a）2007年9月

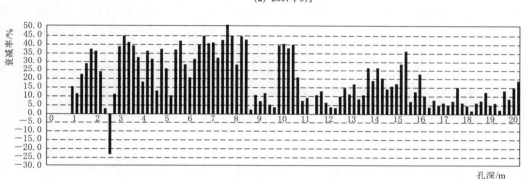

（b）2008年1月

图 6.20　锦屏一级 YBP1884B2 孔不同观测时间应力松弛范围内平均声波衰减率

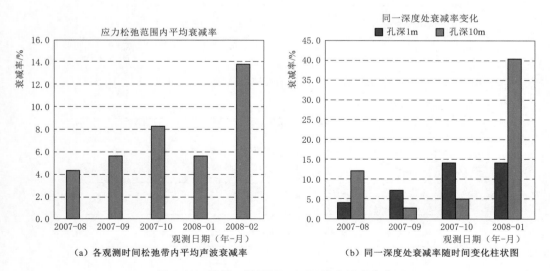

（a）各观测时间松弛带内平均声波衰减率　　　　（b）同一深度处衰减率随时间变化柱状图

图 6.21　锦屏一级 YBP1884B2 孔衰减率变化

（3）三峡船闸中隔墩。图 6.22 为三峡船闸二闸室中隔墩顶面 66# 裂缝开度变化历时曲线。由图 6.22 可见，监测时段 1998 年 9 月 22 日—1999 年 1 月 20 日计 4 个月时段裂缝处于扩展阶段，其后裂缝变化处于稳定期。

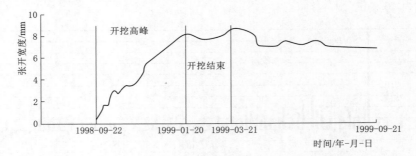

图 6.22　三峡船闸二闸室中隔墩顶面 66# 裂缝开度变化历时曲线

（4）拉西瓦坝基。为充分了解爆破开挖对岩体松弛的影响，在拉西瓦河床坝基建基面开挖过程中，进行了地震波的跨孔测试，并连续 45 天监测地震波衰减特征，跨孔衰减曲线如图 6.23～图 6.30 所示。由图可以看出，河床坝基以下岩体，24 天内岩体波速值基本上稳定，波速值衰减幅度达 20% 以上，并且岩体质量越好的开孔部位衰减幅度越大；爆破衰减影响深度可以达到钻孔开口高程以下 7～8m 深度，但明显衰减区域为 3～5m 范围。

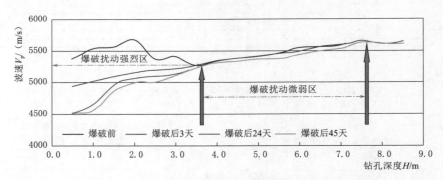

图 6.23　拉西瓦坝基建基面以下岩体的爆破松弛衰减时间曲线（K₂～K₁ 跨孔）

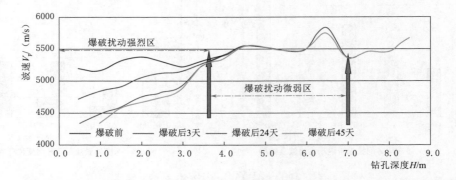

图 6.24　拉西瓦坝基建基面以下岩体的爆破松弛衰减时间曲线（K₂～K₅ 跨孔）

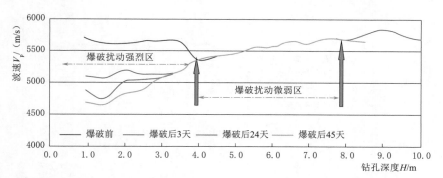

图 6.25 拉西瓦坝基建基面以下岩体的爆破松弛衰减时间曲线（$K_3 \sim K_1$ 跨孔）

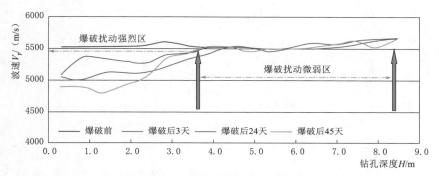

图 6.26 拉西瓦坝基建基面以下岩体的爆破松弛衰减时间曲线（$K_3 \sim K_2$ 跨孔）

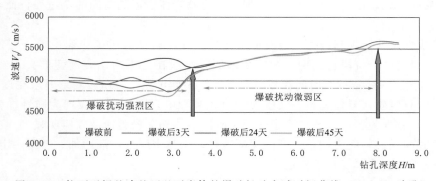

图 6.27 拉西瓦坝基建基面以下岩体的爆破松弛衰减时间曲线（$K_3 \sim K_4$ 跨孔）

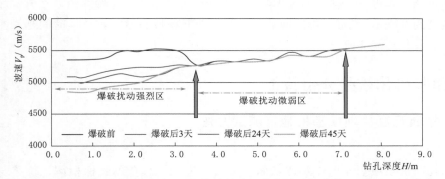

图 6.28 拉西瓦坝基建基面以下岩体的爆破松弛衰减时间曲线（$K_3 \sim K_5$ 跨孔）

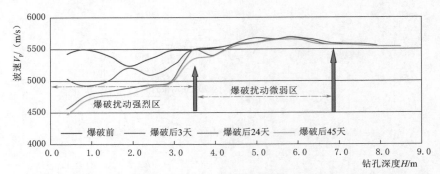

图 6.29　拉西瓦坝基建基面以下岩体的爆破松弛衰减时间曲线（$K_4 \sim K_1$ 跨孔）

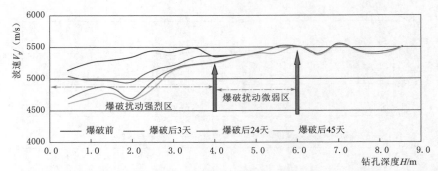

图 6.30　拉西瓦坝基建基面以下岩体的爆破松弛衰减时间曲线（$K_4 \sim K_5$ 跨孔）

比较锦屏一级、小湾、拉西瓦高拱坝坝基建基岩体变形随时间的全过程特征，可得到以下认识：

1）阶段性特征。坝基开挖及建基面形成后，建基岩体经历了快速变形→缓慢变形→基本稳定～稳定 3 个阶段。其中，快速变形历时一般在 3 天内；缓慢变形大致经历 60～90 天；基本稳定～稳定持续时间在数月至 1 年。由此可见，各阶段变形时段在逐渐加长。

2）受岩石坚硬、岩体完整、地应力量值较高影响，瞬间变形表现为脆性、弹性；缓慢变形则主要表现为塑性；基本稳定～稳定阶段岩体卸荷松弛流变效应明显。

3）随时间迁移，应力调整逐渐向深部转移，松弛带厚度逐渐增加。经历一定时段后，应力调整完成，松弛厚度趋于稳定。

4）随开挖高度增加变形持续时间有加长趋势。如小湾坝基开挖坡高近 700m，变形持续时间可达 1 年以上；锦屏一级坝基开挖坡高近 300m，变形持续约 6 个月；拉西瓦坝基开挖坡高约 250m，变形持续时间约 4 个月。随开挖坡高增加，持续时间延长主要发生在缓慢蠕变及长期流变阶段。

6.4　建基岩体松弛分带特征

6.4.1　拉西瓦高拱坝坝基松弛带测试方法

1. 测试方法

拉西瓦高拱坝坝基开挖前及建基面形成后，进行了大量的物探检测、位移与应力监测、钻孔录像、坝基岩体变形试验等测试，为进一步查明坝基岩体工程地质特性、划分坝基岩体松弛带及建基岩体质量分级奠定了可靠基础。拉西瓦拱坝坝基不同部位建基岩体测试方法见表6.9。

表 6.9　　　　　　　　　拉西瓦高拱坝建基岩体测试方法

	测试项目	左岸坝肩	右岸坝肩	河床坝基
物探测试	表面地震波	590m/15 条	590m/16 条	710m/10 条
	单孔声波	553m/57 孔	623.8m/57 孔	2197.5m/175 孔
	单孔地震波	300m/30 孔	17 孔	300m/30 孔
	跨孔声波	30 组/45 孔	26 组/39 孔	8 组/16 孔
	钻孔录像			77.94m/5 孔
	钻孔弹模			117 点
监测	位移（岩石变位计）	16 个	16 个	
	应力（锚杆应力计）	16 个	16 个	
试验	拱坝建基岩体均为花岗岩体，本工程各阶段进行了大量的室内外试验及专题研究工作，试验项目主要包括：岩石物理力学试验、室内便携式直剪试验、室内夹泥物理力学试验、室内点荷载强度试验、静力平板载荷、钻孔静力变形、钻孔弹模、野外大型抗剪（断）及变形试验、孔内压水试验及地应力测试等。			

每开挖下降一个梯度（梯度为20m、15m、10m）布置一组物探检测，每一梯度均考虑了建基面表面岩体波速测试和孔内不同深度岩体波速测试。测试方法为表面地震波法、单孔声波法及跨孔声波法三种类型。其中表面地震波法用于建基岩体表层弹性波检测，单孔及跨孔声波法用于建基面以下不同深度岩体弹性波检测。

2. 测试布置

两岸坝肩及河床坝基物探检测孔布置如图6.31、图6.32所示。

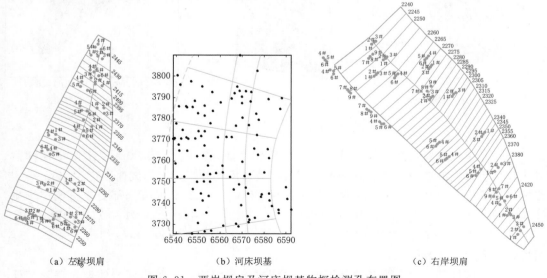

（a）左岸坝肩　　　　　　（b）河床坝基　　　　　　（c）右岸坝肩

图 6.31　两岸坝肩及河床坝基物探检测孔布置图

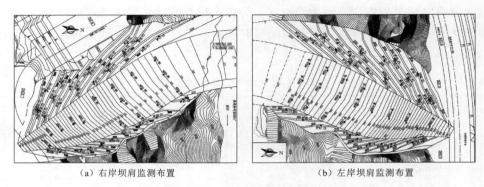

（a）右岸坝肩监测布置　　　　　　　　　（b）左岸坝肩监测布置

图 6.32　两岸坝肩监测布置图

6.4.2　建基岩体检测分析

6.4.2.1　物探测试分析

1. 表面地震波

据测试成果绘制的建基面地震波速分布如图 6.33 所示。

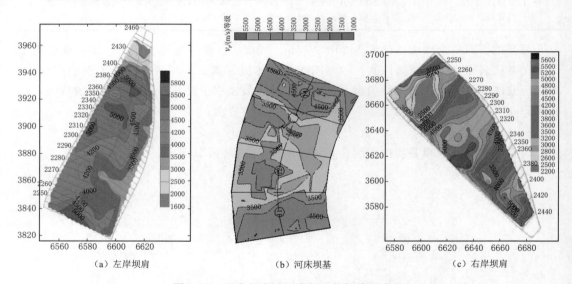

（a）左岸坝肩　　　　　　（b）河床坝基　　　　　（c）右岸坝肩

图 6.33　两岸坝肩及河床坝基物探检测成果

（1）左岸坝肩。从测试成果看，左岸坝肩建基面除高程 2415.00m 以上受早期卸荷、风化和构造影响波速较低外，其余各高程段纵波速度均较高，平均波速度达 4300m/s，与根据岩体结构判断结果的基本一致。其中高程 2295.00~2265.00m 局部受 F_{211} 断层影响，波速略低。从图 6.33 所围面积统计结果看，波速大于 4500m/s 约占 27%；波速大于 4000m/s 约占 62%；波速大于 3500m/s 约占 82%；波速小于 3000m/s 约占 7.2%。左岸坝肩岩体质量总体较好。

（2）河床坝基。河床坝基建基面地震法测试结果表明：坝基表面岩体波速普遍较低。除 15 坝段坝基面岩体波速全部高于 4200m/s 外，其余坝段测试部位局部岩体波速低于

4200m/s。从图 6.33 等值线图可以看出：12 和 13 坝段坝轴线下游表面岩体大部分波速偏低，11 和 14 坝段表面岩体质量优于 12 和 13 坝段岩体。

（3）右岸坝肩。从测试成果看，右岸坝肩建基面高程 2430.00m、2370.00～2340.00m、2260.00～2250.00m 等 V_p 较低部位主要受结构面发育影响，其余各高程段纵波速度均较高，与根据岩体结构判断结果基本一致。从图 6.33 所围面积统计结果看，波速大于 4500m/s 约占 35%；波速大于 4000m/s 约占 57%；波速大于 3500m/s 约占 72%；波速小于 3000m/s 约占 13%；波速小于 2500m/s 约占 6.4%，右岸坝肩岩体质量总体较好。

2. 单孔声波

（1）单孔声波测试成果分布特征。拉西瓦坝基岩体声波测试曲线（图 6.34）大体可归纳出跃阶型、锯齿型、凹凸型三种。

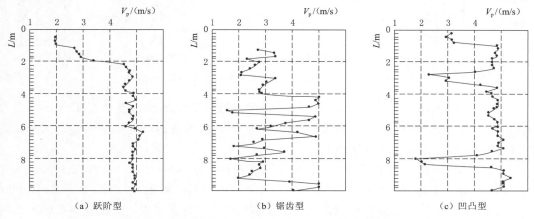

图 6.34 拉西瓦水电站坝基岩体声波测试曲线类型图

1）跃阶型。声波测试曲线呈现在孔口段一定深度范围内速度较低，而后突然升高并稳定下来。主要是开挖之后，由于应力释放和爆破影响，岩体变形破坏，产生了一定程度的损伤，并在坝基表层形成一定厚度松弛带。该类曲线分布数量最多，如左岸高程 2404.00m 以下和右岸的大部分测试孔中。跃阶型有助于定量估计坝基岩体的松弛深度，为岩体开挖质量评价和后期处理提供依据。

2）锯齿型。声波速度沿孔深振荡性随机变化，反映断裂发育的岩体结构，是评价岩体质量的重要依据。该类曲线在块状的花岗岩体中一般较少出现。但是在左岸高程 2415.00m、2260.00m 和右岸高程 2400.00m、2355.00m、2327.00m 部位，该类曲线有分布，说明该部位裂隙较发育。

3）凹凸型。声波测试曲线特点是在高速段（或低速段）中夹有低速段（或高速段），是岩体构造的反映。该类曲线在左岸 2430.00m 以上、2340.00m、2327.00m、2295.00m 等部位较多；该类曲线在右岸 2370.00m、2327.00m、2282.00m、2270.00～2260.00m 等部位较多。利用凹凸型声波资料判断构造规模、空间分布，为坝基处理提供依据。

（2）单孔声波测试成果分析。

1）两岸坝肩。对左岸坝肩距建基面以下 2m、4m、6m、8m 的波速资料进行了整理

（图 6.35）。据此可对比建基岩体不同深度的波速特征，对应的波速特征介绍如下：

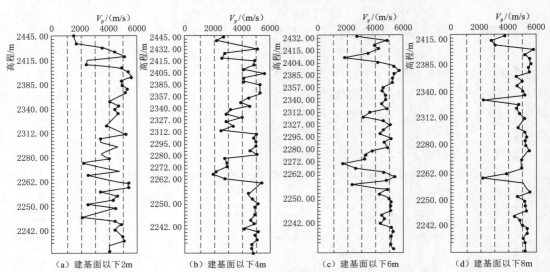

图 6.35　左岸坝肩建基面以下不同深度单孔声波 V_p 分布

a. 左岸坝肩距建基面以下 2m 深：纵波速度变幅较大，纵波速度多在 4000m/s 左右振荡，特别是高程 2300.00～2250.00m 之间个别测试孔纵波速度变幅更明显。另外，高程 2430.00m 以上纵波速度低于 3000m/s。

b. 左岸坝肩距建基面以下 4m：纵波速度高者在 5000m/s 左右，低者在 3000m/s 左右，波速较低者主要分布在高程 2330.00～2310.00m（Hf_3 附近）、2280.00～2260.00m（F_{211} 附近）。据统计情况分析，该部位也正好是测试孔的低波速区，与该处存在的断裂构造有关，不代表该高程段岩体的整体纵波速度。

c. 左岸坝肩距建基面以下 6m：纵波速度绝大部分大于 4500m/s，但仍有个别点波速值略低于 3000m/s，波速较低的原因与前述一致，因此，低波速不代表该高程段岩体的整体纵波速度。

d. 左岸坝肩距建基面以下 8m：纵波速度在 5000m/s 左右，反映了该部位层岩体完整，结构面不发育的特征。

对右岸坝肩距建基面以下 2m、4m、6m、8m 不同深度的岩体波速资料进行整理（图 6.36）。岩体波速特征介绍如下：

a. 右岸坝肩距建基面以下 2m：除高程 2370.00～2320.00m、高程 2260.00～2240.00m 的纵波速度低于 3000m/s 外，其余各高程段纵波速度均大于 3000m/s。其中，高程 2370.00m 以上、高程 2320.00～2270.00m 的纵波速度约 5000m/s。

b. 右岸坝肩距建基面以下 4m：高程 2355.00～2340.00m、高程 2260.00～2240.00m 的纵波速度低于 4000m/s，其余各高程段纵波速度均大于 4000m/s（绝大多数纵波速度约 5000m/s）。

c. 右岸坝肩距建基面以下 6m：大部分的纵波速度为 3000～5500m/s，其中高程 2320.00～2265.00m 的纵波速度约 5000m/s，高程 2260.00～2240.00m 的波速变化较大。

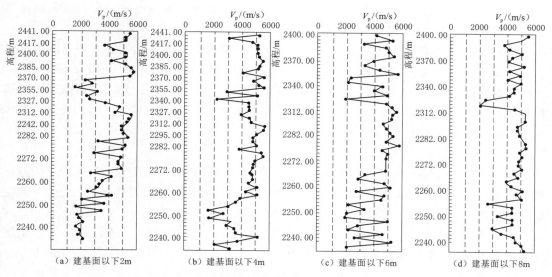

图 6.36 右岸坝肩建基面以下不同深度单孔声波 V_p 分布

d. 右岸坝肩距建基面以下 8m：个别测试孔中纵波速度为 3000m/s，其余各高程段均为 4000～5500m/s（以 5000m/s 居多）。

2）河床坝基。据测试成果绘制的河床坝基不同高程单孔声波等值线如图 6.37 所示。

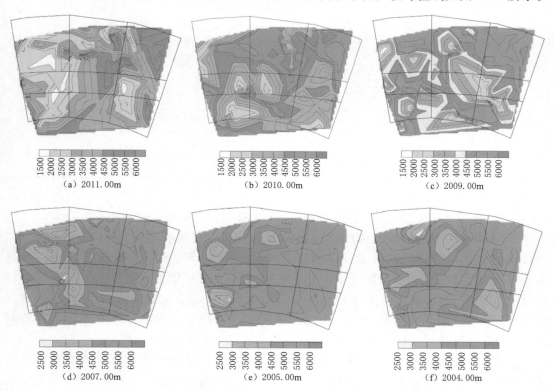

图 6.37 河床坝基不同高程单孔声波等值线图

水平向 V_p 等值线图能够较好地反映倾角较大的裂隙和构造在空间的分布以及建基岩体在水平和深度方向上的 V_p 变化情况。

从图 6.37 等值线图可以看出，11、12、13 坝段检测孔深范围内岩体平均纵波速度大于 4500m/s，约占 85%，岩体波速总体较高。不同高程等值线反映出：高程 2209.00m 以上受开挖卸荷回弹影响，岩体中较低波速部位较大；高程 2208.00m 以下，各高程层局部存在相对较低波速区（一般小于 4500m/s），分布比例基本上小于 10%；除此之外，岩体纵波速度均较高（大于 5000m/s）。

3. 跨孔声波

跨孔声波曲线规律与单孔声波基本相同，但量值总体偏高，对陡倾节理裂隙、构造反映较明显，是两孔之间岩体结构与质量的综合反映。因处于一定围岩状态下，跨孔声波测试规律可基本反映建基岩体总体工程地质特性。

（1）两岸坝肩。两岸坝肩跨孔声波建基面以下 10m 范围的 V_p 统计结果为：波速 5650~5000m/s 的岩体占 34%；波速 5000~4500m/s 的岩体占 40%；波速 4500~4000m/s 的岩体占 20%；波速 4000~3000m/s 的岩体占 6%。

（2）河床坝基。河床坝基声波法跨孔测试成果统计列表见表 6.10。

表 6.10　　　　　　　　　　河床坝基声波法跨孔测试成果统计

测试部位	最大孔深/m	V_p 范围/(m/s)	V_p 平均/(m/s)
8 坝段	10.0	4790~5410	5360
9 坝段	11.0	2300~5760	4860
10 坝段	19.0	3880~5650	5360
11 坝段	20.0	3550~5970	5180
12 坝段	11.0	3660~5730	5090
13 坝段	21.0	2810~5980	5200
14 坝段	14.0	3030~5780	5320
15 坝段	11.0	2820~5620	4790

4. 河床坝基钻孔录像

河床坝基 11、12、13、14 坝段共进行了 5 个孔的孔内摄像，成果见表 6.11。

5 个孔的孔内摄像总垂直深度 77.94m，摄像孔分布在坝基上游、中部、下游等不同部位，基本涵盖了河床坝基的建基岩体。从摄像资料看，5 个孔共解译断裂 23 条，除建基面编录的 f_8 断层延伸到深部外，尚有 7 条缓倾角（部分可能为高倾角）和 15 条高陡倾角裂隙，裂隙一般闭合或张开 0.1~0.3cm，绝大部分分布在高程 2203.00m 以上，少量分布在高程 2195.00m 以上。断裂分布密度平均为 3 条/10m，最大为 3.5 条/10m，若单从断裂发育密度考虑岩体质量，河床坝基检测部位应为 I 级岩体。

从钻孔录像揭示的裂隙出现部位波速测试成果看，断裂发育部位平均纵波速度为 3500m/s，相当于较完整岩体波速的 70% 左右。与坝基物探检测出的低波速段的平均波速及波速降低程度相近。

表6.11　河床坝基孔内录像解译成果汇总表

孔号	钻孔位置	测孔坐标 X/m	测孔坐标 Y/m	测孔坐标 H/m	深度/m	断裂高程/m	产状	基本特征	波速/(cm/s)
LX-1#	12坝段与13坝段分界靠12坝段下游区	3772.409	6577.181	2211.663	19.42	2210.06~2209.90	NW,倾NE∠48.8°	裂隙宽约2cm,张开0.5cm	3000
						2206.96~2206.90	缓倾角裂隙	裂隙闭合	
						2202.96~2202.62	NW,倾SE∠78°	裂隙宽0.5cm左右	
						2199.48	NE倾NW∠66°	裂隙闭合	
						2199.26	NE倾NW∠66°	裂隙闭合	
						2196.58~2196.26	NW,倾SE∠78°	裂隙闭合~张开处宽约0.2cm	
LX-2#	14坝段下游区中部	3802.625	6577.128	2217.374	11.56	2215.59~2215.33	NE,倾NW∠70°	裂隙闭合	4000
						2209.57	缓倾角裂隙	裂隙宽0.1~0.3cm	4000
						2207.57	缓倾角裂隙	裂隙宽0.1~0.3cm	3285
						2206.77~2206.17	f_8断层		
LX-3#	11坝段上游靠12坝段侧	3744.475	6538.429	2211.378	斜孔20.48,垂直17.74	2210.65	缓倾角裂隙	张开0.1~0.3cm	3090
						2208.28	缓倾角裂隙	张开	
						2205.33	NW,倾SE∠37°	裂隙闭合	3000
						2205.18	NW,倾SE∠37°	裂隙闭合	3000
						2204.83~2204.64	缓倾角裂隙	孔壁破碎	2300
						2199.39~2199.32	缓倾角裂隙	裂隙闭合	4720
LX-4#	14坝段坝轴线处	3809.896	6569.294	2219.285	16.74	2208.49~2208.17	倾正东∠60°	孔壁破碎	3250~3290
						2207.87~2207.27		孔壁破碎	2100~2600
						2206.81~2206.29	发育两条:倾S∠34°,NE倾陡倾角裂隙	张开0.3~0.5cm	3330
LX-5#	13坝段下游区中部	3787.328	6570.182	2213.679	12.48	2209.78	发育陡倾角裂隙	f_8断层	3290
						2206.08~2205.93	缓倾角裂隙		4200
						2203.21~2203.06	NE倾SE∠42°		4310

6.4.2.2 监测成果分析

1. 左岸坝肩

（1）岩石变位计。表 6.12 为左岸坝肩拱肩槽边坡岩石变位计监测成果。

表 6.12　　　　　　　　　左岸坝肩拱肩槽边坡岩石变位计监测成果统计

点号	拱肩槽高程/m	施测日期/（年-月-日）	最大值		对比值	
			施测日期/（年-月-日）	最大值/mm	施测日期/（年-月-日）	测值/mm
MD01-BL	2425.00	2005-11-26	2006-06-15	5.12(5m)	2006-09-21	5.30(5m)
MD02-BL	2380.00	2005-12-15	2006-06-15	5.12(5m)	2006-09-21	3.30(20m)
MD03-BL	2345.00	2005-12-18	2006-06-15	5.12(5m)	2006-09-21	1.60(20m)
MD04-BL	2320.00	2005-12-18	2006-06-15	5.12(5m)	2006-09-21	1.40(20m)
MD05-BL	2300.00	2005-12-18	2006-01-26	52.14(5m)	2006-09-21	41.12(5m)
MD06-BL	2300.00	2005-12-18	2006-02-23	13.78(20m)	2006-09-21	3.19(10m)
MD07-BL	2300.00	2005-12-18	2006-02-23	13.78(20m)	2006-09-21	6.42(20m)
MD08-BL	2280.00	2005-12-07	2005-12-23	20.77(10m)	2006-09-21	22.02(10m)
MD09-BL	2280.00	2005-12-07	2006-05-12	12.89(5m)	2006-09-21	18.66(20m)
MD10-BL	2280.00	2005-11-30	2006-05-12	12.89(5m)	2006-09-21	8.28(20m)
MD11-BL	2260.00	2005-11-27	2006-02-23	8.12(20m)	2006-09-21	8.27(20m)
MD12-BL	2260.00	2005-11-27	2006-06-29	62.94(10m)	2006-09-21	50.95(10m)
MD13-BL	2260.00	2005-11-30	2006-02-16	11.95(5m)	2006-09-21	12.86(5m)
MD14-BL	2240.00	2006-04-20	2006-02-16	11.95(5m)	2006-09-21	2.37(20m)
MD15-BL	2240.00	2005-12-13	2006-02-16	11.95(5m)	2006-09-21	15.57(20m)
MD16-BL	2240.00	2006-04-20	2006-02-16	11.95(5m)	2006-09-21	2.64(20m)

左岸坝肩岩石变位计布置于拱肩槽边坡高程 2425.00～2240.00m 位置。大致为每 20～25m 高差布置一层。愈靠近下部布置愈密集，覆盖了左岸坝肩拱肩槽大部分地段。监测数据可分为两类。

1）数据变化较平稳、绝对变位量值在 5.12～12.89mm 之间：代表性监测点为 MD01-BL、MD02-BL、MD03-BL、MD04-BL、MD07-BL、MD10-BL、MD14-BL、MD16-BL。

2）监测过程中在某个或多个特定日期数据发生跳跃上升变化，其后很快稳定，量值变化跨越区间大，绝对变位量值在 12.89～62.94mm 不等。此类代表性监测点为 MD05-BL、MD06-BL、MD08-BL、MD09-BL、MD11-BL、MD12-BL、MD13-BL、MD15-BL，其中 MD05-BL、MD12-BL 变化最大，MD05-BL 点位于拱肩槽 2300.00m 高程，2006 年 1 月 26 日该点 5m 处绝对变位由 0.77mm 突升至 52.14mm，之后很快平稳下降，至 2006 年 9 月 21 日降至 41.12mm；MD12-BL 点位于拱肩槽 2260.00m 高程，2006 年 6 月 29 日该点 10m 处绝对变位由 29.55mm 突升至 62.94mm，之后基本平稳，至 2006 年 9 月 21 日降至 50.95mm。

左岸坝肩槽岩石变位计自观测以来，测值变化较为反复，分析主要是受监测期间坝肩钻孔、钢爬梯修建及爆破清渣、高空坠落砸击等施工影响。

总体看，拱肩槽岩石变位计监测变位一般为 5～15mm。据此认为，监测变位在边坡开挖应力调整范围之内，且大多波动较小。目前历时曲线大部分已趋于平稳，表明拱肩槽岩体基本稳定。

（2）锚杆应力计。表 6.13 分别为左岸坝肩拱肩槽边坡锚杆应力计监测成果。在左岸坝肩拱肩槽边坡高程 2425.00～2240.00m 部位，布设 R201-BL～R216-BL 锚杆应力计共 16 个。锚杆应力计均实施正常监测。

表 6.13　　　　　　　左岸坝肩拱肩槽边坡锚杆应力计监测成果统计

点号	拱肩槽高程/m	施测日期/（年-月-日）	应力最大值				备注
			施测日期/（年-月-日）	测值/MPa	施测日期/（年-月-日）	测值/MPa	
R201-BL	2425.00	2005-12-13	2005-11-27	5.47(1.0m)	2006-08-25	−9.5(1.0m)	下降
R202-BL	2345.00	2005-12-15	2006-08-25	159.77(2.5m)	2006-08-25	−18.55(1.0m)	上升
R203-BL	2430.00	2005-12-18	2006-08-25	9.59(1.0m)	2006-08-25	−6.27(1.0m)	下降
R204-BL	2320.00	2005-12-18	2006-02-16	11.32(2.5m)	2006-08-25	−9.94(2.5m)	下降
R205-BL	2300.00	2005-12-18	2006-01-12	6.29(1.0m)	2006-08-25	−13(1m)	下降
R206-BL	2300.00	2005-12-18	2006-08-25	25.02(1.0m)	2006-08-25	−12.4(2.5m)	较平稳
R207-BL	2300.00	2005-12-18	2006-05-04	23.49(2.5m)	2006-08-25	10(1.0m)	平稳略降
R208-BL	2280.00	2005-12-07	2006-08-25	50.1(1m)	2006-08-25	25.71(1m)	平稳
R209-BL	2280.00	2005-12-07	2006-08-25	67.87(2.5m)	2006-08-25	−6.5(1.0m)	平稳上升
R210-BL	2280.00	2005-11-30	2006-08-25	49.08(1.0m)	2006-08-25	−29.98(2.5m)	平稳上升
R211-BL	2260.00	2005-11-27	2006-08-25	220.8(1.0m)	2006-08-25	148(1.0m)	下降
R212-BL	2260.00	2005-11-27	2006-05-04	119.8(1.0m)	2006-08-25	15.59(2.5m)	下降
R213-BL	2260.00	2005-11-30	2006-02-23	39.5(1.0m)	2006-08-25	−11.65(2.5m)	下降
R214-BL	2240.00	2005-12-12	2006-03-16	115.36(1.0m)	2006-08-25	−2.73(1.0m)	下降
R215-BL	2240.00	2005-12-12	2006-02-03	12.26(2.5m)	2006-08-25	−23.06(1m)	下降
R216-BL	2240.00	2005-12-12	2006-02-16	37.94(1.0m)	2006-08-25	24.35(2.5m)	下降

从 2005 年 11 月—2006 年 8 月 25 日监测资料看，监测数据可分为三部分。

1）上、下游侧坡各监测点应力最大量值在 2.48～28.02MPa 之间，变化均较小，且历时曲线均呈下降趋势。

2）高程 2280.00m 以上除位于拱肩槽高程 2385.00m 的 R202-BL 监测点 2.5m 处持续上涨、并在 2006 年 8 月 25 日达到 159.77MPa 外，其余各监测点应力最大量值在 5.47～23.49MPa 之间，变化均较小，且历时曲线均呈下降趋势。

3）相对于高程 2280.00m 以上来讲，高程 2280.00m 以下监测量值较大，各监测点应力最大量值在 12.26～220.80MPa 之间，但历时曲线多呈下降趋势。

总体看，左岸坝肩锚杆应力计监测数据变化较为稳定，应力量值不高，岩体稳定。现场巡视未发现边坡异常。综合以上各部位监测数据分析认为，左岸坝肩开挖边坡整体稳定，但局部受主体施工及爆破开挖影响，个别监测点应力位移监测数据较大。

2. 右岸坝肩

(1) 岩石变位计。表 6.14 为右岸坝肩拱肩槽边坡岩石变位计监测成果。

表 6.14　　　　　　　右岸坝肩拱肩槽边坡岩石变位计监测成果统计

点号	拱肩槽高程/m	施测日期/(年-月-日)	最大值		对比值	
			施测日期/(年-月-日)	最大值/mm	施测日期/(年-月-日)	测值/mm
MD01-BR	2420.00	2005-10-11	2006-1-26	0.58(5m)	2006-09-05	-0.05(5m)
MD02-BR	2400.00	2005-11-01	2006-3-1	0.70(20m)	2006-09-05	0.4(20m)
MD03-BR	2380.00	2005-11-01	2006-3-1	1.01(10m 及 5m)	2006-09-05	0.3(10m)
MD04-BR	2360.00	2005-12-08	2006-5-10	0.53(10m)	2006-09-05	0.43(10m)
MD05-BR	2340.00	2005-11-01	2006-3-1	4.82(20m)	2006-09-05	4.89(20m)
MD06-BR	2305.00	2006-05-23	2006-8-14	2.10(5m)	2006-09-05	1.34(5m)
MD07-BR	2305.00	2006-02-13	2006-6-5	1.18(10m)	2006-09-05	1.06(10m 及 5m)
MD08-BR	2280.00	2006-05-23	2006-8-23	0.74(10m)	2006-09-05	0.72(10m)
MD09-BR	2280.00	2006-02-13	2006-4-19	0.82(10m)	—	—
MD10-BR	2280.00	2006-02-13	2006-7-5	1.02(20m)	2006-09-05	0.93(10m)
MD11-BR	2260.00	2006-02-13	—	—	—	—
MD12-BR	2260.00	2006-02-13	2006-4-19	2.31(20m)	—	—
MD13-BR	2260.00	2006-02-13	2006-6-14	8.68(20m)	2006-09-05	8.42(20m)
MD14-BR	2240.00	—	—	—	—	—
MD15-BR	2240.00	2006-02-13	2006-4-26	4.72(20m)	—	—
MD16-BR	2240.00	2006-02-13	2006-4-26	6.80(20m)	—	—

右岸坝肩岩石变位计布置于拱肩槽边坡高程 2420.00～2240.00m 部位，总体上，每 20m 高差布置一层。愈靠近下部布置愈密集，覆盖了右岸坝肩拱肩槽边坡大部分地段。

从 2005 年 10 月—2006 年 9 月 5 日历时近一年监测数据看：岩石变位数据变化较平稳，且量值总体较小，绝对变位量值在 0.53～8.68mm 之间，一般在 10mm 以下，位于右岸坝肩拱肩槽高程 2260.00m 的 MD13-BR 监测点在 2006 年 6 月 14 日监测到最大变位为 8.68mm，这是因为该点位于拱肩槽低波速区，岩体地质条件较差且受高程 2260.00～2240.00m 二次开挖影响较大所致。

综上所述，右岸坝肩拱肩槽边坡岩石变位量值总体较小，在边坡开挖应力调整范围之内，且大多波动较小，目前历时曲线大部分已趋于平稳，表明拱肩槽岩体稳定。

(2) 锚杆应力计。表 6.15 分别为左岸坝肩拱肩槽边坡锚杆应力计监测成果。在右岸坝肩拱肩槽边坡 2420.00～2240.00m 部位，布设 R301-BL～R316-BL 锚杆应力计共 16 个，大部分可正常监测。

表 6.15 右岸坝肩拱肩槽边坡锚杆应力计监测成果统计

点号	拱肩槽高程/m	施测日期/(年-月-日)	应力最大值				备注
			施测日期/(年-月-日)	测值/MPa	施测日期/(年-月-日)	测值/MPa	
R301 - BR	2420.00	2005 - 10 - 11	2006 - 08 - 23	31.16(3.5m)	2006 - 09 - 05	28.72(3.5m)	较平稳
R302 - BR	2400.00	2005 - 11 - 01	2006 - 08 - 23	36.54(3.5m)	2006 - 09 - 05	21.92(3.5m)	较平稳
R303 - BR	2380.00	2005 - 11 - 01	2006 - 03 - 16	61.06(3.5m)	2006 - 09 - 05	10.76(3.5m)	下降
R304 - BR	2360.00	2005 - 12 - 18	2006 - 03 - 22	13.75(5.5m)	2006 - 09 - 05	2.41(5.5m)	下降
R305 - BR	2340.00	2005 - 11 - 01	2006 - 03 - 23	127.48(5.5m)	2006 - 09 - 05	69.83(5.5m)	下降
R306 - BR	2305.00	2006 - 02 - 13	2006 - 05 - 10	−9.56(1.5m)	2006 - 09 - 05	−2.67(1.5m)	上升
R307 - BR	2305.00	2006 - 02 - 13	2006 - 08 - 23	−44.05(1.5m)	2006 - 09 - 05	−40.11(5.5m)	平稳
R308 - BR	2280.00	2006 - 05 - 23	2006 - 08 - 14	−14.53(3.5m)	2006 - 09 - 05	−10.13(5.5m)	较平稳
R309 - BR	2280.00	2006 - 02 - 13	2006 - 06 - 05	14.53(3.5m)	2006 - 09 - 05	14.06(3.5m)	平稳
R310 - BR	2280.00	—	—	—	2006 - 09 - 05	113.3(3.5m)	—
R312 - BR	2260.00	2006 - 02 - 13	2006 - 04 - 11	4.78(5.5m)	2006 - 05 - 03	1.54(5.5m)	下降
R313 - BR	2260.00	2006 - 02 - 13	2006 - 05 - 03	27.96(3.5m)	2006 - 09 - 05	16.88(1.5m)	下降
R314 - BR	2240.00	—	—	—	2006 - 03 - 29	8.06(5.5m)	—
R315 - BR	2240.00	—	—	—	2006 - 04 - 26	98.81(5.5m)	—
R316 - BR	2240.00	2006 - 02 - 13	2006 - 04 - 19	119.89(5.5m)	2006 - 04 - 26	18.20(5.5m)	下降

从 2005 年 10 月—2006 年 8 月监测资料看，拱肩槽边坡锚杆应力具有上部高、下部高、中间低的特点。其中，上部高程 2420.00～2340.00m 各监测点应力最大量值在 13.75～127.48MPa 之间，一般在 30～70MPa 之间，最大值为位于拱肩槽 2340m 的 R305 - BR 监测点，该点在 5.5m 处于 2006 年 3 月 23 日达到 127.48MPa；中高程 2305.00～2280.00m 测值较小，最大应力变化范围在 −9.56～−44.05MPa 之间；低高程 2260.00～2240.00m 之间应力最大测值在 4.78～119.89MPa 之间，一般在 30～120MPa 之间，最大值为位于拱肩槽高程 2240.00m 的 R316 − BR 监测点，该点 5.5m 处于 2006 年 4 月 19 日达到 119.89MPa。

总体看，右岸坝肩锚杆应力计监测数据变化较为稳定；应力量值不高，变化总体较小，历时曲线均呈下降趋势，岩体稳定，现场巡视未发现边坡异常。综合以上各部位监测数据分析认为，右岸坝肩开挖边坡整体稳定性较好。

6.4.3 建基岩体松弛带确定

采用两种方法划分坝基岩体松弛带：一是按设计梯段，对建基面开挖及松弛带形成过程进行有限元数值模拟；二是根据上述大量物探、监测成果等实测数据划分建基岩体松弛带。对建基岩体的松弛带划分，有限元数值模拟属预估性质，是实测数据的佐证与铺垫；

实测数据则依据大量实际资料，其划分结果更为准确、可靠。

6.4.3.1 随开挖进程松弛带厚度数值模拟预估

1. 计算模型与计算方案

为研究坝基开挖对建基岩体松弛影响及开挖过程中应力调整与分布，以坝轴线为计算剖面（两岸坝肩取垂直岸坡水平距离），按工程设计开挖梯段（图6.38、图6.39），共分19个步骤下挖，构建计算模型如图6.40所示。

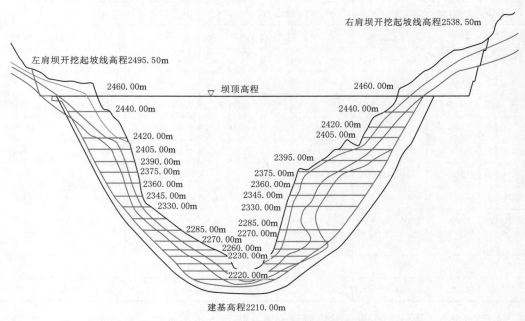

图 6.38 拉西瓦高拱坝坝基开挖梯段图

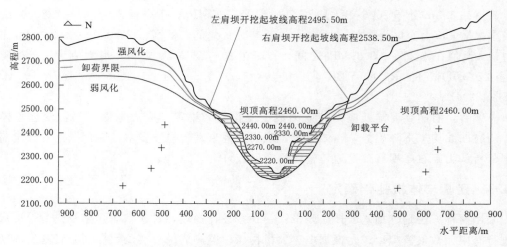

图 6.39 坝基开挖计算剖面图

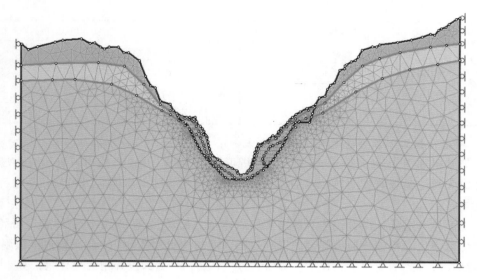

图 6.40 计算模型

在计算开挖条件下河床及两岸岩体应力场变化及开挖卸荷影响时，采用构造应力场与自重应力场相叠加的计算方案。模型南北两侧为滑动边界、顶面为自由边界、底部为约束边界。自重应力场由计算确定，构造应力场依据本研究成果确定，最终以现今河谷应力场为初始应力条件。

计算模型考虑天然岸坡岩体卸荷与风化影响，各风化带岩体物理力学参数按坝址区参数研究成果综合确定见表 6.16。

表 6.16　　　　　　　　　　各风化带岩体物理力学参数取值

岩体	密度 ρ /(kg/m³)	弹模 E /GPa	泊松比 μ	峰值内聚力 c/MPa	峰值内摩擦角 φ/(°)	残余内聚力 c_r/MPa	残余内摩擦角 φ_r/(°)	抗拉强度 σ_t/MPa
强风化带	2500	3.0	0.30	1.0	40.0	0.4	35.0	0.7
弱风化带	2600	12.0	0.24	1.6	48.0	0.5	43.0	1.2
微新带	2700	30.0	0.23	3.2	57.0	0.7	52.0	2.0

分别在左岸高程 2420.00m、左岸高程 2330.00m、河床中心及两侧设置若干计算监控点（表 6.17），用来分析开挖对坝基岩体卸荷及应力场的影响。

表 6.17　　　　　　　　　　计算监控点及其位置

编号	位置	距岸坡/m	距开挖面/m	编号	位置	距河床/m	距开挖面/m
A_1	左岸高程 2420.00m	67.6	11.6	B_2	左岸高程 2330.00m	141.9	105.9
A_2	左岸高程 2420.00m	146.1	90.1	B_3	左岸高程 2330.00m	238.2	202.2
A_3	左岸高程 2420.00m	221.6	165.6	B_4	左岸高程 2330.00m	333.5	297.5
A_4	左岸高程 2420.00m	363.3	307.3	C_1	河床中心	21.3	0.3
B_1	左岸高程 2330.00m	48.0	12.0	C_2	河床中心	29.1	8.1

续表

编号	位置	距岸坡/m	距开挖面/m	编号	位置	距河床/m	距开挖面/m
C_3	河床中心	78.8	57.8	D_1	河床左侧 2320m	48.2	0.2
C_4	河床中心	123.1	102.1	D_2	河床左侧	75.7	27.6
C_5	河床中心	171.9	150.9	E_1	河床右侧 2330m	33.6	0.2
C_6	河床中心	241.1	220.1	E_2	河床右侧	74.9	42.5

2. 坝基开挖岩体应力场的时间分布特征

计算结果如图 6.41～图 6.44 所示。分析可知，各阶段开挖后的边坡岩体应力场与岸坡岩体的天然应力场有较明显的差别。这表明开挖对坝基坝肩岩体应力场及其演化特征有较大影响。

上部开挖及后续梯段开挖均对两岸坝肩岩体应力场调整产生影响。总体表现出的特征是应力降低→应力增加→应力降低的变化过程。此过程可用 2330.00m 高程边坡线附近 B_1 点应力随梯段开挖的变化进行说明。B_1 点最大主应力 σ_1 随梯段开挖的变化特征如下：

(1) 高程 2420.00m 以上开挖，引起 B_1 点最大主应力 σ_1 降低，降低幅度达 0.8MPa，并持续至开挖高程 2390.00m。

(2) 高程 2390.00～2330.00m 边坡开挖，B_1 点最大主应力 σ_1 随向下开挖逐渐增加；开挖至高程 2330.00m 时，最大主应力 σ_1 达到最大（15.6MPa），并持续至下一开挖阶段（开挖高程 2330.00～2285.00m）。

(3) 高程 2285.00m 以下边坡开挖，B_1 点最大主应力 σ_1 显著下降，并趋于稳定（12.1MPa）。位于高程 2420.00m 边坡线附近的 A_1 点，高程 2440.00m 以上边坡开挖，产生应力集中，最大主应力 σ_1 增加；开挖至高程 2420.00m 时，应力集中，最大可达（$\sigma_1=8.4$MPa），并持续至下一开挖阶段（开挖高程 2405.00m）。此后，随开挖继续向下，最大主应力 σ_1 急剧降低，并在开挖至高程 2390.00m 后，基本趋于稳定或缓慢调整。

随开挖推进，河床部位应力变化较为复杂。高程 2375.00m 以上开挖对河床附近应力影响较小。自高程 2375.00m 向下开挖，引起河床建基面附近应力缓慢下降。开挖至河床中心高程 2315.00m 后，最大主应力 σ_1 随开挖进程大幅度降低。尤其是高程 2285.00m 以下各梯段开挖，最大主应力 σ_1 降低幅度更明显。

在高程 2375.00m 以上的各开挖阶段中，河床建基面右侧的最大主应力 σ_1 变化较小，基本与天然应力（25～26MPa）接近。此后，随开挖继续向下，最大主应力 σ_1 逐渐降低。当开挖至高程 2250.00m 时，最大主应力 σ_1 达到最低（6.0MPa）并趋于稳定。开挖至高程 2230.00m 时，最大主应力 σ_1 则快速增加至 10.0MPa。继续下挖，最大主应力 σ_1 持续减小，最终趋于稳定（约 3.0MPa）。

河床建基面左侧岩体最大主应力 σ_1 随开挖的变化特征与右侧基本相似，左侧边坡高程 2250.00m 及其以上的开挖对其应力场影响较小，最大主应力 σ_1 基本维持在 23～25MPa，其后的开挖则导致应力的显著降低，开挖至高程 2230.00m 时，应力趋于稳定，并维持在 3～5MPa。

综上所述，下部开挖对上部岩体应力场产生明显影响。就整个拱圈建基岩体应力场来

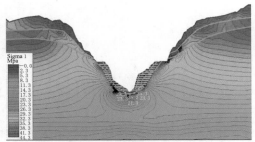
（a）开挖至高程2460.00m

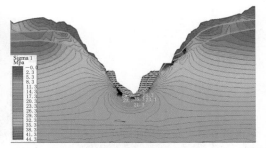
（b）开挖至高程2405.00m

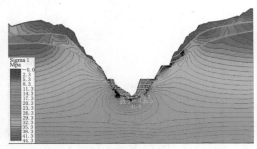
（c）开挖至高程2360.00m

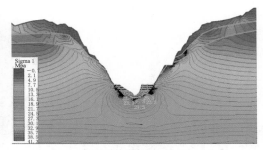
（d）开挖至高程2315.00m

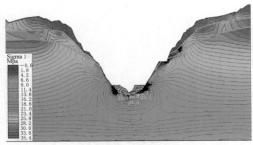
（e）开挖至高程2285.00m

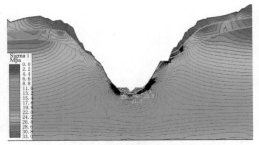
（f）开挖至高程2260.00m

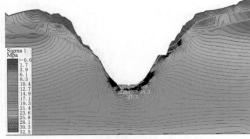
（g）开挖至高程2240.00m

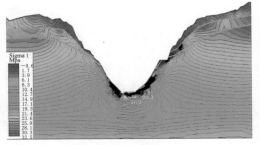
（h）开挖至高程2220.00m

图6.41　拱坝坝基梯段开挖河谷应力场—最大主应力 σ_1

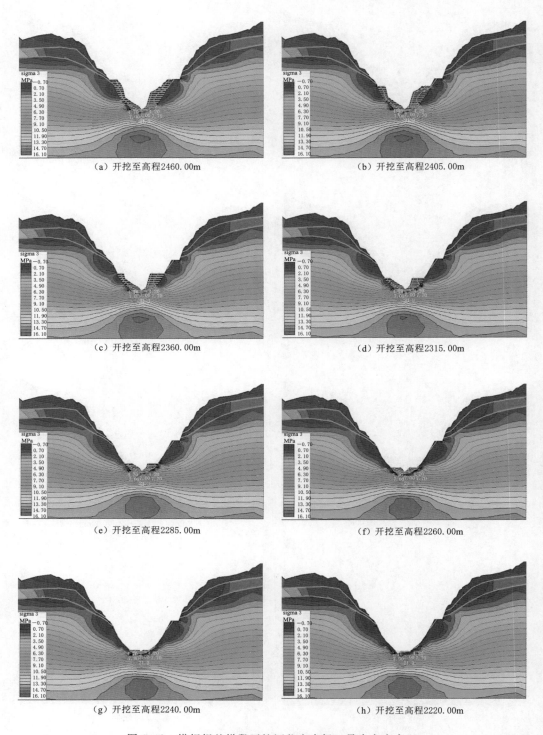

（a）开挖至高程 2460.00m　　　　　　　（b）开挖至高程 2405.00m

（c）开挖至高程 2360.00m　　　　　　　（d）开挖至高程 2315.00m

（e）开挖至高程 2285.00m　　　　　　　（f）开挖至高程 2260.00m

（g）开挖至高程 2240.00m　　　　　　　（h）开挖至高程 2220.00m

图 6.42　拱坝坝基梯段开挖河谷应力场—最小主应力 σ_3

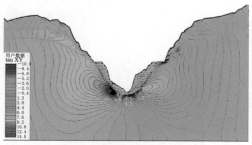

(a) 开挖至高程2460.00m

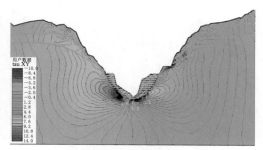

(b) 开挖至高程2405.00m

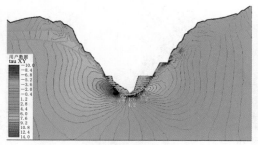

(c) 开挖至高程2360.00m

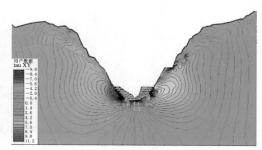

(d) 开挖至高程2315.00m

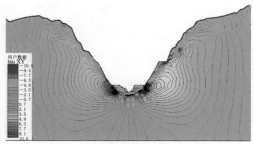

(e) 开挖至高程2285.00m

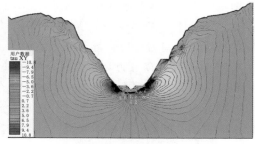

(f) 开挖至高程2260.00m

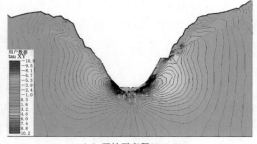

(g) 开挖至高程2240.00m

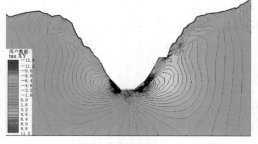

(h) 开挖至高程2220.00m

图 6.43 拱坝坝基梯段开挖河谷应力场—剪应力 τ_{xz}

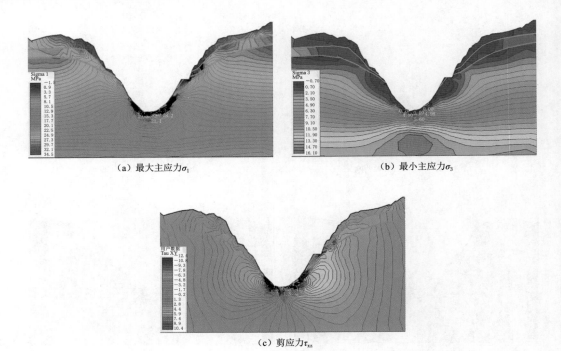

(a) 最大主应力 σ_1

(b) 最小主应力 σ_3

(c) 剪应力 τ_{xz}

图 6.44　开挖至建基高程时的应力场特征

讲，影响范围、影响程度更大。在所有梯段开挖过程中，无论对两岸坝肩还是河床建基面，也无论处于建基面附近还是较深部位（即全拱圈范围），高程 2300.00～2285.00m 之间的梯段开挖对岩体应力场分布影响最大。

3. 坝基开挖岩体应力场的空间分布特征

坝址区河谷天然应力场具有显著的应力分异和应力集中现象。坝基梯段向下开挖使天然应力场分布发生较大改变。坝基开挖仅对岩体应力场产生一定范围和程度的调整，并不能改变应力场空间分布的基本格局。在此，绘出表 6.19 计算监控点最大主应力 σ_1 随梯段开挖变化特征来说明如图 6.45 所示。

坝基上部高程开挖对岩体应力场影响相对较小。如高程 2440.00m，在开挖期间，建基面附近岩体应力（如 A_1 点）有前述"先增加，然后降低并维持稳定"的变化特征，而较深部位岩体的应力场（如 A_2～A_4 点）则变化不大而仅受更低高程边坡开挖的影响（尤其 2285.00m 高程段），在整个开挖期间，A_3 点附近始终处于该高程应力集中区，且直至开挖完成，该应力集中区仍基本保持天然状态。

坝基中高程开挖对岩体应力场改变程度较大。如高程 2330.00m，开挖期间，建基面附近岩体应力随开挖进程有较大幅度变化，且深部岩体应力场也出现一定程度变化，开挖结束后，虽仍然表现出应力分异，但与此前应力场相较，各区应力量值均有所减小。坝基开挖引起建基面以下岩体应力重分布。建基面附近岩体应力释放，并向深部转移，形成新的应力分异带。从建基面向深部依次为应力降低带、增高带、轻微调整带。各应力分异带向深部迁移。各带应力量值较开挖前对应应力均有不同程度降低。

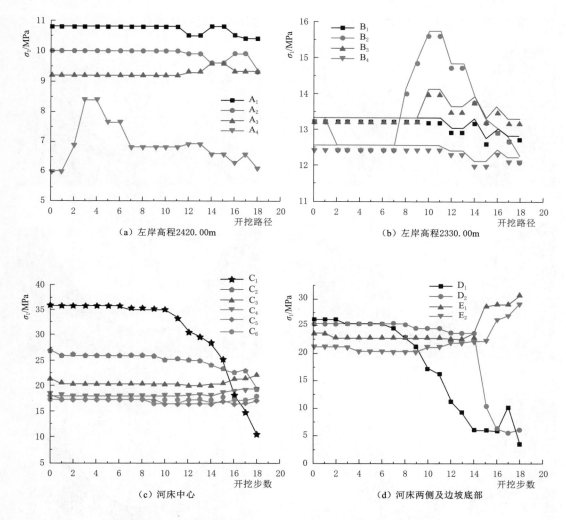

图 6.45　不同部位最大主应力 σ_1 随梯段开挖步数的变化特征

　　与上部高程、中部高程的开挖不同，两岸低高程及河床坝基开挖对应力场影响最大。如前所述，坝基开挖之初，河床部位应力场变化不大，当开挖至高程 2250.00m 后，河床应力场发生急剧改变，在建基面附近，岩体应力随开挖下延而逐渐降低，致使此前显著应力增高带（"应力包"）临开挖面一侧变为应力松弛带。

　　建基面以下一定深度岩体，总体上受两岸坝肩与河床坝基开挖的影响较小。但是高程2285.00m 以下各梯段开挖也使其产生了一定程度的应力调整。与建基面表部不同，建基面以下较深部位岩体应力场随开挖下延而逐渐增高。

　　总之，河床坝基部位天然应力场因表部岩体风化卸荷而存在应力降低带、应力增高带和正常应力带，建基面形成过程中将其挖除，加之中上部边坡开挖影响，导致河床部位的应力重分布，使建基岩体表层应力降低，河床谷底"应力包"向深部转移。

4. 计算获得的松弛特征

图 6.46 为开挖前后应力变化特征，图 6.47 为开挖前后位移特征。

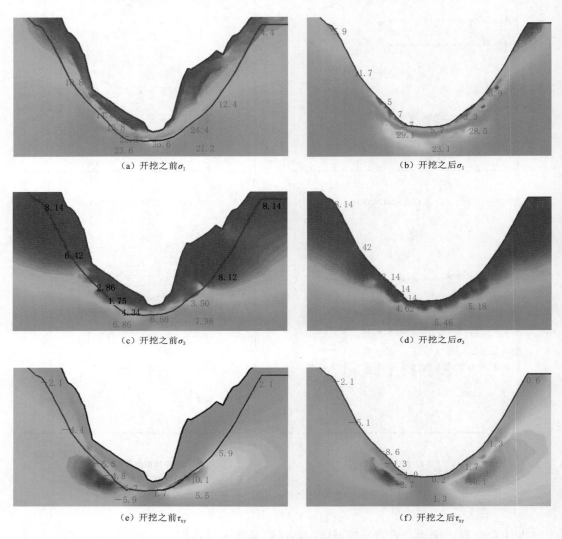

(a) 开挖之前 σ_1 (b) 开挖之后 σ_1

(c) 开挖之前 σ_3 (d) 开挖之后 σ_3

(e) 开挖之前 τ_{xy} (f) 开挖之后 τ_{xy}

图 6.46 坝基开挖前后应力变化

从图 6.46、图 6.47 可看出：

（1）对于开挖至建基岩体所处部位，应力集中向深部转移，应力普遍有所降低。松弛带厚度 3～5m，过渡带厚 7～8m。过渡带可视为未扰动岩体。

（2）河床坝基垂直位移为 3～5cm。两岸坡脚水平位移为 3～6cm。

（3）总体表现为随高程下降位移增大。上部高程总位移小于 1cm，中部高程总位移小于 2cm，谷底总位移为 3～6cm。

综上所述，两岸坝肩与河床坝基开挖过程中，在河谷天然应力场的基础上，建基面以里一定深度范围内岩体发生了较大程度的应力重分布，且应力分布随梯段下延而不断调

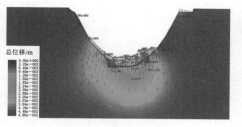

（a）开挖后垂直位移　　　　　　　　　　　（b）开挖后水平位移

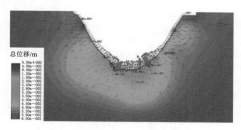

（c）开挖后总位移

图 6.47　坝基开挖后位移特征

整。下部开挖对上部岩体应力场产生明显影响。就整个拱圈建基岩体应力场分布来讲，影响范围、影响程度更大。经开挖过程中及开挖后应力调整的时空效应，建基面以深一定范围内逐渐形成新的稳定应力场，表现为表层应力降低带、一定深度范围内的应力集中带以及更深部位的开挖轻微影响带和正常应力带的应力分异特征。较之河谷天然应力场，各带内的应力量值均有一定程度降低。

6.4.3.2　基于物探测试成果的松弛带划分

1. 松弛带确定的方法与原则

物探测试孔一般垂直建基面布置，按波速（主要依据单孔声波）的递变特征可划分松弛区。如图 6.48 所示，横坐标为钻孔深度，纵坐标为波速。从图中可以看出高程 2420.00m 的 2.53m 处为波速拐点，因而可以确定松弛带为 2.53m。坝基开挖过程中，沿建基面不同高程布置有声波测试孔，将各孔确定的松弛区标示于图上并依次连接，便可得到整个坝基松弛带。

需要说明的是，划分松弛带厚度主要针对跃阶型曲线。若据单孔声波确定的松弛带会偏单一，需要地质宏观判断、表面地震波、单孔地震波、跨孔声波及监测资料等辅助性校正；如有爆前、爆后波速资料，则爆前、爆后孔波速衰减率是重要参考依据。

2. 坝基不同部位松弛带确定

（1）左岸坝肩。据松弛度概念对左岸坝肩拱肩槽岩体松弛带厚度及松弛度统计结果汇总于表 6.18。根据表 6.18 所绘松弛度随高程分布如图 6.49 所示。成果表明，左岸坝肩岩体松弛带厚度一般小于 2.5m，局部受构造影响较深，达 3～4.6m，最深可达 6.4m（如 F_{211} 两侧）。从松弛程度情况看，松弛度变幅较大，大部分小于 30%，少量 30%～40%，最高 45% 左右，最低 10% 左右。

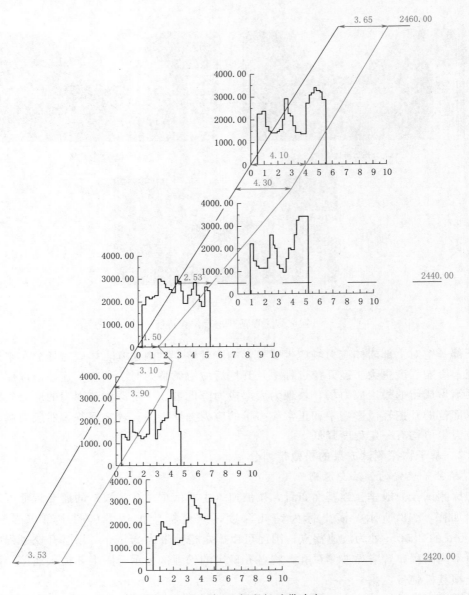

图 6.48 左岸 22 坝段松弛带确定

表 6.18　　　　　　　　　　左岸坝肩单孔声波确定松弛带厚度及松弛度

测试高程 /m	松弛带厚度 /m	松弛岩体		原岩		松弛度 J_s /%	备注
		波速范围 /(m/s)	平均波速 /(m/s)	波速范围 （m/s）	平均波速 /(m/s)		
2445.00	2.6	1790～2430	2048	2390～3330	2780	26.3	
2432.00	1.8	1510～2630	2030	2570～4400	3330	39.0	
2415.00	2.0	1940～2930	2340	1970～4650	3190	26.6	

续表

测试高程 /m	松弛带厚度 /m	松弛岩体		原岩		松弛度 J_s /%	备注
		波速范围 /(m/s)	平均波速 /(m/s)	波速范围 （m/s）	平均波速 /(m/s)		
2404.00	1.2	2990~3140	3050	3930~5710	5020	39.2	
2385.00	2.0	4140~5190	4800	4570~5560	5280	9.1	
2357.00	1.0	3280~3780	3470	3410~4770	4500	22.9	
2340.00	1.8	2700~4120	3430	3370~5050	4480	23.4	
2327.00	1.6	1960~3500	2400	2820~5200	4100	41.5	
2312.00	2.2	2170~3790	2960	4380~5090	4870	39.2	
2295.00	2.2	2190~4030	2650	3810~5360	4910	46.0	
2280.00	6.4	1830~4060	2930	4470~5230	4970	41.0	
2272.00	4.6	2060~3790	2540	2960~5150	4420	42.5	
2262.00	2.4	1710~4620	3360	4190~5260	4740	29.1	爆前
	1.8	3570~4140	3770	3130~5450	4610	18.2	爆后
2250.00	2.0	3570~4090	3860	4360~4950	4800	22.0	爆前
	1.6	3810~4090	3970	3950~4950	4530	12.8	爆后
2240.00	1.0	4290~4500	4450	4390~5450	4900	9.2	爆前
	3.4	3710~4220	4010	4700~5240	5090	21.2	爆后

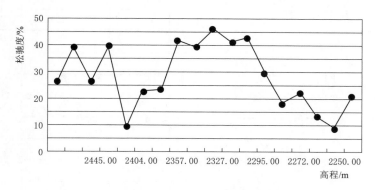

图 6.49　左岸坝肩岩体松弛度随高程分布

（2）右岸坝肩。右岸坝肩拱肩槽不同高程建基岩体松弛带厚度及松弛度统计结果汇总于表 6.19。根据表 6.19 所绘松弛度随高程分布如图 6.50 所示。成果表明，越向低高程，松弛度增大，符合高陡峡谷岸坡、高地应力的地质环境条件。

右岸坝肩岩体松弛带厚度一般小于 2.5m，少量 3~5m，局部受构造影响较深，最深可达 7m，从松弛程度情况看，松弛度绝大部分都低于 30%，局部受构造和爆破震动影响较大的部位可达 30%~40%，最大可达 49.6%。

表 6.19　　　　　　　右岸坝肩单孔声波确定松弛带厚度及松弛度统计表

测试高程 /m	松弛带厚度 /m	松弛岩体		原岩		松弛度 J_s /%	备注
		波速范围 /(m/s)	平均波速 /(m/s)	波速范围 /(m/s)	平均波速 /(m/s)		
2441.00	1.4	4440~4650	4610	4760~5400	5150	10.5	爆前
2417.00	1.6	3130~3650	3440	3300~3840	3630	5.2	爆后
2400.00	1.8	3470~5030	4340	3160~5450	4690	7.5	
2385.00	1.4	3080~4890	4370	4610~5770	5250	16.8	
2370.00	2.4	1910~5200	3680	2830~5580	4590	19.8	
2355.00	4.8	2270~4070	2990	3240~5040	4110	27.3	
2327.00	1.4	2680~4000	3460	2420~5040	4170	17.0	
2312.00	1.4	4880~5130	4950	5000~5720	5390	8.2	
2295.00	1.4	3640~4370	3920	4040~5100	4880	19.7	
2280.00	2.4	3700~4880	4040	5300~6000	5580	27.6	爆前
	2.4	1460~4860	3290	1980~5140	4620	28.8	爆后
2270.00	1.8	3280~4050	3730	4440~5140	4920	24.2	爆前
	2.0	2000~4260	2930	2950~4860	4000	26.3	爆后
2260.00	4.6	1790~4160	2990	1830~5000	3910	23.5	爆前
	3.6	2730~3720	3110	3470~5140	4450	30.1	爆后
2250.00	7.0	1710~3420	2310	3990~5220	4580	49.6	爆前
	3.4	1550~4090	2180	2430~4500	3200	31.9	爆后
2240.00	3.0	2010~3210	2550	2020~5190	4190	39.1	

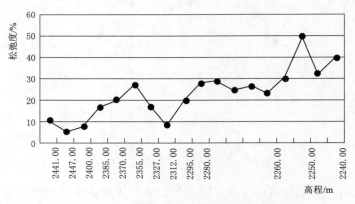

图 6.50　右岸坝肩岩体松弛度随高程分布图

（3）河床坝基。河床坝基 11~13 坝段岩体松弛带厚度、松弛度及纵波速分布如图 6.51 所示。河床坝基部位 10~13 坝块在高程 2212.00m 附近开口的钻孔波速资料见表 6.20。

从图 6.51 可以看出，岩体松弛带厚度绝大部分均小于 2.2m，最厚 4m；松弛度分布范围较大，但绝大多数大于 29%，最大 60% 左右；松弛带岩体平均纵波速度均小于 3500m/s，在 2000～3000m/s 之间居多。

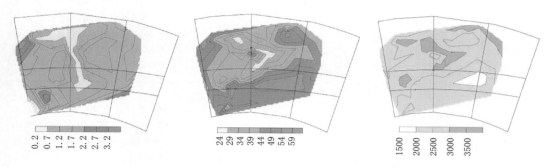

图 6.51　河床坝基松弛带厚度、松弛度、纵波速等值线图

表 6.20　　　　　　　　　河床坝基 8～15 坝块松弛带厚度汇总表

坝块	钻孔开口高程/m	松弛带厚度/m	平均波速值/(m/s)	波速比
8	2236.10～2240.00	3.97	3208	0.553
9	2222.80～2232.50	1.71	2768	0.477
10	2213.60～2220.00	2.6	2854	0.492
11	2211.00～2220.00	1.83	2578	0.444
12	2211.00～2221.00	1.38	2928	0.505
13	2211.00～2221.00	1.67	3104	0.535
14	2215.00～2222.00	2.37	2781	0.479
15	2230.00～2235.00	0.87	2478	0.427
平　均		2.05	2837	0.489

从表 6.20 测试的成果可以看出，松弛带深度平均为 1.35m，高程 2230.00 开口的钻孔波速资料显示，左岸高程 2240.00m 以下（14、15 坝段）坝肩槽部位，爆破松弛带平均厚度为 1.72m。

河床坝基建基面岩体的松弛影响受开挖先后顺序的影响，如锚杆孔 M_{60} 松弛厚度 2.4m，ZK_{43} 松弛厚度 5.80m，两者位置基本接近。由于开口高程不同，两者松弛厚度差一倍以上，但在高程 2209.00m 以下二者波速值又十分接近，为 5430～5800m/s。说明在开挖过程中地应力是逐渐完成卸荷过程的，开挖初期的卸荷量级较大，后期应力松弛幅度较小，松弛带深度为开挖揭露面以下 2m 左右的深度范围内。

6.4.3.3　松弛带厚度特征

两岸坝肩开挖产生的松弛带主要由物探波速确定。其中，拱肩槽边坡松弛特征见表 6.21、表 6.22，根据综合物探测试成果绘制于图 6.52。

表 6.21　　　　　关于松弛带的表面地震波、跨孔声波综合分析成果

测试部位	表面地震波/(m/s)			跨孔声波
	高程段/m	范围值	均值	
左岸拱肩槽	2460.00～2410.00	1650～3150	2314	2250.00m 高程 9.6m 孔深处波速偏低，为 2760～3150m/s；其余 10m 孔深处跨孔声波波速均大于 4200m/s，多数波速大于 4500m/s，波速范围值为 4110～5640m/s
	2410.00～2300.00	3280～5280	4600	
	2300.00～2260.00	2110～4520	3600	
	2260.00～2240.00	3250～5690	4600	
右岸拱肩槽	2460.00～2400.00	3150～5400	3984	2250m 高程 15m 孔深处波速偏低，为 3820～3700m/s；其余 10～15m 孔深处跨孔声波波速均大于 4200m/s，多数波速大于 4500m/s，波速范围值为 4070～5550m/s
	2400.00～2370.00	4500～5280	4938	
	2370.00～2340.00	2550～4160	3311	
	2340.00～2270.00	4000～5580	4832	
	2270.00～2240.00	2190～4990	3295	

表 6.22　　　　　　　　关于松弛带的单孔声波综合分析成果

部位	高程段/m	松弛带波速/(m/s)		原岩波速/(m/s)		
		松弛厚度/m	波速范围	平均波速	波速范围	平均波速
左岸拱肩槽	2460.00～2410.00	1.8～2.6	1510～2930	2000	2780～3330	3000
	2410.00～2340.00	1.2～2.0	2700～5190	3500	4480～5280	4700
	2340.00～2260.00	1.6～2.5	1710～4620	3000	4100～4970	4800
	2260.00～2240.00	1.0～2.4	3570～4500	4000	3950～5450	4900
右岸拱肩槽	2460.00～2370.00	1.4～1.8	3080～5030	4000	3160～5770	4800
	2370.00～2340.00	2.4～4.8	1910～5200	3300	2830～5580	4300
	2340.00～2280.00	1.4	3920～4950	4000	4040～5720	4900
	2280.00～2265.00	1.8～2.4	1460～4880	3500	1980～6000	4700
	2265.00～2240.00	3.0～7.0	1550～4160	2500	1830～5220	4000

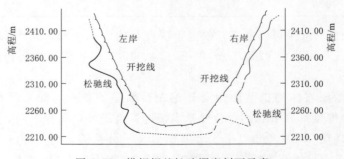

图 6.52　拱坝坝基松弛深度剖面示意

综合物探测试成果，分析认为：

（1）两岸坝肩建基松弛带岩体表面地震波、跨孔声波及单孔声波具有良好对应性，反映物探测试成果具有一定的可靠度与准确性。

（2）两岸坝肩岩体开挖卸荷产生的松弛岩体厚度大致相当，一般在 1.5～2.5m，局部因构造发育、应力释放及早期风化卸荷影响松弛厚度较大。

（3）根据表面地震波及跨孔声波资料，并结合单孔声波测试资料，左岸拱肩槽边坡可分为以下几段：

1）在高程 2410.00m 以上，松弛厚度 1.8～2.6m，波速范围为 1510～2930m/s，平均波速仅约 2000m/s。分析认为，低波速现象主要受早期风化卸荷影响，此部位原岩波速仅约 3000m/s。同时，低波速现象也受高程 2420.00m 发育的 Hf_{7-1}、2410m 高程发育的 Hf_7 缓倾角断层的影响。

2）在高程 2410.00～2340.00m 地段，松弛厚度 1.2～2.0m，波速范围为 2700～5190m/s，平均波速约 3500m/s。

3）在高程 2340.00～2260.00m 地段，松弛厚度 1.6～2.5m（局部可达 6.4m），波速范围为 1710～4620m/s，平均波速约 3000m/s。分析认为，低波速现象主要受构造影响。其中 2325.00～2305.00m 发育的 Hf_3 缓倾角断层和 2290.00～2260.00m 发育的 F_{211} 断层组，就是低波速现象受构造影响的佐证。

4）在高程 2260.00～2240.00m 地段，松弛厚度 1.0～2.4m（高程 2240.00m 可达 3.5m），波速范围为 3570～4500m/s，平均波速约 4000m/s。分析认为，该地段波速受坡脚应力集中影响大，与此处开挖后建基岩体表部片状剥离及葱皮状剥落相对应。

（4）根据表面地震波及跨孔声波资料，并结合单孔声波测试资料，右岸拱肩槽边坡可分为以下几段：

1）在高程 2370.00m 以上松弛厚度 1.4～1.8m，波速范围为 3080～5030m/s，平均波速约 4000m/s。分析认为，该地段波速主要受早期风化卸荷的影响。

2）在高程 2370.00～2340.00m 地段，松弛厚度 2.4～4.8m，波速范围为 1910～5200m/s，平均波速约 3300m/s。分析认为，该地段波速主要受构造影响。其中，高程 2360.00～2345.00m 发育的 HL_{32} 组和高程 2340.00～2330.00m 发育的 Hf_8 缓倾角断层，就是低波速现象受构造影响的佐证。

3）在高程 2340.00～2280.00m 地段，松弛厚度约 1.4m，波速范围为 3920～4950m/s，平均波速约 4000m/s。

4）在高程 2280.00～2265.00m 地段，松弛厚度 1.8～2.4m，波速范围为 1460～4880m/s，平均波速约 3500m/s。

5）在高程 2265.00～2240.00m 地段，松弛厚度 3.0～7.0m，波速范围为 1550～4160m/s，平均波速约 2500m/s。分析认为，此段拱肩槽边坡结构面发育，尤其发育与开挖边坡相平行及夹角较小的 NE－NEE 组裂隙，这种结构面是导致低波速出现的主要原因。

（5）松弛带岩体波速跨度较大，范围在 2000～4000m/s 之间，即松弛岩体波速并不均一，而是与原岩波速、早期岸坡风化卸荷、结构面发育程度及地应力条件等密切相关，其中左岸高程 2460.00～2410.00m 段最低，平均为 2000m/s，主要受原岩波速、早期岸坡风化卸荷影响；右岸高程 2265.00～2240.00m 亦较低，平均为 2500m/s，主要受构造发育影响；而左岸 2260.00～2240.00m 高程段波速较高，平均为 4000m/s，与坡脚原岩应力集中、岩体完整有关；右岸 2460.00～2370.00m、2340.00～2280.00m 高程段波速亦较高，平均为 4000m/s，与断裂不甚发育、岩体完整有关。

（6）建基岩体松弛带厚度上部高程反而不大，分析主要有以下原因：

1）岸坡愈往上部高程，岩体应力释放愈充分，岩体内储存的应变能愈少，岩体风化、卸荷程度愈大，开挖后地质环境与开挖前差别愈小。

2）剥离岩体位于岸坡浅表部风化卸荷带内，岩体在早期已经有一定程度的卸荷拉张，且因岩体埋深较浅，相对而言，钻孔爆炸产生的冲击波将能量主要消耗在剥离体上，而建基面以下岩体消耗能量较少。

6.4.4　坝基岩体松弛程度

取拉西瓦水电站坝址区花岗岩新鲜完整岩石波速 5700m/s，并取 Ⅰ 级岩体为大于 5000m/s、Ⅱ 级岩体为 5000～4000m/s；Ⅲ 级岩体为 4000～3000m/s，松弛岩体按降一级、波速按降 1000m/s 考虑。

据此，可按松弛度 J_s 数值大小对岩体松弛程度进行分级为

$$J_s = \frac{V_y - V_{sc}}{V_y} \times 100\% \tag{6.1}$$

式中　　J_s——松弛度，%；

　　　　V_y——原岩平均纵波速，m/s；

　　　　V_{sc}——松弛岩体平均纵波速，m/s。

在此对式（6.1）进行讨论：当 $J_s < 17\%$ 时，轻微松弛；$17\% \leqslant J_s < 33\%$ 时，中等松弛；$33\% \leqslant J_s < 67\%$ 时，较强烈松弛；$J_s \geqslant 67\%$ 时，强烈松弛。

与松弛厚度相对应，两岸拱肩槽边坡松弛度分段特征见表 6.23，叙述如下：

表 6.23　　　　　　　　　　两岸拱肩槽边坡松弛度分段特征

部位	高程段/m	平均波速/(m/s)		松弛度 J_s/%	松弛程度判定
		松弛带	原岩		
左岸拱肩槽	2460.00～2410.00	2000	3000	26.3～39.2	中等
	2410.00～2340.00	3500	4700	9.1～23.4	轻微～中等
	2340.00～2260.00	3000	4800	39.2～46.0	较强烈
	2260.00～2240.00	4000	4900	9.2～22.0	轻微～中等
右岸拱肩槽	2460.00～2370.00	4000	4800	5.2～16.8	轻微
	2370.00～2340.00	3300	4300	19.8～27.3	中等
	2340.00～2280.00	4000	4900	8.2～19.7	轻微
	2280.00～2265.00	3500	4700	24.2～28.8	中等
	2265.00～2240.00	2500	4000	23.5～49.6	中等～较强烈

（1）对于左岸拱肩槽边坡松弛带岩体中，轻微松弛占 27%，中等松弛占 36.5%，较强烈松弛占 36.5%，无松弛强烈岩体。左岸拱肩槽边坡松弛带岩体以轻微～中等松弛为主。

（2）对于右岸拱肩槽边坡松弛带岩体中，轻微松弛占 68%，中等松弛占 25%，较强烈松弛占 7%，无松弛强烈岩体。右岸拱肩槽边坡松弛带岩体以轻微～中等松弛为主。

综上所述，松弛度最大 49.6%，最小 5.2%，左岸平均松弛度 28.2%，右岸平均松弛度 16.6%，两岸平均松弛度 22.4%。除左岸 2410.00m 高程以上原岩平均波速为 3000m/s 偏低外，其余部位原岩平均波速均大于 4200m/s，且两岸原岩波速接近，两岸拱肩槽边坡松弛带岩体以轻微～中等松弛为主，无强烈松弛岩体。

6.5 建基岩体力学参数

6.5.1 建基岩体质量递变研究

6.5.1.1 分级指标与方法

1. 建基岩体质量分级指标

GB 50287—2016 中提出了坝基岩体工程地质分级标准（表 6.24）。由于拉西瓦水电站坝基为花岗岩，因此表 6.26 中仅列出坚硬岩部分。

表 6.24　　　　　GB 50287—2016 关于坚硬岩的坝基岩体工程地质分级

级别	A 坚硬岩（$R_b > 60MPa$）	
	岩体特征	岩体工程性质评价
I	A_I：岩体呈整体状、块状、巨厚层状、厚层状结构；结构面不发育～轻度发育，延展性差，多闭合；具各向同性力学特征	岩体完整，强度高，抗滑、抗变形性能强，不需作专门性地基处理。属优良高混凝土坝地基
II	A_{II}：岩体呈块状、次块状、厚层结构；结构面中等发育，软弱结构面分布不多（或不存在影响坝基或坝肩稳定的楔体或棱体）	岩体较完整，强度高，软弱结构面不控制岩体稳定，抗滑抗变形性能较高，专门性地基处理工作量不大，属良好高混凝土坝基
III	A_{III_1}：岩体呈次块状、中厚层状结构；结构面中等发育，岩体中分布有缓倾角或陡倾角（坝肩）的软弱结构面（或存在影响坝基或坝肩稳定的楔体或棱体）	岩体较完整，局部完整性差，强度较高，抗滑、抗变形性能在一定程度上受结构面控制，对影响岩体变形和稳定的结构面应作专门处理
	A_{III_2}：岩体呈互层状、镶嵌碎裂结构；结构面发育，贯穿性结构面不多见，结构面延展差，多闭合，岩块间嵌合力较好	岩体完整性差，强度仍较高，抗滑、抗变形性能受结构面和岩体间嵌合能力以及结构面抗剪强度特性控制，对结构面应做专门性处理
IV	A_{IV_1}：岩体呈互层状、薄层状结构；结构面较发育～发育，明显存在不利于坝基及坝肩稳定的软弱结构面、楔体或棱体	岩体完整性差，抗滑、抗变形性能明显受结构面和岩块间嵌合能力控制。能否作为高混凝土坝地基，视处理效果而定。
	A_{IV_2}：岩体呈碎裂结构；结构面很发育，多张开，夹碎屑和泥，岩块间嵌合力弱	岩体较破碎，抗滑、抗变形性能差，不宜作高混凝土坝地基。当局部存在该类岩体，需作专门性处理
V	A_V：岩体呈散体状结构，由岩块夹泥或泥包岩块组成，具松散连续介质特征	岩体破碎，不能作为高混凝土坝地基。当坝基局部地段分布该类岩体，需作专门性处理

GB 50287—2016 中坝基岩体工程地质分类主要指标有：岩体结构、岩体完整性、结构面间距、延展性、开闭情况等。除岩体完整性外，其余均为单一性指标。

坝基开挖完成后，因放置时间短暂、施工干扰大、存在作业风险及一般不允许在建基岩体中开凿平洞等因素，仅能获得建基面表层岩体结构、结构面间距、延展性、开闭情况等的现场调查与描述。对于建基面以下的建基岩体，尚不能直接获取这些地质信息。

不同于结构面间距、延展性、开闭情况等单一性指标，纵波速度是岩体工程地质性能的综合性指标，其测值包含了岩石弹性性能、岩体结构、结构面紧密程度等，能够综合反映岩体工程地质性能。GB 50287—2016 中的岩体波速比及完整性系数均由此值定义，即纵波速度可以直接表征建基岩体质量。

高拱坝建基岩体是剥离了外部卸荷岩体及一定厚度的风化岩体，甚至是一部分微风化～新岩体的较深部。除坝基上部高程部位建基岩体为弱下风化外，中部高程以下一般为微新岩体。建基面表层松弛岩体厚度不大，一般不超过3m，松弛带岩体主要表现为一定程度的变形破坏，但岩体风化程度未受影响，即建基面以下主要为微新岩体。越过松弛带后的深部建基岩体，其赋存地应力量值与天然状态下较为接近，而天然状态下，拉西瓦谷底应力量值中等偏高，对岩体仍有很好的保护作用，在此应力条件下，岩体结构未有张开，岩体完整性未遭破坏，而岩体纵波速度可视为表征岩体完整性的唯一指标。

因钻孔声波测试对坝基扰动小，且操作便捷、数据可靠，建基面在梯段下挖过程中，每一梯段均布置有若干钻孔，测试不同深度建基岩体的弹性波特性。拉西瓦水电站高拱坝坝基已获有大量钻孔波速信息。鉴于此，主要采用钻孔声波测试成果，对建基岩体进行质量分类。

2. 建基岩体质量分级方法

（1）建基岩体质量分类指标量化。根据纵波速度指标，确定坝基不同类别岩体波速范围、完整性指数及不同类别建基岩体的工程地质特征与分布、评价见表6.25。

表6.25　　　　　　　　　　拉西瓦水电站建基岩体质量工程地质分类

类别	完整程度	波速/(m/s)	K_v	工程地质特征	评价及分布位置
I	完整	6000～5000	≥0.75	含Ⅲ～Ⅳ级结构面，裂隙闭合或充填少，整体稳定性好	最优地基，位于建基面以下深处
II	较完整	5000～4000	0.75～0.64	含Ⅲ级结构面，裂隙充填多，有少量蚀变带，整体稳定性好	良好地基，位于建基面较深部位以下
Ⅲ₁	完整性差	4000～3500	0.64～0.55	含Ⅱ级结构面，裂隙充填多，局部张开，风化蚀变严重，稳定性较差，弱卸荷	经局部处理后尚可利用，位于开挖松弛带以下附近
Ⅲ₂	较破碎	3500～3000	0.55～0.35	含Ⅱ级结构面，裂隙张多，充填少，弱～强卸荷	需全面处理方可利用，位于松弛带部位

类别	完整程度	波速/(m/s)	K_v	工程地质特征	评价及分布位置
Ⅳ	破碎	3000~2000	0.35~0.15	含Ⅰ、Ⅱ级结构面，裂隙多，张开充填软弱物，两侧风化严重，变形大、完全卸荷	不可利用，松弛带岩体，断层破碎带和裂隙密集带
Ⅴ	散体	<2000	<0.15	岩体已遭破坏	开挖爆破破坏区

（2）建基岩体质量分级图形。为系统分析坝基岩体由表至里岩级分布，按远离建基面深度，采用分层绘制不同岩级分区图，而后按段统计不同岩级所占比例，以此对坝基岩体质量进行评价。

拉西瓦高拱坝坝基抗力体范围可达建基面以里 70m 以远，用检测孔超过 10m 深度的资料仅能评价建基岩体浅表部岩体质量。因此，还利用坝肩开挖后原有的勘探平洞，开展了波速测试与变形试验，深度 30~40m，作为深部建基岩体质量分类依据。

6.5.1.2　建基岩体质量分级

拉西瓦坝基岩体可大致分为：①松弛带（0~3m）；②过渡带（3~10m）；③深部岩体（10~50m）。以下按此对两岸坝肩及河床坝基进行分类与评价。

1. 左坝肩

（1）松弛带（0~3m）。图 6.53 为左岸坝肩距建基面 2~6 岩级分布图、表 6.26 为松弛带不同岩级所占比例。由图 6.53 和表 6.26 可见主要为Ⅳ、Ⅴ级岩体。对平行开挖面不同深度各岩级所占面积统计，松弛带 2.6m 以外Ⅲ$_2$＋Ⅳ＋Ⅴ级岩体占到 50％以上。

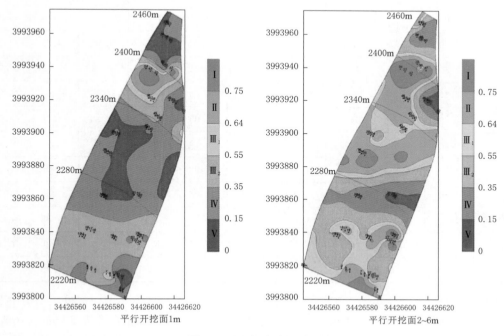

图 6.53　左坝肩岩级分区

表 6.26　　　　　　　　　　　左岸坝肩松弛带不同岩级所占比例

高程段 /m	孔深 /m	各岩级占百分比/%								
		Ⅰ	Ⅱ	Ⅲ₁	Ⅲ₂	Ⅳ	Ⅴ	Ⅰ+Ⅱ	Ⅰ+Ⅱ+Ⅲ₁	Ⅲ₂+Ⅳ+Ⅴ
2280.00~2220.00	0.60	0.00	0.00	0.00	38.20	53.73	8.06	0.00	0.00	100.00
	1.00	0.00	0.00	0.61	57.73	34.88	6.78	0.00	0.61	99.39
	1.40	0.00	0.00	3.04	60.40	24.82	11.73	0.00	3.04	96.96
	1.80	0.57	21.14	24.11	36.22	17.96	0.00	21.71	45.82	54.18
	2.20	8.01	27.83	30.38	29.90	3.87	0.00	35.84	66.23	33.77
	2.60	3.86	10.76	24.33	43.98	16.93	0.14	14.62	38.95	61.05
2340.00~2280.00	0.60	0.00	0.00	0.00	0.00	63.53	36.47	0.00	0.00	100.00
	1.00	0.00	0.00	0.00	1.07	62.60	36.33	0.00	0.00	100.00
	1.40	0.00	0.00	0.52	18.81	55.12	25.56	0.00	0.52	99.48
	1.80	0.00	0.00	10.00	42.95	46.25	0.80	0.00	10.00	90.00
	2.20	24.84	35.96	38.31	0.89	0.00	0.00	24.84	60.79	39.21
	2.60	6.85	42.82	21.57	13.00	10.18	5.59	49.67	71.24	28.76
2400.00~2340.00	0.60	5.11	8.99	9.69	23.37	48.56	4.27	14.10	23.79	76.21
	1.00	8.59	16.81	14.33	35.43	21.91	2.93	25.41	39.74	60.26
	1.40	2.67	7.24	27.92	30.97	31.21	0.00	9.90	37.82	62.18
	1.80	7.42	8.69	38.14	20.99	24.75	0.00	16.11	54.25	45.75
	2.20	15.54	17.02	30.46	24.12	12.86	0.00	32.56	63.02	36.98
	2.60	20.96	37.22	12.90	12.91	10.05	5.95	58.18	71.08	28.92
2460.00~2400.00	0.60	0.00	2.92	2.98	7.63	28.27	58.20	2.92	5.90	94.10
	1.00	1.80	3.22	3.46	6.89	36.80	47.82	5.03	8.49	91.51
	1.40	6.95	17.06	11.85	17.00	17.06	30.08	24.01	35.86	64.14
	1.80	1.01	10.01	8.84	26.14	28.52	25.48	11.02	19.86	80.14
	2.20	34.09	9.53	6.24	10.75	17.15	22.24	43.62	49.86	50.14
	2.60	9.20	15.72	13.27	30.80	30.01	1.00	24.92	38.20	61.80

　　（2）过渡带（3~10m）。图 6.54 为左岸坝肩距建基面 3~10m 不同深度岩级分布图，表 6.27 为距建基面 3~10m 不同岩级所占比例。3~10m 不同深度岩级特点是：3~6m 段以Ⅲ₁、Ⅱ级岩体为主；Ⅲ₂级岩体占有较大比例；6~10m 以Ⅰ、Ⅱ级岩体为主，部分地段有Ⅲ₁级岩体；2340~2400m 段有比例较大的Ⅲ₂级岩体。

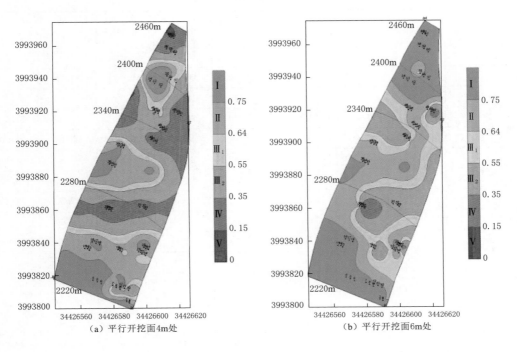

（a）平行开挖面4m处　　　　　（b）平行开挖面6m处

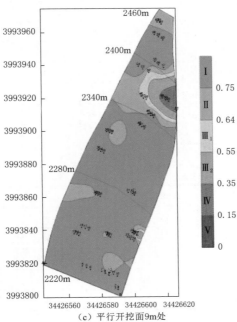

（c）平行开挖面9m处

图 6.54　左坝肩平行开挖面不同深度岩级分区图

表 6.27　　　　　　　　　　　左岸坝肩距开挖面 3~10m 不同岩级比例

高程段 /m	孔深 /m	各岩级占百分比/%							
		I	II	III$_1$	III$_2$	IV	V	I+II	I+II+III$_1$
2280.00~2220.00	3	5.10	16.10	22.30	36.60	20.00	0.00	21.20	43.50
	4	24.00	32.00	11.30	20.50	12.10	0.00	56.10	67.40
	5	43.40	14.20	17.90	21.30	3.30	0.00	57.60	75.50
	6	38.20	25.00	28.40	4.60	3.80	0.00	63.20	91.60
	7	0.00	60.80	34.00	3.50	1.20	0.50	60.80	94.80
	8	0.00	60.50	35.80	3.00	0.80	0.00	60.50	96.30
	9	0.00	88.50	10.30	0.60	0.50	0.00	88.50	98.80
2340.00~2280.00	3	10.3	29.20	28.60	16.80	11.60	3.50	39.60	68.20
	4	8.10	23.50	11.40	35.80	21.10	0.00	31.70	43.10
	5	3.60	13.90	23.50	50.80	8.10	0.00	17.60	41.10
	6	5.80	33.9	23.00	37.30	0.00	0.00	39.70	62.70
	7	0.00	63.6	32.50	3.80	0.00	0.00	63.60	96.20
	8	0.00	72.6	22.50	3.60	1.30	0.00	72.60	95.10
	9	0.00	92.8	7.20	0.00	0.00	0.00	92.80	100.00
	10	0.00	89.30	10.70	0.00	0.00	0.00	89.30	100.00
2400.00~2340.00	3	16.00	8.70	14.70	42.80	17.80	0.10	24.60	39.30
	4	10.60	8.20	10.20	29.80	41.00	0.30	18.70	28.90
	5	17.50	21.60	14.10	21.30	20.40	5.00	39.20	53.30
	6	4.00	37.90	38.40	17.10	2.60	0.00	41.90	80.30
	7	0.00	21.40	27.90	31.60	15.70	3.30	21.40	49.40
	8	0.00	30.30	27.10	12.60	23.50	6.50	30.30	57.40
	9	0.00	18.00	38.40	14.60	19.00	10.00	18.00	56.40
2460.00~2400.00	3	33.90	10.60	6.40	11.10	20.20	17.80	44.60	50.90
	4	10.20	9.40	16.90	29.40	30.40	3.70	19.60	36.50
	5	36.70	18.60	9.90	19.10	11.60	4.10	55.40	65.20
	6	90.10	9.00	0.90	0.00	0.00	0.00	99.10	100.00
	7	97.10	2.30	0.70	0.00	0.00	0.00	99.30	100.00
	8	0.00	86.40	11.50	1.30	0.80	0.00	86.40	97.80
	9	0.00	70.8	25.8	2.00	1.40	0.00	70.80	96.60

（3）深部岩体（10~50m）。图 6.55 为 10~40m 岩级分布图。由图 6.55 可见，10m 以下建基岩体明显变好；2400m 以下，I、II 级岩体所占比例在 90% 以上；2400m 以上高程，III$_1$ 级岩体占到 30% 以上，与早期预测是一致的；深部各层 2400m 以下 I、II 级岩体比例更高。

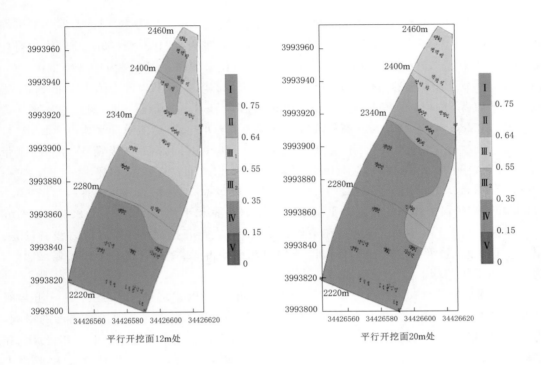

平行开挖面12m处

平行开挖面20m处

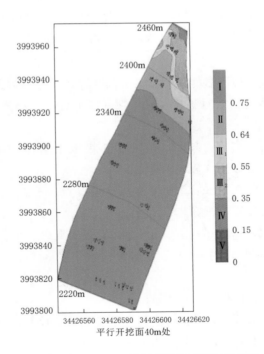

平行开挖面40m处

图 6.55 左坝肩 10~40m 平行开挖面不同深度岩级分区图

2. 右坝肩

（1）松弛带（0～3m）。0～3m 的松弛带岩级以Ⅲ₂、Ⅳ、Ⅴ为主，Ⅲ₂＋Ⅳ＋Ⅴ平均占 62.12％，Ⅰ＋Ⅱ＋Ⅲ₁ 平均仅占 37.88％。在松弛带内，2460～2400m 段岩体相对较好，Ⅰ＋Ⅱ＋Ⅲ₁ 岩级总和平均占 71.40，该段评价结果偏高，主要是由于高程 2400.00m 附近 3 个声波孔浅部波速量值偏高所致。2400.00～2340.00m 高程段岩体Ⅰ＋Ⅱ＋Ⅲ₁ 岩级总和平均占 32.41％；2340.00～2280.00m 高程段岩体，Ⅰ＋Ⅱ＋Ⅲ₁ 岩级总和平均占 43.09％，2280.00～2240.00m 高程段岩体最差，Ⅰ＋Ⅱ＋Ⅲ₁ 岩级总和平均占 2.99％。

（2）过渡带（3～10m）。右岸据开挖面 3～10m 不同深度岩级情况为：过渡带 2460.00～2400.00m 高程段岩体相对较差，Ⅰ＋Ⅱ＋Ⅲ₁ 岩级总和平均占 38.21％；2400.00～2340.00m 高程段岩体Ⅰ＋Ⅱ＋Ⅲ₁ 岩级总和平均占 60.38％；2340.00～2280.00m 高程段岩体相对较好，Ⅰ＋Ⅱ＋Ⅲ₁ 岩级总和平均占 91.65％；2280～2220m 段岩体次之，Ⅰ＋Ⅱ＋Ⅲ₁ 岩级总和平均占 60.40％。距开挖面 4～10m 段岩级特征是：以Ⅰ、Ⅱ、Ⅲ₁ 岩级为主，Ⅰ＋Ⅱ＋Ⅲ₁ 岩级总和平均占 62.66％；部分地段受弱面影响，为Ⅲ₂、Ⅳ或Ⅴ岩级。

（3）深部岩体（10～50m）。距建基面 10～50m 段，以Ⅰ、Ⅱ岩级为主，Ⅰ＋Ⅱ岩级总和平均占 90.34％，Ⅰ＋Ⅱ＋Ⅲ₁ 岩级总和平均占 98.42％；部分地段受弱面的影响，为Ⅱ₂、Ⅳ或Ⅴ岩级。其中，2460.00～2400.00m 高程段岩体相对较差，Ⅰ＋Ⅱ岩级总和平均占 88.0％；2400.00～2340.00m 高程段岩体相对较好，Ⅰ＋Ⅱ岩级总和平均占 93.26％；2340.00～2280.00m 高程段岩体次之，Ⅰ＋Ⅱ岩级总和平均占 90.48％；2280.00～2220.00m 高程段岩体Ⅰ＋Ⅱ岩级总和平均占 89.84％。

3. 河床坝基

为了直观表示建基面及以下各岩级岩体的空间状况，采用高程差 20cm 层距，绘制岩级分层平切图来展示岩体质量空间状况。河床坝基以下各高程层岩级分布（表 6.28、图 6.56～图 6.63）。

从表 6.28 可以看出，高程 2212.00m 以下Ⅱ级以上岩体均在 70％左右。将高程 2213.00～2207.00m 划分为以下 4 段。

（1）高程 2213.00～2210.60m：Ⅰ＋Ⅱ岩级比重占 66％～77％，Ⅲ₂ 级占 15％左右，以Ⅰ＋Ⅱ级岩体为主，岩体质量较好。

（2）高程 2210.60～2208.40m：Ⅰ＋Ⅱ＋Ⅲ₁ 岩级比重大于 80％。

（3）高程 2208.40～2207.40m：Ⅰ＋Ⅱ岩级比重小于 80％，Ⅲ₂ 岩级以下增加，大于 12％。

（4）高程 2207.40m 以下岩体质量好。

综合上述岩体复核结果可知，松弛带岩体级别降低幅度较大，以Ⅲ₂、Ⅳ、Ⅴ级为主，而其下部的岩体级别变化不大，仍以Ⅱ级为主。

因岩体风化、卸荷不同，基于波速指标或由此导出的完整性系数指标获得的岩体质量分级，与天然条件下形成的卸荷岩体相比，有着本质的区别。

表 6.28　　　　　　　　　　　　河床坝基不同高程岩级统计

高程/m	岩体各质量等级面积百分比/%				
	I	II	III₁	III₂	IV
2213.00	22.63	44.29	16.97	16.11	0.00
2212.00	49.32	21.25	11.78	17.65	0.00
2211.00	55.57	23.41	6.05	14.97	0.00
2210.80	50.00	31.44	10.44	2.56	5.57
2210.60	50.00	27.64	14.94	3.87	3.55
2210.40	50.00	33.04	7.95	4.56	4.44
2210.20	50.00	35.16	12.62	1.26	0.96
2210.00	50.00	33.19	12.53	2.12	2.17
2209.80	50.00	29.82	13.85	1.74	4.59
2209.60	50.00	35.67	10.75	1.94	1.64
2209.40	50.00	38.04	9.72	1.48	0.76
2209.20	50.00	37.25	12.39	0.24	0.13
2209.00	50.00	29.40	10.27	2.33	8.01
2208.80	50.00	20.78	12.35	3.57	13.29
2208.60	50.00	27.07	16.67	3.62	2.65
2208.40	50.00	25.16	17.28	5.06	2.50
2208.20	59.89	15.53	6.39	18.19	0.00
2208.00	59.89	15.53	6.39	18.19	0.00
2207.80	61.22	18.07	4.79	15.92	0.00
2207.60	61.48	17.16	5.33	16.03	0.00
2207.40	47.95	28.92	8.60	14.53	0.00
2207.20	61.38	21.14	5.04	12.45	0.00
2207.00	84.33	11.83	2.87	0.98	0.00
2206.80	55.90	18.12	5.04	20.94	0.00

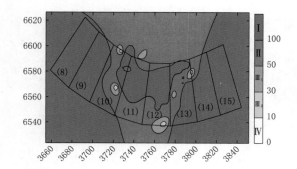

岩体结构	裂隙间距/cm	面积比例/%	岩体等级
整体状	>100	72.877	I
块状	50~100	24.460	II
次块状	30~50	2.242	III₁
镶嵌碎裂	10~30	0.421	III₂
碎裂	<10	0	IV

图 6.56　河床坝基高程 2212.00m 岩体质量分布图（单位：m）

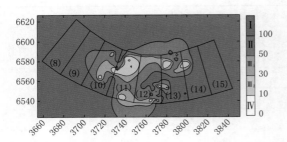

岩体结构	裂隙间距/cm	面积比例/%	岩体等级
整体状	>100	59.165	Ⅰ
块状	50~100	24.655	Ⅱ
次块状	30~50	10.966	Ⅲ₁
镶嵌碎裂	10~30	5.179	Ⅲ₂
碎裂	<10	0	Ⅳ

图 6.57　河床坝基高程 2211.00m 岩体质量分布图（单位：m）

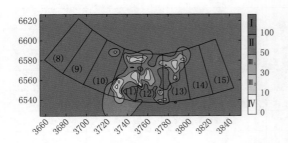

岩体结构	裂隙间距/cm	面积比例/%	岩体等级
整体状	>100	73.527	Ⅰ
块状	50~100	15.577	Ⅱ
次块状	30~50	7.095	Ⅲ₁
镶嵌碎裂	10~30	3.689	Ⅲ₂
碎裂	<10	0	Ⅳ

图 6.58　河床坝基高程 2210.00m 岩体质量分布图（单位：m）

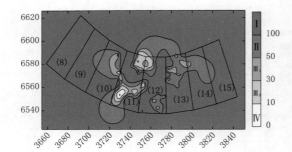

岩体结构	裂隙间距/cm	面积比例/%	岩体等级
整体状	>100	71.377	Ⅰ
块状	50~100	19.625	Ⅱ
次块状	30~50	5.556	Ⅲ₁
镶嵌碎裂	10~30	2.974	Ⅲ₂
碎裂	<10	0	Ⅳ

图 6.59　河床坝基高程 2209.00m 岩体质量分布图（单位：m）

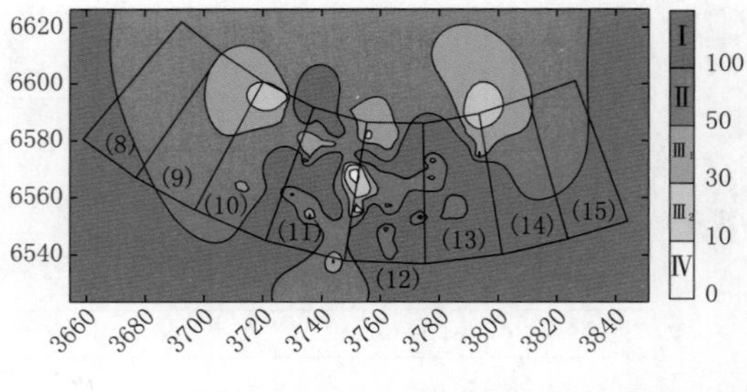

岩体结构	裂隙间距/cm	面积比例/%	岩体等级
整体状	>100	40.773	Ⅰ
块状	50~100	46.069	Ⅱ
次块状	30~50	10.461	Ⅲ₁
镶嵌碎裂	10~30	2.570	Ⅲ₂
碎裂	<10	0	Ⅳ

图 6.60　河床坝基高程 2208.00m 岩体质量分布图（单位：m）

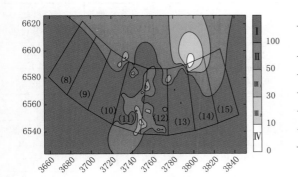

岩体 结构	裂隙 间距/cm	面积 比例/%	岩体 等级
整体状	>100	72.128	I
块状	50~100	23.075	II
次块状	30~50	3.617	III₁
镶嵌碎裂	10~30	1.1796	III₂
碎裂	<10	0	IV

图 6.61　河床坝基高程 2207.00m 岩体质量分布图（单位：m）

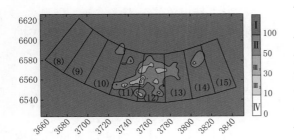

岩体 结构	裂隙 间距/cm	面积 比例/%	岩体 等级
整体状	>100	82.830	I
块状	50~100	14.085	II
次块状	30~50	2.995	III₁
镶嵌碎裂	10~30	0.089	III₂
碎裂	<10	0	IV

图 6.62　河床坝基高程 2206.00m 岩体质量分布图（单位：m）

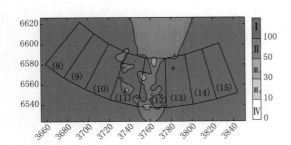

岩体 结构	裂隙 间距/cm	面积 比例/%	岩体 等级
整体状	>100	89.699	I
块状	50~100	9.1362	II
次块状	30~50	1.1547	III₁
镶嵌碎裂	10~30	0.01	III₂
碎裂	<10	0	IV

图 6.63　河床坝基高程 2205.00m 岩体质量分布图（单位：m）

6.5.2　建基岩体力学参数取值

6.5.2.1　坝基岩体变形模量

1. 坝基开挖后岩体变形与纵向波速关系式的建立

坝基开挖期间，在建基面与坝肩原平洞中开展了较多的变形试验。试点位置及测得的波速、变形模量见表 6.29。利用表 6.29 资料绘制出图 6.64 所示的纵波速度与变形模量关系曲线。

表 6.29　　　　　　　　　　　坝肩开挖期间完成的变形试验成果

试点位置	纵波速度 $V_p/(\mathrm{m/s})$	变形模量 E_0/GPa	试点位置	纵波速度 $V_p/(\mathrm{m/s})$	变形模量 E_0/GPa
PD_{14}	5393	24.2	左岸 21 坝段开挖面	3920	7.7
右岸坝顶	4030	7.3	左岸 2250m 高程开挖面	3540	4.98
PD_6	3317	2.4	PD_{5-1}	4050	7.4
右岸 2260m 高程开挖面	4935	20.08	PD_{5-2}	3952	7.18
左岸坝顶	2800	2.21	PD_{5-3}	3243	3.53
左岸 22 坝段开挖面	3880	7.23	PD_{5-4}	4213	9.28

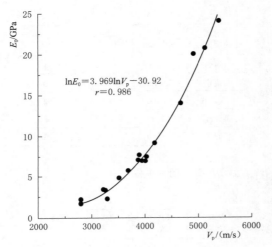

图 6.64　基于实测纵波速度 V_p 与变形模量 E_0 相关关系曲线

根据表 6.29、图 6.64，建立纵波速度与变形模量相关关系为

$$\ln E_0 = 3.969 \ln V_p - 30.92 \quad (r=0.986) \tag{6.2}$$

式中　E_0——岩体变形模量，GPa；
　　　V_p——岩体声波纵波速度，m/s；
　　　r——相关系数。

用式（6.2）计算的变形模量与国内有关规范中建议的变形模量能完全对应。拉西瓦坝基新鲜岩石纵波速度取值 5700m/s，据式（6.2）可求得坝基不同岩带（取平均波速）内不同岩级的变形模量。

2. 各阶段获得的岩体变形与纵向波速关系式

国内外已建成的高拱坝地基岩体的变形模量绝大多数为 10～20GPa，少数在 20GPa 以上。在拉西瓦水电工程前期勘测与建设过程中，在坝址区花岗岩体中进行了大量的岩体变形试验，建立了多组岩体变形模量 E_0 与声波波速 V_p 的对应试验，获得二者的相关公式，把这些相关关系式汇总列于表 6.30。按此计算的各岩级变模成果汇总于表 6.31。

从各种关系式计算成果可见，尽管各种关系式计算所得数值有较大差异，但总的规律是明显的，即：微风化～新鲜完整的Ⅰ级岩体，变形模量 E_0 大于 19GPa，E_0 下限值的平均为 27GPa；Ⅱ级岩体，基本上变形模量 E_0 大于 13GPa，E_0 下限值的平均为 16GPa；弱风化下部较完整的Ⅲ₁级岩体，变形模量 E_0 大于 8GPa，E_0 下限值的平均为 10GPa；Ⅲ₂级岩体，变形模量 E_0 大于 3GPa，E_0 均值为 4GPa。

通过上述多方法分析计算，就得到拉拉西瓦坝基了比较真实可靠的各级岩体应有的变形模量值，见表 6.31。GB 50287—2016 中岩体质量分级与变形模量见表 6.32。

表 6.30 $\qquad$ $V_\mathrm{p} \sim E_0$ 相关分析成果表

岩体质量级别	$V_\mathrm{p} \sim E_0$ 相关方程		
$\mathrm{I} \sim \mathrm{II}_2$	① $_{\mathrm{I} \sim \mathrm{II}_2}$: $E_0 = 2.17 V_\mathrm{P}^2 - 18.82$ $r = 0.76$	② $_{\mathrm{I} \sim \mathrm{II}_2}$: $E_0 = 1.7801 e^{0.5774 V_\mathrm{P}}$ $r = 0.73$	③ $_{\mathrm{I} \sim \mathrm{II}_2}$: $E_0 = 90.854 \ln V_\mathrm{P} - 110.56$ $r = 0.71$
$\mathrm{II}_1 \sim \mathrm{III}_2$	① $_{\mathrm{II}_1 \sim \mathrm{III}_2}$: $E_0 = 1.6429 e^{0.4222 V_\mathrm{P}}$ $r = 0.83$	② $_{\mathrm{II}_1 \sim \mathrm{III}_2}$: $E_0 = 0.8185 V_\mathrm{P}^{1.7454}$ $r = 0.83$	③ $_{\mathrm{II}_1 \sim \mathrm{III}_2}$: $E_0 = 17.99 \ln V_\mathrm{P} - 14.97$ $r = 0.80$
$\mathrm{III}_1 \sim \mathrm{IV}$	① $_{\mathrm{III}_1 \sim \mathrm{IV}}$: $1/E_0 = 1.1688/V_\mathrm{P} - 0.005$ $r = 0.68$	② $_{\mathrm{III}_1 \sim \mathrm{IV}}$: $E_0 = 1.085 e^{0.3024 V_\mathrm{P}}$ $r = 0.62$	③ $_{\mathrm{III}_1 \sim \mathrm{IV}}$: $E_0 = 0.9057 V_\mathrm{P}^{1.0289}$ $r = 0.61$
$\mathrm{I} \sim \mathrm{V}$	④: $\ln E_0 = 3.60 \ln V_\mathrm{P} - 27.62$		
$\mathrm{I} \sim \mathrm{V}$	⑤: $E_0 = 0.1683 V_\mathrm{P}^{3.1691}$		
$\mathrm{I} \sim \mathrm{V}$	⑥: $\ln E_0 = 3.988 \ln V_\mathrm{P} - 31$		
$\mathrm{I} \sim \mathrm{V}$	⑦: $\ln E_0 = 3.969 \ln V_\mathrm{P} - 30.39$		

表 6.31 $\qquad$ 各岩级的变形模量 E_0（GPa）综合取值

岩体质量等级	岩体完整系数 K_v	岩体纵波速度/(m/s)	表 6.30 中各公式							平均	岩体变形模量选值
			①	②	③	式④	式⑤	式⑥	式⑦		
I	>0.75	5000	>35	>32	>36	>21	>28	>19	>21	>23	>20
II	0.75~0.64	5000~4500	35~25	32~24	36~26	21~14	28~20	19~13	21~15	23~16	20~15
III$_1$	0.64~0.55	4500~4000	25~9	24~9	26~10	14~9	20~14	13~8	15~12	16~10	15~11
III$_2$	0.55~0.35	4000~3000	9~6	9~6	10~5	9~3	14~5	8~3	12~4	10~4	11~5
IV$_1$	0.35~0.15	3000~2000	6~2	6~2	5~2	3~1	5~2	3~1	4~1	4~1	<5

表 6.32 $\qquad$ GB 50287—2016 岩体质量分级与力学参数对应关系

岩体分类	混凝土与岩体		岩体		变形模量
	f'	c'/MPa	f'	c'/MPa	E_0/GPa
I	1.50~1.30	1.50~1.30	1.60~1.40	2.50~2.00	>20.0
II	1.30~1.10	1.30~1.10	1.40~1.20	2.00~1.50	20.0~10.0
III	1.10~0.90	1.10~0.70	1.20~0.80	1.50~0.70	10.0~5.0
IV	0.90~0.70	0.70~0.30	0.80~0.55	0.70~0.30	5.0~2.0
V	0.70~0.40	0.30~0.05	0.55~0.40	0.30~0.05	2.0~0.2

　　将表 6.31 中选用的各级岩体的变形模量与 GB 50287—2016 提出的岩体质量分级与变形模量相比（表 6.32）。比较来讲，除Ⅱ级和Ⅲ级的界限值有所提高外，其余各岩级的变形模量值都非常一致。这说明利用河床坝基部位丰富的波速测试成果，获得各高程段建基岩体的变形模量值是可行且可信的。

对于拉西瓦水电工程，因施工阶段未进行现场变形试验，在河床坝基开挖过程中，随开挖高程布置了大量的针对岩体变化的物探综合检测。根据不同岩体质量等级，利用上述相关关系确定的完整性系数，可确定各高程岩体的变形参数值，见表6.33。

表 6.33　　　　　　拉西瓦水电站不同高程段河床建基岩体变形模量

高程/m	V_p /(m/s)	平均 V_p/(m/s)	平均 K_v	变形模量/GPa			平均变形模量/GPa
				E_{max}	E_{min}	均值	
2219.00~2221.00	2479~5326	4284	0.510	24.57	2.19	9.76	5~11
2216.80~2218.80	2417~5819	4805	0.643	32.72	1.22	15.36	11~15
2215.80~2216.60	1966~5812	4292	0.512	32.56	0.448	9.798	5~11
2211.80~2215.60	2218~5865	4662	0.605	33.7	0.88	13.68	11~15
2207.60~2211.60	2688~5909	5058	0.712	34.76	1.83	18.79	15~20

从表6.33可以看出，拉西瓦水电站高拱坝河床坝基岩体的变形模量在垂向上自下而上具有如下变化特征：

（1）高程2207.40m以下直至2200.00m，岩体最大变形模量均在30GPa以上，平均变形模量均大于20GPa，按照表6.9的划分标准，总体上为Ⅰ类岩体，属优良高混凝土坝地基，不需作专门性地基处理，仅在个别部位岩体质量稍差，具体位置参考前面的岩级分区图。此段岩体与国内外已建成的高拱坝地基岩体的变形模量相比，满足修建高拱坝的要求。

（2）高程2207.40m以上直至2211.40m，岩体平均变形模量为15~20GPa，总体上为Ⅱ类岩体。与高程2207.40m以下相比，最大波速对应的变形模量值类似，均在30GPa以上，但平均变形模量却比高程2207.40m以下稍低，这说明岩体质量偏差的Ⅲ₁类、Ⅲ₂类、甚至Ⅳ类岩体所占的比例有所增加，从而在一定程度上降低了这段岩体的平均变形模量。

（3）高程2211.40m以上，岩体平均变形模量为11~15GPa，有些地段甚至小于15GPa的较多，为Ⅱ类中偏差的岩体，高程2212.00m以下岩体变形模量大多在17~18GPa层，为Ⅱ类中偏好的岩体。

据此，也建立了岩体变形模量与岩体强度参数的对应关系，即

$$f'=0.4+0.0826E_0-0.0015E_0^2 \quad (r_1=0.99, r_2=0.99) \tag{6.3}$$

$$c'=0.0136+0.158E_0-0.0022E_0^2 \quad (r_1=0.99, r_2=0.99) \tag{6.4}$$

式中　f'——岩体抗剪断摩擦系数；

　　　c'——岩体抗剪断内聚力，MPa；

　　　E_0——岩体变形模量，GPa；

r_1、r_2——相关系数。

于是，可以用式（6.3）、式（6.4）评估建基岩体强度参数。

3. 建基岩体不同岩带力学参数确定

（1）两岸坝肩力学参数。与坝基岩体质量分级相对应，力学参数亦按松弛带（0~3m）、过渡带（3~10m）及正常岩带（10~40m）赋值。

　　对两岸坝肩钻孔波速及平洞地震波按不同岩带进行归纳，计算其相应变形模量、抗剪断强度及抗剪断内聚力，得到表 6.34 及图 6.65。

表 6.34　　　　　　　　计算获得的两岸坝肩建基岩体变形模量与强度参数

分带	左岸波速/(m/s)	完整性系数 K_v	岩级	模量 E_0/GPa	摩擦系数 f'	内聚力 c'/MPa	分带	右岸波速/(m/s)	完整性系数 K_v	岩级	模量 E_0/GPa	摩擦系数 f'	内聚力 c'/MPa
松弛带	2220~2280	0.50	III$_2$	7.46	0.93	1.07	松弛带	2220~2280	0.33	IV	3.39	0.66	0.52
	2280~2340	0.36	III$_2$	4.03	0.71	0.62		2280~2340	0.56	III$_1$	9.37	1.04	1.30
	2340~2400	0.41	III$_2$	5.13	0.78	0.77		2340~2400	0.41	III$_2$	5.11	0.78	0.76
	2400~2460	0.32	IV	3.18	0.65	0.49		2400~2460	0.52	III$_2$	8.18	0.98	1.16
	平均	0.40	III$_2$	4.95	0.77	0.74		平均	0.45	III$_2$	6.51	0.87	0.94
过渡带	2220~2280	0.70	II	14.83	1.29	1.87	过渡带	2220~2280	0.61	III$_1$	11.12	1.13	1.50
	2280~2340	0.66	II	13.20	1.23	1.72		2280~2340	0.76	I	17.24	1.38	2.08
	2340~2400	0.61	III$_1$	11.19	1.14	1.51		2340~2400	0.70	II	14.91	1.30	1.88
	2400~2460	0.61	III$_1$	11.27	1.14	1.51		2400~2460	0.69	II	14.46	1.28	1.84
	平均	0.64	III$_1$	12.62	1.20	1.65		平均	0.69	III$_1$	14.43	1.27	1.83
深部正常岩体	2220~2280	0.83	I	20.84	1.47	2.35	深部正常岩体	2220~2280	0.77	I	18.00	1.40	2.14
	2280~2340	0.83	I	20.92	1.47	2.36		2280~2340	0.85	I	21.72	1.49	2.41
	2340~2400	0.82	I	20.06	1.45	2.30		2340~2400	0.82	I	20.08	1.45	2.30
	2400~2460	0.68	II	14.18	1.27	1.81		2400~2460	0.75	I	17.15	1.38	2.08
	平均	0.79	I	19.00	1.42	2.20		平均	0.80	I	19.24	1.43	2.23

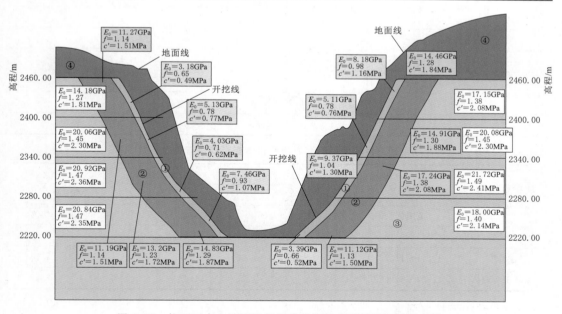

图 6.65　拉西瓦水电站两岸坝肩建基岩体变形模量与强度参数

（2）河床坝基力学参数。计算得到河床坝基不同高程岩体变形模量见表6.35。

《拉西瓦水电站高拱坝可利用岩体标准及建基岩体质量研究》专题报告中给出了坝基岩体强度参数（表6.36），可作为河床坝基不同岩级强度参数的取值依据。

对成果进行汇总，得表6.37。分析表中成果，得出的结论是：松弛带岩体变形模量E_0降低率为58%，过渡带岩体变形模量E_0降低率为30%；松弛带岩体抗剪断摩擦系数f'降低率为34%，过渡带岩体抗剪断摩擦系数f'降低率为13%；松弛带岩体抗剪断内聚力c'降低率为52%，过渡带岩体抗剪断内聚力c'降低率为22%。可见，坝基开挖对岩体变形模量及抗剪强度的影响明显（尤其是变形模量）。

表6.35 河床坝基不同高程岩体变形模量

高程/m	最大波速/(m/s)	最小波速/(m/s)	平均波速/(m/s)	平均K_v	变形模E_0/GPa		
					最大波速对应值	最小波速对应值	平均波速对应值
2220.80~2219.00	5325	2478	4284	0.51	24.57	2.19	9.76
2218.80~2216.80	5819	2417	4805	0.64	32.72	1.22	15.36
2216.60~2215.80	5812	1966	4292	0.51	32.56	0.45	9.8
2215.60~2211.80	5865	2217	4662	0.61	33.73	0.88	13.68
2211.60~2207.60	5909	2688	5058	0.71	34.76	1.83	18.79
2207.40~2205.00	5940	3821	5358	0.8	35.48	6.64	23.57
2204.80~2200.00	5910	4125	5486	0.84	34.76	10.12	25.91

表6.36 拉西瓦高拱坝坝基岩体强度参数

坝基岩体质量分级	强度参数建议值	
	f'	c'/MPa
I	1.40~1.55	2.7~2.8
II	1.25~1.38	1.77~2.10
III$_1$	0.92~1.10	1.03~1.43
III$_2$	0.72~0.74	0.64~0.68
IV	0.60~0.70	0.40~0.60

表6.37 拉西瓦高拱坝坝基不同岩带的岩体变形模量与强度参数

坝基岩体质量分级	变形模量E_0/GPa		强度参数			
			f'		c'/MPa	
	范围值	均值	范围值	均值	范围值	均值
松弛带	9.37~3.18	5.73	1.04~0.65	0.82	1.30~0.49	0.84
过渡带	17.24~11.12	13.53	1.38~1.13	1.24	2.08~1.51	1.74
深部正常岩体	21.72~14.18	19.12	1.49~1.27	1.43	2.41~1.81	2.22

6.5.2.3 结构面抗剪强度

拉西瓦拱坝坝基结构面类型有三种：一为局部夹泥的断层型结构面（如Zf$_8$）；二为

岩块岩屑型；三为少充填的闭合型。按三种类型据前期资料提出断裂结构面力学参数值见表 6.38。

表 6.38 坝基结构面力学参数取值

结构面类型	抗剪（断）参数		抗剪参数
	f'	c'/MPa	f
结构面粗糙起伏，含大量粗碎屑物，局部夹泥	0.45～0.50	0.08～0.1	0.40～0.45
方解石充填裂隙，两侧有风化蚀变带。岩块岩屑型	0.50～0.55	0.1～0.15	0.45～0.50
充填少量方解石或裂隙闭合无充填，两侧无风化蚀变带	0.60～0.70	0.15～0.25	0.55～0.60

6.6 卸荷松弛岩体灌浆加固

6.6.1 灌浆效果分析

坝基开挖后建基面浅表部位产生有一定厚度的松弛带岩体，厚度一般在 2～3m，松弛带岩体表现为卸荷回弹变形、结构面张开、局部表面岩体轻微剥离及开裂、松动等现象。从松弛程度上，又可分为轻微松弛、中等松弛、较强烈松弛、强烈松弛共四种。开挖后一定时间内，坝基岩体波速随时间延长而降低；V_p 相对衰减率随时间延长而减小；V_p 衰减率随深度增加而降低。

目前，工程界对于松弛岩体强度和模量的提高主要通过固结灌浆的方式。拉西瓦坝基固结灌浆采用无盖重灌浆、有盖重灌浆这两种形式，相应物探检测工作针对无盖重灌浆前、无盖重灌浆后、有盖重灌浆前、有盖重灌浆后进行。

对比分析无盖重灌浆前、无盖重灌浆后、有盖重灌浆前、有盖重灌浆后这四种不同工况下岩体波速变化与增长率情况，可揭示松弛岩体的强度与变形的恢复程度及岩体质量提高程度。在此分析以河床坝基 $9^\#$～$14^\#$ 坝段检测成果进行。

灌浆采用两序孔自下而上、孔内栓塞、孔内循环、分段不待凝灌浆法进行。有盖重常规固结灌浆第一段次段长按 2m、灌浆压力按 1.0～1.5MPa 进行，第二段次段长按 5m、灌浆压力按 2.0～2.5MPa 进行；无盖重固结灌浆第一段次段长按 5m、灌浆压力按 1.5～2.0MPa 进行，第二段次段长按 5～7m、灌浆压力按 2.0～2.5MPa 进行；有盖重接触段固结灌浆段长按 3m、灌浆压力按 1.0～2.0MPa 进行。

灌浆前测试孔（灌浆孔）与灌浆后测试孔（检查孔）均不在同一位置，因此未进行原位对比，不能有效地确定灌浆后相对于灌浆前 V_p 的增长率。物探检测灌浆综合成果分析是以坝块为单元，对比分析各坝块检查孔与灌浆孔在同一深度岩体 V_p 测试均值，从宏观上分析灌浆后岩体灌浆效果和灌浆质量。

$9^\#$～$14^\#$ 坝段灌浆前后灌浆效果见表 6.39、表 6.40、图 6.56、图 6.57。根据表 6.39、表 6.40、图 6.56、图 6.57 的测试结果，可知：

（1）河床坝段岩体通过锚固方式和有盖重常规固结灌浆后，岩体质量有提高，特别是低波速段的岩体波速提高较为明显，平均波速提高约 10%。

（2）对于固结灌浆前岩体波速小于 3200m/s 时，固结灌浆后的波速平均增长率大于 50％；对于固结灌浆前岩体波速为 3200m/s$<V_p\leqslant$3800m/s 时，固结灌浆的后波速平均增长率为 40％；对于固结灌浆前岩体波速为 3800m/s$<V_p\leqslant$4200m/s 时，固结灌浆后的波速平均增长率为 27％；对于固结灌浆岩体前波速为 4200m/s$<V_p\leqslant$4800m/s 时，固结灌浆后的波速平均增长率为 16％；对于固结灌浆前波速大于 4800m/s 时，灌浆后的波速增长率小于 7％（表明对完整岩体的灌浆效果一般）。

（3）固结灌浆后建基面 0～3m 范围除 13# 坝段有个别测点波速小于 3500m/s 外，其余测点段的纵波速度均大于 3800m/s。无盖重灌浆后波速提高率 37％～50％，两次灌浆后平均波速增长率 54％～72％，表明灌浆效果好，满足拉西瓦水电站坝基固结灌浆施工技术要求。

表 6.39　　　　　　　　　　　9# ～14# 坝段灌浆前后灌浆效果

坝段	灌浆效果
9#	①无盖重灌浆前波速 V_p 小于 3800m/s 的测点数占 17.0％，无盖重灌浆后波速平均增长率 59.2％，经有盖重钻孔灌浆后，该波速段岩体的平均波速再提高了 12％。两次灌浆后，该段岩体的平均波速增长率 80％，波速均大于 3800m/s。 ②无盖重灌浆前平均波速 V_p 为 3800～4200m/s 的测点数占 1.3％，无盖重灌浆后波速平均增长率 28.9％，经有盖重引管灌浆后，该波速段岩体的平均波速再提高了 2.3％。两次灌浆后该波速段岩体的平均波速增长率 38.5％，波速小于 4200m/s 的测点数占 0.13％。 ③灌浆前波速 V_p 为 4200～4800m/s 的测点对应两次灌浆后，岩体的平均波速增长率 15％。 ④灌浆后波速 V_p 大于 4800m/s 的岩体，波速增长率小于 5％，表明完整岩体的灌浆效果不显著。 ⑤所有检测孔无盖重灌浆前 0～3m 段的平均波速 V_p 为 2940m/s，无盖重灌浆后 0～3m 段的平均波速 V_p 为 4400m/s，有盖重钻孔灌浆后 0～3m 段的平均波速 V_p 为 5050m/s
10#	①坝基岩体通过锚固方式和有盖重灌浆施工后，岩体质量有提高，特别是低波速段岩体波速提高较明显；坝基以下深 5.0m 岩体平均波速提高约 16％，整孔平均波速提高约 11％。 ②由于灌浆前坝基以下深度成果 10.6m 所有测试点（段）的岩体平均波速 V_p 大于 5000m/s，故灌浆后岩体的平均波速增长率不明显（最大增长率为 12.7％）。在坝基以下深 10.4m 内，由于灌浆前岩体平均波速相对较低，故灌浆后岩体平均波速的增长率相对较大，平均增长率范围 1.5％～57.2％，增长率较大的部位主要分布在距基岩面 0～8.0m 范围内。 ③灌浆前波速小于 4200m/s 的岩体占 22.1％，灌浆后波速平均增长率为 34％，无波速小于 4200m/s 的测点；灌浆前平均波速 V_p 为 4200～4800m/s，灌浆后平均波速增长率为 16.2％；波速大于 4800m/s 的岩体，灌浆后波速增长率小于 7％，表明完整岩体的灌浆效果一般。 ④建基面 0～3m 范围内岩体灌浆后波速无小于 3500m/s 的测点
11#	①坝基岩体通过锚固方式和有盖重灌浆施工后，岩体质量有提高，特别是低波速段岩体的波速提高较明显，坝基深 5m 以内岩体的平均波速提高约 25％，整孔平均波速提高约 14％。 ②由于灌浆前坝基以下深度超过 11.2m 有测试点（段）的岩体平均波速 V_p 均大于 5000m/s，故灌浆后的岩体平均波速增长率不明显（最大增长率为 11.4％）。在坝基深 11.0m 内，由于灌浆前岩体平均波速相对较低，故灌浆后岩体平均波速的增长率相对较大，增长率范围为 0.6％～51.9％，增长率较大的部位主要分布在距孔口 8.0m 内。 ③灌浆前波速 V_p 小于 4200m/s 的岩体占 10.9％，灌浆后平均波速增长率范围为 40％，波速小于 4200m/s 的测点数占 0.35％；灌浆前波速 V_p 为 4200～4800m/s 的岩体，灌浆后平均波速增长率为 18.1％；波速大于 4800m/s 的岩体，灌浆后波速增长率小于 7％，表明完整和较完整岩体的灌浆效果一般。 ④灌浆后所有测试部位的岩体 V_p 值均大于 3800m/s，且约有 95.3％的测点的岩体 V_p 值大于 4800m/s，表明灌浆效果好

续表

坝段	灌浆效果
12#	①坝基岩体通过锚固方式和有盖重灌浆施工后,岩体质量有提高,特别是低波速段的岩体波速提高较明显,坝基深5m内岩体平均波速提高约13%,整孔平均波速提高约11%。 ②由于灌浆前岩体平均波速较高,建基面以下同一深度所有测试部位的岩体平均波速V_p均大于4200m/s,故灌浆后的岩体平均波速的增长率不明显(最大增长率为18.2%),平均波速增长率较大的部位主要分布在建基面深0.0~6m内。 ③灌浆后,建基面所有测试部位的岩体平均波速V_p均大于4200m/s,表明灌浆效果好
13#	①13#坝段坝基岩体通过锚固和有盖重灌浆施工后,岩体质量有提高,特别是低波速段的岩体波速提高较明显,坝基深5m内岩体平均提高约14%,整孔平均提高约8%。 ②由于灌浆前坝基深超过11.0m所有测试点(段)的岩体平均波速V_p均大于5000m/s,故灌浆后的岩体平均波速的增长率不明显(最大增长率为6.5%)。在坝基深11.0m内,由于灌浆前岩体平均波速相对较低,故灌浆后岩体平均波速的增长率相对较大,增长率范围为0.2%~25.7%,增长率较大的部位主要分布在距孔口8.0m以内。 ③灌浆前波速V_p小于4200m/s的岩体,灌浆后平均波速的增长率为22%;灌浆前波速V_p为4200~4800m/s岩体,灌浆后的平均波速增长率为11.2%;波速V_p大于4800m/s的岩体,灌浆后的平均波速增长率小于7%,表明完整和较完整岩体的灌浆效果一般。 ④建基面0~3m范围固灌后测试(点)段的纵波速度大于3500m/s,满足拉西瓦水电站坝基固结灌浆施工技术要求,表明灌浆质量较好
14#	①无盖重灌浆前平均波速V_p为2800~3200m/s的测点,灌浆后的波速增长率为55.663%~77.93%,经有盖重接触段钻孔法灌浆后,该波速段岩体的平均波速再提高了0.19%~18.78%。该波速段岩体的平均波速增长率为85.7%。 ②无盖重灌浆前平均波速V_p为3200~4200m/s的测点,无盖重灌浆后的波速增长率为6.23%~58.68%,经有盖重接触段钻孔法灌浆后,该波速段岩体的平均波速再提高了0.93%~31.78%。两次灌浆后该波速段岩体的平均波速增长率为44%。 ③灌浆前平均波速V_p为4200~4800m/s的测点,岩体平均波速的增长率为18.2%。 ④波速V_p大于4800m/s的岩体,灌浆后波速增长率小于8%,表明完整和较完整岩体的灌浆效果一般。 ⑤无盖重灌浆前坝基深0~3m内的平均波速V_p为3450m/s;无盖重灌浆后坝基深0~3m内平均波速V_p为4710m/s;有盖重接触段钻孔法灌浆后坝基深0~3m内平均波速V_p为5320m/s。14#坝段约有1%的单孔岩体测试波速小于3500m/s,其余测试段波速均大于3800m/s,表明灌浆效果较好

表6.40 坝段9#、14#灌浆前后灌浆效果

坝段	波速区间/(m/s)	无盖重灌浆前测点比例	无盖重灌浆后波速平均增长率	有盖重灌浆后平均波速再提高率	两次灌浆后平均波速增长率	波速小于该区间的测点比率
9#	$V_p \leq 3800$	17.0%	59.2%	12%	80%	
	$3800 < V_p \leq 4200$	1.3%	28.9%	2.3%	38.5%	0.13%
	$4200 < V_p \leq 4800$				15%	
	$V_p > 4800$				<5%	
14#	$2800 < V_p \leq 3200$		55.66%~77.93%	0.19%~18.78%	85.7%	
	$3200 < V_p \leq 4200$		6.23%~56.68%	0.93%~31.78%	44%	
	$4200 < V_p \leq 4800$				18.2%	
	$V_p > 4800$				<8%	

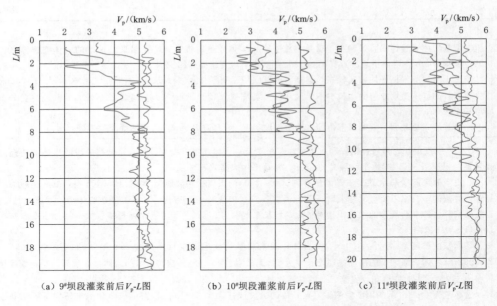

(a) 9#坝段灌浆前后V_p-L图　　　(b) 10#坝段灌浆前后V_p-L图　　　(c) 11#坝段灌浆前后V_p-L图

图 6.66　9#～11#各坝段灌浆前后灌浆效果

——无盖重后　　——有盖重前　　——有盖重后

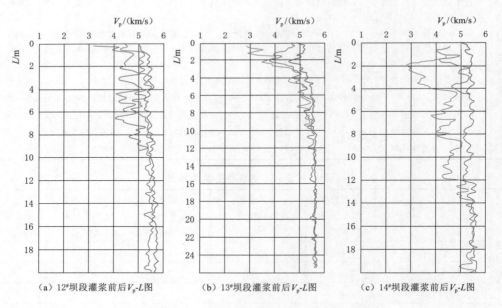

(a) 12#坝段灌浆前后V_p-L图　　　(b) 13#坝段灌浆前后V_p-L图　　　(c) 14#坝段灌浆前后V_p-L图

图 6.67　12#～14#各坝段灌浆前后灌浆效果

——无盖重后　　——有盖重前　　——有盖重后

6.6.2　灌浆后松弛岩体恢复程度

表 6.41～表 6.43 为建基面以下 0～3m 及 3m 以下岩体灌浆前灌浆后不同波速分布情

况。对于建基面以下 $0\sim3m$ 段及 3m 以下深度岩体灌浆后波速提高、波速提高率、松弛度及松弛岩体恢复度（建基面以下 3m 以深岩体称灌浆后岩体紧密提高度）情况，提出松弛岩体恢复度 R_h 为

$$R_h = \frac{J_y - J_g}{J_y} \times 100\%$$ (6.5)

式中 R_h——松弛岩体恢复度,%；

      J_y——与原岩相比松弛度,%；

      J_g——与灌浆后岩体相比松弛度,%。

各坝段岩体有盖重固结灌浆后 $0\sim3m$ 段和 3m 以下段声波单孔速度统计见表 6.44、表 6.45，表中"原岩"系指开挖后未经处理的建基面以下岩体。

表 6.41   **$10^{\#}\sim13^{\#}$ 各坝段无盖重、有盖重两次灌浆后波速增长率**

波速区间/(m/s)	$10^{\#}$	$11^{\#}$	$12^{\#}$	$13^{\#}$
5m 以上	16%	25%	13%	14%
$V_p \leqslant 4200$	34%	40%	—	22%
$4200 < V_p \leqslant 4800$	16.2%	18.1%	—	11.2%
$V_p > 4800$	<7%	<7%		<7%

表 6.42   **各坝段坝基岩体固结灌浆声波平均速度统计**

检测坝段	无盖重（有盖重）固结灌浆前 V_p/(m/s)				有盖重固结灌浆后 V_p/(m/s)			
	孔数	≤3m	>3m	全孔	孔数	≤3m	>3m	全孔
$9^{\#}$	10	2940	5000	4930	8	5050	5310	5280
$10^{\#}$	10	3590	5020	4810	8	5150	5560	5500
$11^{\#}$	10	4440	5260	5150	8	5200	5580	5520
$12^{\#}$	5	4980	5380	5330	8	5300	5570	5540
$13^{\#}$	10	4330	5450	5330	8	4960	5550	5480
$14^{\#}$	7	3450	4850	4750	7	5320	5420	5410

表 6.43   **各坝段岩体有盖重固结灌浆后声波单孔速度统计**

检测坝段	孔数	≤3m 段 V_p/(m/s)			>3m 段 V_p/(m/s)		
		波速范围	均值	$V_p \leqslant 3500$	波速范围	均值	$V_p \leqslant 3500$
$9^{\#}$	7	2250~5950	5050	0	3850~5950	5310	0
$10^{\#}$	8	4240~5810	5150	0	4460~5950	5560	0
$11^{\#}$	8	3970~5950	5200	0	4310~5950	5560	0
$12^{\#}$	8	4310~5810	5300	0	4460~5950	5580	0
$13^{\#}$	8	2940~5680	4960	1%	3850~5950	5550	0
$14^{\#}$	7	3380~5950	5320	1%	2500~5950	5420	1%

由表 6.44、表 6.45 可知：

（1）经固结灌浆后，松弛带岩体可由Ⅳ级、Ⅲ级、Ⅱ级提高至Ⅱ级、Ⅰ级，且绝大部

分松弛带岩体岩级提升至 I 级。建基面深度超过 3m 的岩体波速提高不大，岩体灌浆前灌浆后岩级变化不大。

（2）建基面以下深 0～3m 的松弛带岩体经灌浆后波速提高远大于建基面深度超过 3m 的岩体，波速提高达 320～2090m/s，平均波速提高约 1000m/s。建基面以下深度超过 3m 的岩体波速提高仅 100～570m/s，一般提升约 300m/s。

（3）经固结灌浆后，松弛岩体波速恢复度可达 63％～144％，松弛岩体波速平均波速提升约 126％，说明灌浆后岩体恢复程度大大提高，甚至超过原岩。建基面 3m 以深岩体恢复程度提高至原来 102％～112％，平均提升达 108％，恢复程度有一定程度提高。

表 6.44　　　　各坝段岩体有盖重固结灌浆后的单孔波速统计（孔深 0～3m 段）

检测坝段	灌浆前平均波速/(m/s)		灌浆后平均波速/(m/s)		波速提高/(m/s)		波速提高率/％		松弛度/％		松弛岩体恢复度 R_b/％
	平均值	岩级	平均值	岩级	与原岩相比	与灌浆后相比	与原岩相比	与灌浆后相比	原岩	灌浆后	
9#	2940	IV	5050	I	1990	2110	68	71	40	−2	105
10#	3590	III	5150	I	1220	1560	34	46	25	−7	128
11#	4440	II	5200	I	710	760	16	13	14	−1	107
12#	4980	II	5300	I	350	320	7	6	7	1	86
13#	4330	II	4960	II	1000	630	23	15	19	5	63
14#	3450	III	5320	I	1300	1870	38	54	27	−12	144

表 6.45　　　　各坝段岩体有盖重固结灌浆后的单孔波速成果（孔深大于 3m 段）

检测坝段	灌浆前平均波速/(m/s)		灌浆后平均波速/(m/s)		波速提高/(m/s)		波速提高/％		松弛岩体恢复度 R_b/％
	均值	岩级	均值	岩级	与原岩相比	与灌浆后相比	与原岩相比	与灌浆后相比	
9#	5000	I	5310	I	0	310	0	6	106
10#	5020	I	5560	I	0	540	0	11	111
11#	5260	I	5560	I	0	300	0	6	106
12#	5380	I	5580	I	0	200	0	4	104
13#	5450	I	5550	I	0	100	0	2	102
14#	4850	II	5420	I	0	570	0	12	112

6.6.3　灌浆后其余手段检查

对拉西瓦水电站河床坝基部位开展坝基固结灌浆后、有盖重工况下钻孔录像及钻孔变模测试等物探工作，以对坝基岩体进一步检测。

（1）钻孔录像。对河床坝基高程 2220.00m 灌浆廊道共进行了 336.39m 全孔壁数字成像，检测结果认为，灌浆效果总体较好。以 GQ_{12} 孔为例进行说明。GQ_{12} 孔孔深 28.40m，0.4～7.53m 为混凝土，混凝土波速在 4630～4720m/s 之间，混凝土无异常；7.53m 凝土与岩体结合部位，从视频图像看出，基岩面清理干净，混凝土与岩体胶结好。岩体裂隙发育情况，7.53～28.40m 段共发育张开裂隙 75 条，其中裂宽小于 0.1cm 的裂隙有 16 条；裂宽大于 0.2cm 的裂隙 4 条；倾角小于 30°的张开裂隙有 39 条，占 52%；录像成果可见，该孔内张开裂隙主要为缓倾角裂隙，主要分布在入岩 10m 内，且裂隙宽度大部分介于 0.1～0.2cm。裂隙充填情况，总体看充填程度缓倾角裂隙优于高倾角裂隙，宽度较大的裂隙优于宽度较小的裂隙，宽度小于 0.1cm 的裂隙基本无浆液充填。该孔浆液充填好和较好的裂隙 34 条，占总裂隙的 45%，无浆液充填的裂隙有 23 条，均为高倾角裂隙或宽度小于 0.1cm 的裂隙，整体上该孔浆液对裂隙充填较差。典型拍摄如图 6.68 所示。

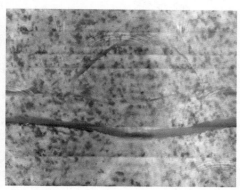

（a）孔深8.60~8.84m（建基面下深1.07~1.31m）　　（b）孔深11.00~11.24m（建基面下深3.47~3.71m）

图 6.68　GQ$_{12}$ 孔灌浆不同位置钻孔拍摄

（2）孔内变形模量检测。拉西瓦河床坝基共开展了 12 个钻孔的孔内弹模测试，测试加压每 5MPa 一级共 10 级，最大加压 50MPa，实际作用在孔壁最大压力为 31.75MPa，获得成果见表 6.46。图 6.60 为灌浆后有盖重工况下 GQ$_1$ 孔施压与岩体变形模量关系曲线。

从表 6.46、图 6.69 看，坝基经灌浆处理后，变形模量在 9.82～50.10GPa 之间，均值为 25.66GPa，基本满足设计的坝基经灌浆处理后变形模量不低于 20GPa 的要求。

表 6.46　　　　　　　　拉西瓦水电站坝基岩体钻孔变形模量检测成果统计表

钻孔编号	测试点数	最大变形模量/GPa	最小变形模量/GPa	平均变形模量/GPa
PQ$_6$	9	33.88	13.82	23.35
PQ$_7$	9	39.65	16.76	27.13
PQ$_9$	5	23.01	15.39	20.58
PQ$_{12}$	6	20.1	10.32	17.45
PQ$_8$	18	45.01	17.73	28.48
PQ$_{14}$	11	31.24	18.55	26.39
GQ$_2$	6	34.26	18.17	23.49
GQ$_6$	6	24.27	14.95	20.83
GQ$_9$	5	25.24	20.36	23.00
GQ$_{13}$	5	26.57	16.61	22.97
GQ$_1$	18	46.19	13.37	25.62
GQ$_5$	19	50.10	9.82	30.52
统计结果	117	50.10	9.82	25.66

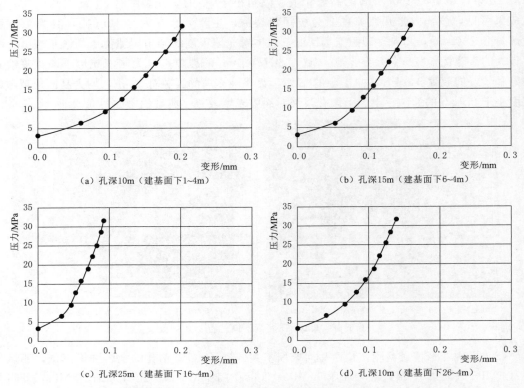

图 6.69　拉西瓦河床坝基高程 2220.00m 灌浆廊道 GQ$_1$ 孔内弹模测试成果组图

6.6.4　灌浆效果评价

对此灌浆前后波速，结合钻孔录像、孔内变模测试成果分析，得出以下认识：

经无盖重固结灌浆、有盖重固结灌浆基础处理，坝基松弛带及坝基松弛带下部岩体波速和岩体质量，均有不同程度提高。其中，松弛带岩体波速和岩体质量提高程度最大，过渡带波速和岩体质量提高程度次之，深部正常岩体波速和岩体质量提高程度不明显。

经固结灌浆后，松弛带岩体岩级可由Ⅳ级、Ⅲ级、Ⅱ级提高至Ⅱ级、Ⅰ级，且绝大部分松弛带岩体岩级提升至Ⅰ级。因建基面以下深 3m 的波速提高不大，岩体灌浆前灌浆后岩级变化不大。建基面以下深 0～3m 松弛带岩体波速提高后，远大于建基面以下深度超 3m 的岩体，波速提高可达 320～2090m/s，平均可达约 1000m/s，无盖重灌后波速提高率 37%～50%，两次灌浆后波速提高 54%～72%；建基面 3m 以深岩体波速提高仅 100～570m/s，一般提升约 300m/s，两次灌浆后波速提高一般小于 10%。

固结灌浆后的松弛岩体恢复度可达 63%～144%，平均提升了 126%，说明灌浆后岩体紧密程度大大提高，甚至超过原岩。建基面以下 3m 内岩体紧密程度提高至原来 102%～112%，平均提升了 108%，紧密程度有一定程度提高。

经固结灌浆处理后，坝基岩体质量普遍变好，各级岩体质量趋同效应明显，岩体变形模量和强度基本恢复到原岩状态，能满足建基岩体要求。

参 考 文 献

［1］ 哈秋舲，李建林，张永兴，等. 节理岩体卸荷非线性岩体力学［M］. 北京：中国建筑工业出版社，1998.

［2］ 哈秋舲，陈洪凯. 岩石边坡地下水渗流及排水研究［M］. 北京：中国建筑工业出版社，1997.

［3］ 李维树，周火明，陈华，等. 构皮滩水电站高拱坝建基面卸荷岩体变形参数研究［J］. 岩石力学与工程学报，2010，29（7）：1333－1338.

［4］ 周火明，盛谦，李维树，等. 三峡船闸边坡卸荷扰动区范围及岩体力学性质弱化程度研究［J］. 岩石力学与工程学报，2004，23（7）：1078－1081.

［5］ 李建林，王乐华，杨学堂，等. 锦屏电站坝厂区卸荷岩体力学参数研究［J］. 岩土力学，2004，25（增刊2）：17－20.

［6］ 李建林，王乐华. 卸荷岩体的尺寸效应研究［J］. 岩石力学与工程学报，2003，22（12）：2032－2036.

［7］ 万宗礼，聂德新，杨天俊，等. 高拱坝建基岩体研究与实践［M］. 北京：中国水利水电出版社，2009.

［8］ 胡海浪，黄秋枫. 岩体开挖卸荷过程力学特性分析［J］. 灾害与防治工程，2008（2）：50－56.

［9］ 李朝政，沈蓉，李伟，等. 小湾水电站坝基卸荷岩体抗剪特性研究［J］. 岩土力学，2008，29（增刊）：485－490.

［10］ 徐光彬，金李. 不同卸荷路径下节理岩体的松动机理研究［J］. 华北水利水电学院学报，2007，28（1）：81－84.

［11］ 李天斌，王兰生. 卸荷应力状态下玄武岩变形破坏特征的试验研究［J］. 岩石力学与工程学报，1993，12（4）：321－327.

［12］ 沈军辉，王兰生. 卸荷岩体的变形破裂特征［J］. 岩石力学与工程学报，2003，22（12）：2028－2031.

［13］ 任爱武，伍法权，王东，等. 大规模岩体开挖卸荷现象及其力学模式分析［J］. 长江科学院院报，2009，26（5）：34－37.

［14］ 吴刚，孙钧. 卸荷应力状态下裂隙岩体的变形和强度特性［J］. 岩石力学与工程学报，1998，17（6）：615－621.

［15］ Swanson S R，et al. An observation of loading path independence of fracture rock［J］. International Journal of Rock Mechanics & Mining Sciences and Geomechanics Abstracts，1971，8（3）：277－281.

［16］ Crouch S L. A note on post－failure stress－strain path dependence in norite［J］. International Journal of Rock Mechanics & Mining Sciences & Geomechanics Abstracts，1972，9（2）：197－204.

［17］ 林鹏，王仁坤，周雅能，等. 特高拱坝建基面浅层卸荷机制与稳定分析［J］. 岩土力学，2008，29（增刊）：8－15.

［18］ 黄达，黄润秋. 卸荷条件下裂隙岩体变形破坏及裂纹扩展演化的物理模型试验［J］. 岩石力学与工程学报，2010，29（3）：502－512

［19］ 黄达，谭清，黄润秋. 高应力下脆性岩石卸荷力学特性及数值模拟［J］. 重庆大学学报（自然科学版），2012，35（6）：72－79.

［20］ 任建喜，葛修润. 岩石卸荷损伤演化机理CT实时分析初探［J］. 岩石力学与工程学报，2000，19（6）：697－701.

[21] 李天斌, 王兰生, 徐进. 一种垂向卸荷型浅生时效构造的地质力学模拟 [J]. 山地学报, 2002, 18 (2): 171 - 176.

[22] 王运生, 罗永红, 吴俊峰, 等. 中国西部深切河谷谷底卸荷松弛带成因机理研究 [J]. 地球科学进展, 2008, l23 (5): 463 - 468.

[23] 林锋, 黄润秋, 蔡国军. 小湾水电站低高程坝基开挖卸荷松弛机理试验研究 [J]. 工程地质学报, 2009, 17 (5): 606 - 611.

[24] 祁生文, 伍法权, 庄华泽, 等. 小湾水电站坝基开挖岩体卸荷裂隙发育特征 [J]. 岩石力学与工程学报, 2008, 27 (增刊 1): 2907 - 2912.

[25] 周维垣, 杨若琼, 剡公瑞. 岩体边坡非连续非线性卸荷及流变分析 [J]. 岩石力学与工程学报, 1997, 16 (3): 210 - 216.

[26] 陈星, 李建林. Hoek - Brown 准则在卸荷岩体中的应用探析 [J]. 水能源科学, 2010, 28 (1): 44 - 46.

[27] 徐卫亚, 杨松林. 裂隙岩体松弛模量分析 [J]. 河海大学学报 (自然科学版), 2003, 31 (3): 295 - 298.

[28] 吴刚, 孙钧. 复杂应力状态下完整岩体卸荷破坏的损伤力学分析 [J]. 河海大学学报, 1997, 25 (3): 44 - 49.

[29] 刘杰, 李建林, 黄宜胜, 等. 卸荷岩体本构关系研究 [J]. 地球与环境, 2005, 33 (3): 112 - 116.

[30] 陈平山, 李建林, 王乐华, 等. 修正的 L - D 准则在卸荷岩体力学中的应用 [J]. 三峡大学学报 (自然科学版), 2004, 26 (2): 136 - 138.

[31] 冯学敏, 陈胜宏, 李文纲. 岩石高边坡开挖卸荷松弛准则研究与工程应用 [J]. 岩土力学, 2009, 30 (增刊 2): 452 - 456.

[32] 伍法权, 刘彤, 汤献良, 等. 坝基岩体开挖卸荷与分带研究——以小湾水电站坝基岩体开挖为例 [J]. 岩石力学与工程学报, 2009, 28 (6): 1091 - 1098.

[33] 董泽荣, 赵华, 黄仕俊, 等. 采用滑动测微计监测坝基岩体卸荷变形 [J]. 地下空间与工程学报, 2006, 2 (6): 1014 - 1019.

[34] 冯学敏. 高坝建基面开挖卸荷松弛分析及启示 [J]. 水电站设计, 2010, 26 (1): 1 - 7.

[35] 周华, 王国进, 傅少君, 等. 小湾拱坝坝基开挖卸荷松弛效应的有限元分析 [J]. 岩土力学, 2009, 30 (4): 1175 - 1180.

[36] 李维树, 童克强, 董忠华. 高边坡岩体卸荷带检测方法及卸荷特征研究 [J]. 岩石力学与工程学报, 2001, 20 (增刊): 1669 - 1673.

[37] 尹健民, 艾凯, 刘元坤, 等. 钻孔弹模法评价小湾水电站坝基岩体卸荷特征 [J]. 长江科学院院报, 2006, 23 (4): 44 - 46.

[38] 赵安宁, 李洪. 瞬态瑞雷波勘探技术在边坡岩体卸荷深度探测中的应用 [J]. 西北水电, 2007, (4): 14 - 16.

[39] 冯文娟, 琚晓冬, 李建林, 等. 预应力锚索在卸荷岩体中的作用机理 [J]. 常州工学院学报, 2005, 18 (12): 97 - 102.

[40] 梁宁慧, 刘新荣, 包太, 等. 岩体卸荷渗流特性的试验 [J]. 重庆大学学报 (自然科学版), 2005, 28 (10): 133 - 135.

[41] 陈祥, 孙进忠, 张杰坤, 等. 岩块卸荷效应与工程岩体质量评价 [J]. 土木建筑与环境工程, 2009, 31 (6): 53 - 59.

[42] Haupt M. A constitutive law for rock salt based on creep and relaxation tests [J]. Rock Mechanics and Rock Engineering, 1991, 24 (4): 179 - 206.

[43] Mikhalyuk A V, Zakharov V V. Relaxation phenomena in rocks under dynamic loads [J]. Journal of Mining Science, 1998, 34 (4): 283 - 290.

［44］ Mikhalyuk A V，Zakharov V V. Relaxation mechanism in plastic rocks under dynamic loads ［J］. Journal of Mining Science，1999，35（2）：120－125.

［45］ Xi D，Liu X，Zhang C. The frequency（or time）－temperature equivalence of relaxation in saturated rocks ［J］. Pure and Applied Geophysics，2007，164（11）：2157－2173.

［46］ Lodus E V. The stress state and stress relaxation in rocks ［A］. Institute of Mining，Academy of Sciences of the USSR，Leningrad. Translated from Fiziko－Tekhnicheskie Problemy Razrabotki Poleznykh Iskopaemykh，1986，2：3－11.

［47］ Leonov M P. Activation of unloading of deep zones of rock foundations of high dams under the effect of a reservoir and other factors ［J］. Hydrotechnical Construction，1998，32（4）：227－233.

［48］ Wu F，Tong L，Liu J，et al. Excavation unloading destruction phenomena in rock dam foundations ［J］. Bulletin of Engineering Geology and the Environment，2009，68（2）：257－262.

［49］ Krylova E V. Unloading and weathering as an indicator of the occurrence of current stresses in the rock foundations of hydraulic structures ［J］. Hydrotechnical Construction，1996，30（12）：724－727.

［50］ Spivak A A. Relaxation monitoring and diagnostics of rock massifs ［J］. Journal of Mining Science，1994，30（5）：418－436.

［51］ Glushko V T，Nemchin N P. Large deformations in mine workings，involving loosening of rock in the inelastic zone ［J］. Soviet Mining Science，1967，3（3）：217－221.

［52］ Vakhrameyev Y S. Research into the effect of loosening in failed rock ［J］. Combustion Explosion and Shock Waves，2003，39（1）：115－118.

［53］ Nozhin A F. Use of the method of limiting equilibrium to calculate parameters of the unloading zone in the rims of deep quarries ［J］. Soviet Mining Science，1985，21（5）：405－409.

［54］ 王兰生，李文纲，孙云志，等. 岩体卸荷与水电工程 ［J］. 工程地质学报，2008，16（2）：145－154.

［55］ 黄润秋，张倬元，王士天，等. 中国西南地壳浅表层动力学过程及其工程环境效应研究 ［M］. 成都：四川大学出版社，2001.

［56］ 聂德新. 岩质高边坡岩体变形参数及松弛带厚度研究 ［J］. 地球科学进展，2004，19（3）：472－477.

［57］ 韩文峰. 黄河黑山峡大柳树松动岩体工程地质研究 ［M］. 兰州：甘肃科学技术出版社，1993.

［58］ 巨广宏. 黄河拉西瓦水电站工程拱坝建基岩体松弛规律及分级研究 ［R］. 西安：中国电建集团西北勘测设计研究院有限公司，2007.

［59］ 肖世国，周德培. 开挖边坡松弛区的确定与数值分析方法 ［J］. 西南交通大学学报，2003，38（3）：318－322.

［60］ 石安池，徐卫亚，张贵科. 三峡工程永久船闸高边坡岩体卸荷松弛特征研究 ［J］. 岩土力学，2006，27（5）：723－729.

［61］ 冯君，周德培，李安洪. 顺层岩质边坡开挖松弛区试验研究 ［J］. 岩石力学与工程学报，2005，24（5）：840－845.

［62］ 聂德新，任光明，巨广宏，等. 拉西瓦水电站地应力特征与岩体力学参数评价 ［R］. 成都：成都理工大学，2002.

［63］ 巨广宏. 黄河拉西瓦水电站深切河谷岩体风化卸荷的工程地质研究 ［D］. 成都：成都理工大学硕士学位论文，2002.

［64］ 哈秋舲. 岩体工程与岩体力学仿真分析——各向异性开挖卸荷岩体力学研究 ［J］. 岩土工程学报，2001，23（6）：664－668.

［65］ 贾金生，袁玉兰，李铁洁. 2003 年中国及世界大坝情况 ［J］. 中国水利，2004，13：25－33.

［66］ 汝乃华，姜忠胜. 大坝事故与安全·拱坝 ［M］. 北京：中国水利水电出版社，1995.

［67］ 孙鸿烈，郑度. 青藏高原形成演化与发展 ［M］. 广州：广东科技出版社，1998.

［68］ 张倬元，王士天，王兰生. 工程地质分析原理 ［M］. 北京：地质出版社，1994.

[69] 谢富仁，崔效锋，赵建涛，等．中国大陆及邻区现代构造应力场分区 [J]．地球物理学报，2004，47 (4)：654-662.

[70] 邓起东，张裕明，许桂林，等．中国构造应力场特征及其与板块运动的关系 [J]．地震地质，1979，1 (1)：11-22.

[71] 张培震，王琪，马宗晋．青藏高原现今构造变形特征与 GPS 速度场 [J]．地学前缘，2002，9 (2)：442-450.

[72] 邱祥波，李术才，李树忱．三维地应力回归分析方法与工程应用 [J]．岩石力学与工程学报，2003，22 (10)：1613-1617.

[73] 李青麒．初始应力的回归与三维拟合 [J]．岩土工程学报，1998，20 (5)：68-71.

[74] 戚蓝，丁志宏，马斌，等．初始地应力场多方程回归分析 [J]．岩土力学，2003，24 (增刊1)：137-139.

[75] 李瓒，陈飞，郑建波．特高拱坝枢纽分析与重点问题研究 [M]．北京：中国电力出版社，2004.

[76] 李宏，安其美，王海忠，等．V 型河谷区原地应力测量研究 [J]．岩石力学与工程学报，2006，25 (增刊1)：3069-3074.

[77] 梁瑶，赵刚，杨涛．考虑侵蚀下切作用的深切河谷岩体地应力场回归 [J]．西南交通大学学报，2009，44 (4)：569-573.

[78] Hudson J A, Harrison J P. 工程岩石力学（上卷）：原理导论 [M]．冯夏庭，李小春，焦玉勇，等，译．北京：科学出版社，2009.

[79] Hudson J A, Harrison J P. 工程岩石力学（下卷）：实例问答 [M]．冯夏庭，李小春，焦玉勇，等，译．北京：科学出版社，2009.

[80] 陶振宇．对岩体初始应力的初步认识 [J]．水文地质工程地质，1980 (2)：12-17.

[81] 王运生，黄润秋．西南某水电站河谷应力场数值模拟与岸坡卸荷分析 [J]，成都理工大学学报，2001，28 (增刊)：249-253.

[82] 黄润秋，张倬元，王士天．高边坡稳定性的系统工程地质研究 [M]．成都：成都科技大学出版社，1991.

[83] 徐佩华，陈剑平，黄润秋，等．雅砻江河谷下切三维数值模拟分析——解放沟模型应力场分析 [J]．吉林大学学报（地球科学版），2003，33 (2)：208-212.

[84] 刘彤．小湾电站坝基岩体卸荷工程地质力学研究 [D]．北京：中国科学院地质与地球物理研究所，2006.

[85] 谢强，姜崇喜，凌建明，等．岩石细观力学实验与分析 [M]．成都：西南大学交通出版社，1996.

[86] 戚承志，钱七虎．岩体动力变形与破坏的基本问题 [M]．北京：科学出版社，2009.

[87] 恽寿榕，赵衡阳．爆炸力学 [M]．北京：国防工业出版社，2005.

[88] 朱继良．大型岩石高边坡开挖的地质—裂隙响应及其评价预测——以小湾水电站工程高坡为例 [D]．成都：成都理工大学，2006.

[89] 黄焱波．锦屏一级水电站大坝右岸建基岩体质量复核研究 [D]．成都：成都理工大学硕士学位论文，2009.

[90] 李建林，孟庆义．卸荷岩体的各向异性研究 [J]．岩石力学与工程学报，2001，20 (3)：338-341.

[91] 李翼祺，马素贞．岩体动力变形与破坏的基本问题 [M]．北京：科学出版社，1992.

[92] 胡斌，冯夏庭，黄小华，等．龙滩水电站左岸高边坡区初始地应力场反演回归分析 [J]．岩石力学与工程学报，2005，24 (22)：4055-4064.

[93] 中华人民共和国国家标准．水力发电工程地质勘察规范（GB 50287—2016）[S]．中华人民共和国住房和城乡建设部，2016.

[94] 王兰生，李天斌，赵其华．浅生时效构造与人类工程 [M]．北京：地质出版社，1994.

[95] 巨广宏．高拱坝建基岩体开挖松弛工程地质特性研究 [D]．成都：成都理工大学，2011.

［96］ 巨广宏，杨天俊，曹洪波，等. 拉西瓦水电站高拱坝两岸坝肩2460m～2240m高程开挖后建基岩体复核工程地质报告［R］. 西安：中国电建集团西北勘测设计研究院有限公司，2007.

［97］ 韩新捷，张发明，董梦龙，等. 基于GSI系统的边坡卸荷岩体强度参数确定［J］. 科学技术与工程，2014，14（30）：237-240.

［98］ 董建华，刘超，陈建叶，等. 含深卸荷岩体拱坝坝肩变形特性及稳定分析［J］. 工程科学与技术，2019，51（3）：47-55.

［99］ 蔡健，刘杰. 某水电站边坡卸荷岩体宏观力学参数反演对比研究［J］. 水力发电，2013，39（11）：20-23.

［100］ 雷涛，周科平，胡建华，等. 卸荷岩体力学参数劣化规律的细观损伤分析［J］. 中南大学学报（自然科学版），2013，44（1）：280-286.

［101］ 胡建华，雷涛，周科平，等. 地下连续采矿过程中顶板岩体卸荷的力学响应［J］. 中国有色金属学报，2011，21（12）：2727-2733.

［102］ 朱容辰. 边坡岩体卸荷分带性研究［J］. 铁道勘察，2010（5）：46-50.

［103］ 李雷，王贵军，张一，等. 岩体风化卸荷数值判别［J］. 吉林大学学报（地球科学版），2018，48（5）：248-254.

［104］ 钟登华，李明超，王刚，等. 基于三维地层模型的岩体质量可视化分级［J］. 岩土力学，2005，26（1）：11-16.

［105］ 王瑞红，李建林，蒋昱州，等. 考虑岩体开挖卸荷边坡岩体质量评价［J］. 岩土力学，2008，29（10）：2741-2746.

［106］ 白志华，李万州，李海波，等. 红石岩震损高陡边坡工程岩体质量评价［J］. 工程地质学报，2018，26（5）：1155-1161.

［107］ 谷德振. 岩体工程地质力学基础［M］. 北京：科学出版社，1979.

［108］ 杨子文. 岩石力学的理论与实践［M］. 北京：水利出版社，1981.

［109］ 王思敬，唐大荣，杨志法，等. 声波技术在工程岩体测试中的初步应用［J］. 地质科学，1974，（3）：269-282.

［110］ 刘远征，刘欣. "三峡YZP法"在某水库坝区工程岩体质量分级中的应用［J］. 煤炭技术，2008，（5）：46-48.

［111］ 杨秀程. 金沙江上游叶巴滩水电站坝址区岩体质量评价［D］. 成都：成都理工大学，2015.

［112］ 蔡美峰. 岩石力学与工程［M］. 北京：科学出版社，2002.

［113］ 刘启千，徐光黎. 工程岩体质量分级的模糊综合评判［J］. 中国地质大学学报，1989，14（3）：291-296.

［114］ Liu Y C，Chen C S. A new approach for application of rock mass classification on rock slope stability assessment［J］. Engineering Geology，2007，89（1）：129-143.

［115］ 霍润科，刘汉东. 神经网络法在地下洞室围岩分类中的应用［J］. 华北水利水电学院学报，1998，19（2）：61-63.

［116］ 李强. BP神经网络在岩体质量分级中的应用研究［J］. 西北地震学报，2002，24（3）：220-229.

［117］ 冯夏庭，林韵梅. 专家系统在围岩分类中的应用［J］. 吉林冶金，1991，（4）：12-16.

［118］ 何浏，赵金，杨芷华. 模糊灰色理论在围岩类别评定中的应用［J］. 武汉水利电力大学（宜昌）学报，2000，22（4）：295-298.

［119］ 易顺民，唐辉明，龙昱. 基于分形理论的岩体工程分类初探［J］. 地质科技情报，1994，13（1）：101-106.

［120］ 连建发，慎乃齐，张杰坤. 分形理论对岩体质量评价应用研究［J］. 岩石力学与工程学报，2001，20（增刊1）：1695-1698.

［121］ 谢和平. 分形几何及其在岩土力学中的应用［J］. 岩土工程学报，1992，14（1）：14-23.

[122] Campos I，Balankin A，Bautista O，et al. Self – affine cracks in a brittle porous material [J]. Theoretical and Applied Fracture Mechanics，2005，44（2）：187 – 191.

[123] Mandelbrot B B. The Fractal Geometry of Nature [M]. San Francisco：Freeman，1983.

[124] Xie H P. Fractals in Rock Mechanics [M]. Rotterdam：Balkema，1992.

[125] Falconer K J. Fractal Geometry：Mathematical Foundation and Application [M]. NewYork：Wiley，1990.

[126] 孙敏. 边坡稳定分析中瑞典条分法的改进 [J]. 吉林大学学报（地球科学版），2007，37（增刊1）：225 – 227.

[127] 蒋斌松，康伟. 边坡稳定性中 BISHOP 法的解析计算 [J]. 中国矿业大学学报，2008，37（3）：287 – 290.

[128] 王世梅，蔡德所，杨耀. 清江水布垭电站坝后重大滑坡稳定性研究 [J]. 武汉水利电力大学（宜昌）学报，2000，22（3）：209 – 212.

[129] 陈昌富，朱剑锋. 基于 Morgenstern – Price 法边坡三维稳定性分析 [J]. 岩石力学与工程学报，2010，29（7）：1473 – 1480.

[130] 张均锋，王思莹，祈涛. 边坡稳定分析的三维 Spencer 法 [J]. 岩石力学与工程学报，2005，24（19）：3434 – 3434.

[131] 郑颖人，时卫民，杨明成. 不平衡推力法与 Sarma 法的讨论 [J]. 岩石力学与工程学报，2004，23（17）：3030 – 3030.

[132] 潘亨水，何江达，张材. 强度储备法在岩质高边坡稳定性分析中的应用 [J]. 四川联合大学学报，1998，2（1）：12 – 18.

[133] Huang Z，Jiang T，Yue Z，et al. Deformation of the central pier of the permanent shiplock，Three Gorges Project，China：an analysis case study [J]. International Journal of Rock Mechanics and Mining Sciences，2003，40（6）：877 – 892.

[134] Feng Z L，Shun H T，Wang S J. Prediction of vertical ultimate bearing capacity of single pile by using artificial neural networks [J]. Journal of Tongji University，1999，27（4）：397 – 401.

[135] 栾茂田，黎勇，杨庆. 非连续变形计算力学模型在岩体边坡稳定性分析中的应用 [J]. 岩石力学与工程学报，2000，19（3）：289 – 294.

[136] 寇小东，周维垣，杨若琼. FLAC – 3D 进行三峡船闸高边坡稳定性分析 [J]. 岩石力学与工程学报，2001，20（1）：6 – 10.

[137] 孙亚东，彭一江，王兴珍. DDA 数值方法在岩石边坡倾倒破坏中的应用 [J]. 岩石力学与工程学报，2002，21（1）：16 – 21.

[138] 朱浮声，王泳嘉，斯蒂芬森. 露天矿山高陡岩石边域失稳的三维离散元分析 [J]. 东北大学学报，1997，18（3）：45 – 49.

[139] 李世海，高波，燕琳. 三峡永久船闸高边坡开挖三维离散元数值模拟 [J]. 岩土力学，2002，23（3）：32 – 35.

[140] 徐平，周火明. 高边坡岩体开挖卸荷效应流变数值分析 [J]. 岩石力学与工程学报，2000，19（4）：481 – 485.

[141] 柏俊磊，王乐华，汤开宇，等. 开挖卸荷速率变化对岩质边坡应力应变影响作用研究 [J]. 长江科学院院报，2014，31（6）：60 – 64，68.

[142] 任清文，余天堂. 边坡稳定的块体单元法分析 [J]. 岩石力学与工程学报，2001，20（1）：20 – 24.

[143] 张季如. 边坡开挖的有限元模拟和稳定性评价 [J]. 岩石力学与工程学报，2002，21（6）：843 – 847.

[144] Lodus E V. The stressed state and stress relaxation in rocks [J]. Soviet Mining，1986，22（2）：3 – 11.

[145] 李翼棋，马素贞. 爆炸力学 [M]. 北京：科学出版社，1992.

[146] Yow J L. Suggested method for deformability determination a stiff dilatometer [J]. International Journal of Rock Mechanics and Mining Science and Geomechanics Abstracts，1996，33（7）：733－741.

[147] 邓楚键，何国杰，郑颖人. 基于 M－C 准则的 D－P 系列准则在岩土工程中的应用研究 [J]. 岩土工程学报，2006，28（6）：735－739.

[148] 贾善坡，陈卫忠，杨建平，等. 基于修正 Mohr－Coulomb 准则的弹塑性本构模型及其数值实施 [J]. 岩土力学，2010，31（7）：2051－2058.

[149] 徐干成，郑颖人. 岩石工程中屈服准则应用的研究 [J]. 岩土工程学报，1990，12（2）：93－99.

[150] 谢肖礼，张喜德，许靖，等. 建议一种有关岩土力学的屈服准则及其应用 [J]. 广西大学学报，2005，30（4）：275－282.

[151] Larsson R，Runesson K. Implicit integration and consistent linearization for yield criteria of the Mohr－Coulomb type [J]. Mechanics of Cohesive－Frictional Materials，1996，1（4）：367－383.

[152] Peric D，Neto E. A new computational model for Tresca plasticity at finite strains with an optimal parametrization in the principal space [J]. Computer Methods in Applied Engineering，1999，171（3/4）：463－489.

[153] Borja R I，Sama K M，Sanz P F. On the numerical integration of three－invariant elastoplastic constitutive models [J]. Computer Methods in Applied Mechanics and Engineering，2003，192（9/10）：1227－1258.

[154] Hoek E，Caranza C T，Corcum B. Hoek－Brown failure criterion [C]. In：Proceedings of the North American Rock Mechanics Society. Toronto：Mining Innovation and Technology，2002.

[155] 谭文辉，周汝弟，王鹏，等. 岩体宏观力学参数取值的 GSI 和广义 Hoek－Brown 法 [J]. 有色金属，2002，54（4）：16－19.

[156] 彭俊，荣冠，王小江，等. 完整岩石 Hoek－Brown 屈服准则参数 m_i 的经验模型 [J]. 中南大学学报，2013，44（11）：4617－4623.

[157] Hoek E，Brown E T. Practical estimates of rock mass strength [J]. International Journal of Rock Mechanics and Mining Sciences，1997，34（8）：1165－1186.

[158] 盛佳，李向东. 基于 Hoek－Brown 强度准则的岩体力学参数确定方法 [J]. 采矿技术，2009，9（2）：12－15.

[159] 胡盛明，胡修文. 基于量化的 GSI 系统和 Hoek－Brown 准则的岩体力学参数的估计 [J]. 岩土力学，2011，32（3）：861－866.

[160] 韩凤山. 节理化岩体强度与力学参数估计的地质强度指标 GSI 法 [J]. 大连大学学报，2007，28（6）：48－51.

[161] 孙金山，卢文波. Hoek－Brown 经验强度准则的修正及应用 [J]. 武汉大学学报，2008，41（1）：63－66，124.

[162] 陈祖煜，汪小刚，杨健，等. 岩质边坡稳定分析——原理方法程序 [M]. 北京：中国水利水电出版社，2005.

[163] 杜时贵，许四法，杨树峰，等. 岩石质量指标 RQD 与工程岩体分类 [J]. 工程地质学报，2000，8（3）：351－356.

[164] Yang X L，Li L，Yin J H. Stability analysis of rock slopes with a modified Hoek－Brown failure criterion [J]. International Journal for Numerical and Analytical Methods in Geomechanics，2004，28（2）：181－190.

[165] Yang X L，Li L，Yin J H. Seismic and static stability analysis for rock slopes by a kinematical approach [J]. Géotechnique，2004，54（8）：543－549.

[166] Yang X L，Zou J F. Stability factors for rock slopes subjected to pore water pressure based on the

Hoek – Brown failure criterion [J]. International Journal of Rock Mechanics and Mining Sciences, 2006, 43 (7): 1146 – 1152.

[167] Yang X L, Yin J H. Upper bound solution for ultimate bearing capacity with a modified Hoek – Brown failure criterion [J]. International Journal of Rock Mechanics and Mining Sciences, 2005, 42 (4): 550 – 560.

[168] Benz T, Schwab R, Kauther R A, et al. A Hoek – Brown criterion with intrinsic material strength factorization [J]. International Journal of Rock Mechanics and Mining Sciences, 2008, 45 (2): 210 – 222.

[169] Hammah R E, Yacoub T E, Corkum B C, et al. The Shear Strength Reduction Method for the Generalized Hoek Brown Criterion [A]. In: Proceedings of the 40th U. S. Symposium on Rock Mechanics, Alaska Rocks, Anchorage, Alaska, 2005.

[170] Li H, Guo T, Nan Y. A simplified three – dimensional extension of Hoek – Brown strength criterion. Journal of Rock Mechanics and Geotechnical Engineering, 2021, 13 (3): 568 – 578.

[171] Brown E T, Hoek E. Discussion of "Determination of the Shear Failure Envelope in Rock Masses" by Roberto Ucar [J]. Journal of Geotechnical Engineering, 1988, 114 (3): 371 – 373.

[172] 孙广忠. 岩体结构力学 [M]. 北京: 科学出版社, 1988.

[173] Louis C. A Study of groundwater flow in jointed rock and its influence on stability of rock mass [R]. Imperial College Rock Mechanics Report, 1969.

[174] Müller E. Vergleichende untersuchungen der verschiedenen methoden zur bestimmung des choriongonadotropins im harn [J]. Fresenius Ztschrift Für Analytische Chemie, 1967, 230 (4): 313 – 313.

[175] 李吉均, 方小敏, 潘保田, 等. 新生代晚期青藏高原强烈隆起及其对周边环境的影响 [J]. 第四纪研究, 2001, 21 (5): 381 – 391.

[176] 白世伟, 李光煜. 二滩水电站坝区岩体应力场研究 [J]. 岩石力学与工程学报, 1982, 1 (1): 45 – 55.

[177] 邹丽春, 等, 高拱坝设计理论与工程实践 [M]. 北京: 中国水利水电出版社, 2017.

[178] 伍法权, 祁生文, 宋胜武, 等. 复杂岩质高陡边坡变形与稳定性研究——以雅砻江锦屏一级水电站为例 [M]. 北京: 科学出版社, 2008.

[179] 谭成轩, 张鹏, 郑汉淮, 等. 雅砻江锦屏一级水电站坝址区实测地应力与重大工程地质问题分析 [J]. 工程地质学报, 2008, 16 (2): 162 – 168.

[180] 庄再明. 二滩工程坝基高地应力区岩体稳定性评价 [J]. 水电站设计, 1993, 9 (3): 17 – 22.

[181] 丁立丰, 安其美, 王海忠, 等. 金沙江溪洛渡水电站地应力测量 [J]. 水文地质工程地质, 2004, 6: 56 – 59.

[182] 付成华, 汪卫明, 陈胜宏. 溪洛渡水电站坝区初始地应力场反演分析研究 [J]. 岩石力学与工程学报, 2006 (11): 2305 – 2312.